电气自动化技能型人才实训系列

Altium Designer 电路设计与制版

技能实训

肖明耀　盛春明　主编

中国电力出版社
CHINA ELECTRIC POWER PRESS

内 容 提 要

本书以 Altium Designer 电路设计软件为平台，介绍了电路设计与制版的基本方法和技巧。本书采用以工作任务驱动为导向的项目训练模式，分七个项目，每个项目设有 1～3 个训练任务，通过任务驱动技能训练，读者可快速掌握简单电原理图设计、原理图元件库的编辑、复杂电原理图设计、设计简单 PCB 印刷电路图、制作元件 PCB 封装与创建元件 PCB 封装库、复杂印刷电路板 PCB 设计、电路仿真分析的电路设计、制版知识与技能。

本书由浅入深，循序渐进，各项目相对独立且前后关联。全书语言简洁，思路清晰，图文并茂，便于学习。

随书配套的光盘包含全书 PPT 教学资料和项目教学实例文件，方便教师教学，读者可以通过 PPT 幻灯片快速浏览学习本书内容，通过项目教学实例文件，学习电路设计制版的技术与技巧。

本书可以作为 Altium Designer 电路设计与制版的教材，也可供相关行业工程技术人员以及各院校相关专业师生学习参考。

图书在版编目(CIP)数据

Altium Designer 电路设计与制版技能实训/肖明耀，盛春明主编. —北京：中国电力出版社，2014.1

（电气自动化技能型人才实训系列）

ISBN 978-7-5123-5248-3

Ⅰ.①A… Ⅱ.①肖… ②盛… Ⅲ.①印刷电路-计算机辅助设计-应用软件 Ⅳ.①TN410.2

中国版本图书馆 CIP 数据核字(2013)第 279322 号

中国电力出版社出版、发行

（北京市东城区北京站西街 19 号 100005 http://www.cepp.sgcc.com.cn）

汇鑫印务有限公司印刷

各地新华书店经售

*

2014 年 1 月第一版 2014 年 1 月北京第一次印刷

787 毫米×1092 毫米 16 开本 18.25 印张 489 千字

印数 0001—3000 册 定价 **45.00** 元（含 1CD）

前　言

《电气自动化技能型人才实训系列》为电气类高技能人才的培训教材，以培养学生实际综合动手能力为核心，采取以工作任务为载体的项目教学方式，淡化理论、强化应用方法和技能的培养。本书为《电气自动化技能型人才实训系列》之一。

很多电子产品设计制作者都希望自己能够循序渐进、由浅入深地学会设计电路原理图并能制作出完美的印刷电路板，本书就是为了帮助电子产品设计制作者快速学会设计电路原理图和印刷电路板而编写的。

本书以 Altium Designer 电路设计软件为平台，介绍了电路设计与制版的基本方法和技巧。本书采用以工作任务驱动为导向的项目训练模式，分为简单电原理图设计、原理图元件库的编辑、复杂电原理图设计、印刷电路板 PCB 设计、制作元件 PCB 封装与元件集成库创建、复杂印刷电路板 PCB 设计、电路仿真分析七个项目，每个项目设有 1～3 个训练任务，通过任务驱动技能训练，读者可快速掌握电路设计、制版的知识与技能。

本书由浅入深，循序渐进，各项目相对独立且前后关联。全书语言简洁，思路清晰，图文并茂，详细地讲解了设计方法和操作步骤。

随书配套的光盘包含全书 PPT 教学资料和项目教学实例文件，方便教师教学，读者可以通过 PPT 幻灯片快速浏览学习本书内容，通过项目教学实例文件，学习电路设计制版的技术与技巧。

本书由肖明耀、盛春明、廖银萍编写，肖明耀主编。

由于编写时间仓促，加上编者水平有限，书中难免存在错误和不妥之处，恳请广大读者批评指正。

编　者

目 录

前言

项目一 设计简单电原理图 1

任务 1 学会设计多谐振荡器电原理图 …… 1
任务 2 直流稳压电源电路设计 …… 33
习题 1 …… 55

项目二 制作原理图元件与创建元件库 56

任务 3 制作原理图元件 …… 56
任务 4 管理元件库 …… 74
习题 2 …… 86

项目三 复杂电原理图设计 88

任务 5 稳压电源层次电路设计 …… 88
任务 6 触摸延时开关电路设计 …… 94
任务 7 单片机控制系统设计 …… 108
习题 3 …… 120

项目四 设计 PCB 印刷电路图 121

任务 8 设计多谐振荡器的 PCB 图 …… 121
任务 9 设计直流稳压电源的 PCB 图 …… 146
习题 4 …… 184

项目五 制作元件 PCB 封装与创建元件 PCB 封装库 185

任务 10 制作元件的 PCB 封装 …… 185
任务 11 集成库的生成与维护 …… 195
习题 5 …… 203

项目六 复杂印刷电路板 PCB 设计 204

任务 12 延时开关电路的四层板 PCB 设计 …… 204
任务 13 设计单片机控制系统的 PCB 图 …… 224
任务 14 单片机可编程控制器软件配置 …… 246
习题 6 …… 259

项目七 | 电路仿真分析 260
任务 15 模拟电路仿真 …… 260
任务 16 十进制计数器数字电路仿真 …… 275
任务 17 混合电路的仿真 …… 279
习题 7 …… 283

项目一　设计简单电原理图

学习目标

（1）学会启动、退出 Altium Designer 软件。
（2）学会创建、保存、删除 Altium Designer 文件。
（3）学会设置系统参数。
（4）学会查看元件属性，编辑、移动元件对象。
（5）学会设计电原理图。

任务 1　学会设计多谐振荡器电原理图

基础知识

一、Altium Designer 简介

Altium Designer 9 是原 Protel 软件开发商 Altium 公司于 2006 年推出的一体化的电子产品开发系统，主要运行在 Windows XP 操作系统。这套软件通过把原理图设计、电路仿真、PCB 绘制编辑、拓扑逻辑自动布线、信号完整性分析和设计输出等技术完美的融合在一起，为设计者提供了全新的设计解决方案，使设计者可以轻松进行设计。熟练地使用这一软件将使电路设计的质量和效率大大提高。

Altium Designer 9 除了全面继承包括 Protel 99SE、Protel DXP 在内的先前一系列版本的功能和优点外，还增加了许多改进和很多高端功能。该平台拓宽了板级设计的传统界面，全面集成了现场可编程门阵列 FPGA 设计功能和可编程片上系统 SOPC 设计实现功能，从而允许工程设计人员能将系统设计中的 FPGA 与 PCB 设计及嵌入式设计集成在一起。

Altium Designer 电路设计功能强大、界面友好、操作简便，受到广大电路设计人员的好评，成为当今最流行的电子设计自动化软件之一。

Altium Designer 包括原理图设计、印刷电路板 PCB 设计、电路仿真等多个模块，能够准确地设计和分析电路，并可提高设计效率、缩短开发周期、降低生产成本。

1. Altium Designer 9 的编辑界面

Altium Designer 9 是 Altium 公司 Protel 系列软件基于 Windows 平台的最新产品，是 Altium 公司总结了多年的技术研发成果，对 Protel 99SE 以及 Protel DXP 不断修改、扩充新设计模块和多次升级完善后的产物。Altium Designer 9 是完全一体化的电子产品开发系统下的一个版本。Altium Designer 9 是将设计流程、集体化 PCB 设计、可编程器件设计和基于处理器设计的嵌入式软件开发功能整合在一起的电路设计系统。

Altium Designer 9 应用程序启动后，默认的工作界面如图 1-1 所示。主窗口上方依次是标题栏、菜单栏和工具栏；中部是两个大窗口，左边是面板窗口，右边是工作窗口；下面有面板标签栏、命令栏和状态栏等。

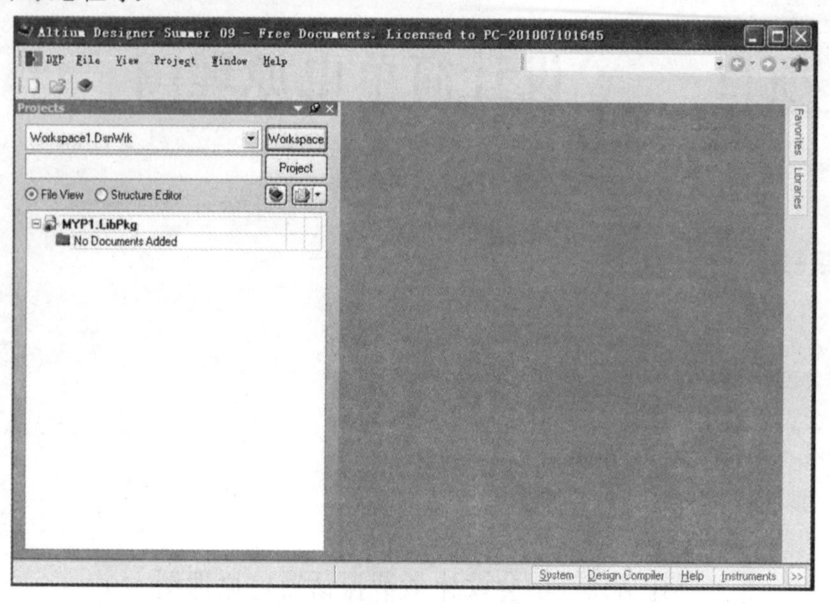

图 1-1　默认的工作界面

（1）系统菜单。位于 Altium Designer 9 界面的上方左侧，启动 Altium Designer 9 后，系统显示“DXP”、“File”、“View”、“Project”、“Window”和“Help”基本操作菜单项，用户使用这些菜单项内的命令选项可以设置 Altium Designer 9 中的系统参数，新建各类项目文件，启动对应的设计模块。当设计模块被启动后，主菜单将会自动更新，以匹配设计模块。

（2）浏览器工具栏。浏览器工具栏位于 Altium Designer 9 界面的上方右侧，由“浏览器地址”编辑框、“后退”快捷按钮、“前进”快捷按钮、“回主页”快捷按钮和“个人喜好”快捷按钮组成。其中，浏览器地址编辑框用于显示当前工作区文件的地址；单击“后退”或“前进”快捷按钮可以根据浏览的次序后退或前进，且通过单击按钮右侧的下拉列表按钮，打开浏览次序列表，用户还可以选择重新打开用户在此之前或之后浏览的页面；单击“回主页”快捷按钮，将返回系统默认主页；单击“个人喜好”快捷按钮，可以将当前页面设置为个人喜好页面。

（3）系统工具栏。系统工具栏位于系统菜单下方，由“快捷工具”按钮组成，单击此处按钮等同于选择相应菜单命令。

（4）工作区。工作区位于 Altium Designer 9 界面的中间，是用户编辑各种文档的区域。在无编辑对象打开的情况下，工作区将自动显示为系统默认主页，主页内列出了常用的任务命令，单击即可快捷启动相应工具模块。

（5）工作面板窗口。Altium Designer 9 为用户提供了大量的工作区面板窗口，如文件管理面板、项目管理面板、器件库面板等，分别位于 Altium Designer 9 界面的左右侧和下部。用户可以用工作区面板右上部分的小按钮移动、修改或修剪面板，单击相应的面板标签还可以显示、隐藏或切换工作面板窗口。

面板窗口有弹出/隐藏、锁定和浮动三种状态。面板窗口右上方为滑轮按钮，表明面板窗口处于弹出/隐藏状态，将光标指向面板窗口标签时，该面板窗口会自动弹出，光标离开该面板窗口一段时间后，该面板窗口会自动隐藏。面板窗口右上方为锁定按钮，表明面板窗口被图钉固定，用光标单击，二者可切换。浮动状态是将面板窗口拖到主窗口之上。建议将面板窗口设置为弹出/隐藏状态，以便提供足够大的工作区界面。

2. Altium Designer 9 的文件类型和服务组件

(1) 项目类型。Altium Designer 9 中有 PCB 项目、FPGA 项目、嵌入式系统项目和集成元件库 4 种项目类型。

在电路设计过程中，一般先建立一个项目文件，该文件扩展名为“.Prj＊＊＊”(其中＊＊＊是由所建项目的类型决定)。该文件只是定义项目中的各个文件之间的关系，并不将各个文件包含于内。

在印制电路板设计过程中，首先要建立一个 PCB 项目文件，有了 PCB 项目文件这个联系的纽带，同一项目中不同文件可以不必保存在同一文件夹中，建立的原理图、PCB 图等文件都以分立文件的形式保存在计算机中。在查看文件时，可以通过打开 PCB 项目文件的方式看见与项目相关的所有文件，也可以将项目中的单个文件以自由文件的形式单独打开。

为便于管理和查阅，建议设计者在开始某一项设计时，首先为该项目单独创建一个文件夹，将所有与该项设计有关的文件都存放在该文件夹下。

Projects 面板中打开的项目文件可以生成一个项目组，因此也就有了项目组文件。它们不必保存在同一路径下，可以方便地打开、一次调用前次工作环境和工作文档。项目组的文件格式为＊.PrjGap。

(2) 文件类型。除项目文件外，还有其他的文件类型可用于各种不同需要的设计任务中，下面列出一些文件类型。

1) 原理图文件的扩展名为：＊.SchDoc。

2) PCB 文件的扩展名为：＊.PcbDoc。

3) 原理图元件库文件的扩展名为：＊.SchLib。

4) PCB 元件封装库文件的扩展名为：＊.PcbLib。

5) VHDL TestBench 文件的扩展名为：＊.VHDTST。

6) VHDL 库文件的扩展名为：＊.VHDLIB。

7) VHDL 模型文件的扩展名为：＊.VHDMDL。

8) CUPL PLD 文件的扩展名为：＊.PLD。

9) C 语言源文件的扩展名为：＊.C。

10) C++语言文件的扩展名为：＊.CPP。

11) Delphi 语言宏文件的扩展名为：＊.pas 或＊.bas。

12) 数据库链接文件的扩展名为：＊.DBLink。

13) 项目输出文件的扩展名为：＊.OUTJOB。

14) CAM 文件的扩展名为：＊.CAM。

15) 电路仿真模型文件的扩展名为：＊.DML。

16) 电路仿真网络表文件的扩展名为：＊.Nsx。

17) 电路仿真子电路模型文件的扩展名为：＊.ckt。

18) EDIF 文件的扩展名为：＊.EDIF。

19) EDIF 库文件的扩展名为：＊.EDIFLIB。

20) ProtelD 的网络表文件的扩展名为：＊.NET。

21) 文本文件的扩展名为：＊.Txt。

22) 元件的信号完整性模型库文件的扩展名为：＊.lib。

23) 仿真的波形文件的扩展名为：＊.sdf。

此外，Altium Designer 9 还支持许多种第三方软件的文件格式，设计者可以利用菜单“File”下的“Import”命令来进行外部文件的交换。对于系统运行过程中产生的一些报告文件，则可以使用通用的报表软件打开。

(3) Altium Designer 9 的服务组件。Altium Designer 9 为用户提供了许多服务组件，在启动 Altium Designer 6 后，选择“DXP \ System info”命令，打开“EDA Servers”对话框，即可显示系统支持的服务组件。

1) ArngeCmp 服务组件：该服务组件的功能是按照元件的封装形式排列板上的元件。

2) AutoPlacer 服务组件：该服务组件的功能是自动交互元件布局。

3) CAMtastic 服务组件：该服务组件的功能是对电路板的自动加工 CAM 文件进行浏览、编辑。

4) CompMake 服务组件：该服务组件的功能是新建元件向导。

5) CoreBuilder 服务组件：该服务组件的功能是进行 FPGA 内审编译。

6) EditConstrsints 服务组件：该服务组件的功能是对设计规则和约束进行设置和修改。

7) Edit Embedded 服务组件：该服务组件的功能是编辑嵌入式系统的程序代码。

8) EditEDIF 服务组件：该服务组件的功能是对 EDIF 文件进行编辑和修改。

9) EditScript 服务组件：该服务组件的功能是编辑 Altium Designer 6 的脚本文件。

10) Editsim 服务组件：该服务组件的功能是对已有电路进行混合仿真。

11) EditVHDL 服务组件：该服务组件功能是提供 VHDL 语言文件编辑服务。

12) FpgaFlow 服务组件：该服务组件的功能是提供系统帮助功能。

13) HSEdit 服务组件：该服务组件的功能是编辑 PCB 图中的过孔尺寸。

14) IntegratedLibrary 服务组件：该服务组件的功能是编辑管理集成元件库。

15) LayerStackupAnalyzer 服务组件：该服务组件的功能是分析多层板的 PCB 板层堆栈。

16) LoadPCADPCB 服务组件：该服务组件的功能是导入 PCAD 的原理图文件。

17) LogicAnalyswer 服务组件：该服务组件的功能是在仿真或调试时，进行信号逻辑分析。

18) MakeLib 服务组件：该服务组件的功能是利用已有的设计提取元件库文件。

19) PCB 服务组件：该服务组件的功能是进行 PCB 设计。

20) PCB3D 服务组件：该服务组件的功能 PCB 三维视图的生成、浏览。

21) PCBMaker 服务组件：该服务组件提供 PCB 生成向导服务。

22) Pin Swspper 服务组件：该服务组件的功能是在进行 FPGA 设计时，自动交换元件引脚定义功能。

23) Placer 服务组件：该服务组件的功能是 PCB 元件自动布局。

24) PLD 服务组件：该服务组件的功能是 PLD 编译和仿真。

25) ReportGenerator 服务组件：该服务组件的功能是自动生成设计报告。

26) RoutCCT 服务组件：该服务组件的功能是提供布线界面。

27) SavePCADPCB 服务组件：该服务组件的功能是导出 PCAD2000 格式的 PCB 文件。

28) Sch 服务组件：该服务组件的功能是原理图编辑。

29) SchDwgUtility 服务组件：该服务组件的功能是导入/导出 AutoCAD 格式的 DWG 文件。

30) ScriptingSystem 服务组件：该服务组件的功能是脚本编辑。

31) SignalIntegrity 服务组件：该服务组件的功能是进行信号完整性分析。

32) SIM 服务组件：该服务组件的功能是电路模型仿真。

33) SpecctraIF 服务组件：该服务组件的功能是提供 Specctra 文件格式交互界面。

34）Targets 服务组件：该服务组件的功能是显示目标页面。

35）TextEdit 服务组件：该服务组件的功能是编辑文本文件。

36）Wave 服务组件：该服务组件的功能是编辑和显示波形。

37）WaveSim 服务组件：该服务组件的功能是进行波形仿真。

38）WorkSpaceManager 服务组件：该服务组件的功能是项目管理。

以上的服务组件构成了 Altium Designer 9 的系统，所有的系统功能均由这些服务组件完成。

3. Altium Designer 9 的工作区面板

（1）面板的访问。Altium Designer 9 启动后，一些面板已经打开，如“Project”控制和“File”面板以面板组合的形式出现在应用窗口的左边，“Library”控制面板以弹出方式和按钮的方式出现在应用窗口的右侧边缘处。另外在应用窗口的右下端有 4 个按钮“System”、“Design-Complier”、“Help”、“Instrument”，分别代表四大类型，单击每个按钮，弹出的菜单中显示各种面板的名称，从而选择访问各种面板，除了直接在应用窗口上选择相应的面板，也可以通过主菜单“View”子菜单下“workspace panels”子菜单下“sub menus”命令选择相应的面板。

（2）面板管理。面板显示模式有三种，分别是 Docked Mode（停靠模式）、Pop-out Mode（弹出模式）、Floating Mode（浮动模式）。

Docked Mode（停靠模式）指的是面板以纵向或横向的方式停靠在设计窗口的一侧，如图1-2所示。

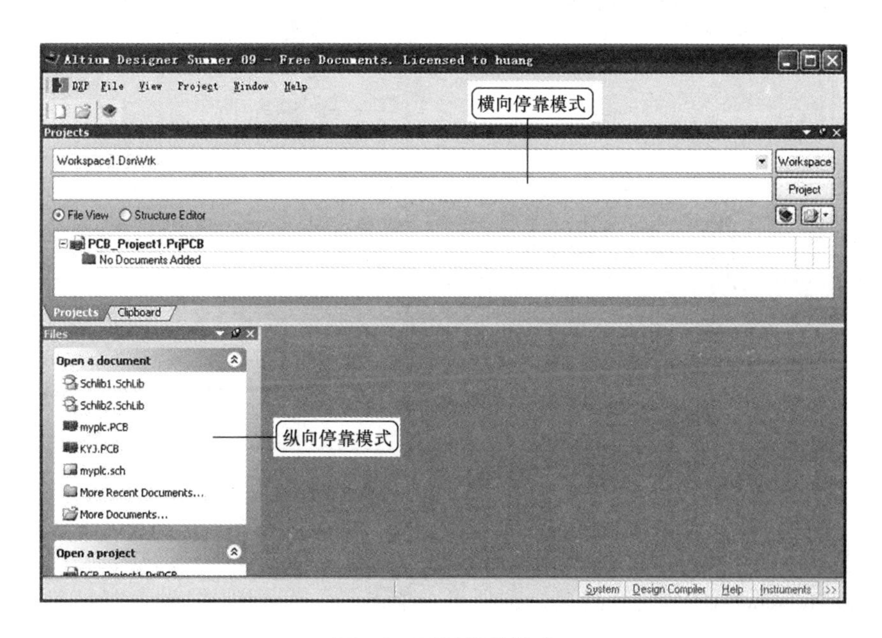

图 1-2　面板停靠模式

Pop-out Mode（弹出模式）指的是面板以弹出隐藏的方式出现于设计窗口，当单击位于设计窗口边缘的按钮时，隐藏的面板弹出，当光标移开后，弹出的面板窗口又隐藏回去，如图 1-3 所示。这两种不同的面板显示模式可以通过面板上的两个按钮互相切换。

Floating Mode（浮动模式）是指面板以漂浮的方式出现于设计窗口，如图 1-4 所示。

4. Altium Designer 9 软件的参数设置

在使用 Altium Designer 9 软件前，需要对系统参数进行设置，以适应自己的操作习惯。用户单击“DXP”子菜单下“Preferences”命令，系统将弹出如图 1-5 所示的系统参数设置对话框。

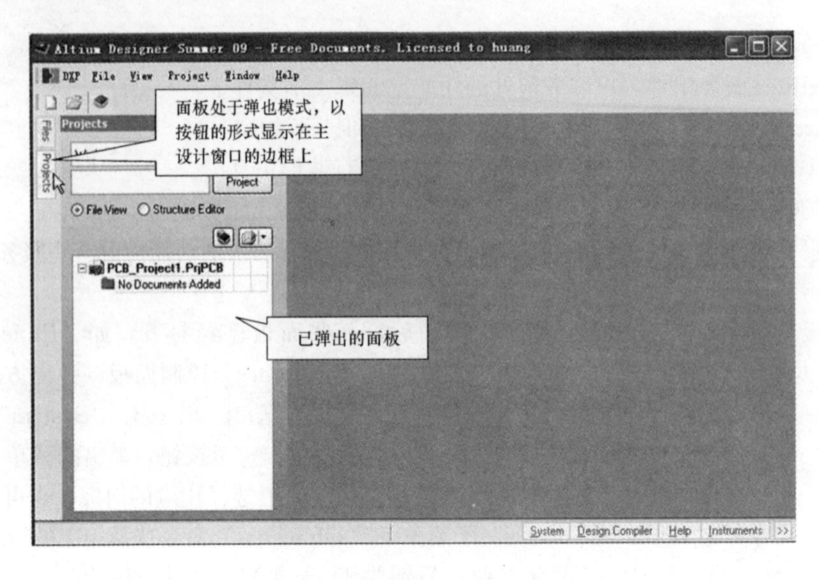

图 1-3　面板弹出、隐藏模式

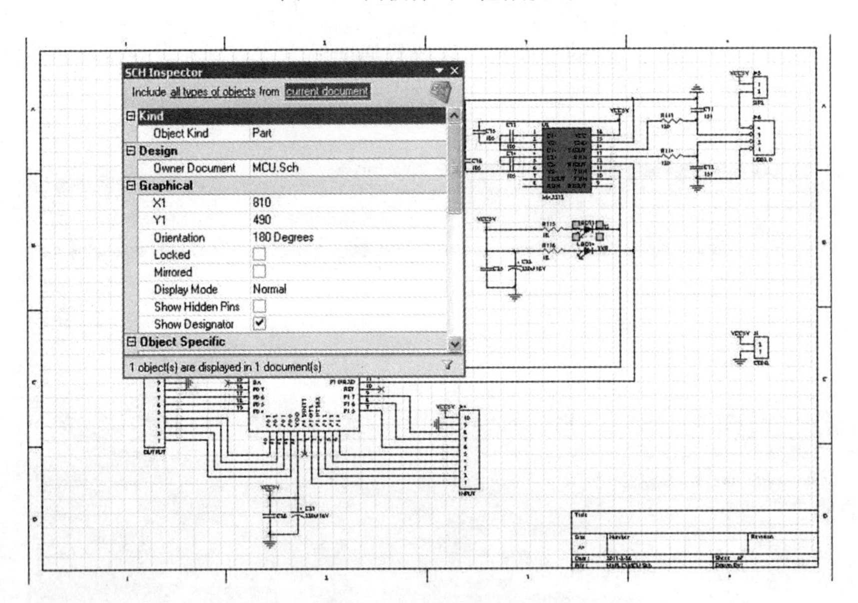

图 1-4　面板浮动模式

对话框具有树状导航结构，可对 12 个选项内容进行设置。

（1）System General（系统一般项）选项卡。单击“Preferences”设置窗口中的“System”子菜单下“General”命令，弹出系统一般项选项设置对话框，该对话框窗口包含了 5 个设置区域，分别是“Startup”、“Default Location”、“System Font”、“General”和“Localization”区域。

1）“Startup”区域用来设置启动时状态。

“Reopen Last Workspace”：重新启动时打开上一次关机时的屏幕。

“Open Home Page if no Documents open”：如果没有文档打开就打开主页。

“Show Startup screen”：显示开始屏幕。

2）“Default Locations”区域用来设置系统默认的文件路径。

“Document Path”：编辑框用于设置系统打开或保存文档、项目和项目组时的默认路径。用户直接在编辑框中输入需要设置的目录的路径，或者单击右侧的按钮，打开“浏览文件夹”对话框，在该对话框内指定一个已存在的文件夹，然后单击“确定”按钮即完成默认路径设置。

“Library Path”编辑框：用于设置系统的元件库目录的路径。

3）“System font”用于设置系统字体、字形和字体大小。

4）“General”通用设置。

“Monitor clipboard content within this application only”：在应用程序中查看剪切板的内容。

5）“Localization”本地化设置。

“Use localized resources”（使用本地化资源），选择该复选框，将弹出本地化设置对话框，通过一系列操作，设置使用本地化资源。

“Localized menus”：使用本地化菜单。

（2）切换英文编辑环境到中文编辑环境。

1）单击“Preferences”设置窗口中的“System”子菜单下“General”命令，该窗口包含了5个设置区域，分别是“Startup”、“Default Location”、“System Font”、“General”和“Localization”区域。

2）如图1-5所示，在“Localization”区域中，选中“Use Localized resources”复选框，系统会弹出提示框，单击“OK”按钮，然后在“System-General”设置界面中单击“Apply”按钮，使设置生效，再单击“OK”按钮，退出设置界面，关闭软件，重新进入Altium Designer软件系统，即可进入中文编辑环境。

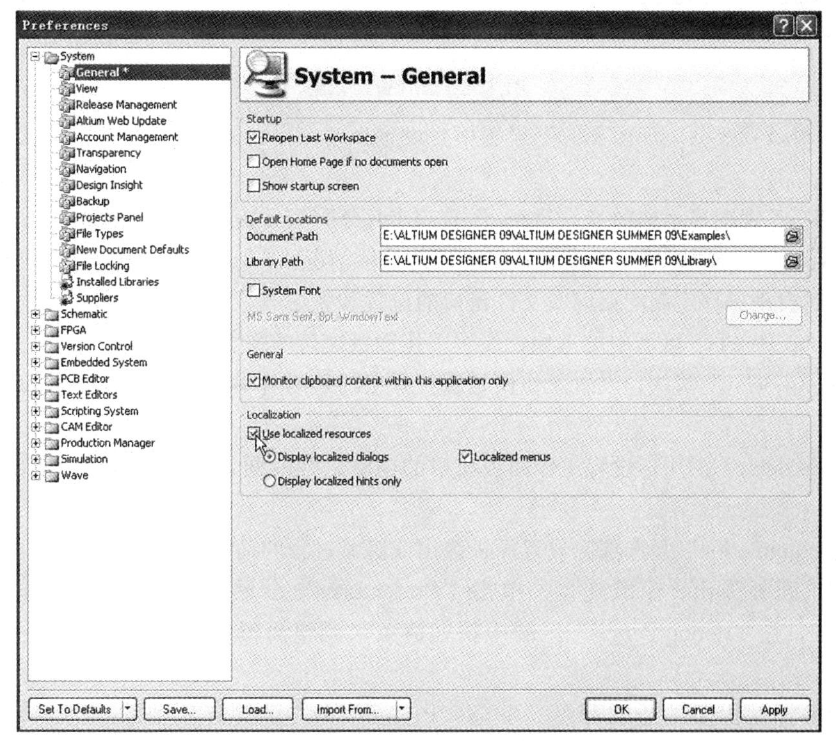

图1-5　选中“Use Localized resources”复选框

（3）系统备份设置。单击“Preferences”设置窗口中的“System”子菜单下“Backup”命令，弹出图1-6所示的对话框。

1）“Auto Save”设置框：设置自动保存的一些参数，选中“Auto save every”复选框，可以在时间编辑框中设置自动保存文件的时间间隔，最长时间间隔为120min。

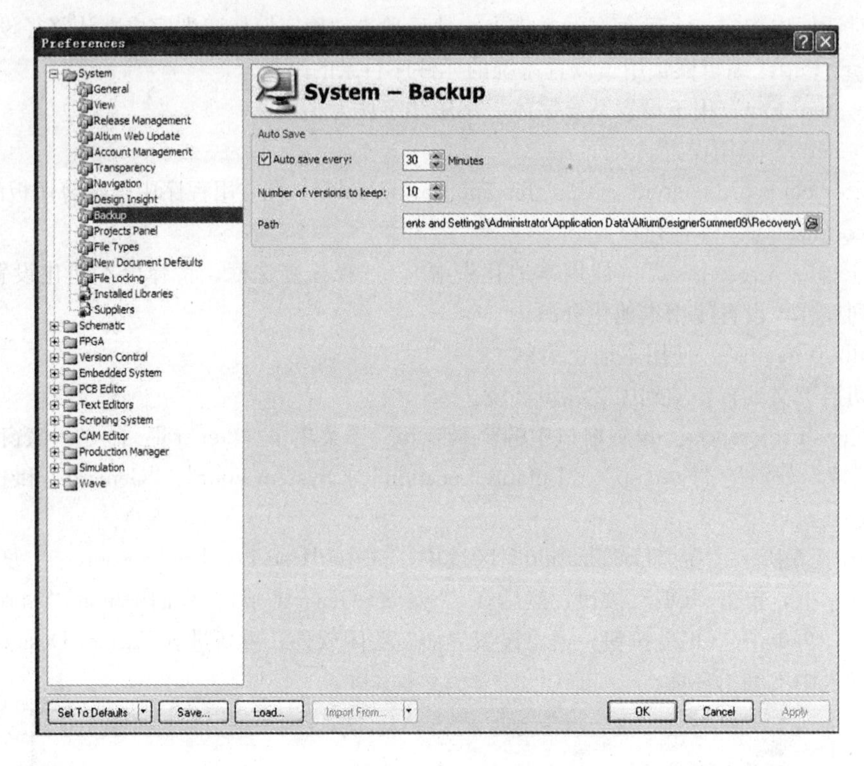

图 1-6　系统备份设置

2）“Number of versions to keep”设置框：设置自动保存文档的版本数，最多可保存 10 个版本。

（4）“View”视图显示选项卡。“View”选项卡用于设置系统视图显示的选项。

1）“Desktop”选项区域：可设置系统界面的显示情况。“Autosave desktop”复选项选中后，由系统关闭时自动保存定制的桌面及文件窗口的位置和大小等。

2）“Popup Panels”区域中的选项：设置工作面板窗口的弹出情况。

3）“Popup delay”滑块：设置工作面板窗口弹出的延迟时间，时间越短，面板窗口弹出速度越快。

4）“Hide delay”滑块：设置工作面板窗口的隐藏延迟时间，时间越短，面板窗口隐藏速度越快。

5）“Use animation”复选项：设置面板弹出或隐藏过程的动画效果，建议关闭此选项。

（5）调整面板弹出、隐藏速度。单击“Preferences”设置窗口中的“System”子菜单下“View”命令，在“Popup Panels”区域中拉动滑条来调整面板弹出延时、隐藏延时，如图 1-7 所示。

（6）调整浮动面板的透明程度。单击“Preferences”设置窗口中的“System”子菜单下“Transparency”命令，勾选“Transparency”下的复选框，即选择使用面板在操作的过程中，使浮动面板透明化。勾选“Dynamic transparency”（自动调整透明化程度）复选框，即在操作的过程中，光标根据窗口间的距离自动计算出浮动面板的透明化程度，也可以通过下面的滑条来调整浮动面板的透明程度，其效果如图 1-8 所示。

（7）“Altium Web Update”自动网络升级选项卡 。由设定自动网络升级的选项组成，可设置通过 Altium 公司账户或本地网络下载升级文件，同时可设置自动查找新的升级文件的频率。

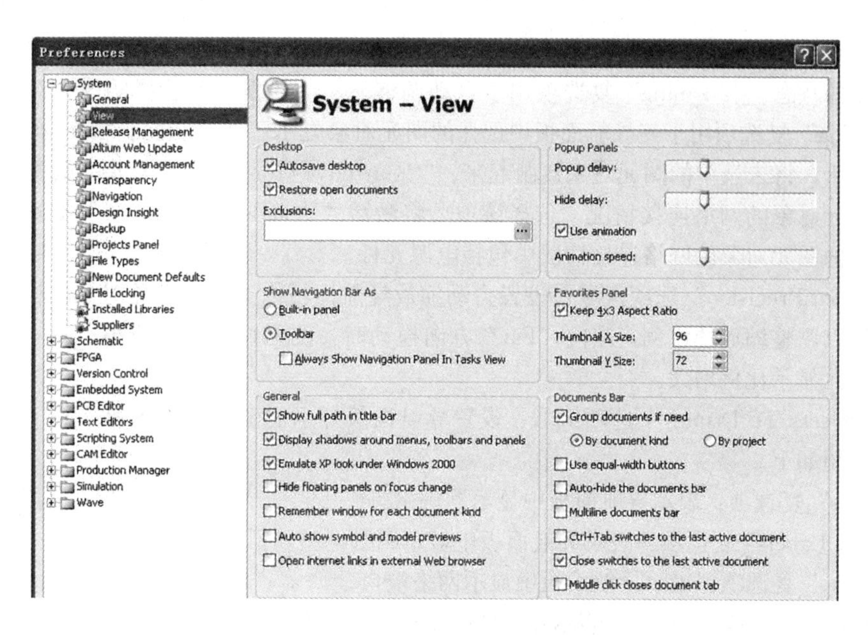

图 1-7 调整面板弹出、隐藏速度

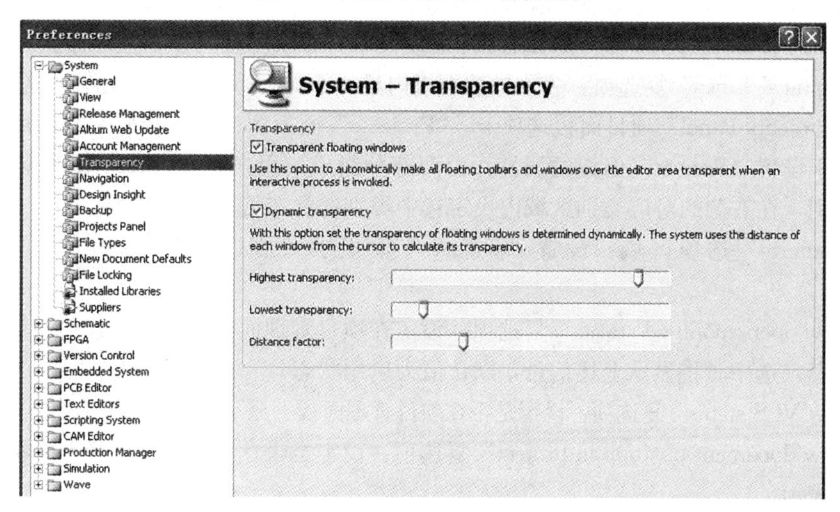

图 1-8 调整面板透明程度

（8）“Account Management”账户网络升级选项卡 。用于设置通过网络升级时用户的账户名和密码信息。

（9）“Transparency”透明效果选项卡 。“Transparency”选项卡内的选项主要设置浮动工具栏及对话框的透明效果，其中选项的具体意义如下。

1）“Transparent floating windows”复选项：设定在调用一个交互式过程时，编辑器工作区上的浮动工具栏及其他对话框是否以透明效果显示。

2）“Dynamic transparency”复选项：启用动态透明效果。“Highest transparency”滑块和“Lowest transparency”滑块分别用于设定最高透明度及最低透明度，滑块越靠右值越大。

3）“Distance factor”滑块：设定光标距离浮动工具栏、浮动对话框或浮动面板距离为多少时，透明效果消失。

（10）“Navigation”选项卡 。“Navigation”选项卡内的选项主要用于设置导航面板。

1）“Highlight Methods”选项区域：设置通过导航面板选择图元对象后，工作区显示图元对象强调显示的状态。“Zooming”复选项用于自动调整显示的比例，使选择的图元对象最大化显示；“Selecting”复选项用于使导航面板中选择的图元对象处于已选中状态；“Masking”复选项：设置自动蒙版，将未选中的图元对象遮蔽起来；“Connective Graph”复选项用于设置同时强调显示选中的图元对象的网络连接情况，选择该项后将激活“Include Power parts”复选项，该项强调显示选中的图元对象的网络连接情况中包括电源元件。

2）“Zoom Precision”选项区域：设置自动缩放导航面板内选中的图元对象的程度，通过拖动滑动条可以调整缩放的比例。当向“Far”方向拖动时，图元显示比例减小；向“Close”方向拖动时，图元显示比例增大。

3）“Objects To Display”选项区域：设置导航面板显示的图元对象内容，其中包括 7 个选项，功能介绍如下。

- “Pins”复选项：表示导航面板中显示器件引脚。
- “Net Labels”复选项：表示导航面板中显示网络标签。
- “Ports”复选项：表示导航面板中显示网络端口。
- “Sheet Entries”复选项：表示在多图纸设计中，导航面板内显示页面端口。
- “Sheet Connectors”复选项：表示在多图纸设计中，导航面板内显示页面接口。
- “Sheet Symbols”复选项：表示在多图纸设计中，导航面板内显示页面标志。
- “Graphical Lines”复选项：表示导航面板内显示不具有电气意义的图线。

（11）“Projects Panel”项目面板选项卡。“Projects”面板窗口是工作时常用的面板窗口，其中的选项用于设置“Project”面板的属性，由两部分组成，用户在“Categories”区域内选择项目面板的类别，在右侧的对应类别区域内设定选中类别的状态信息。

1）“General”选项区域：设置“projects”面板中的通用属性，其中选项的具体意义如下。

- “Show open/modified status”复选项：设定在项目管理面板上显示设计文档被编辑、保存或打开的状态。选中时将显示上述信息，默认值为启用状态。
- “Show VCS status”复选项：设定是否在项目管理面板上显示设计文档版本控制系统的状态。
- “Show document position in project”复选项：设定是否在项目管理面板上显示文档中的位置，用序号表示。
- “Show full path information in hint”复选项：设定当光标指向项目管理面板的文档时，是否在提示信息内显示文档的完整路径。
- “Show Grid”复选项：设定在项目管理器面板上是否显示栅格。

2）“File View”选项区域：设置“Projects”面板中的文件视图属性，其中选项的具体意义如下。

- “Show Project Structure”复选项：设置是否在项目管理器面板中显示项目结构。
- “Show Document Structure”复选项：设置是否在文件面板中显示文件结构。

3）“Structure View”选项区域：设置“Projects”面板中的机构视图属性，其中选项的具体意义如下。

- “Show Documents”复选项：设置是否在项目管理器面板中显示文档名。
- “Show Sheet Symbol”复选项：设置是否在项目管理器面板中显示页面标志。
- “Show Nexus Components”复选项：设置是否在项目管理器面板中显示连接组件。

4）“Sorting”选项区域：设置“Projects”面板中的排序属性，其中选项的具体意义如下。

- “Proiect order”单选项：设置是否按照添加的先后顺序排列项目中的文档。
- “Alphabetically”单选项：设置是否按字母顺序排列项目中的文档。
- “Open/modified status”单选项：设置是否按照已打开、正在编辑以及未打开等方式排列项目的文档。
- “VCS Status”单选项：设置是否按版本控制状态排列项目中的文档。
- 当选中上述4个选项之一后，若再选中“Ascending”复选项，则项目中的文档将按升序排列；否则，将按降序排列。

5）“Grouping”选项区域内的选项：设定项目中各文档的分组形式，其中各选项的具体意义如下。

- “Do not group”单选项：取消项目中的文档分类管理功能。
- “By class”单选项：表示按照类别管理项目的文档，即各种设计文档及输出文档算作一类，库文件算作另一类。
- “By document type”单选项：表示按照文件类别进行文档分类管理，即所有的原理图文档归为一类，所有的PCB文档归为一类。

6）“Default Expansion”区域：定义项目管理器面板的默认扩展状态。其中各选项的具体意义如下。

- “Full contracted”单选项：表示项目管理器面板中的所有子面板都收缩。
- “Expanded one level”单选项：表示扩展项目管理器面板中的第一级子面板。
- “Source file expanded”单选项：表示仅扩展源文件面板。
- “Fully expanded”单选项：表示扩展所有的面板。

7）“Single Click”选项区域：定义在“Projects”面板内单击的功能，其中选项的具体意义如下。

- “Does nothing”单选项：设定屏蔽的单击动作，选中该选项后，单击项目管理面板的某个文档图标，将不会引起任何动作。
- “Activates open documents/objects”单选项：设置单击激活已打开文档的功能，选中该选项后，单击项目管理面板上已处于打开状态的文档图标，就能够将该文档激活。
- “Opens and shows documents”单选项：设置单击打开文档的功能，选中该选项后，单击项目管理面板上未打开的文档图标时，该文档将被打开。

（12）“File Types”选项卡 。主要用于设置默认使用Altium Designer 9打开的文件类型，一旦用户在文件类型列表中勾选某一扩展名的文件类型前的复选项，在计算机中的同类型文件都将使用Altium Designer 9进行浏览。

（13）“New Document Defaults”选项卡 。选项卡主要用于设置使用Altium Designer 9新建的文件的初始状态和内容，如果用户将某一特定文件设置为该类型文件的新建默认文件，之后使用Altium Designer 9新建的所有该类型的文件的初始内容和初始设置都与该文件相同。用户可在“New documents default”栏中设置各种类型的文件的新建默认文件。

（14）“File Locking”选项卡 。主要用于设置文件锁定选项。

1）当选中“Enable File Locking”复选项后，系统将在当前文件中添加文件所有者信息，这样可以限制对文件更改的权限，非文件所有者将无法保存对文件的修改。当打开的是被锁定的文件时，在“Project”面板中对应文件名称旁边显示锁定标记；如果该文件属于当前用户所有，该锁定标记为绿色，否则为红色。

2）“Enable File Locking in File Output Directory”复选项设定文件输出目录下的文件或子目录内的文件的锁定，该复选项只有在“Enable File Locking”复选项选中后才被激活，当选中该项后，文件输出目录下的文件或子目录内的文件也会被锁定。

3）“Warning level for locked files during Open”下拉列表用于设定打开锁定文件时的警告级别，“Warning level for locked files during Save”下拉列表用于设定保存锁定文件时的警告级别，下拉列表中共有两个选项，其中“Warning in Dialog Box”项表示使用对话框方式显示警告，“Warning in Message Panel”项表示在消息面板中显示警告。

(15)“Installed Libraries”选项卡。主要用于显示和设置系统加载的各种元件库。

二、Altium Designer 的基本操作

1. 启动 Altium Designer 9 电路设计软件

双击桌面上的 Altium Designer 9（简称 AD9）图标，启动后的画面如图 1-9 所示。

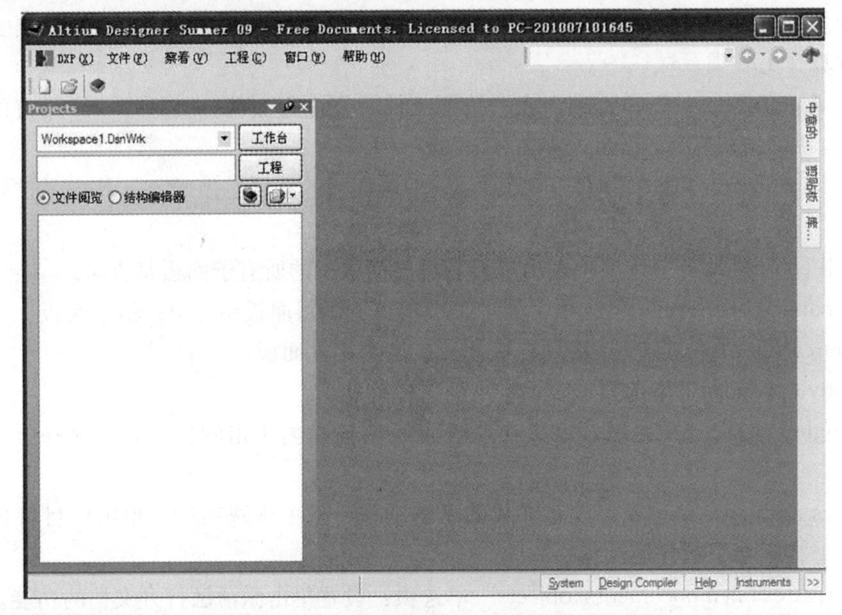

图 1-9　AD9 启动后的界面

2. 新建一个项目

(1) 如图 1-10 所示，单击执行“文件”菜单下的“新建”菜单下的“工程”菜单下“PCB 工程”命令。

(2) 如图 1-11 所示，单击执行“文件”菜单下的“保存工程为”命令。

(3) 弹出工程另存为对话框。

(4) 修改文件名为“PCB1”，保存类型设置为“PCB Projects（*PrjPcb)”。

(5) 单击“保存”按钮，保存 PCB1 工程，结果如图 1-12 所示。

3. 新建一个原理图文件

(1) 如图 1-13 所示，单击执行“文件”菜单下的“新建”菜单下的“原理图”命令。

(2) 新建一个名为“Sheet1. SchDoc”原理图文件。

(3) 右键单击“Sheet1. SchDoc”原理图文件，弹出快捷菜单，选择执行“保存为”命令，弹出另存为对话框。

(4) 重新设置文件名为“S1. SchDoc”原理图文件，新原理图文件更名为 S1. SchDoc。

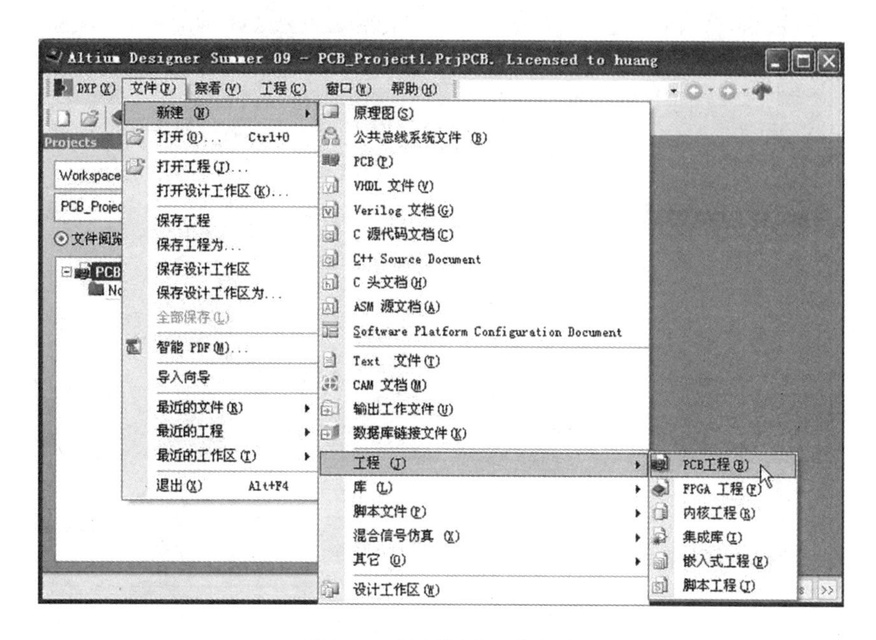

图 1-10 执行新建工程命令

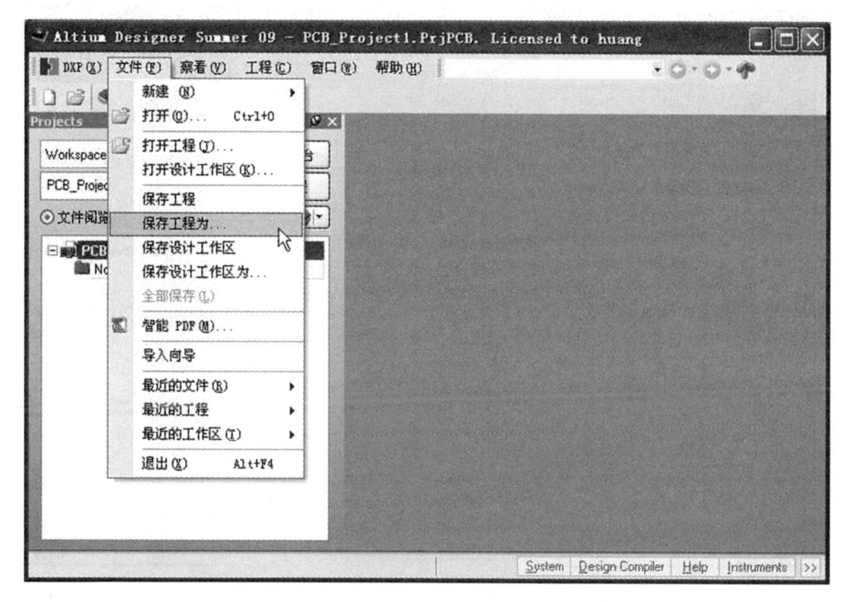

图 1-11 “保存工程为”命令

（5）在 File 文件面板的“新的”单元，单击“Schematic Sheet”，也可以创建一个新原理图文件。

4. 设置原理图选项

（1）单击执行“设计”菜单下“文档选项”命令，弹出图 1-14 所示的文档选项对话框。

（2）在标准类型选项区域，通过下拉列表选项，将图纸大小（sheet size）设置为标准 A4 格式。

（3）在选项设置区，可以设置图纸方位、标题块等。

1）方位：激活下拉列表选项，选择“Landscape”图样水平放置；选择“Portrait”，图样垂

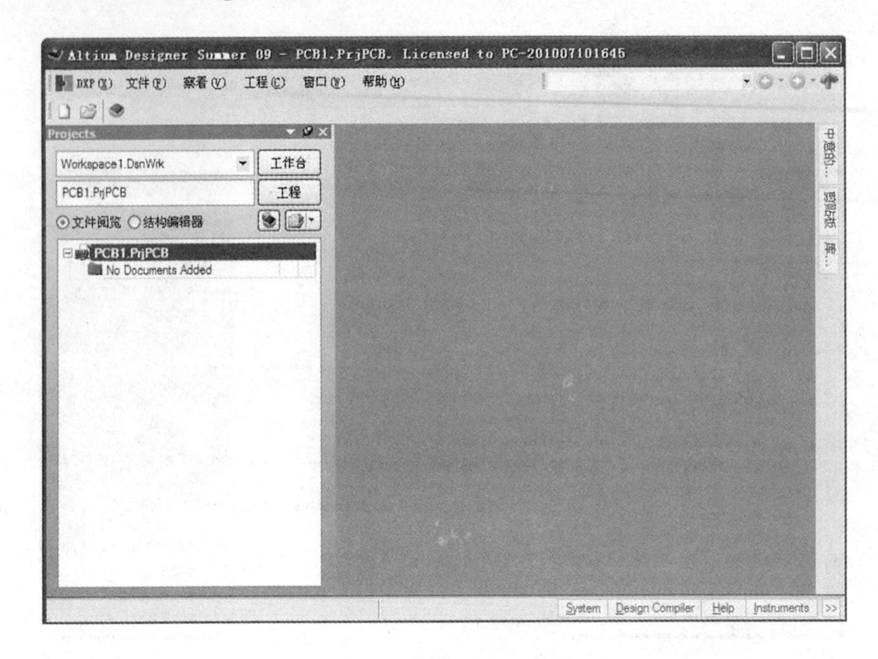

图 1-12　保存 PCB1 工程

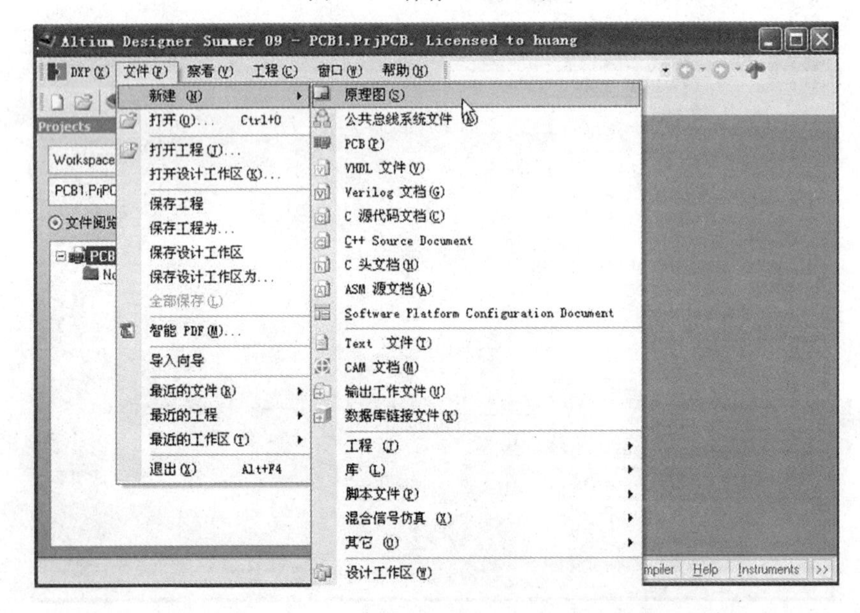

图 1-13　执行新建原理图命令

直放置；选项选择“Landscape”，将图纸设置为横向放置。

2）标题块：切换是否在图纸上显示标题栏。当选中复选项“是”，显示标题栏；否则，不显示标题栏。

3）参考边框显示：设定是否显示索引区，缺省设置为“是”，上下索引区显示英文字符，左右索引区显示数字。通过下拉列表可以更改为上下索引区显示数字，左右索引区显示英文字符。

4）图样边界显示：显示图纸边界。

5）边界颜色：设定边框线的颜色，安装时默认为黑色。在右边的颜色框中单击，系统将会弹出“Choose Color（选择颜色）”对话框，可通过它来选取新的边框颜色。

6）显示绘制模版：设置是否显示样板内的图形、文字及专用字符串等。通常，为了显示自

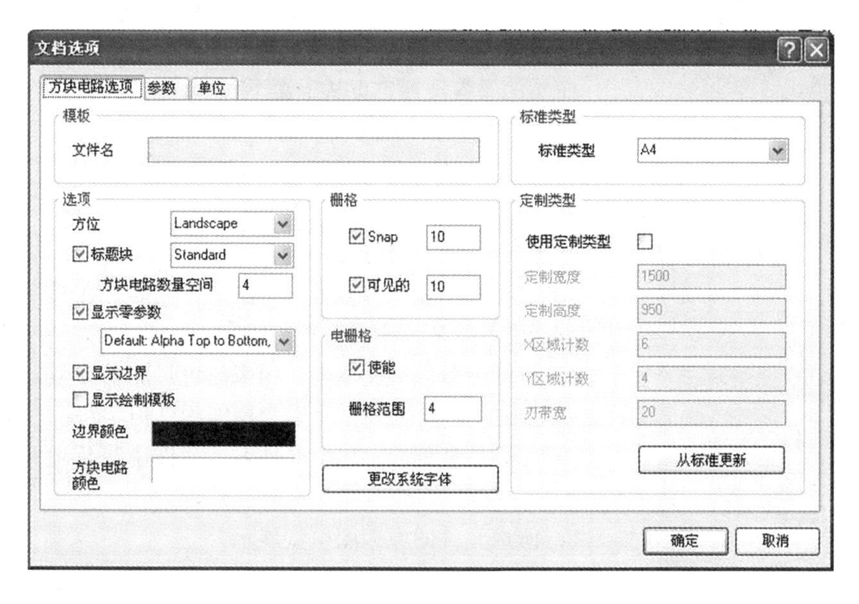

图 1-14　文档选项对话框

定义的标题区块或公司商标之类才选中该项。

7）方块电路颜色：设定图纸的颜色，安装时默认为白色。要变更底色时，请在该栏右边的颜色框上单击，打开选择颜色对话框，然后选取出新的底色。

（4）图样栅格。该选项用来设置网格的属性。Grids 栏包括两个选项："Snap"的设定和"Visible"的设定。

1）Snap（捕获光栅）：可以改变光标的移动间距。Snap 设定主要决定光标位移的步长，即光标在移动过程中，以设定为基本单位做跳移，单位是 mil（密尔，1000mil＝1in＝25.4mm）。如当设定 Snap＝10 时，十字光标在移动时，均以 10 个长度单位为基础。此设置的目的是使设计者在画图过程上更加方便地对准目标和引脚。

2）Visible（可视栅格）：设置可视化栅格的尺寸。可视栅格的设定只决定图样上实际显示的栅格的距离，不影响光标的移动。当设定 Visible＝10 时，图样上实际显示的每个栅格的边长为 10mil。

注意：捕获栅格和可视栅格的设定是相互独立的，两者不互相影响。

（5）电气栅格。如果选中"电气栅格"设置栏中"使能"左面的复选框，使复选框中出现"√"，表明选中此项，此时系统在连接导线时，将以箭头光标为圆心，以"Grid 栅格范围"栏中的设置值为半径，自动向四周搜索电气节点。当找到最接近的节点时，就会把十字光标自动移到此节点上，并在该节点上显示出一个红色"×"。如果设计者没有选中此功能，则系统不会自动寻找电气节点。

（6）更改系统字体。单击设置栏中的"更改系统字体"选项按钮，编辑界面上将出现字体设置窗口，设计者可以在此处设置元器件引脚号的字型、字体和字号大小等。

（7）单击"确认"按钮，完成原理图选项的设置。

5. 加载元件库

绘制电路原理图时，在放置元件之前，必须先加载该元件所在的元件库，否则元件无法放置。但如果一次加载过多的元件库，将会占用较多的系统资源，影响计算机的运行速度。所以，一般的做法是只加载必要而常用的元件库，其他特殊的元件库当需要时再加载。

（1）浏览元器件库可以执行"设计"菜单"浏览库"下的命令，系统将弹出图 1-15 所示的

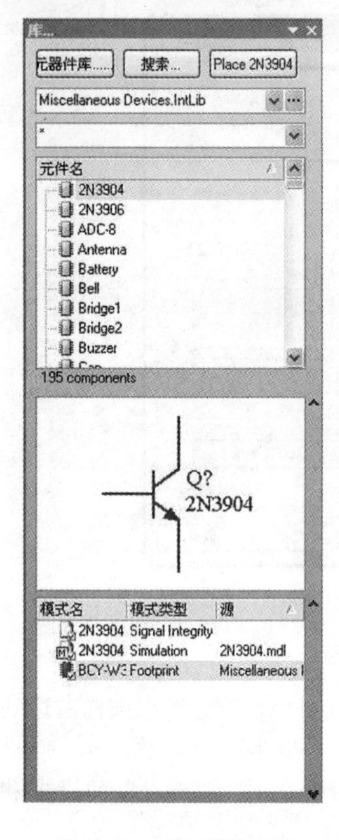

图 1-15　元件库管理器

元件库管理器。

在元件库管理器中，从上至下各部分功能说明如下：

1）3 个按钮的功能：

- 元器件库：用于“装载/卸载元件库”。
- 搜索：用于查找元件。
- Place：用于放置元件。

2）元器件库显示文本框：单击下拉列表，在其中可以看到已添加到当前开发环境中的所有集成库。

3）过滤参数设置文本框：用来设置过滤器参数，设置元件显示的匹配项的操作内容。“＊”表示匹配任何字符。

4）元件信息列表：包括元件名、元件说明及元件所在集成库等信息。

5）所选元件的原理图模型展示。

6）所选元件的相关模型信息，包括其 PCB 封装模型，进行信号仿真时用到的仿真模型，进行信号完整性分析时用到的信号完整性模型。

（2）元件库的加载。单击图 1-15 中的“元器件库”按钮，或直接单击执行“设计”菜单下的“添加/移除库”命令，系统将弹出如图 1-16 所示的“可用库”对话框。在该对话框中，可以看到有 3 个选项卡：

1）“工程”选项卡：显示当前项目相关联的元件库。

在该选项中单击“添加库”按钮，即可向当前工程中添加元件库。添加元件库的默认路径为 Altium Designer 9 安装目录下 Library 文件夹的路径，里面按照厂家的顺序给出了元器件的集成

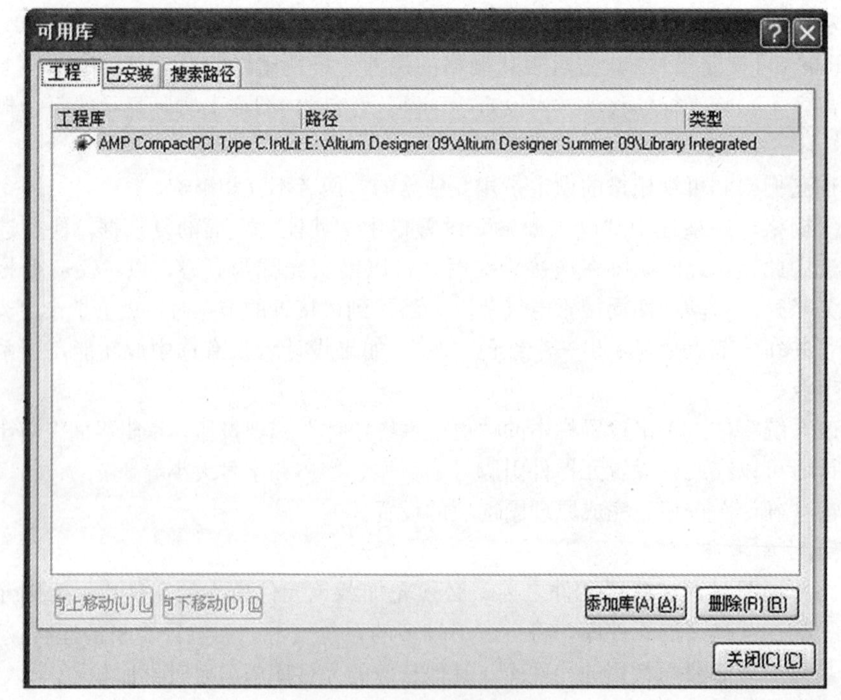

图 1-16　可用库对话框

库，用户可以从中选择自己想要安装的元件库，然后单击“打开”按钮，就可以把元件库添加到当前工程中了。

在该选项卡中选中已经存在的文件夹，然后单击“删除”按钮，就可以把该元件库从当前工程项目中删除。

2）“已安装”选项卡 ：显示当前开发环境已经安装的元件库。任何装载在该选项卡中的元件库可以被开发环境中的任何工程项目所使用。如图 1-17 所示。

图 1-17 已安装的元件库

● 使用“向上移动”和“向下移动”按钮，可以把列表中的选中的元件库上移或下移，以改变其在元件库管理器中的显示顺序。

● 在列表中选中某个元件库后，单击“删除”按钮就可以将该元件库从当前开发环境移除。

● 想要添加一个新的元件库，可以单击“安装”按钮，系统将弹出打开元件库对话框。用户可以从中寻找自己想加载的元件库，然后单击“打开”按钮，就可以把元件库添加到当前开发环境中了。

3）“搜索路径”选项卡。

6. 元件查找

元件库管理器为设计者提供了查找元件的工具。即在元件库管理器中，单击“Search 搜索”按钮，系统将弹出如图 1-18 所示的“搜索库”对话框。在该对话框中，可以设定查找对象，以及查找范围，可以查找的对象为包含在“ * . IntLib”文件中的元件。该对话框的操作、使用方法如下：

（1）范围操作框：该操作框用来设置查找的范围。当选中“可用库”单选项时，在已经装载的元件库中查找，并且在“Path”操作框中选择搜索库的正确路径；当选中“库文件路径”单选项时，在已定的目录中进行查找。

（2）路径操作框：该操作框用来设定查找的对象的路径，该操作框的设置只有在选中“库文

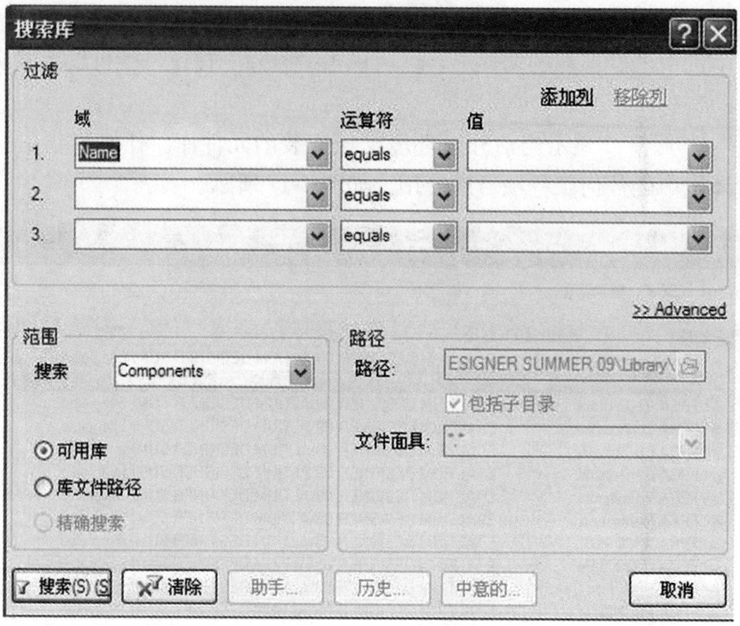

图 1-18　搜索库对话框

件路径”时有效。“路径”设置查找的目录，选中“包括子目录”复选框，则包含在指定目录中子目录也进行搜索。

(3)“文件匹配”：设定查找对象的文件匹配域，“.”表示匹配任何字符串。

(4) 为了查找某个元件，在最上面的文本框中输入元件名称，单击“搜索”按钮即开始搜索，找到所需的元件后，单击位于最上方的“Stop (停止)”按钮停止搜索。

(5) 从搜索结果中可以看到相关元件及其所在的元件库。可以将元件所在的元件库直接装载到元件库管理器中以便继续使用。也可以直接使用该元件而不装载其所在的元件库。

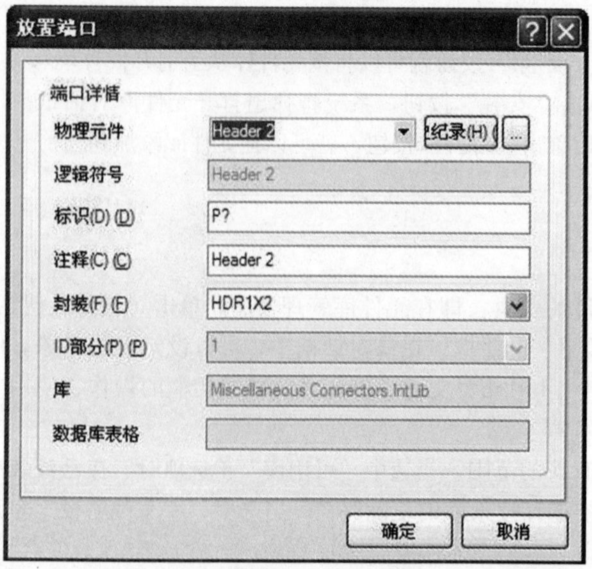

7. 放置元器件

在原理图中放置元件的方法主要介绍下列两种：

(1) 通过输入元件名放置元件。如果确切知道元件的名称，最方便的做法是在“放置元件”对话框中输入元件名后放置元件。具体操作步骤如下。

单击执行“放置”菜单下的“器件”命令，弹出图 1-19 所示的放置元件对话框。

可放置的对象有下列三种情况：

1) 放置最近一次放置过的元件，即“物理元件”所指示的元件，单击“确定”按钮即可。

2) 放置历史元件（以前放置过的

图 1-19　放置元件对话框

元件）。单击对话框中“纪录”按钮，打开图 1-20 所示的“放置零件历史纪录”对话框，从中选择目标元件后单击“确定”按钮，再单击”放置元件“对话框的“确定”按钮即可放置前次放置的元器件。

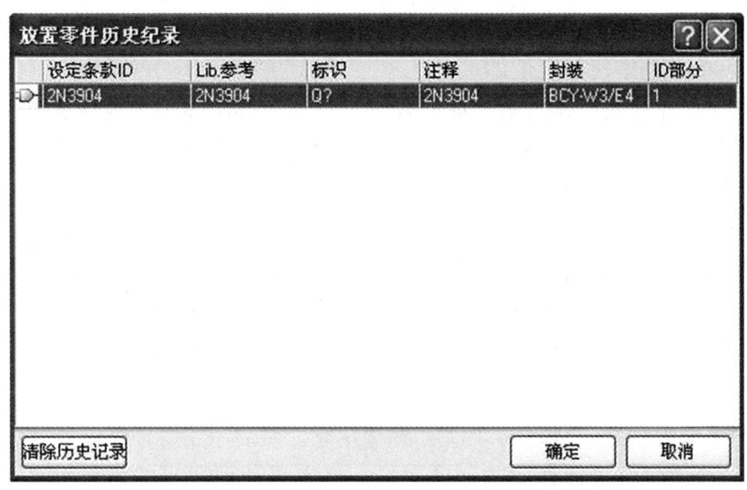

图 1-20　放置元件历史纪录

3）放置指定库中的元件。单击“纪录”之后的省略号按钮，打开如图 1-21 所示的“浏览库”对话框，从指定库中选择目标元件后首先单击“浏览库”对话框的“确定”按钮，再单击“放置元件”对话框的“确定”按钮即可放置选中的元器件。

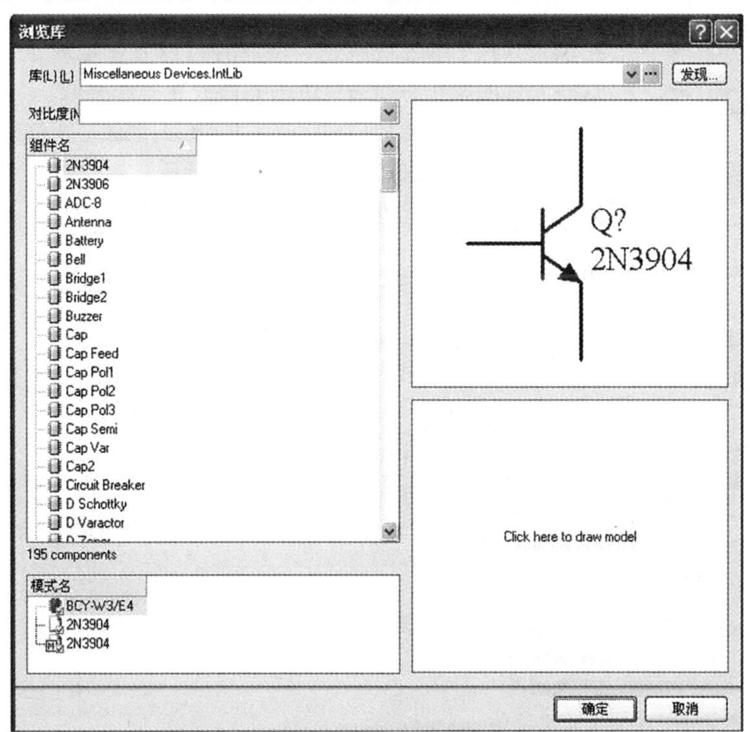

图 1-21　浏览库对话框

4）在图 1-19 所示的对话框中“标识”编辑框输入当前元件的序号（例如 Q1）。当然也可以不输入序号，即直接使用系统的默认值“Q?”，等到绘制完电路全图之后，通过执行“工具”菜单下的“注解”命令，就可以轻易地将原理图中所有元件的序号重新编号。

5）元件注释：在注释编辑框中可以输入该元件的注释。

6）输入封装类型：在图 1-19 中的“封装”框中输入元件的封装类型。设置完毕后，单击对话框中的“确定”按钮，屏幕上将会出现一个可随鼠标指针移动的元件符号，拖动鼠标将它移到适当的位置，然后单击左键使其定位即可。

7）完成放置一个元件的动作之后，单击右键，系统会再次弹出“放置元件”对话框，等待输入新的元件编号。假如现在还要继续放置相同形式的元件，就直接单击“确定”按钮，新出现的元件符号会依照元件封装自动地增加流水序号。如果不再放置新的元件，可直接单击“取消”按钮，关闭对话框。

（2）从元件管理器的元件列表中选取放置。以放置定时器 555 为例，操作如下：

1）单击执行“放置”菜单下的“器件”命令，弹出放置元件对话框。

2）在放置元件对话框中的“元件库”栏的下拉列表框中选取“Motorola Analog Timer Circuit . IntLib”。

3）在元件列表框中找到“MC1455BD”，并选定它。然后单击“Place MC1455BD”按钮，此时屏幕上会出现一个随鼠标指针移动的元件图形，将它移动到适当的位置后单击左键使其定位即可。

4）也可以直接在元件列表中双击“MC1455U”，将其放置到原理图中。

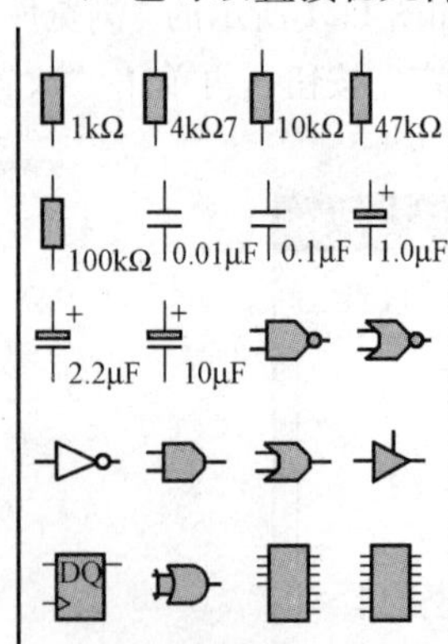

图 1-22　使用常用数字元件工具栏

（3）使用常用数字工具栏放置元件。系统提供了 Digital Objects（常用数字元件）工具栏，如图 1-22 所示。常用数字元件工具栏为设计者提供了常用规格的电阻、电容、与非门、寄存器等元件，使用该工具栏中的元件按钮，设计者可以方便地放置这些元件，放置这些元件的操作与前面所讲的元件放置操作类似。

（4）放置电源和接地元件。电源和接地元件可以使用电源工具栏上对应的命令来选取，如图 1-23 所示。

在放置电源元件的过程中，按“Tab”键，将会出现如图 1-24 所示的“电源端口”对话框。对于已放置了的电源元件，在该元件上双击，或在该元件上单击右键，弹出快捷菜单，使用快捷菜单的“属性”命令，也可以调出“电源端口”对话框。

在对话框中可以编辑电源属性，在“网络”编辑框可修改电源符号的网络名称。

单击“颜色”框，可以选择显示元件的颜色。

图 1-23　放置电源和接地元件

单击“方位”选项后面的字符，会弹出一个选择旋转角度的对话框，设计者可以选择旋转角度。

单击“类型”选项后面的下拉列表，可以选择符号样式。

修改“位置”的 X、Y 的坐标数值，可以确定放置元件的位置。

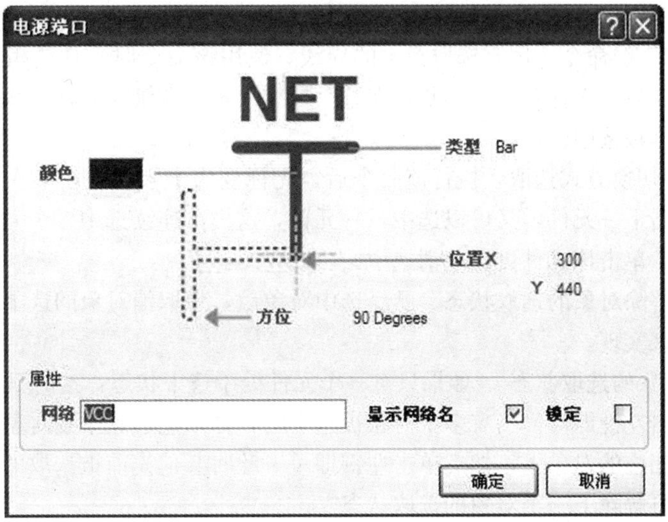

图 1-24 “电源端口”对话框

8. 调整元件位置

设计者都希望自己绘制的原理图美观且便于阅读，元件的布局是关键的操作。元件位置的调整就是利用 Altium Designer 9 系统提供的各种命令将元件移动到合适的位置，并旋转为合适的方向，使整个编辑界面中的元件布局均匀。

(1) 通过快捷方式选取对象。

1) 单击选取单个对象。在目标对象（包括元件、导线、总线等）上单击左键，目标对象周围将出现一个虚线框，并且其顶点上有绿色矩形块标记。

2) 选取多个对象。在按下“Shift”键的同时多次单击左键，就可以选择多个对象。

3) 拖拽鼠标选取区域内对象。在原理图图纸上按住左键，光标变成十字状，继续按住左键并移动，可以看见拖出一个虚线框，移动光标到合适位置处松开鼠标，即可选中矩形框中的所有元件。使用该操作可以选取一个区域内的所有对象，视区域大小不同，可选取单个或多个对象。

4) 同时，也可以使用工具栏上的区域选取工具来进行区域选取。

(2) 通过菜单命令选择元件。如图 1-25 所示，单击执行“编辑”主菜单下的下拉命令，选择元件。

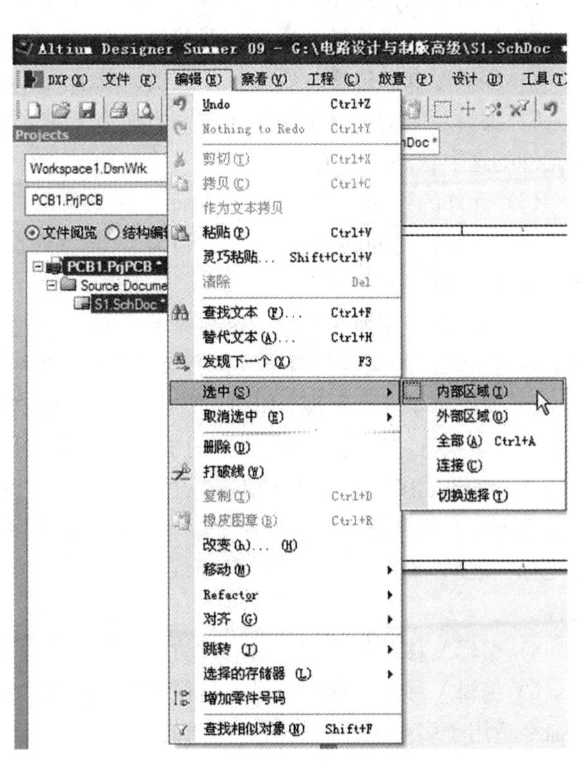

图 1-25 通过菜单命令选择元件

1) 内部区域：选取内部区域元件命令，用于选取规划区域内的对象。

2）外部区域：选取区域外元件命令，用于选取区域外的对象。

3）所有：选取所有元件的命令，用于选取图纸内所有元件。

4）连线：选取连线命令，用于选取指定的导线。使用该命令时，凡是相互连接的导线都会被选中。执行该命令后，光标变成十字状，在某一导线上单击左键，则该导线以及与该导线有连接关系的所有导线都被选中。

5）切换选择：切换方式选取，执行该命令后，光标变为十字状，在某一元件上单击，即可选中该元件；再单击下一元件，又可以选中下一元件，这样可连续选中多个元件。如果之前元件已经处于选中状态，单击该元件可以取消选中。

（3）单击左键解除对象的选取状态。已经选中对象后，想取消对象的选中状态，可以通过菜单项和工具栏工具来实现。

1）解除单个对象的选取状态 。如果只有一个元件处于选中状态，这时只需在图纸上非选中区域的任意位置单击左键即可。当有多个对象被选中时，如果想解除个别对象的选取状态，这时只需将光标移动到相应的对象上，然后单击左键即可。此时其他先前被选取的对象仍处于选取状态。接下来你可以再解除下一个对象的选取状态。

2）解除多个对象的选取状态 。当有多个对象被选中时，如果想一次解除所有对象的选取状态，这时只需在图纸上非选中区域的任意位置单击左键即可。

3）使用标准工具栏上解除命令。在标准工具栏上有一个解除选取图标，单击该图标后，图纸上所有带有高亮标记的被选对象全部取消被选状态，高亮标记消失。

（4）使用菜单中相关命令实现。单击执行“编辑”主菜单下“取消选择”下拉命令，可以分不同情形取消元件选择。

1）编辑 \ 取消选择 \ 内部区域：将选框中所包含的元件的选中状态取消。

2）编辑 \ 取消选择 \ 外部：将选择框外所包含的元件的选中状态取消。

3）编辑 \ 取消选择 \ 所有打开的当前文档：取消当前文档中所有元件的选中状态。

4）编辑 \ 取消选择 \ 所有打开文档：取消所有已打开文档中元件的选中状态。

5）编辑 \ 取消选择 \ 切换选择：切换方式取消元件的选中状态。在某一选中元件上单击，则元件的选中状态被取消。

（5）元件的移动。Altium Designer 9 提供了两种移动方式：一是不带连接关系的移动，即移动元件时，元件之间的连接导线就断开。二是带连接关系的移动，即移动元件的同时，跟元件相关的连接导线也一起移动。

1）通过鼠标拖拽实现。首先选择单个或多个元件，然后把光标指向已选中的一个元件上，按下左键不动，并拖拽至理想位置后松开鼠标，即可完成移动元件操作。

2）使用菜单命令实现。如图 1-26 所示，菜单“Edit”的“Move”下包含跟移动元件有关的命令，单击执行“编辑”主菜单下的子项“移动”下拉命令，可进行元件的移动。

3）编辑 \ 移动 \ 拖动（单击执行“编辑”主菜单下的子项“移动”下的“拖动”命令）：当元件连接有线路时，执行该命令后，光标变成十字状。在需要拖动的元件上单击，元件就会跟着光标一起移动，元件上的所有连线也会跟着移动，不会断线。执行该命令前，不需要选取元件。

4）编辑 \ 移动 \ 移动：用于移动元件。但该命令只移动元件，不移动连接导线。

5）编辑 \ 移动 \ 移动选择：与移动命令相似，只是它们移动的是已选定的元件。另外，这个命令适用于多个元件一起同时移动的情况。

图 1-26　通过菜单命令选择元件

6）编辑 \ 移动 \ 通过 X、Y 移动选择：执行该命令后，弹出图 1-27 所示“Move by X, Y”对话框，在 X、Y 参数文本框输入元件水平移动和垂直移动的数值，单击“确定”。与拖动命令相似，只是它们移动的是已选定的元件。另外，这个命令适用于多个元件一起同时移动的情况。

7）编辑 \ 移动 \ 移动到前面：这个命令是平移和层移的混合命令。它的功能是移动元件，并且将它放在重叠元件的最上层，操作方法同拖动命令。

(6) 元件的旋转。元件的旋转实际上就是改变元件的放置方向。Altium Designer 6 提供了很方便的旋转操作，操作方法如下：

1）首先在元件所在位置单击左键选中元件，并按住左键不放。

2）按“Space”键，就可以让元件以 90°旋转，这样就可以实现图形元件的旋转。

9. 复制 \ 剪贴 \ 删除

Altium Designer 9 提供的复制、剪切、粘贴和删除功能跟 Windows 中的相应操作十分相似。

(1) 复制：选中目标对象后，执行“编辑”菜单中的“拷贝”命令，将会把选中的对象复制到剪贴板中。该命令等价于工具栏快捷工具的功能。

(2) 剪切：选中目标对象后，执行菜单中“编辑”中的“剪切”命令，将会把选中的对象移入剪切板中。该命令等价于工具栏快捷工具的功能。

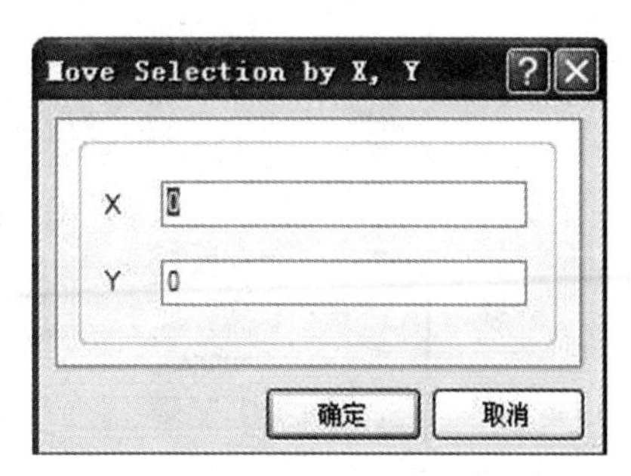

图 1-27　通过 X、Y 移动

（3）粘贴：执行菜单“编辑”中的“粘贴”命令，把光标移到图纸中，可以看见粘贴对象呈浮动状态随光标一起移动，然后在图纸中的适当位置单击左键，就可把剪切板中的内容粘贴到原理图中。该命令等价于工具栏快捷工具的功能。

（4）删除：删除元件可通过菜单“编辑”中的“清除”或“删除”命令实现。

1）“清除”命令的使用方法：选中目标对象后，执行菜单“编辑”中的“清除”命令，将会把选中的对象从原理图中删除。

2）“删除”命令的使用方法：执行菜单“编辑”中的“删除”命令后，光标变成十字状，在想要删除的元件上单击左键，即可删除一个元件。

提示：复制\剪切\粘贴命令也可以通过功能热键来实现，而且与 Windows 系统命令完全一致。

10. 编辑元件属性

绘制原理图时，往往需要对元件的属性进行重新设置，下面介绍如何设置元件属性。

在将元件放置在图纸之前，元件符号可随鼠标移动，如果按下 Tab 键就可以打开如图 1-28 的“Component Properties（元件属性）”对话框，可在此对话框中编辑元件的属性。

如果已经将元件放置在图纸上，若要更改元件的属性，可以执行“编辑”菜单下“改变”命令来实现。该命令可将编辑状态切换到对象属性编辑模式，此时只需将鼠标指针指向该对象，然后单击左键，即可打开“元件属性”对话框。另外，还可以直接在元件的中心位置双击元件，也可以弹出“元件属性”对话框。然后设计者就可以进行元件属性编辑操作。

（1）属性操作框。

1）标识。元件在原理图中的序号，选中其后面的“可见的”复选框，则可以显示该序号，否则不显示。

2）注释。该编辑框可以设置元件的注释，如前面放置的元件注释为 MC1455BD，可以选择或者直接输入元件的注释，选中其后面的“可见的”复选框，则可以显示该注释，否则不显示。

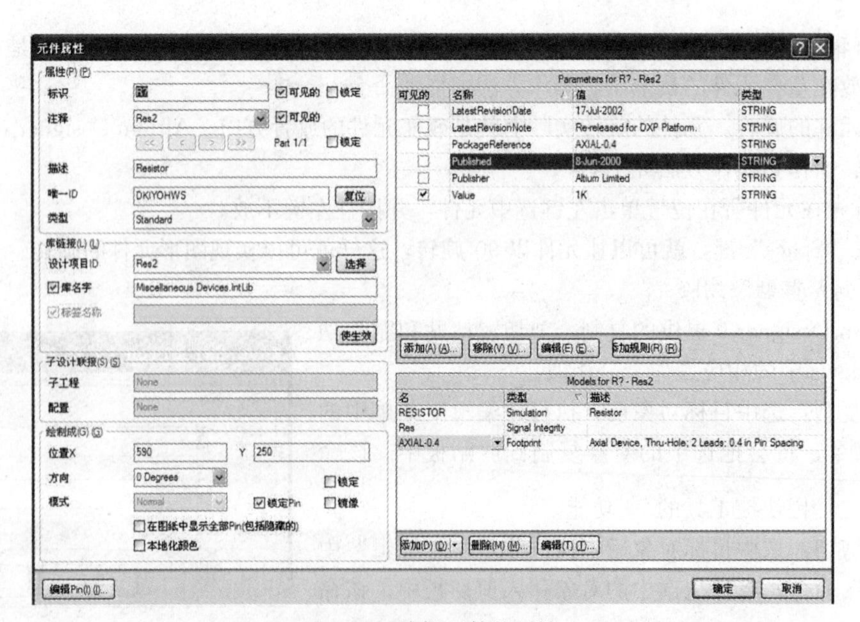

图 1-28 编辑元件的属性

3）Part。对于有多个相同的子元件组成的元件，由于组成部分一般相同，如74LS04具有6个相同的子元件，一般以A、B、C、D、E和F来表示，此时可以选择按钮来设定。

4）描述。该编辑框为元件属性的描述。

5）唯一ID。设定该元件在本设计文档中的ID，是唯一的。

6）子工程。在该编辑框，可以输入一个连接到当前原理图元件的子设计项目文件。子设计项目可以是一个可编程的逻辑元件，或者是一张子原理图。单击后面的浏览按钮，就可以定位该子文件。

（2）图形属性操作框。该操作框显示了当前元件的图形信息，包括图形位置、旋转角度、填充颜色、线条颜色、引脚颜色，以及是否镜像处理等编辑。

1）设计者可以通过修改X、Y位置坐标，移动元件位置；通过旋转属性选择框可以设定元件的旋转角度，以旋转当前编辑的元件。设计者还可以通过选中“镜像”复选框，将元件镜像处理。

2）显示隐藏的Pins。是否显示元件的隐藏引脚，选择该选项可以显示元件的隐藏引脚。

3）本地化颜色。选中该选项，可以显示颜色操作，即进行填充颜色、线条颜色、引脚颜色设置。

4）锁定Pins。选中该选项，可以锁定元件的引脚，此时引脚无法单独移动。

（3）元件参数列表（Parameters list）。在图1-28对话框的右侧为元件参数列表，其中包括一些与元件特性相关的参数，设计者也可以添加新的参数和规则。如果选中了某个参数左侧的复选框，则会在图形上显示该参数的值。

（4）元件的模型列表（Models list）。在图1-28所示对话框的右下侧为元件的模型列表，其中包括一些与元件相关的引脚类别和仿真模型，设计者也可以添加新的模型。对于用户自己创建的元件，掌握这些功能是十分必要的。通过下方的“添加”按钮可以增加一个新的参数项；“移除”按钮可以删除已有参数项；“编辑”按钮可以对选中的参数项进行修改。

图1-29 添加新模型

（5）添加封装属性。

1）在元件的模型列表编辑框中，单击“添加”按钮，系统会弹出如图1-29所示的添加新封装模型对话框，在该对话框的下拉列表中，选择“Footprint”模型。

2）单击“确定”按钮，系统将弹出如图1-30所示的“PCB模型”对话框。

3）在该对话框中可以设置PCB封装的属性。在“名称”编辑框中可以输入封装名，“描述”编辑框可以输入封装的描述。

4）单击“浏览”按钮可以选择封装类型，系统弹出如图1-31所示的“浏览库”对话框，此时可以选择封装类型，然后单击“确定”按钮即可。

5）如果当前没有装载需要的元件封装库，则可以单击图1-31中的按钮装载一个元件库，或按“查找”按钮查找要装载的元件库。

11. 连接线路

将电路中一个元件引脚与另一个元件引脚用导线连接起来，可以按下面的操作步骤进行。

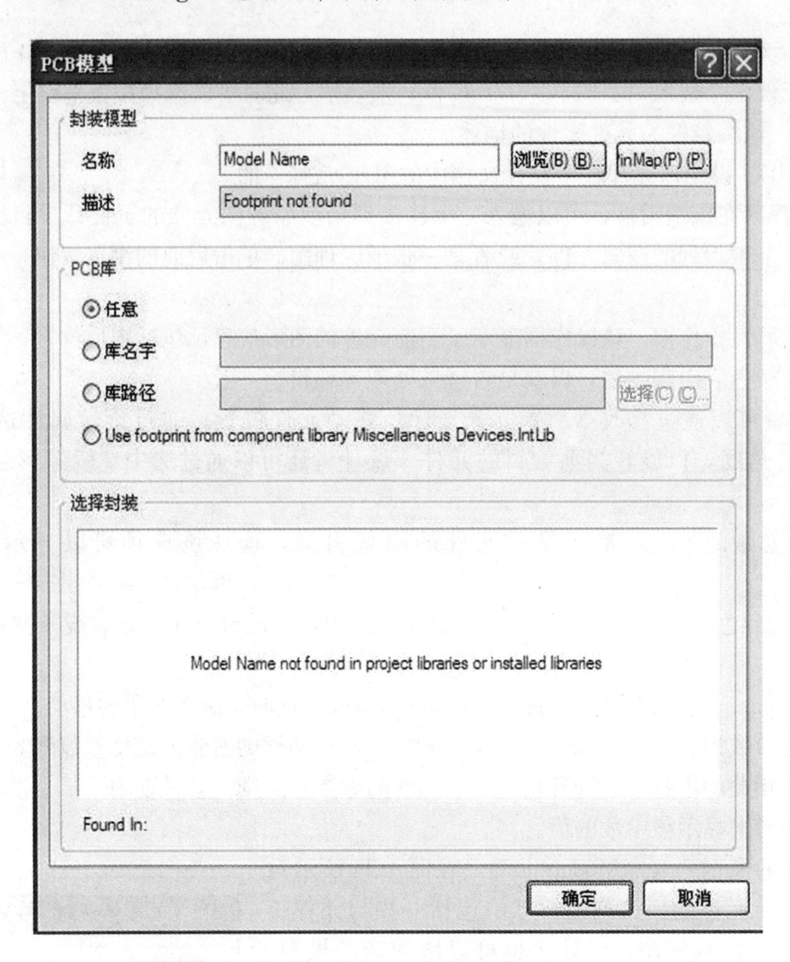

图 1-30　PCB 封装模式

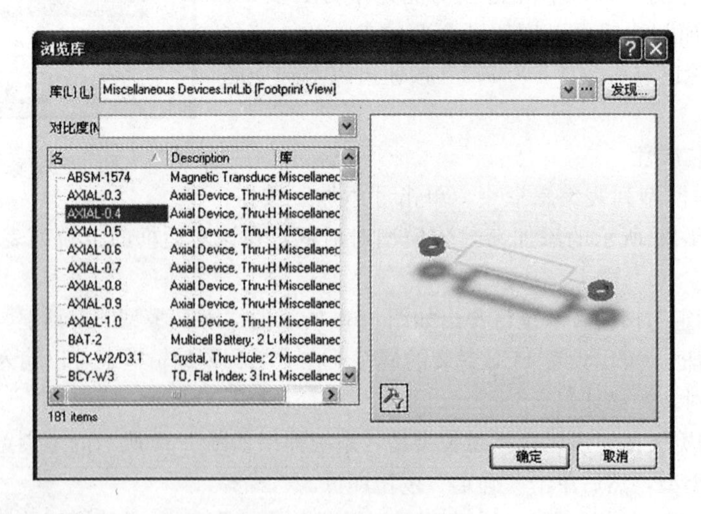

图 1-31　浏览库对话框

(1) 执行“放置”菜单下的“导线”命令。此操作也可用单击“导线”工具栏中的“≈”按钮代替。

(2) 此时光标变成十字状，系统进入连线状态，将光标移到一个元件的第 1 引脚，会自动出现一个红色“×”，单击左键，确定导线的起点，开始画导线。

（3）移动鼠标拖动导线线头，在转折点处单击左键确定，每次转折都需要单击左键。

（4）当到达导线的末端时，再次单击左键确定导线的终点即完成。

（5）当一条导线绘制完成后，整条导线的颜色变为蓝色。

（6）画完一条导线后，系统仍然处于“画导线”命令状态。将光标移动到新的位置后，重复上面（1）～（4）步操作，可以继续绘制其他导线。

（7）Altium Designer 9 为设计者提供了四种导线模式。90°走线、45°走线、任意角度走线和自动布线。在画导线过程中，按下“Shift”＋“Space”键可以在各种模式间循环切换。

（8）当切换到 90°模式（或 45°模式）时，按“Space”键可以进一步确定是以 90°（或 45°）线段开始，还是以 90°（或 45°）线段结束。

（9）当使用“Shift”＋“Space”键切换导线到任意模式（或自动模式）时，再按“Space”键可以在任意模式与自动模式间切换。

（10）如果对某条导线的样式不满意，如导线宽度、颜色等，设计者可以单击该条导线，此时将出现“Wire”对话框，设计者可以在此对话框中重新设置导线的线宽和颜色等。

技能训练

一、训练目标

（1）能够正确启动、退出电路原理图设计软件。

（2）学会电路原理图软件的基本操作。

（3）学会设计多谐振荡器电原理图。

二、训练内容与步骤

1. 启动 Altium Designer 9 电路设计软件

双击桌面上的 Altium Designer 9 图标，启动 Altium Designer 9 电路设计软件。

2. 退出 Altium Designer 9 电路设计软件

单击执行“File 文件”菜单下的“Exit 退出”命令，退出 Altium Designer 9 电路设计软件。

3. 创建一个项目

（1）双击桌面上的 Altium Designer 9 图标，启动 Altium Designer 9 电路设计软件。

（2）单击执行“文件”菜单下的“新建”菜单下的“工程”菜单下“PCB 工程”命令，新建一个项目。

（3）单击执行“文件”菜单下的“保存工程为”命令，弹出工程另存为对话框。

（4）修改文件名为“PR1PCB1”，保存类型设置为“PCB Projects（*PrjPcb)”。

（5）单击“保存”按钮，保存 PR1PCB1 工程。

4. 新建一个原理图文件

（1）单击执行“文件”菜单下的“新建”菜单下的“原理图”命令。

（2）新建一个名为“Sheet1. SchDoc”原理图文件。

（3）右键单击“Sheet1. SchDoc”原理图文件，弹出快捷菜单，选择执行“保存为”命令，弹出另存为对话框。

（4）重新设置文件名为“DX1. SchDoc”原理图文件，新原理图文件更名为 DX1. SchDoc。

（5）单击底部的“System”标签，弹出工作页面选择菜单，选择“File”选项，弹出文件面板。

(6) 在 File 文件面板的“新的”单元，单击 Schematic Sheet，可以创建一个名为“Sheet2. SchDoc”原理图文件新原理图文件。

5. 设置原理图选项

(1) 单击执行“设计”菜单下“文档选项”命令，弹出文档选项对话框。

在标准类型选项区域，通过下拉列表选项，将图纸大小（sheet size）设置为标准 A4 格式。

(2) 在方位选项设置区，选项选择“Landscape”，将图纸设置为横向放置。

(3) 标题块复选项用来切换是否在图纸上显示标题栏。不选中复选项，不显示标题栏。

(4) 图样栅格中，选择 Snap（光标移动距离）为 10mil，Visible（可视栅格）为 10mil。

(5) 用左键选中“电气栅格”设置栏中“使能”左面的复选框，使复选框中出现“√”表明选中此项。则此时系统在连接导线时，将以箭头光标为圆心以“Grid 栅格范围”栏中的设置值为半径，自动向四周搜索电气节点。当找到最接近的节点时，就会把十字光标自动移到此节点上，并在该节点上显示出一个红色“×”。

(6) 其他选择默认选项。

6. 加载元件库

(1) 浏览元器件库可以执行“设计”菜单“浏览库”下的命令，系统元件库管理器。

(2) 单击元件库管理器的“元器件库”按钮，或直接单击执行“设计”菜单下的“添加/移除库”命令，系统“可用库”对话框。

(3) 单击“已安装”选项卡，显示当前开发环境已经安装的元件库。

(4) 任意选择一个库，使用“向上移动”和“向下移动”按钮，可以把列表中的选中的元件库上移或下移，以改变其在元件库管理器中的显示顺序。

(5) 在列表中选中某个元件库后，单击“删除”按钮就可以将该元件库从当前开发环境移除。

(6) 想要添加一个新的元件库，则可以单击“安装”按钮，系统将弹出打开元件库对话框。用户可以从中寻找自己想加载的元件库，然后单击“打开”按钮，就可以把元件库添加到当前开发环境中了。

7. 放置元器件

(1) 放置 4 个电阻元件。

1) 单击执行“放置”菜单下的“器件”命令，弹出放置元件对话框。

2) 单击“纪录”按钮右边的省略号按钮，弹出“浏览库”对话框。

3) 在对话框的组件名下拉列表中选择“RES2”，右边图形显示框显示电阻的图形。

4) 单击“确定”按钮，返回放置元件对话框。

5) 修改元件标识为“R1”，单击“确定”按钮，一个电阻元件附着光标的十字箭头上。

6) 按空格键旋转元件方向。

7) 移动鼠标到合适位置，单击左键，放置 1 个电阻元件。

8) 移动鼠标到新的位置，单击左键，再放置 3 个电阻元件，元件的流水标识号是自动增加。

9) 单击右键，系统会再次弹出“放置元件”对话框，等待输入新的元件编号。

10) 假如现在还要继续放置相同形式的元件，就直接单击“确定”按钮，新出现的元件符号会依照元件封装自动地增加流水序号。

11) 如果不再放置新的元件，可直接单击“取消”按钮，关闭对话框。

(2) 放置 2 个电容元件。

1) 单击底部“System”标签，弹出面板选项菜单。

2）单击“库”面板选项，打开库面板。

3）在“库”面板的元件查找栏输入“＊cap”，元件名栏显示各种电容，元件符号栏显示元件的图形符号。

4）在库面板元件名中，选择“Cap Pol2”，元件符号栏显示电解电容符号。

5）单击“库”面板的“Place Cap Pol2”按钮，一个电解电容元件附着光标的十字箭头上。

6）按键盘“Tab”键，弹出元件属性对话框。

7）标识修改为“C1”，注释栏右边的复选框，去掉对勾选择。

8）对话框右边的属性编辑，选择“Value”值，在值编辑栏中输入“10μF”。

9）按空格键旋转元件方向。

10）移动鼠标到合适位置，单击左键，放置一个电解电容元件C1。

11）移动鼠标到一个新的合适位置，单击左键，再放置一个电解电容元件C2。

（3）放置2个三极管元件。

1）在“库”面板的元件查找栏输入“＊NPN”，元件名栏显示各种三极管元件，元件符号栏显示元件的图形符号。

2）在库面板元件名中，选择“2N3904”，元件符号栏显示发光二极管符号。

3）单击“库”面板的“Place 2N3904”按钮，一个发光二极管元件附着光标的十字箭头上。

4）按键盘“Tab”键，弹出元件属性对话框。

5）标识修改为“Q1”，注释栏右边的复选框，去掉对勾选择。

6）按空格键旋转元件方向。

7）移动鼠标到合适位置，单击左键，放置一个发光三极管元件Q1。

8）按键盘“X”键，元件作水平镜像。

9）移动鼠标到新的合适位置，单击左键，放置一个水平镜像三极管元件Q2。

（4）放置一个电源端口。

1）单击执行“放置”菜单下的“电源端口”命令，弹出图1-32所示的电源端口对话框。

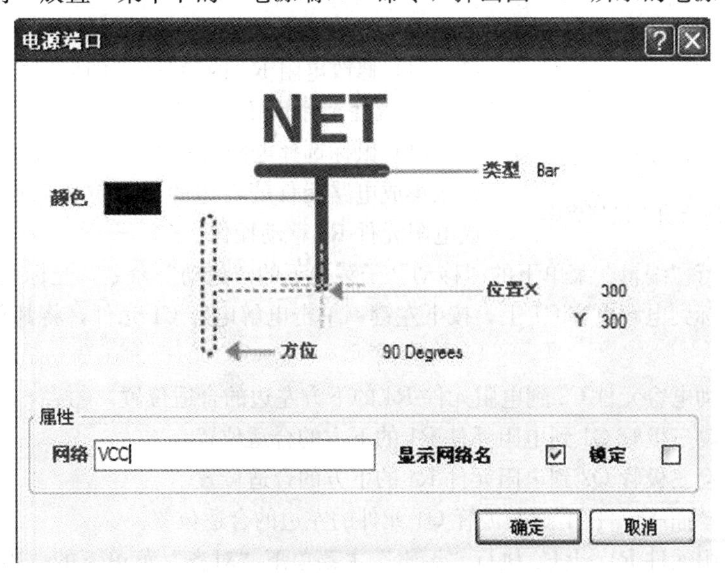

图1-32 电源端口对话框

2）在电源端口对话框中，选择电源端口类型为“Bar”，方位选择“90 Degrees”90°，网络名称为“VCC”。

3）移动鼠标到合适位置，单击左键，放置一个电源端口 VCC。

（5）接地端。

1）单击放置工具栏的接地符号按钮。

2）按空格键旋转接地符号的方向，使其指向 270°方向。

3）移动鼠标到合适位置，单击左键，放置一个接地端 GND。

（6）放置 2 个接线端。

1）如图 1-33 所示，单击库面板的库选择下拉列表，选择元件库为“Miscellaneous Connectors. inlib”杂项连接集成库。

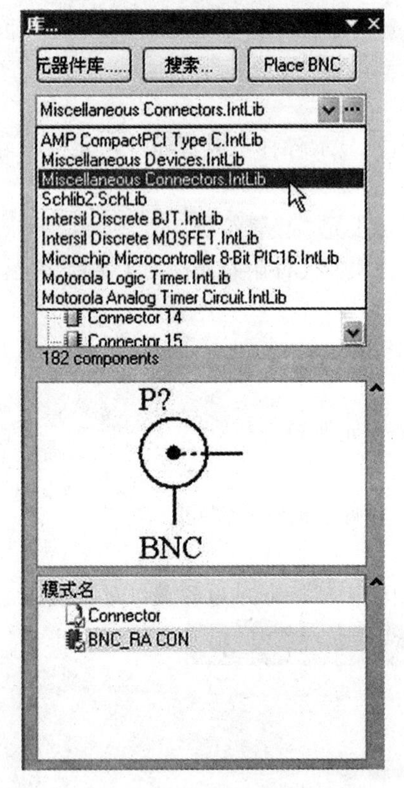

图 1-33　选择杂项连接集成库

2）在库面板元件名中，选择“Heder2”，元件符号栏显示 2 输入端插座符号。

3）单击“库”面板的“Place Heder2”按钮，一个 2 输入端插座元件附着光标的十字箭头上。

4）按键盘“Tab”键，弹出元件属性对话框。

5）标识修改为“J1”。

6）按空格键旋转元件方向。

7）移动鼠标到稳压集成电路左边的合适位置，单击左键，放置 2 输入端插座元件 J1。移动鼠标到稳压集成电路右边的位置，单击左键，放置 2 输入端插座元件 J2。

放置所有元件后的原理图画面如图 1-34 所示。

8. 修改元件属性

（1）双击电阻元件 R2，弹出元件属性对话框，修改电阻的“Value”值为“100k”。

（2）单击“确定”按钮，电阻 R2 的参数值为 100k。

（3）修改电阻 R3 的参数值为 100k。

（4）修改电阻 R3 的参数值为 1k。

9. 调整元件位置

（1）鼠标选择电阻元件 R1，按下左键不动，并拖拽至稳压集成电路元件的右边的合适位置后松开鼠标，即可完成电阻元件 R1 移动操作。

（2）单击执行“编辑”菜单下的“移动”子菜单下的“拖动”命令，光标变为十字形。

（3）移动光标到电解电容 C1 上，按下左键，单击电解电容 C1 元件，将其移动电阻元件 R1 的下方右边。

（4）选择移动电容元件 C2 到电阻元件 R4 的下方左边的合适位置。

（5）选择移动三极管 Q1 到电阻元件 R1 的下方的合适位置。

（6）选择移动三极管 Q2 到电阻元件 R4 的下方的合适位置。

（7）选择移动插座元件 J1 到三极管 Q1 元件的左边的合适位置。

（8）选择电阻元件 R1～R4，执行“编辑”主菜单下“对齐”菜单下的“顶对齐”命令，进行电阻元件顶对齐操作。

（9）选择电容、三极管元件的顶对齐操作。

（10）调整结束的原理图编辑界面如图 1-35 所示。

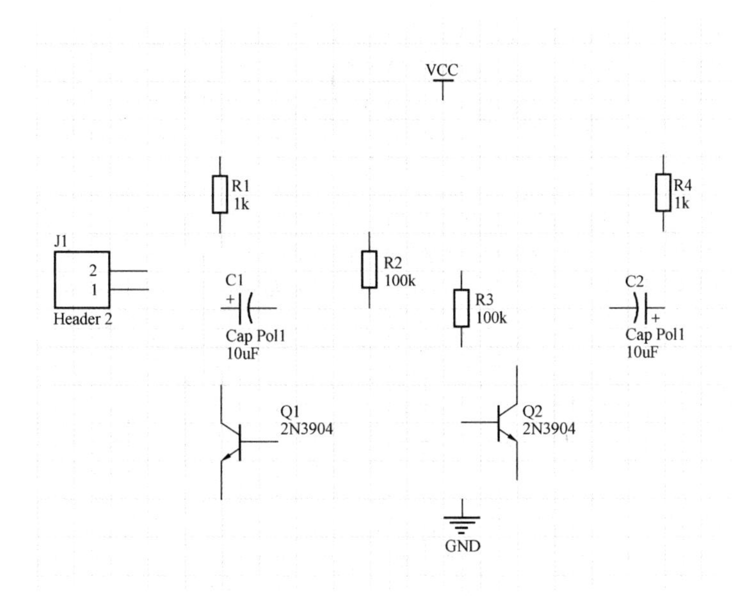

图 1-34 放置所有元件后原理图画面

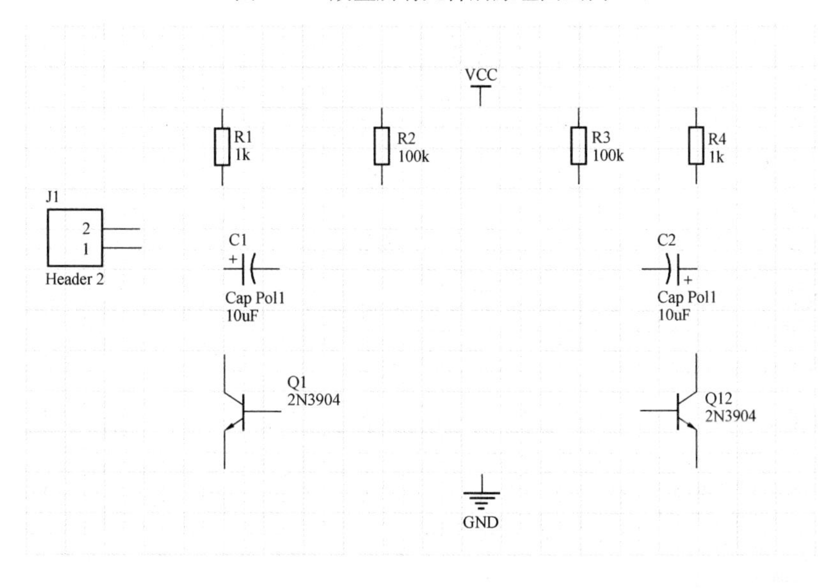

图 1-35 调整元件后原理图画面

10. 连接线路

(1) 执行“放置”菜单下的“导线”命令。

(2) 此时光标变成了十字状，系统进入连线状态，将光标移到插座元件 J1 引脚 2，会自动出现一个红色“×”，单击左键，确定导线的起点，开始画导线。

(3) 移动鼠标到电阻元件 R1 的上端平行位置，单击左键确定导线转角位置。

(4) 继续移动鼠标到电阻元件 R4 的上端，确定导线的终点，完成一条连接 J1、R1、R2、VCC、R3、R4 的导线。

(5) 单击右键，结束该导线连接。

(6) 通过导线使电容 C1 正极与电阻元件 R1、三极管 Q1 集电极连接。

(7) 通过导线使电容 C2 正极与电阻元件 R4、三极管 Q2 集电极连接。

（8）通过导线使电容 C1 负极与电阻元件 R2 连接。

（9）通过导线使电容 C2 负极与电阻元件 R3 连接。

（10）通过导线使 J1、Q1 发射极、Q2 发射极和接地端连接。

（11）单击右键，结束导线连接。

（12）用左键单击“导线”工具栏中的“ ”按钮。

（13）此时光标变成了十字状，系统进入连线状态，将光标移到电容 C1 负极与电阻元件 R2 连接转角处，会自动出现一个红色“×”，单击左键，确定导线的起点，开始画导线。

（14）按下键盘“Shift+Space”键，如图 1-36 所示，拉出的导线为斜线。

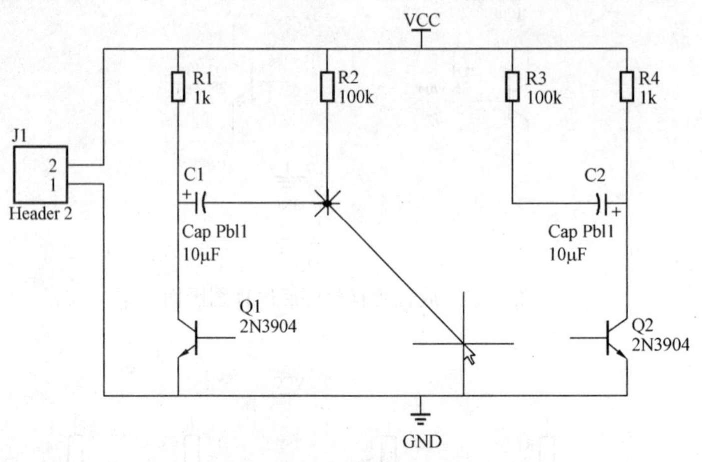

图 1-36　拉出导线

（15）在转角处单击左键，确定转角位置，移动鼠标向右移动，移动到三极管 Q2 的基极处单击，绘制一条连接电容 C1、电阻 R2、三极管 Q2 的连线。

（16）移动鼠标到电容 C2 负极与电阻元件 R3 连接转角处单击，确定导线的起点。

（17）按下键盘“Shift+Space”键，拉出的导线为斜线。

（18）在转角处单击左键，确定转角位置，移动鼠标向右移动，移动到三极管 Q1 的基极处单击，绘制一条连接电容 C2、电阻 R3、三极管 Q1 的连线。

（19）单击右键，结束导线绘制。

（20）导线连接完成后的原理图如图 1-37 所示。

11. 单击工具栏保存按钮，保存原理图

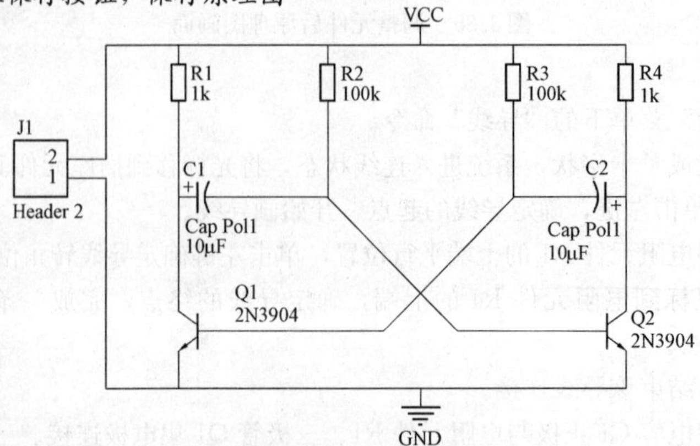

图 1-37　连接导线后的原理图

任务2 直流稳压电源电路设计

一、原理图设计的一般步骤

原理图设计包括新建原理图文件、设置图纸大小、规划输入和输出接口、放置元件和调整位置、绘制电气连接线、添加非电气意义的注释等。

(1) 新建一个原理图文件。启动 Protel 99SE 电路设计软件，创建一个原理图文件，为绘制原理图做准备。

(2) 设置图纸属性。设置图纸大小、方向，标题栏参数等。

(3) 加载元件库。元件库包含各种元件的图形符号，Protel 99SE 附带了许多元件的原理图库，常用的元件都可以在这些库找到，如果某个元件找不到，可以自己创建。

(4) 放置和调整元件。整个电路要兼顾整体和局部布局，一般从信号输入开始，且把输入端放置在左边，按照信号流程顺序布置元件，右边为输出，电源放置在上，接地线放置在下部。一张原理图可以分为若干个模块，模块内的元件放置在一起，各模块之间距离可稍大点。

(5) 绘制电气连接线。包括绘制电源线、地线、信号连接线、总线、端口、节点、网络标号等。

(6) 添加非电气意义的注释和图形。可以添加文字或图形注释，增加原理图的可读性。

(7) 生成报表和打印输出。生成网络报表、元件清单等。按要求打印输出原理图。

二、原理图设计的其他操作技术

1. 放置线路节点

所谓线路节点，是指当两条导线交叉时相连接的状况。

对电路原理图的两条相交的导线，如果没有节点存在，则认为该两条导线在电气上是不相通的；如果存在节点，则表明二者在电气上是相互连接的。

放置电路节点的操作步骤如下：

(1) 单击执行绘制线路节点的“放置”菜单下的“节点”命令。此操作也可用下面的方法代替：用单击“导线”工具栏中的“节点”按钮。

(2) 此时，带着节点的十字光标出现在工作平面内。用鼠标将节点移动到两条导线的交叉处，单击左键，即可将线路节点放置到指定的位置。

(3) 放置节点的工作完成之后，单击右键或按下“Esc”键，可以退出“放置节点”命令状态，回到闲置状态。

2. 放置网络标号

网络标号是实际电气连接的导线的序号，它可代替有形导线，可使原理图变得整洁美观。具有相同的网络标号的导线，不管图上是否连接在一起，都被看作同一条导线。因此它多用于层次式电路或多重式电路的各个模块电路之间的连接，这个功能在绘制印制电路板的布线时十分重要。

对单页式、层次式或是多重式电路，设计者都可以使用网络标号来定义某些网络，使它们具有电气连接关系。

设置网络标号的具体步骤如下：

（1）单击执行“放置”菜单下的“网络标签”命令。此操作也可用下面的方法代替：单击“导线”工具栏中的“Net1”按钮。

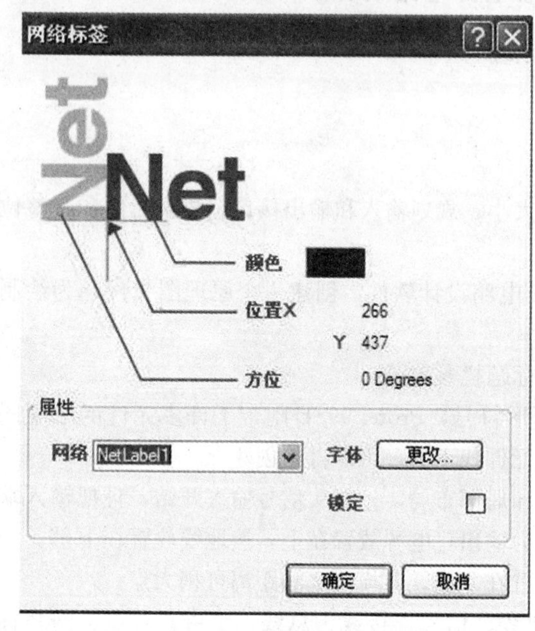

图 1-38　网络标签对话框

（2）此时，光标将变成十字状，并且将随着虚线框在工作区内移动，此框的长度是按最近一次使用的字符串的长度确定的。接着按下“Tab”键，工作区内将出现如图 1-38 所示的“网络标签”对话框。

（3）设置网络标签属性。

1）颜色。用来设置网络名称的颜色。

2）本地化 X、Y。设置项设置网络名称所放位置的 X 坐标值和 Y 坐标值。

3）方向。设置项设置网络名称放置的方向。将鼠标放置在角度位置，则会显示一个下拉按钮，单击下拉按钮即可打开下拉列表，其中包括四个选项“0 Degrees”、“90 Degrees”、“180 Degrees”和“270 Degrees”。

（4）定义网络符号的属性。

1）网络编辑框。设置网络名称，也可以单击其右边下拉按钮选择一个网络名称。

2）字体。设置所要放置文字的字体，单击“Change”按钮，会出现“字体”对话框。

3）设定结束后，单击“确定”按钮加以确认。将虚线框移到所需标注的引脚或连线的上方，单击左键，即可将设置的网络标号粘贴上去。

4）设置完成后，单击右键或按“Esc”键，即可退出设置网络标号命令状态，回到待命状态。

注意：网络标号要放置在元器件管脚引出导线上，不要直接放置在元器件引脚上。

3. 元器件自动对齐

在制作原理图的时候，用户往往遇到需要重新排列元件的情况，如果是手动操作，则既费时又不准确，而系统提供的精确排列元件命令（编辑 \ 对齐）正好帮助用户解决这个难题。

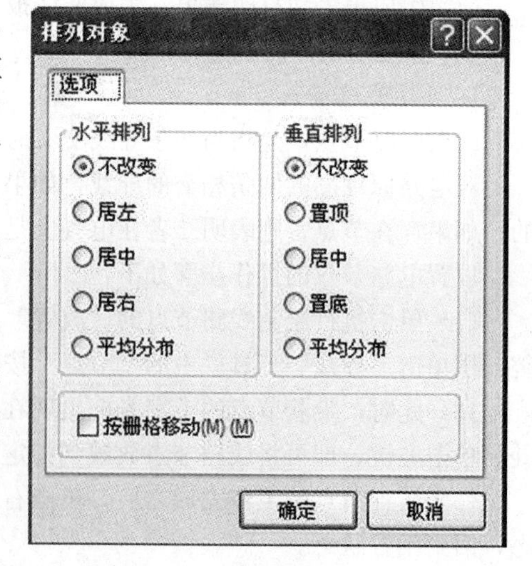

图 1-39　元件排列对齐对话框

（1）选择需自动对齐的元器件。

（2）执行“编辑”菜单下的“对齐”子菜单下“对齐”命令。

（3）可以打开如图 1-39 所示的元件排列对齐对话框，其中列出了具体的排列/对齐命令。

（4）通过工具栏工具打开对齐按钮，如图 1-40 所示。

对齐命令可以分为两类：一类是水平方向的排列/对齐命令，另一类是垂直方向的排列/对齐命令。

（5）水平方向的排列/对齐命令。

1）左对齐。通过该命令可使所选取的元件向左对齐，参照物是所选最左端的元件。

2）右对齐。通过该命令可使所选取的元件向右对齐，参照物是所选最右端的元件。

3）水平中心对齐。通过该命令可使所选取的元件向中间靠齐，基准线是选最左端和最右端元件的中线。

4）水平分布。使所选取的元件水平均匀平铺。

（6）垂直方向的排列/对齐命令。

1）顶对齐。该命令使所选取的元件顶端对齐。

2）底对齐。该命令使所选取的元件底端对齐。

3）垂直中心对齐。该命令使所选取的元件按水平中心线对齐。对齐后四个元件的中心处于同一条直线上。

4）垂直分布。该命令使所选取的元件垂直均布。

（7）按栅格移动。对齐到栅格上，使用该命令可将所选元件定位到离其最近的网格上。

4. 创建网络表

绘制原理图最主要的目的就是得到最终的 PCB 的板图，而网络表恰好就是联系电路原理图和印制电路板之间的桥梁和纽带。网络表主要有两个作用：一是用于支持印制电路板的自动布线和电路模拟程序；二是可以与最后从印制电路板图中得到的网络表文件进行比较，进行一致性检查。

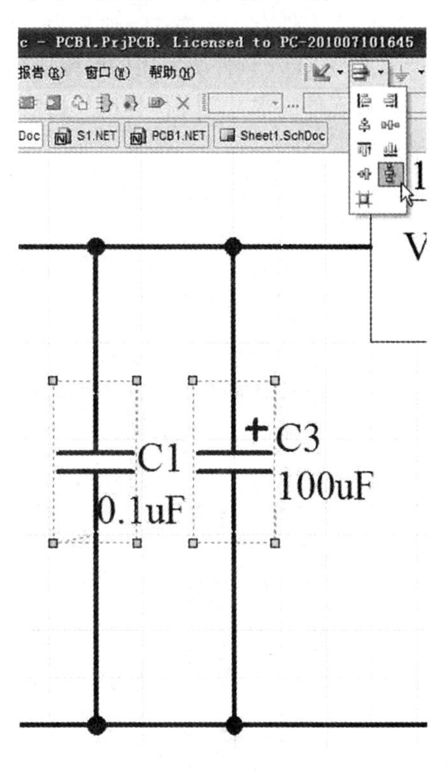

图 1-40 元件排列对齐按钮

（1）打开要创建网络列表的原理图文档 DX1. SchDoc。

（2）如图 1-41 所示，执行“设计”菜单下的“文件的网络表”下的“Protel”命令，立即产生网络表。网络列表（*. net）与源文档同名，单击“Project”面板标签，可以看到所创建的网络列表文档图标。

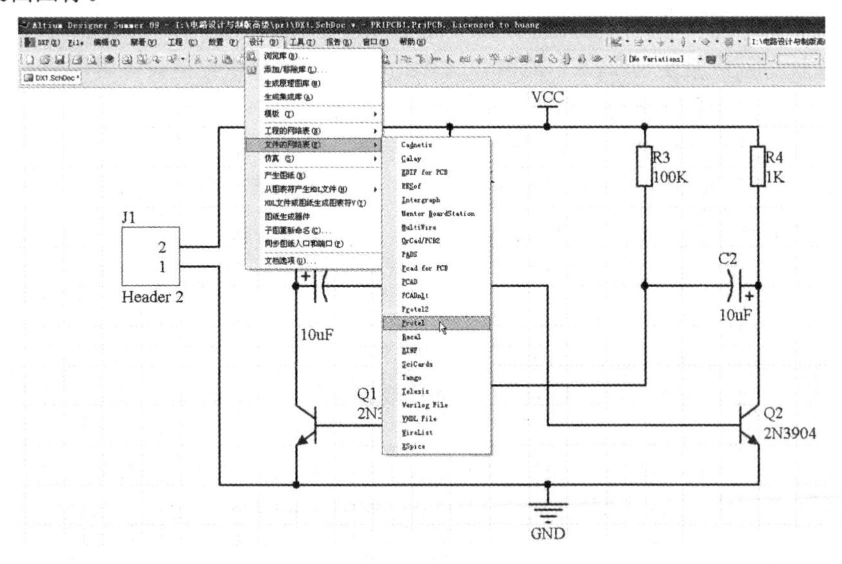

图 1-41 创建网络表

（3）双击文档图标“DX1. NET”，可在文本编辑窗口内打开网络列表文档。

(4) 网络表格式。

网络表文件有很多格式，通常为 ASCII 码文本格式。Altium Designer 9 的兼容性极高，能够支持大部分 EDA 软件所使用的网络表格式，网络表的内容由两部分组成：一部分是元件数据信息，包括元件流水号、元件类型及封装信息等。另一部分是网络连接信息。在结构上大致分为元件描述和网络连接描述两部分。

1) 元件的描述格式。

[：元件声明开始；

R1：元件序号；

AXIAL0.4：元件封装；

1k：元件参数注释；

]：元件声明结束。

元件的声明以“[”开始，以“]”结束，将其内容包含在内。

网络经过的每一个元件都须有声明。

2) 网络连接描述格式。

(//网络定义开始

NetC1_2 网络名称

C1-2 元件序号为 1，元件引脚号为 2

R2-1 元件序号为 2，元件引脚号为 1

Q1-3 元件序号为 2，元件引脚号为 3

) //网络定义结束

网络定义以“(”开始，以“)”结束，将其内容包含在内。网络定义首先要定义该网络的各端口。网络定义中必须列出连接网络的各个端口。

5. 电气规则检查

电气连接检查可检查原理图中是否有电气特性不一致的情况。例如，某个输出引脚连接到另一个输出引脚就会造成信号冲突，未连接完整的网络标签会造成信号断线，重复的流水号会使系统无法区分出不同的元件等。以上这些都是不合理的电气冲突现象，系统会按照设计者的设置以及问题的严重性分别以错误（Error）或警告（Warning）等信息来提请设计者注意。

(1) 设置电气连接检查规则。

1) 打开设计的原理图文档。

2) 执行“工程”菜单下的“工程参数”命令，弹出工程项目参数选项对话框，该对话框中有“Error Reporting（错误报告）”和“Connection Matrix（连接矩阵）”标签页可以设置检查规则。

(2) Error Reporting 标签页（见图 1-42）。

“Error Reporting”标签页主要用于设置设计草图检查规则。

1) Violation Type Description（违反类型描述规则）表示检查设计者的设计是否违反类型设置的规则。

2) Report Mode（报告模式）表明违反规则的严格程度。如果要修改 Report Mode，单击需要修改的违反规则对应的 Report Mode，并从下拉列表中选择严格程度：Fatal Error（重大错误）、Error（错误）、Warning（警告）、No Report（不报告）。

(3) Connection Matrix（电气连接矩阵）标签页。“Options for Project”对话框的“Connection Matrix”标签页如图 1-43 所示。显示的是错误类型的严格性，这将在运行电气连接检查错误

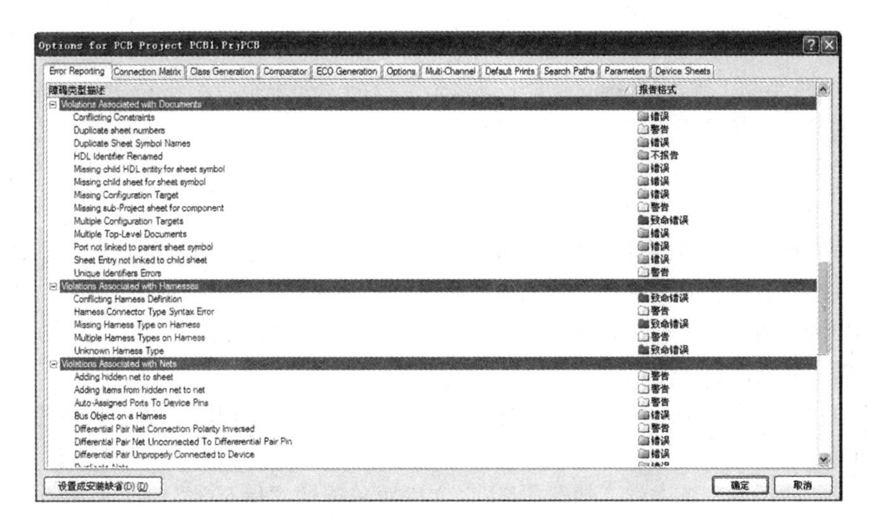

图 1-42 错误报告标签页

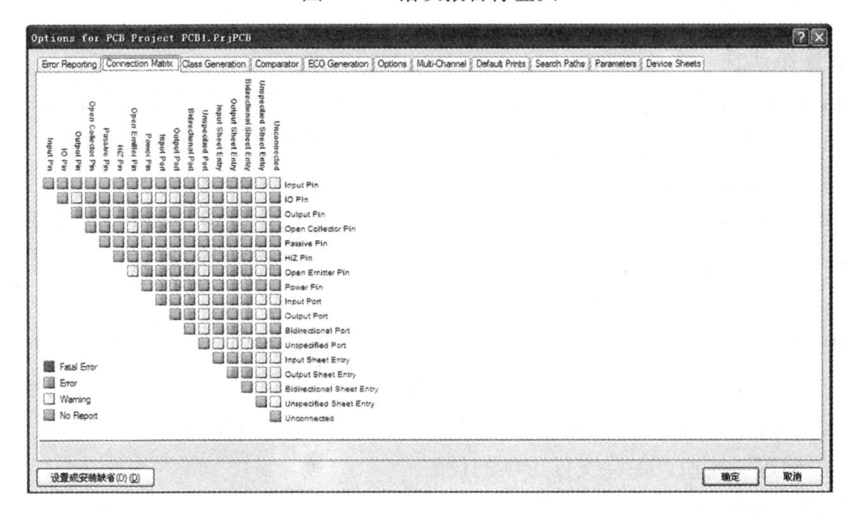

图 1-43 电气连接矩阵标签页

报告时产生，如引脚间的连接、元件和图纸输入。这个矩阵给出了一个在原理图中不同类型的连接点以及是否被允许的图表描述。

可以用不同的错误程度来设置每一个错误类型，例如对某些非致命的错误不予报告，修改连接错误的操作方式如下：

1）单击“Options for Project”对话框的“Connection Matrix”标签页。

2）单击两种类型连接相交处的方块，例如“Output Sheet Entry”和“Open Collector Pin”。

3）在方块变为图例中的“Errors”表示的颜色（橙色）时停止单击，就表示以后在运行检查时如果发现这样的连接将给以错误的提示。

（4）检查结果报告。当设置了需要检查的电气连接以及检查规则后，就可以对原理图进行检查。检查原理图是通过编译项目来实现的，编译的过程中会对原理图进行电气连接和规则检查。

1）打开需要编译的项目，然后执行“工程”菜单下“Compile PCB Project”编译 PCB 项目命令。

2）当项目被编译时，任何已经启动的错误均将显示在设计窗口的 Messages 面板中。被编辑的文件与同级的文件、元件和列出的网络以及一个能浏览的连接模型一起显示在 Compiled 面板中，并且以列表方式显示。

3）如果电路绘制正确，Messages 面板应该是空白的。如果报告给出错误，则需要检查电路并确认所有的导线连接是否正确，并加以修正。

6. 报表生成及输出

在进行了项目的编译处理后，就可生成工程相关的任何报表。

通过执行“报告”菜单下的“Bill of Material”材料清单命令，可对当前窗口中的元件产生元件报表，系统会自动打开文本编辑器来显示其内容。元件的列表主要是用于整理一个电路或一个项目文件中的所有元件。它主要包括元件的名称、标注、封装等内容。

三、新建一个原理图文件

（1）单击执行“File”文件菜单下的“新建”子菜单下的“原理图”命令，新建原理图文件 Sheet1. SchDoc。

（2）选择新建的原理图文件，执行“File”文件菜单下的“保存为”命令，弹出文件保存对话框，在文件名栏输入“Wenya1. SchDoc”，单击“保存”按钮，将文件重新命名为“Wenya1. SchDoc”。

四、设置图纸属性

（1）单击设计管理器的“Wenya1. SchDoc”文件图标，打开原理图文件“Wenya1. SchDoc”。

（2）单击执行“设计”菜单下的“文件选项”命令，弹出文件选项对话框。

1）设置图纸标准类型为“A4”，设置图纸方位为“Landscape”横向。

2）在图纸栅格栏中设置 Snap 栅格锁定，及在可见的栅格中设定栅格的大小，通常保持默认值 10，单位是 mil，Snap 栅格锁定是指光标移动的基本单位，可见的栅格是图纸上显示的栅格大小。

3）设置自动寻找电气节点。选中电栅格复选栏，并在栅格范围内输入“4”，设置需要的值，单位是 mil，这样在绘制导线时，光标会以 4 为半径，向周围寻找电气节点，就会自动移动到该节点上并显示一个圆点，这个功能在为电路原理图添加电气连接点时很有用。

4）单击“确定”按钮，保存文件选项的设置。

五、设置原理图显示

为便于用户查看整张图纸、图的局部或某个元件，通常要对整张原理图进行放大或缩小显示等操作，“察看”菜单下的命令可以帮助实现这些功能。

1. 查看整张图纸

执行“察看”菜单下的“适合文件”命令，查看整张图纸。

2. 查看电路图所有对象

执行“察看”菜单下的“适合所有对象”命令，查看电路图所有对象。

3. 放大指定区域

执行“察看”菜单下的“区域”命令，移动十字光标在图纸上指定目标区域的一个顶点，单击后再移动鼠标到对角线的另一个顶点，单击左键确认，即可将指定区域放大到整张图纸。

4. 以点为中心查看用户指定区域

执行“察看”菜单下的“点周围”命令，移动十字光标在图纸上指定目标区域的一个点，单击后再移动鼠标到的另一个点，以点为中心查看用户指定区域。

5. 按比例显示

执行“察看”菜单下的“50%”命令，以 50%的比例查看图纸。

执行“察看”菜单下的“100%”命令，查看整张图纸。

执行“察看”菜单下的“200%”命令，以200%的比例查看图纸。

执行“察看”菜单下的“400%”命令，以400%的比例查看图纸。

6. 放大

执行“察看”菜单下的“放大”命令，或单击键盘上的“PageUp”键，绘图区域会以当前光标中心进行放大。单击工具栏的放大按钮，也可以实现图纸放大功能。

7. 缩小

执行“察看”菜单下的“缩小”命令，或单击键盘上的“Page Down”键，绘图区域会以当前光标中心进行缩小。单击工具栏的“缩小”按钮，也可以实现图纸缩小功能。

8. 移动显示位置

执行“察看”菜单下的“摇景”命令，移动显示位置。将鼠标移到目标点，然后按键盘上的“Home”键，光标下的位置就会移动到工作区的中心。

9. 刷新画面

执行“察看”菜单下的“刷新”命令，刷新画面。消除移动元件、添加布线等操作后留下的痕迹。按键盘上的“End”键，也可以刷新画面。

10. 显示、隐藏状态栏

执行“察看”菜单下的“状态栏”命令，可以显示、隐藏状态栏。

11. 显示、隐藏工具条

如图1-44所示，执行“察看”菜单下的“工具条”下的各项命令，可以显示、隐藏布线、导航、格式化、实用、混合仿真、原理图标准、用户定义等工具栏。

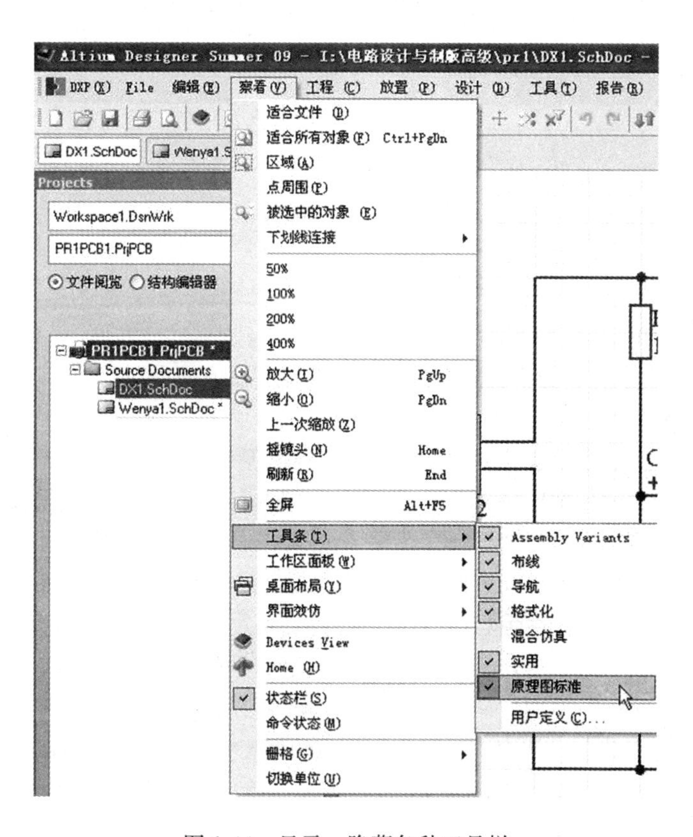

图1-44 显示、隐藏各种工具栏

12. 栅格菜单

如图 1-45 所示，执行“察看”菜单下的“ 栅格”命令，可以修改栅格锁定、可视栅格的设置。

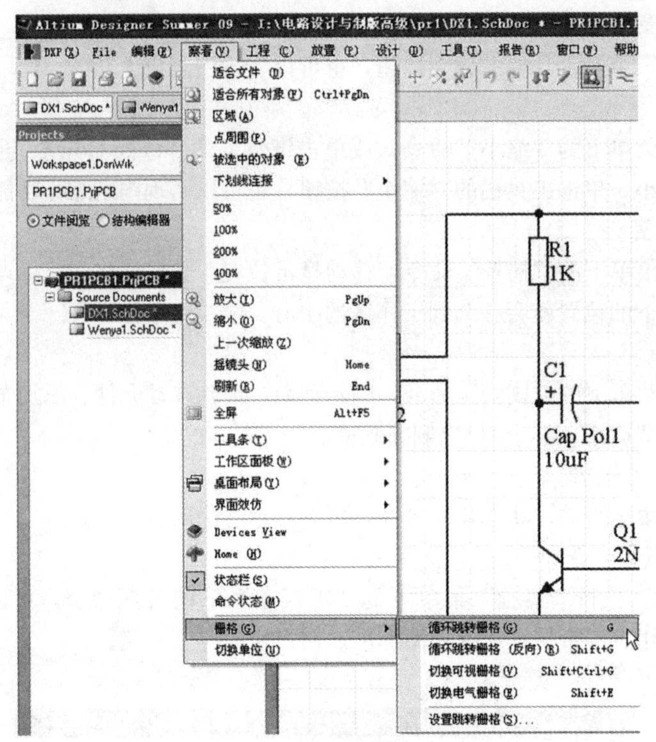

图 1-45 栅格菜单

循环跳转栅格：Snap 在 1、5、10 之间跳转。

循环跳转栅格（反向）：Snap 在 10、5、1 之间跳转。

切换可视栅格：显示、掩藏栅格。

切换电气栅格：使能、取消电气栅格。

执行“察看”菜单下的“ 栅格”菜单下的“设置跳转栅格”命令，弹出设置 Snap Size 对话框，设置 Snap 参数大小，单击“确定”按钮，重新以新设值捕捉对象。

六、加载元件库

原理图中的元件都是存放在原理图元件库中，绘制原理图时要从不同的元件库中调用所需的元件，如果没有在现有的元件库里找到所需的元件，就需要自己创建元件及元件库以供选用。

（1）浏览元器件库可以执行“设计”菜单“浏览库”下的命令，系统元件库管理器。

（2）单击元件库管理器的“元器件库”按钮，或直接单击执行“设计”菜单下的“添加/移除库”命令，系统“可用库”对话框。

（3）单击“已安装”选项卡，显示当前开发环境已经安装的元件库。

（4）任意选择一个库，使用“向上移动”和“向下移动”按钮，可以把列表中的选中的元件库上移或下移，以改变其在元件库管理器中的显示顺序。

（5）在列表中选中某个元件库后，单击“删除”按钮就可以将该元件库从当前开发环境移除。

（6）想要添加一个新的元件库，则可以单击“安装”按钮，系统将弹出打开元件库对话框。

用户可以从中寻找自己想加载的元件库，然后单击“打开”按钮，就可以把元件库添加到当前开发环境中了。

七、放置元件

放置元件有三种方法，分别介绍如下。

1. 通过执行菜单命令放置元件

（1）如图 1-46 所示，执行“放置”菜单下的“元件”命令。

（2）弹出图 1-47 所示的放置元件的对话框。

图 1-46　执行放置元件命令

图 1-47　放置元件对话框

（3）单击放置元件对话框的“...”浏览按钮，弹出图 1-48 所示的浏览元件库对话框。

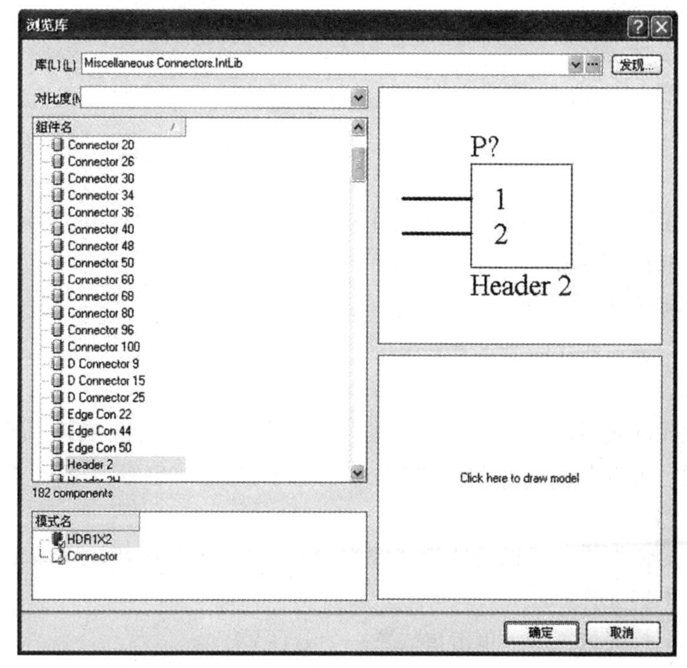

图 1-48　浏览元件库对话框

（4）在浏览元件库对话框选择元件库“Miscellaneous Devices. ItlLib”。

（5）如图 1-49 所示，在对话框的组件名选择区选择元件“Cap”。

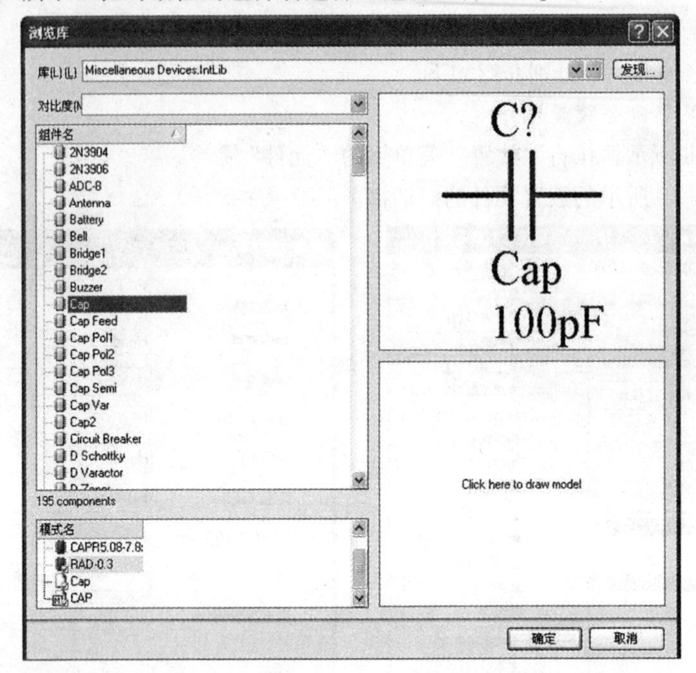

图 1-49　选择元件 Cap

（6）单击“确定”按钮，返回放置元件对话框，其中物理元件名显示元件库中定义的元件名称，标识指元件电路图中的流水序号，这里显示“C?”，可以修改为 C1；注释显示元件库里的元件类型名，不可修改。封装指元件的 PCB 封装形式。这些属性可以在这个对话框修改，也可以在元件放置好后修改。

（7）单击放置元件对话框“确定”按钮，此时一个无极性电容就出现在图纸的光标上，按空格键可以旋转元件符号方向，移动光标选择好位置后，单击放置一个电容 C1。

（8）移动光标选择好位置后，单击再放置一个电容 C2。

（9）单击右键，结束元件放置，放置元件对话框再次出现，此时可以重新选择元件，修改元件标识，单击“确定”按钮，继续放置一个相同类型的元件。或者单击“…”按钮，寻找其他元件，或者单击“取消”按钮，取消元件放置。

2. 通过工具栏按钮放置元件

（1）单击布线工具栏的放置元件按钮，弹出放置元件对话框。

（2）单击放置元件对话框的“…”按钮，弹出浏览库对话框，在对话框中可以选择元件库，选定元件库后，可以选择库中的组件名为“Cap Pol1”电解电容，单击“确定”按钮，返回放置元件对话框。

（3）放置元件对话框修改标识属性为“C3”，单击“确定”按钮，移动光标选择好位置后，单击放置一个电解电容元件 C3。

（4）移动光标选择好位置后，单击再放置一个电容 C4。

（5）单击右键，弹出放置元件对话框，单击“取消”按钮，取消元件放置。

3. 通过设计管理器放置元件

（1）单击图纸底部的“System”标签，选择“库”选项，弹出元件库管理器。

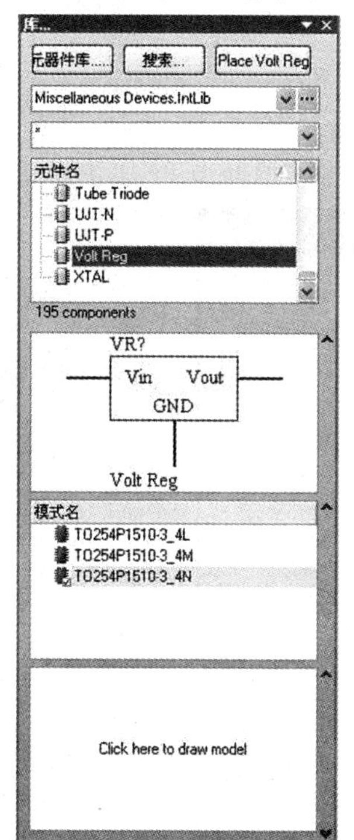

图 1-50 选择 Volt Reg 元件

（2）在元件库管理器的库选项卡中，在元件库区选择元件库，选定元件库后，从中选择所需的元件，例如“Volt Reg”稳压集成电路，见图 1-50。

（3）单击元件库管理器右上角的“Place Volt Reg”按钮，此时一个 Volt Reg 稳压集成电路元件就出现在图纸的光标上，移动光标选择好位置后，单击放置一个集成电路元件。

（4）按键盘“Tab”键，弹出图 1-51 所示的元件属性对话框。

（5）修改标识属性为“U1”，去掉注释栏右边的可见的复选框中的对勾，单击“确定”按钮，移动到合适位置，单击左键，放置一个稳压集成电路元件。

（6）单击右键，结束元件放置。

（7）放置 2 个连接器 Header2。

1）在元件库区选择“Miscellaneous Connectors. IntLib”连接元件库。

2）在元件名区选择“Header2”。

3）单击元件库管理器右上角的“Place Header2”按钮，此时一个 Header2 连接器元件就出现在图纸的光标上。

4）按键盘“Tab”键，弹出元件属性对话框，修改标识属性为“J1”，去掉注释栏右边的可见的复选框中的对勾属性。

5）按空格键旋转元件方向，移动光标选择好位置后，单击放置一个连接器元件 J1。

6）按空格键旋转元件方向，移动光标选择好位置后，单击放置一个连接器元件 J2。

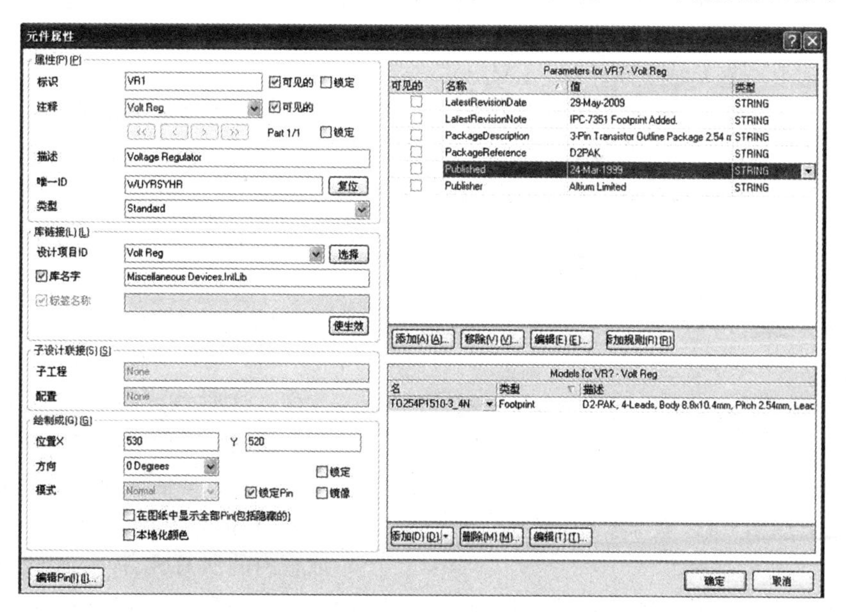

图 1-51 元件属性对话框

八、编辑元件属性

对于放置好的元件，可以重新编辑元件属性，包括元件流水号、显示名称、元件封装等。

（1）修改电容 C1 属性。

1）双击电容 C1，弹出元件属性对话框。

2）去掉注释栏右边的可见的复选框中的对勾，单击“确定”按钮。

3）双击电容 C1 的参数，弹出图 1-52 所示的参数属性对话框，修改值属性为“0.1μF”。

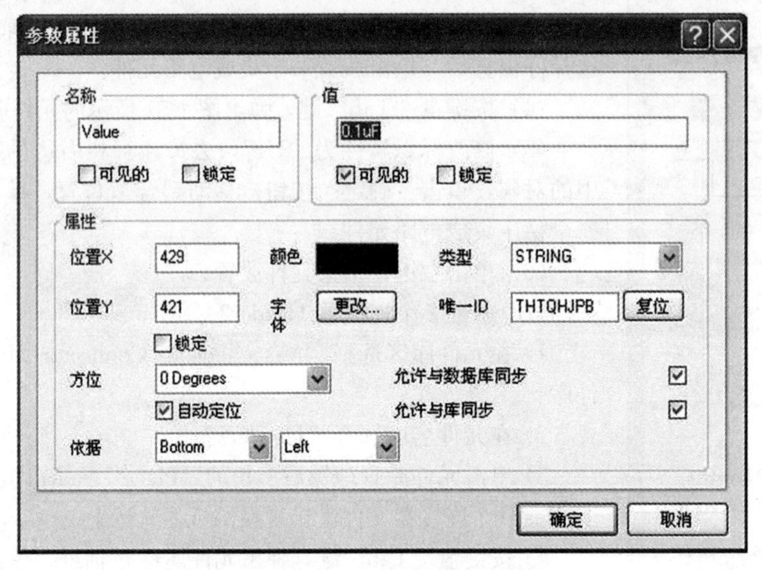

图 1-52　元件参数属性对话框

4）单击“确定”按钮，保存电容属性的修改。

（2）修改电容 C2 属性，去掉注释，修改值属性为“0.1μF”。

（3）修改电容 C3 属性，去掉注释，修改值属性为“100μF”

（4）修改电容 C4 属性，去掉电容 C4 注释，修改值属性为“100μF”。

（5）增加稳压电源集成电路注释，LM7805。

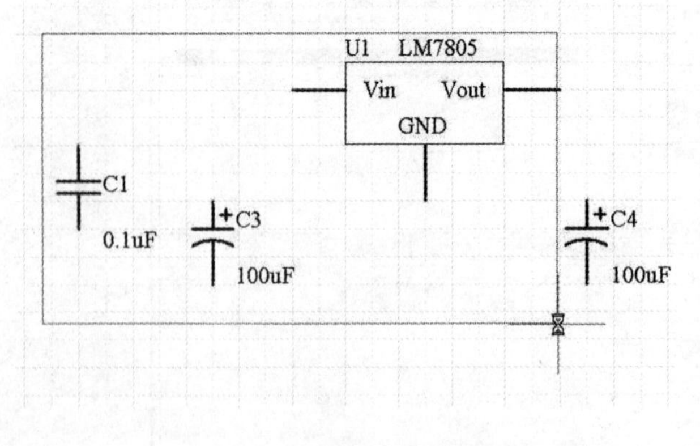

图 1-53　鼠标拖动选取

九、调整元件位置

元件放置好以后，通常需要根据原理图要求、走线安排、审美需求等要素调整元件位置，包括旋转、移动、拷贝、粘贴、对齐等操作。

1. 元件选取

（1）单一对象选取。左键单击一个元件，这时该元件会被一个虚线框包围，说明该对象已经被选取。

（2）鼠标拖动选取多个元件。

1）拖动左键，如图 1-53 所示，选取框内的所有元件。在电容 C1 的左上角适当位置按下左键，光标变成十字形状，拖动至电容 C3 的右下角适当位置处，松开鼠标，就把电容 C1、电容 C3 两个元件全部选中了。

2）被选中的元件周围都有矩形标志框，被选中的元件如图 1-54 所示。

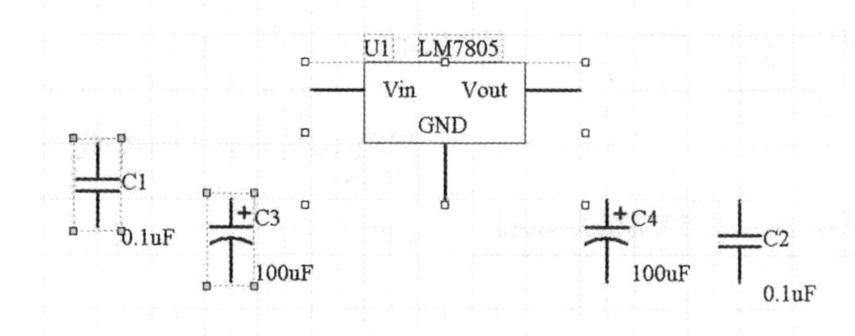

图 1-54　被选中的元件

（3）使用菜单命令选取。

1）如图 1-55 所示，执行“编辑”菜单下“选择”子菜单下的“区域内部”命令。

2）在电容 C1 的左上角适当位置按下左键，光标变成十字形状，拖动鼠标至电容 C3 的右下角适当位置处，松开鼠标，就把电容 C1、电容 C3 两元件全部选中了，被选中的元件周围都有矩形标志框。

（4）单击工具栏的框选按钮“ ”选取。

1）单击工具栏的框选按钮 选取按钮。

2）在电容 C2 的左上角适当位置按下左键，光标变成十字形状，拖动鼠标至电容 C4 的右下角适当位置处，松开鼠标，就把电容 C2、电容 C4 两元件全部选中了，被选中的元件周围都有矩形标志框。

（5）按键盘“Shift”键加单击选取。按键盘“Shift”键，同时移动鼠标，单击要选择的元件，可以实现单个或多个元件选取。

2. 元件取消选取

被选取的对象不会自动取消，需要通过取消选取命令来实现。

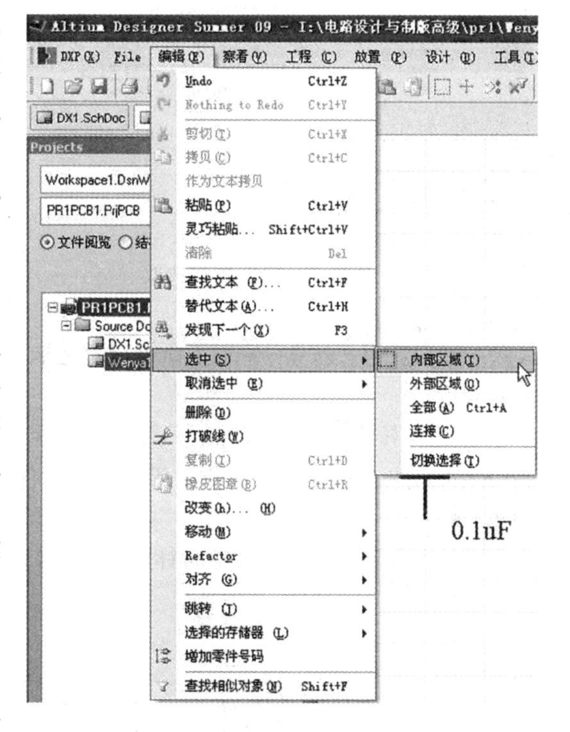

图 1-55　执行选择区域内部命令

（1）使用菜单命令取消选取。

1）如图 1-56 所示，执行“编辑”菜单下“取消选择”子菜单下的“区域内部”命令。

2）在电容 C2 的左上角适当位置按下左键，光标变成十字形状，拖动鼠标至电容 C4 的右下角适当位置处，松开鼠标，设定为选择区域，被选中的元件周围矩形标志框消失，取消电容 C2、C4 两元件选取状态。

3）选择电容 C1、电容 C3 两元件。

4）执行“编辑”菜单下“取消选择”子菜单下的“外部区域”命令。

5）在电容 C2 的左上角适当位置按下左键，光标变成十字形状，拖动鼠标至电容 C4 的右下角适当位置处，松开鼠标，设定为选择区域。则电容 C2、电容 C4 区域外的所有元件被取消选中。

6）如图 1-57 所示，执行“编辑”菜单下“取消选择”子菜单下的“所有打开的当前文件”命令，立即取消所有被选取的对象。

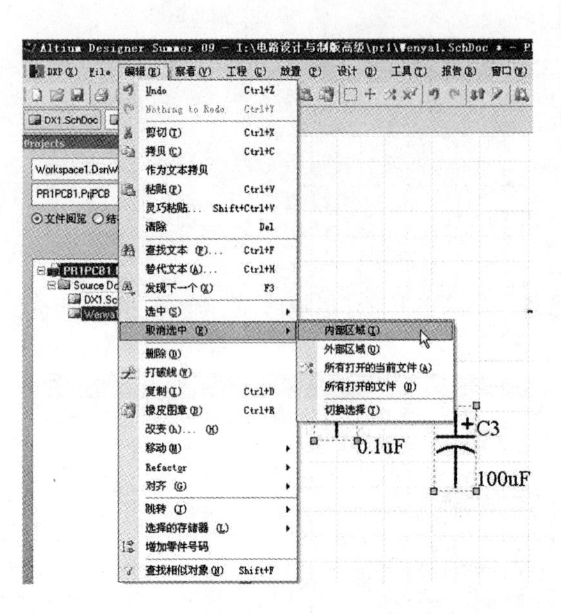

图 1-56 通过菜单命令取消选取

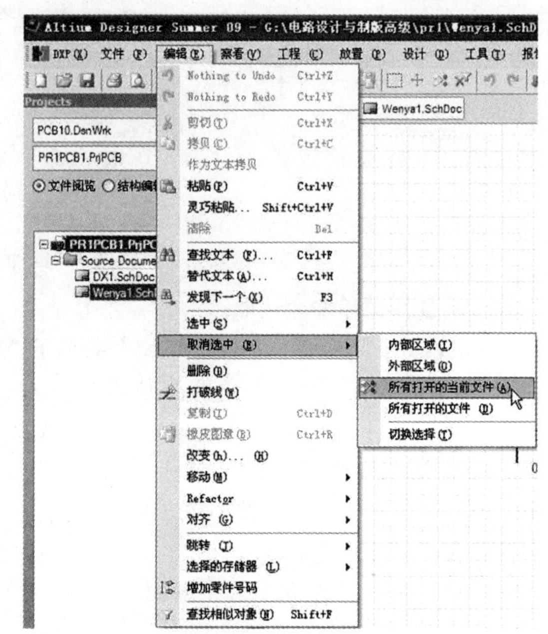

图 1-57 取消所有对象选取

（2）通过工具栏按钮 取消所有对象选取。单击工具栏按钮 ，可以快捷地实现取消所有对象选取。

3. 元件旋转

（1）单击电容元件 C1，按下左键不放，元件引脚出现 X（见图 1-58），说明该元件处于待放置状态。

（2）按键盘空格键，元件逆时针旋转 90°（见图 1-59）。

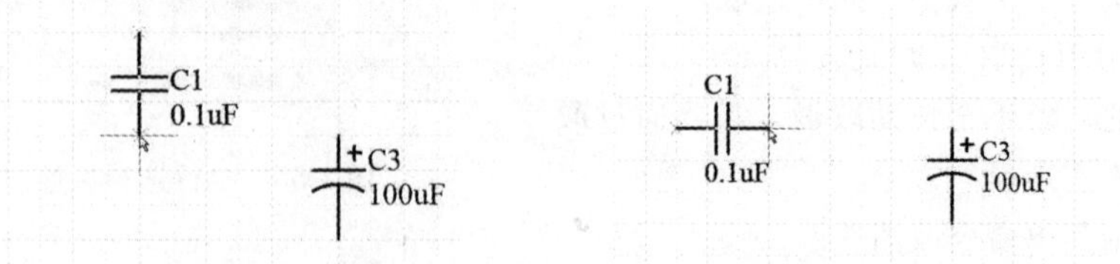

图 1-58 元件待放置状态　　图 1-59 元件旋转 90°

（3）每按一次空格键，元件逆时针旋转 90°。

4. 元件移动

（1）单个元件移动。

1）单击一个元件，按下左键不放，元件引脚出现 X，说明该元件处于待放置状态。

2）拖动鼠标移动到指定位置释放左键，实现单一元件的移动。

(2) 多个元件移动。

1) 选取多个元件。

2) 在被选中的任何一个元件上，按下左键不放，则所有被选元件都变成待放置状态。

3) 拖动鼠标移动到指定位置释放左键，实现多个元件的移动。

5. 元件剪切、复制、粘贴

(1) 元件复制。元件剪切、复制只对被选取的元件有效，即要先选取需要复制或剪切的元件，然后再执行编辑菜单下的拷贝或剪切命令。

操作方法：

选取需要复制的元件，然后再执行“编辑”菜单下的“拷贝”或“剪切”命令。

(2) 元件粘贴。操作方法：

1) 选取需要复制的元件，然后再执行“编辑”菜单下的“拷贝”或“剪切”命令。

2) 执行“编辑”菜单下的“粘贴”命令。

3) 十字光标处出现被复制或剪切元件的图形（见图 1-60），移动鼠标确定粘贴元件的位置。

4) 单击左键，确定粘贴元件。元件剪切、复制、粘贴的快捷键分别是 Ctrl+C、Ctrl+X、Ctrl+V，与其他 Windows 软件相同。剪切、粘贴命令还可以通过工具栏的按钮和按钮实现。

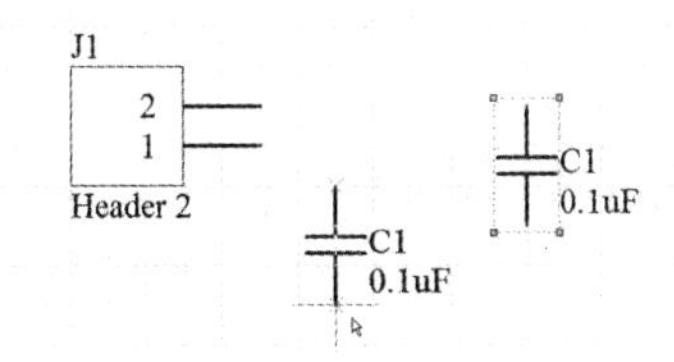

图 1-60 元件粘贴

6. 元件删除

(1) 单个元件的删除。执行“编辑”菜单下的“删除”命令，对于单个元件，可以单击左键选中，即可删除元件。

对于单个元件，可以单击左键选中，直接按键盘的“Delete”键删除元件。

(2) 多个元件的删除。对于多个被选中的元件，执行“编辑”菜单下的“清除”命令或者直接按键盘的“Ctrl+Delete”键删除。

(3) 逐个元件删除。

1) 执行“编辑”菜单下的“删除”命令。

2) 移动鼠标到要删除的元件上单击，选择删除一个元件。

3) 用类似的方法删除其他元件。

4) 按右键，结束删除操作。

7. 元件的排列、对齐

(1) 左对齐。

1) 选取需要排列或对齐的元件。

2) 执行“编辑”菜单下的“对齐”子菜单卜“左对齐”命令。

3) 选取的元件左对齐。

(2) 多种对齐操作。

1) 执行“编辑”菜单下的“对齐”子菜单下“对齐”命令。

2) 打开图 1-61 所示的排列对象对话框。

3) 对所选的元件同时进行多种对齐操作，如水平方向选择“居左”左对齐，垂直方向选择“平均分布”等间距对齐。

4) 单击“确定”按钮，左对齐、垂直等间距对齐的效果见图 1-62。

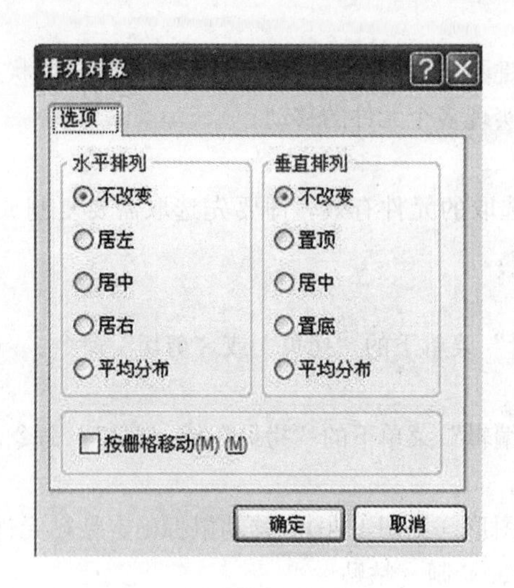

图 1-61　排列对象对话框

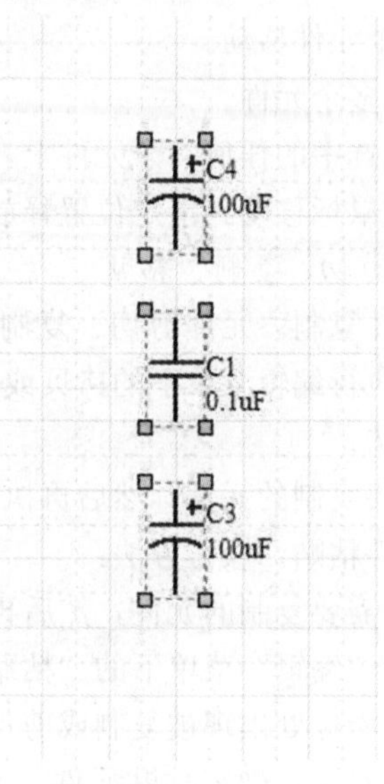

图 1-62　左对齐、垂直等间距对齐

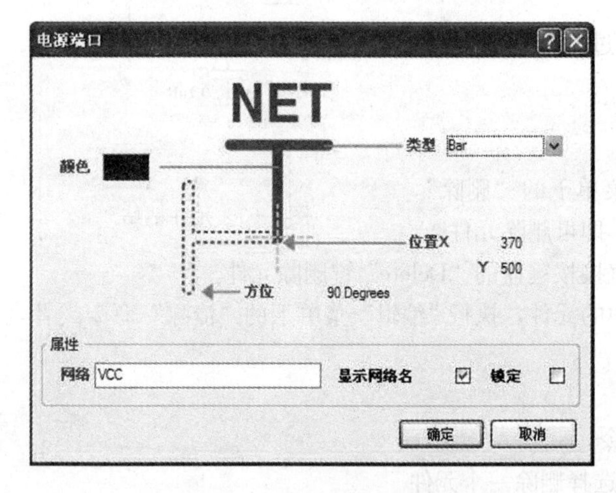

图 1-63　电源端口对话框

十、放置电源、接地

1. 放置电源

(1) 单击执行"放置"菜单下的"电源端口"命令。

(2) 按键盘"Tab"键，弹出图 1-63 所示电源端口对话框。

(3) 确定电源属性。通过类型选择下拉列表选择电源类型（见表 1-1）。

设置网络端口属性为"VCC"，类型设置为"Bar"，对象的放置方位为 90°。

(4) 设置完成，单击"确定"按钮，移动鼠标，在需要电源的位置单击，放置一个电源端子。

(5) 按右键，结束放置电源端子。

表 1-1　电源及接地类型

样式名称	类型说明	样式名称	类型说明
Circle	圆形节点	Power Ground	电源地
Arrow	箭头节点	Signal Ground	信号地
Bar	一字节点	Earth	大地
Wave	波浪节点		

2. 放置接地

(1) 单击执行"放置"菜单下的"电源端口"命令。

(2) 按键盘"Tab"键，弹出电源端口对话框。

(3) 设置网络端口为"GND"，类型设置为"Power Ground"电源地，对象的放置角度为 270°。

（4）设置完成，单击“确定”按钮，移动鼠标，在需要接地的位置单击，放置一个接地端子。

（5）按右键，结束放置接地端子。

利用电源工具栏的按钮，也可以放置各种电源、接地节点。

十一、添加电气连接

完成元件放置和位置调整后，就可以开始添加电气连接了。添加电气连接主要用到的布线工具栏的布线按钮或放置菜单下的各种布线命令。

1. 绘制电气导线

完成元件放置和位置调整后，就需要绘制导线了。绘制导线可以单击执行“放置”菜单下的“导线”命令或单击工具栏的 ≈ 按钮来实现。

操作方法：

（1）单击执行“放置”菜单下的“导线”命令或者单击工具栏的绘制导线按钮 ≈ 。

（2）光标变为十字形，通过单击左键在图纸上设置导线的起点（见图 1-64）。

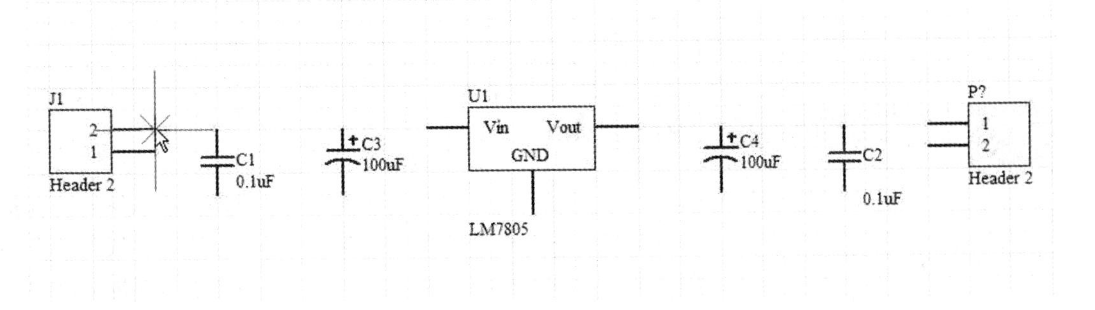

图 1-64 设置导线起点

（3）移动鼠标到 U1，确定导线终点，单击左键，绘制一条连接 C1、C3、U1 的导线（见图 1-65）。

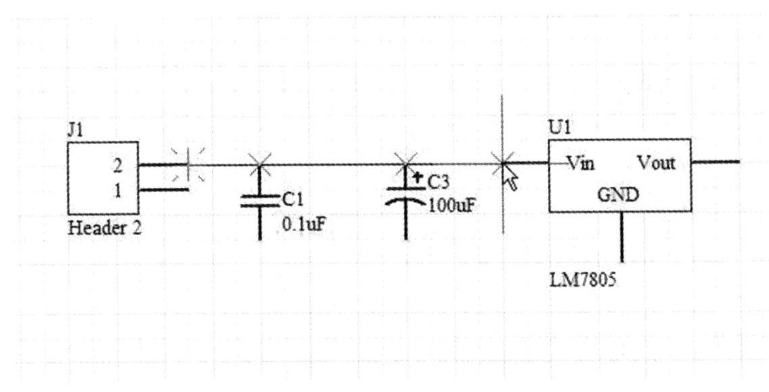

图 1-65 绘制条导线

（4）单击左键，结束该条导线的绘制，开始另一条导线的绘制。

（5）绘制导线过程中，在转角处单击左键，可以确定导线的转角。

（6）绘制导线过程中，按下“Shift＋Space”键，可以在斜线和直角线之间转换。

（7）完成所有导线绘制后，单击右键或按键盘“Esc”键，结束导线绘制。

2. 删除导线连接

(1) 执行菜单命令删除导线。

1) 单击执行“编辑”菜单下的“删除”命令。

2) 光标变为十字形，移动鼠标到要删除的导线，单击左键，删除一条导线。

3) 用上述方法删除其他导线。

4) 单击右键或按键盘“Esc”键，结束删除导线操作。

(2) 通过键盘删除导线。

1) 移动鼠标到要删除的导线，单击左键，导线两端出现绿色小方块（见图 1-66）。

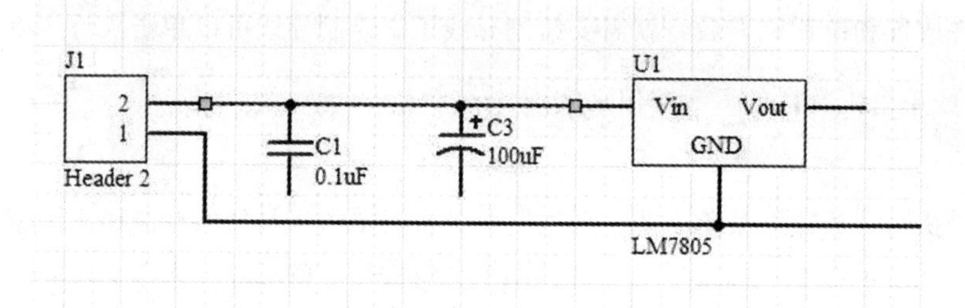

图 1-66　绿色小方块

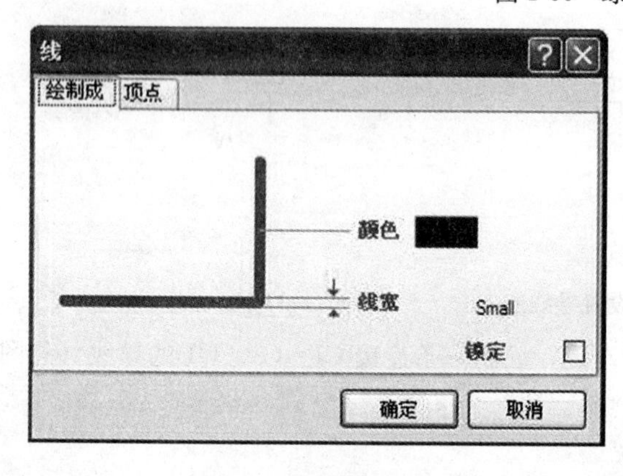

图 1-67　导线属性对话框

2) 按键盘“Delete”键删除导线。

3. 调整导线位置

如果想要使某条导线延长或调整导线转折点的位置，可以直接单击导线，导线的各个转折点出现绿色小方块，再单击导线即可将最近处的转折点粘贴到光标上，移动光标就可改变该转折点的位置或延长导线，最后单击确定。

4. 编辑导线属性

双击想要修改属性的导线，弹出图 1-67 所示的导线属性对话框，可对导线的属性进行设置。

线宽用于设置导线宽度，下拉列表中有 Smallest、Small、Medium、Large 四个选项。

颜色右边的方框色块用于设置导线颜色。单击右边的色块，弹出颜色选择对话框，供用户选择颜色或自定义用户颜色。

“锁定”复选框设置导线是否处于选择状态。

技能训练

一、训练目标

(1) 熟练掌握电路原理图软件的基本操作。

(2) 能够正确设计稳压电源电路原理图。

二、训练内容与步骤

1. 启动、退出 Altium Designer 9 电路设计软件

(1) 双击桌面上的 Altium Designer 9 图标，启动 Altium Designer 9 电路设计软件。

(2) 单击执行“File文件”菜单下的“Exit退出”命令，退出Altium Designer 9电路设计软件。

2. 创建一个项目

(1) 双击桌面上的Altium Designer 9图标，启动Altium Designer 9电路设计软件。

(2) 单击执行“文件”菜单下的“新建”菜单下的“工程”菜单下“PCB工程”命令，新建一个项目。

(3) 单击执行“文件”菜单下的“保存工程为”命令，弹出工程另存为对话框。

(4) 修改文件名为“PR1PCB1”，保存类型设置为“PCB Projects (* PrjPcb)”。

(5) 单击“保存”按钮，保存PR1PCB1工程。

3. 新建一个原理图文件

(1) 单击执行“文件”菜单下的“新建”菜单下的“原理图”命令。

(2) 新建一个名为“Sheet1. SchDoc”原理图文件。

(3) 右键单击“Sheet1. SchDoc”原理图文件，弹出快捷菜单，选择执行“保存为”命令，弹出另存为对话框。

(4) 重新设置文件名为“WENYA1. SchDoc”原理图文件，新原理图文件更名为“WENYA1. SchDoc”。

(5) 单击底部的“System”标签，弹出工作页面选择菜单，选择“File”选项，弹出文件面板。

(6) 在File文件面板的“新的”单元，单击“Schematic Sheet”，可以创建一个名为“Sheet2. SchDoc”新原理图文件。

(7) 设置原理图选项。

1) 单击执行“设计”菜单下“文档选项”命令，弹出文档选项对话框。

2) 在标准类型选项区域，通过下拉列表选项，将图纸大小（sheet size）设置为标准A4格式。

3) 在方位选项设置区，选项选择“Landscape”，将图纸设置为横向放置。

4) 标题块复选项用来切换是否在图纸上显示标题栏。不选中复选项，不显示标题栏。

5) 图样栅格中，选择“Snap”（光标移动距离）为“10”mil，“可见的”（可视栅格）为“10”mil。

6) 用左键选中“电气栅格”设置栏中“使能”左面的复选框，使复选框中出现“√”，表明选中此项。则此时系统在连接导线时，将以箭头光标为圆心以“Grid栅格范围”栏中的设置值为半径，自动向四周搜索电气节点。当找到最接近的节点时，就会把十字光标自动移到此节点上，并在该节点上显示出一个红色“×”。

7) 其他选择默认选项。

4. 加载元件库

(1) 浏览元器件库可以执行“设计”菜单“浏览库”下的命令，进入系统元件库管理器。

(2) 单击元件库管理器的“元器件库”按钮，或直接单击执行“设计”菜单下的“添加/移除库”命令，系统进入“可用库”对话框。

(3) 单击“已安装”选项卡，显示当前开发环境已经安装的元件库。

(4) 任意选择一个库，使用“向上移动”和“向下移动”按钮，可以把列表中的选中的元件库上移或下移，以改变其在元件库管理器中的显示顺序。

(5) 在列表中选中某个元件库后，单击“删除”按钮就可以将该元件库从当前开发环境移除。

(6) 想要添加一个新的元件库，则可以单击“安装”按钮，系统将弹出打开元件库对话框。用户可以从中寻找自己想加载的元件库，然后单击“打开”按钮，就可以把元件库添加到当前开发环境中。

5. 放置元器件

(1) 放置一个电阻元件。

1) 单击执行“放置”菜单下的“器件”命令，弹出放置元件对话框。

2) 单击“纪录”按钮右边的省略号按钮，弹出“浏览库”对话框。

3) 在对话框的组件名下拉列表中选择“RES2”，右边图形显示框显示电阻的图形。

4) 单击“确定”按钮，返回放置元件对话框。

5) 修改元件标识为“R1”，单击“确定”按钮，一个电阻元件附着光标的十字箭头上。

6) 按空格键旋转元件方向。

7) 移动鼠标到合适位置，单击左键，放置一个电阻元件。

8) 单击右键，系统会再次弹出“放置元件”对话框，等待输入新的元件编号。

9) 假如现在还要继续放置相同形式的元件，就直接单击“确定”按钮，新出现的元件符号会依照元件封装自动地增加流水序号。

10) 如果不再放置新的元件，可直接单击“取消“按钮，关闭对话框。

(2) 放置四个电容元件。

1) 单击底部“System”标签，弹出面板选项菜单。

2) 单击“库”面板选项，打开库面板。

3) 在“库”面板的元件查找栏输入“ * cap”，元件名栏显示各种电容，元件符号栏显示元件的图形符号。

4) 单击“库”面板的“Place cap”按钮，一个电容元件附着光标的十字箭头上。

5) 按键盘“Tab”键，弹出元件属性对话框。

6) 标识修改为“C1”，注释栏右边的复选框去掉对勾选择。

7) 对话框右边的属性编辑，选择“Value”值，在值编辑栏中输入“0.1μF”.

8) 按空格键旋转元件方向。

9) 移动鼠标到合适位置，单击左键，放置一个电容元件 C1。

10) 移动鼠标到一个新的合适位置，单击左键，再放置一个电容元件 C2，元件的流水标识号是自动增加。

11) 单击右键，结束元件放置。

12) 在库面板元件名中，选择“Cap Pol1”，元件符号栏显示电解电容符号。

13) 单击“库”面板的“Place Cap Pol1”按钮，一个电解电容元件附着光标的十字箭头上。

14) 按键盘“Tab”键，弹出元件属性对话框。

15) 标识修改为“C3”，注释栏右边的复选框去掉对勾选择。

16) 对话框右边的属性编辑，选择“Value”值，在值编辑栏中输入“100μF”。

17) 按空格键旋转元件方向。

18) 移动鼠标到合适位置，单击左键，放置一个电解电容元件 C3。

19) 移动鼠标到一个新的合适位置，单击左键，再放置一个电解电容元件 C4。

(3) 放置一个发光二极管元件。

1) 在库面板元件名中，选择“LED1”，元件符号栏显示发光二极管图形符号。

2) 单击“库”面板的“Place LED1”按钮，一个发光二极管元件附着光标的十字箭头上。

3）按键盘“Tab”键，弹出元件属性对话框。

4）标识修改为“D1”，注释栏右边的复选框去掉对勾选择。

5）按空格键旋转元件方向。

6）移动鼠标到合适位置，单击左键，放置一个发光二极管元件D1。

（4）放置一个三端直流稳压集成电路元件。

1）在库面板元件名中，选择“Volt Reg”，元件符号栏显示发光二极管符号。

2）单击“库”面板的“Place Volt Reg”按钮，一个三端直流稳压集成电路元件附着光标的十字箭头上。

3）按键盘“Tab”键，弹出元件属性对话框。

4）标识修改为“U1”，注释栏文本框输入“LM7805”。

5）按空格键旋转元件方向。

6）移动鼠标到合适位置，单击左键，放置三端直流稳压集成电路元件元件U1。

（5）放置一个接地端。

1）单击执行“放置”菜单下的“电源端口”命令，弹出电源端口对话框。

2）在电源端口对话框中，选择电源端口类型为“Power Ground”接地，方位选择“270 Degrees”270°，网络名称为“GND”。

3）移动鼠标到合适位置，单击左键，放置一个接地端。

（6）放置2个接线端。

1）单击库面板的库选择下拉列表，选择元件库为“Miscellaneous Connectors. inlib”杂项连接集成库。

2）在库面板元件名中，选择“Heder2”，元件符号栏显示2输入端插座符号。

3）单击“库”面板的“Place Heder2”按钮，一个2输入端插座元件附着光标的十字箭头上。

4）按键盘“Tab”键，弹出元件属性对话框。

5）标识修改为“J1”。

6）按空格键旋转元件方向。

7）移动鼠标到稳压集成电路左边的合适位置，单击左键，放置2输入端插座元件J1。移动鼠标到稳压集成电路右边的位置，单击左键，放置2输入端插座元件J2。

放置所有元件后的原理图画面见图1-68。

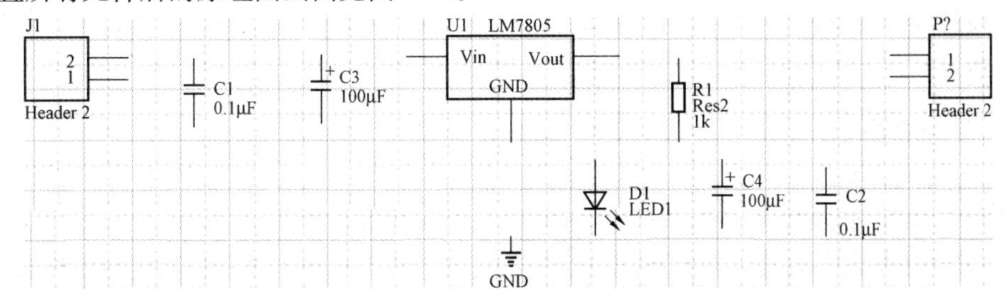

图1-68 放置所有元件后原理图画面

6. 调整元件位置

（1）鼠标选择电阻元件R1，按下左键不动，并拖拽至稳压集成电路元件的右边的合适位置后松开鼠标，即可完成电阻元件R1移动操作。

（2）单击执行“编辑”菜单下的“移动”子菜单下的“拖动”命令，光标变为十字形。

（3）移动光标到发光二极管上，按下左键，单击选择发光二极管元件，将其移动电阻元件R1的下方。

（4）选择移动电容元件C2到稳压集成电路元件的右边的合适位置。

（5）选择移动电容元件C3到稳压集成电路元件的左边的合适位置。

（6）选择移动接地端到稳压集成电路元件的下边的合适位置。

（7）选择移动插座元件J1到稳压集成电路元件的左边的合适位置。

（8）选择移动插座元件J2到稳压集成电路元件的右边的合适位置。

（9）选择电容元件C1、C3，进行元件对齐操作。

（10）调整结束的原理图编辑界面如图1-69所示。

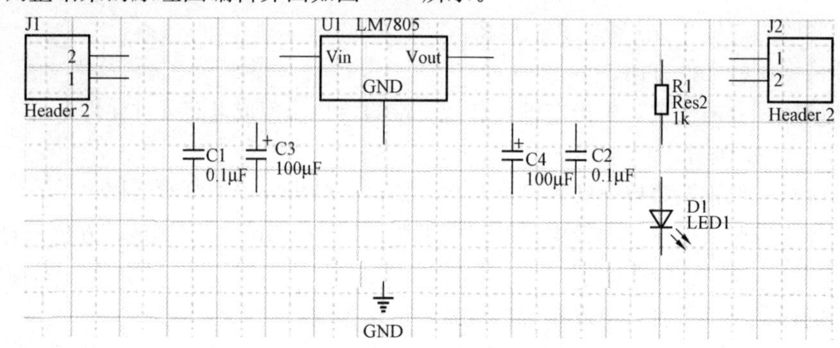

图1-69　调整元件后原理图画面

7. 连接线路

（1）执行“放置”菜单下的“导线”命令。

（2）此时光标变成十字状，系统进入连线状态，将光标移到插座元件J1引脚2，会自动出现一个红色“×”，单击左键，确定导线的起点，开始画导线。

（3）移动鼠标到集成电路元件LM7805的Vin输入端，单击左键确定导线的终点，完成一条导线的连接。

（4）通过导线使电容C1与集成电路元件LM7805的Vin输入端的导线连接。

（5）通过导线使电容C3与集成电路元件LM7805的Vin输入端的导线连接。

（6）通过导线使插座J2与集成电路元件LM7805的Vout输出端、电阻R1连接。

（7）通过导线使电容C2与集成电路元件LM7805的Vout输出端的导线连接。

（8）通过导线使电容C4与集成电路元件LM7805的Vout输出端的导线连接。

（9）通过导线使电阻R1与发光二极管的正极连接。

（10）单击“导线”工具栏中的“ ”按钮。

（11）此时光标变成十字状，系统进入连线状态，将光标移到插座元件J1引脚1，会自动出现一个红色“×”，单击左键，确定导线的起点，开始画导线。

（12）移动鼠标向下移动，在与接地端水平位置的转折点处单击左键，确定导线转折。

（13）水平移动鼠标，连接接地端。

（14）继续通过导线连接插座元件J2的引脚2。

（15）通过导线使电容C1接地端导线连接。

（16）通过导线使电容C3接地端导线连接。

（17）通过导线使电容C2接地端导线连接。

（18）通过导线使电容C4接地端导线连接。

(19) 通过导线使发光二极管负极与接地端导线连接。

(20) 单击“保存”按钮，保存原理图文件修改操作结果。

(21) 导线连接完成后的原理图如图 1-70 所示。

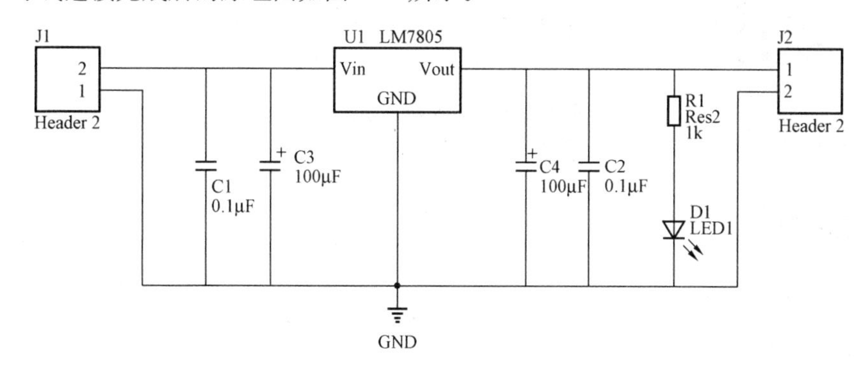

图 1-70 导线连接完成后原理图画面

8. 设置电气检测规则，进行电气规则检查

9. 创建图纸网络表

习 题 1

1. 建立一个存放文件的专用文件夹，命名为 SYT。
2. 建立一个工程文件 SYT1. Prjpcb。
3. 建立一个原理图文件 SYT1. Schdoc。
4. 电路图纸使用 A4 图纸，根据实际需要设置图纸参数。
5. 绘制原理图 SYT1. Schdoc（见图 1-71）。
6. 生成网络表 SYT1. NET。

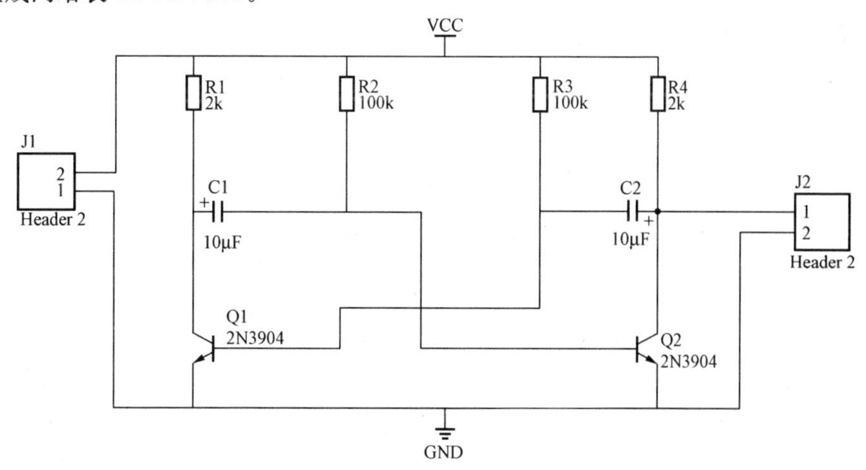

图 1-71 原理图

任务2

项目二　制作原理图元件与创建元件库

学习目标

（1）学会制作原理图元件。
（2）学会管理原理图元件库。

任务3　制作原理图元件

基础知识

一、原理图元件

1. 原理图的组成

原理图主要由两大部分组成，原理图元件和电子元件间的连线，其他内容都是辅助部分，如标注文字等。原理图元件代表实际的元器件，连线代表实际的物理导线，因此一张原理图中完全包含了电子元器件及其连接关系。

2. 原理图元件的组成

原理图元器件（简称为元件）由用以标识元件功能的标识图和元件引脚两大部分组成。

（1）标识图。标识图仅仅起着标示元件功能的作用，并没有什么实质作用。图 2-1 为一些常用元件的标识图。

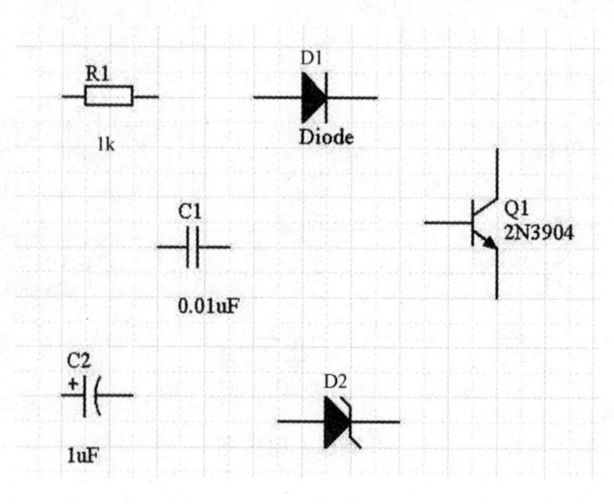

图 2-1　常用元件的标识图

（2）引脚。引脚是元件的核心部分。元件图中的每一根引脚都要和实际元器件的引脚对应，而这些引脚在元件图中的位置是不重要的。每一根引脚都包含序号和名称等信息。引脚序号用来区分各个引脚，引脚名称用来提示引脚功能。图 2-2 为常用元件引脚图。

引脚序号是必须有的，而且不同引脚的序号不能相同。引脚名称根据需要设置，名称能反映该引脚的功能。图 2-3 为集成电路 MC1455BD 的引脚图。

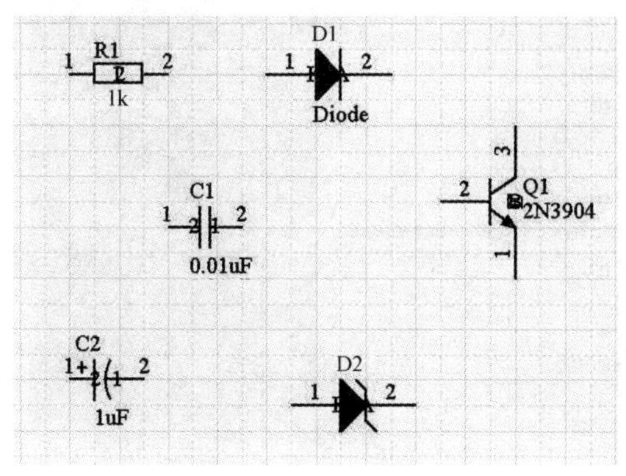

图 2-2 常用元件引脚图

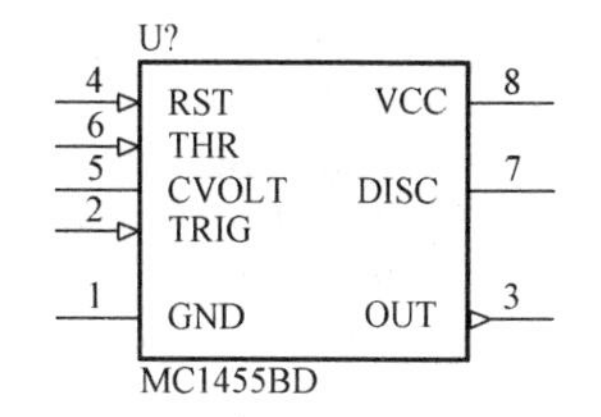

图 2-3 集成电路元件引脚图

二、原理图元件制作过程

为一个实际元件绘制原理图库时，为了保证正确和高效，一般建议遵循以下几个操作步骤。

1. 收集必要的资料

所需收集的资料主要包括元件的标识符号和引脚功能（电气特性），可以通过网络和书籍来进行搜集。

2. 绘制元件标识图

如果是引脚较少的分立元件，一般要尽量画出能够表达元件功能的标识图，这对于电路图的阅读会有较大的帮助作用。

如果是集成电路等引脚较多的元件，因为功能复杂，不可能用标识图表达清楚，往往是画个方框代表。

3. 添加引脚并编辑引脚信息

在标识图的合适位置添加引脚，编辑相关内容，同时引脚排列一般应遵循以下几个规则。

（1）电源引脚通常放在元件上部，地线引脚通常放在元件下部。

（2）输入引脚通常放在元件左边，输出引脚通常放在元件右边。

（3）功能相关的引脚靠近排列，功能不相关的引脚保持一定间隙。

三、原理图元件库编辑器

制作元件和建立元件库是在 Altium Designer 9 的元件库编辑器环境下进行。用户可以创建一个新的元件库作为自己使用的专用库，把平时自己创建的新元件放置到这个专用库中，供绘制原理图时使用。

1. 启动原理图元件库编辑器

（1）启动 Altium Designer 9 电路图设计软件。

（2）单击执行“File”文件菜单下的“新建”子菜单下的“PCB 工程”，创建一个 PCB 项目文档，命名为“PR2LIB. PrjPCB”。

（3）如图 2-4 所示，单击执行“File”菜单下“新建”子菜单下的“库”菜单下的“原理图库”命令，创建一个原理图元件库文档。

（4）另存命名为“My Schlib1. Schlib”，启动进入原理图元件库编辑器工作界面，如图 2-5 所示。

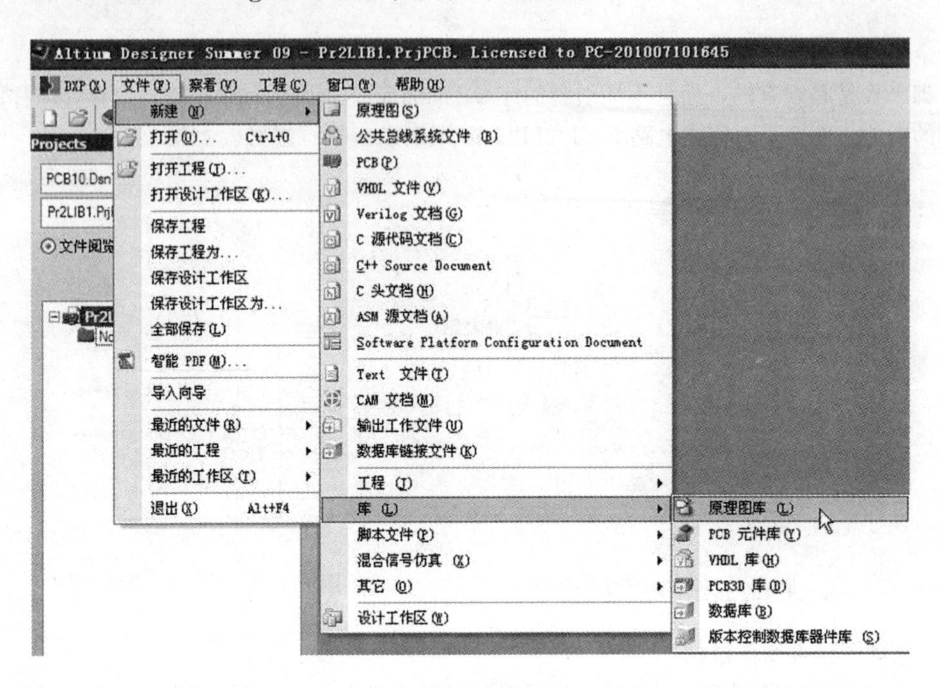

图 2-4　创建原理图元件库文档

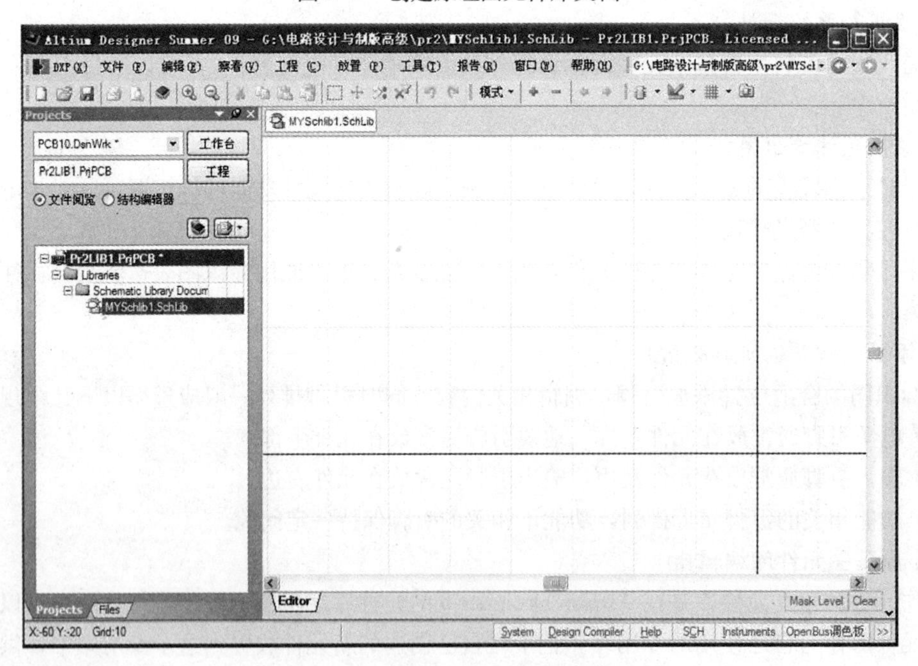

图 2-5　原理图元件库编辑器界面

原理图元件库编辑器与原理图设计编辑器界面相似，主要有主菜单栏、标准工具栏。左侧是项目文件工作区面板，右面是编辑工作区。不同的是在元件编辑区有一个十字坐标轴，将元件工作区划分为 4 个象限，设计者一般在第四象限进行元件的编辑工作。

2. 绘图工具

单击执行“察看”菜单下“工具”子菜单下的“实用”命令，显示实用工具栏，单击实用工具栏的“ ”绘图按钮，弹出如图所示 2-6 绘图工具。绘图工具栏上各按钮的功能如表 2-1 所示。绘图工具中的命令也可以从“放置”下拉菜单中直接选取命令。

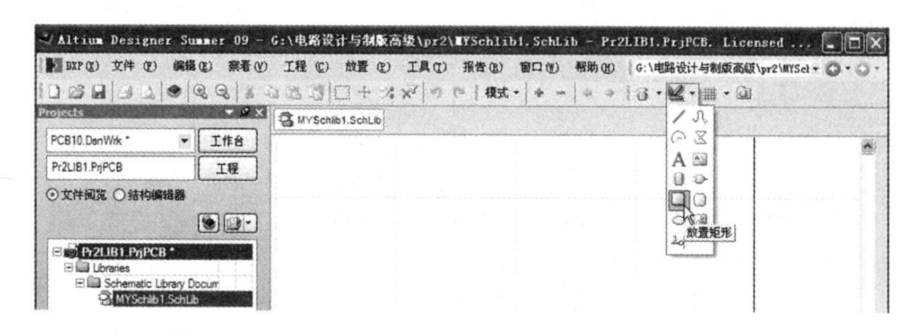

图 2-6 显示绘图工具

表 2-1 **绘图工具栏功能表**

按 钮	功 能	按 钮	功 能
	绘制直线		绘制矩形
	绘制贝塞尔曲线		绘制圆角矩形
	绘制椭圆弧线		绘制椭圆形及圆形
	绘制多边形		插入图片
A	插入文字		插入文本框
	添加新元件		绘制引脚
	添加新部件		

3. IEEE 工具栏

单击实用工具栏“ ”IEEE 符号按钮，弹出图 2-7 所示 IEEE 工具栏。

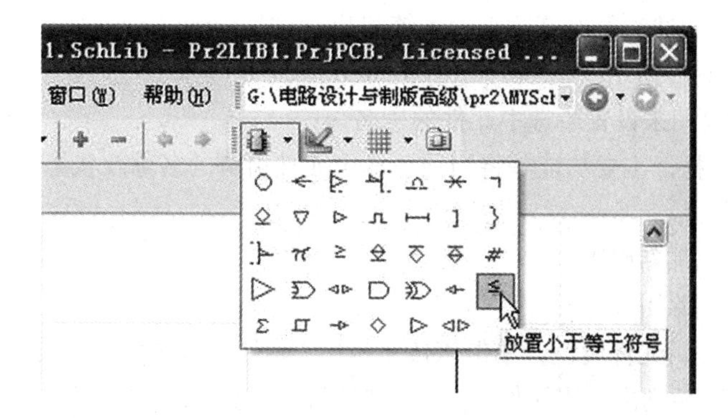

图 2-7 IEEE 工具栏

4. 元件库编辑管理器

(1) 进入原理图元件库编辑器后，如图 2-8 所示，单击编辑区下方“SCH”标签，选择“SCH Library”。

(2) 调出图 2-9 所示“SCH Library”(原理图元件库编辑管理器)工作面板。

图 2-8　选择 SCH Library

1）元件栏。元件栏列出了当前元件库文件中的所有元件。

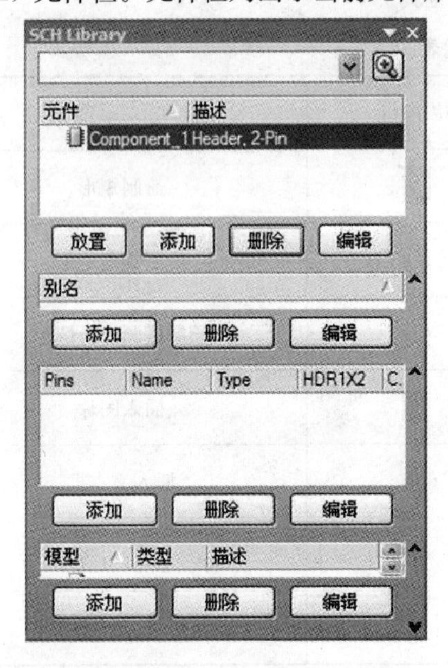

图 2-9　调出 SCH Library 工作面板

放置：将元件放置到当前原理图中。单击该按钮后，系统自动切换到原理图设计界面，同时原理图元件库编辑器退到后台运行。

添加：在库中添加一个元件。单击该按钮后，出现如图 2-10 所示的“New Component Name”添加新元件对话框，输入指定的元件名称，单击“确定”按钮即可将指定元件添加到元件组。

图 2-10　添加元件对话框

删除：删除选定元件。

编辑：编辑选定元件。单击该按钮后系统将启动“Library Component Properties（库元件属性）”对话框，如图 2-11 所示。

2）别名栏。主要用来设置所选中元件的别名。

3）Pins（引脚）栏。主要功能是将当前工作中元件引脚的名称及状态列于引脚列表中，引脚区域用于显示引脚信息。

“添加”按钮：添加新引脚。

“删除”按钮：删除引脚。

“编辑”按钮：编辑元件属性。单击该按钮弹出“元件引脚属性”对话框。

4）模型栏。模型栏列出了该元件的其他模型信息，包括元件的 PCB 封装、信号完整性或仿真模式等。

四、创建分立元器件

实际应用中，经常会遇到在 Altium Designer 9 提供的库中找不到的元件或库中的元件与实际元件有一定的差异，这时就需要自己创建元件库。根据不同的情形，创建新元件一般可用两种方法：一种是对原有元器件编辑修改，另一种是绘制新元件。

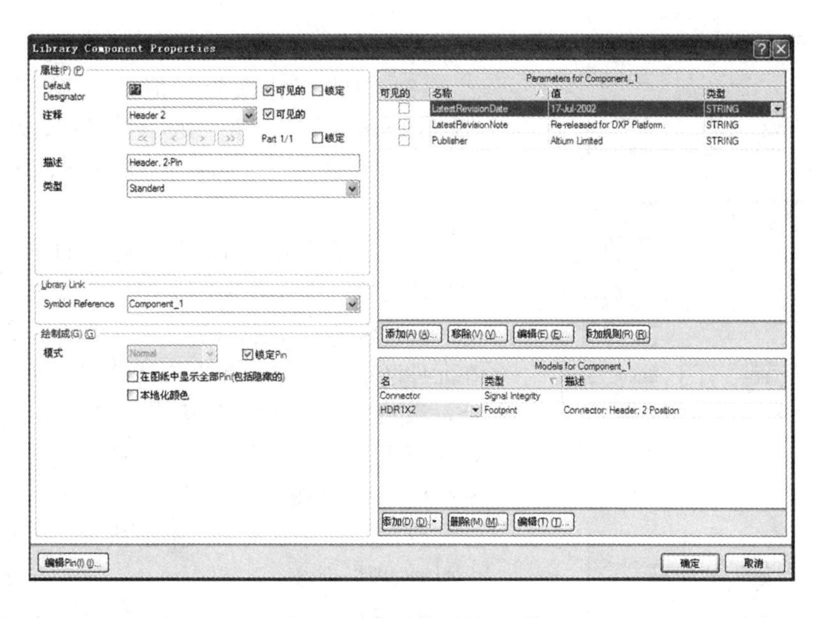

图 2-11 库元件属性对话框

1. 对原有元器件编辑修改

实际应用中，经常遇到所需要的元件符号与 Altium Designer 9 自带的元件库中的元件符号大同小异，这时就可以把元件先复制过来，然后稍加编辑修改即可创建出所需的新元件。用这样的方法可以大大提高了创建新元件的效率。

图 2-12 摘录源文件对话框

（1）单击执行“File”菜单下的“打开”命令，弹出打开文件对话框，在选择文件打开对话框中找到“Miscellaneous Devices. SchLib”文件所在目录（默认安装目录 D：\ Program Files \ Altium Designer 9 \ Library），然后选择“Miscellaneous Devices. SchLib”文件，双击该文件名或单击对话框下面的“打开”按钮，弹出图 2-12 所示的“摘录源文件或安装文件”对话框，确认要对集成库进行什么操作，单击“摘取源文件”按钮，即可调出该库中的原理图库文件。

（2）在“工程”面板上双击“Miscellaneous Devices. SchLib”文档图标，打开该文件。如图 2-13 所

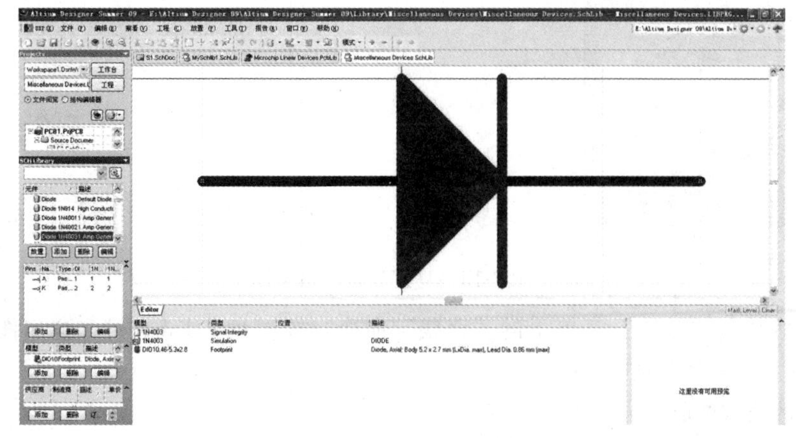

图 2-13 进入元件库编辑器

示，系统进入元件库编辑器状态。

(3) 单击工作面板下部的“SCH”标签，选择“SCH Library”即可进入到元件库编辑管理状态。

(4) 在“Miscellaneous Devices. SchLib”中找到“Diode”。

(5) 右键单击“Diode”元件，如图 2-14 所示，弹出快捷菜单，执行菜单中的“复制”命令。

(6) 选择自己创建的库文件“MySchlib1. Schlib”，在元件区单击右键，弹出快捷菜单，执行“粘贴”命令，将元器件“Diode”从库文件“Miscellaneous Devices. SchLib”复制到自己创建的库文件“My Schlib1. Schlib”中，如图 2-15 所示。

(7) 如图 2-16 所示，单击执行“工具”菜单下的“文档选项”命令。

(8) 弹出如图 2-17 所示的“库编辑器工作台”对话框，设置栅格区域中的“Snap”（捕获栅格，即光标能够在工作区移动的最小距离）为“2”，“Visible”（可视栅格，即工作区中可看见的网格的距离）为“1”，单位默认为 mil。

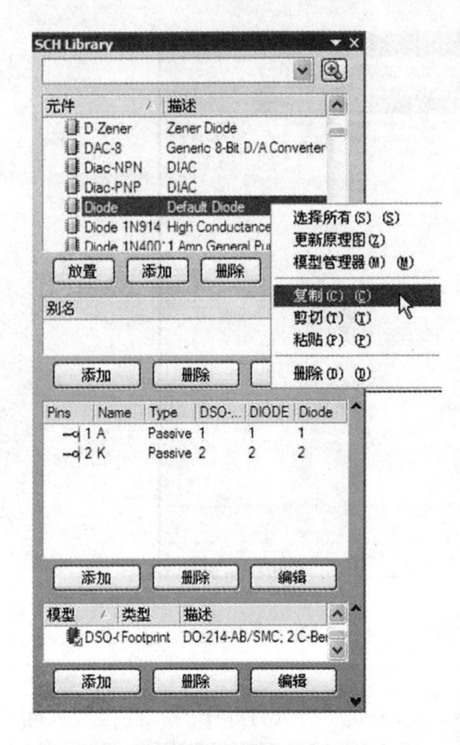

图 2-14　复制元件

(9) 修改标识图。选中元件的直线并缩短，缩短后效果如图 2-18 所示。

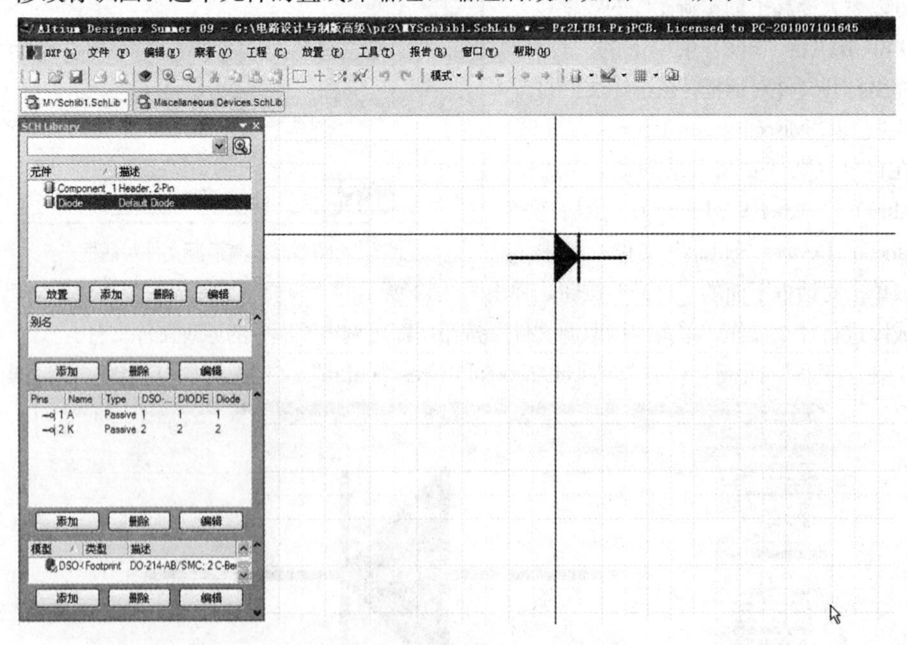

图 2-15　复制到自己目标库

(10) 然后执行“放置”菜单下的“直线”命令，按键盘“Tab”键，弹出图 2-19 所示的“Polyline”多边形直线对话框。

(11) 修改直线的颜色为蓝色。

(12) 利用画直线工具在直线上画斜线，画线过程中按空格键切换画线模式，画两条斜线，

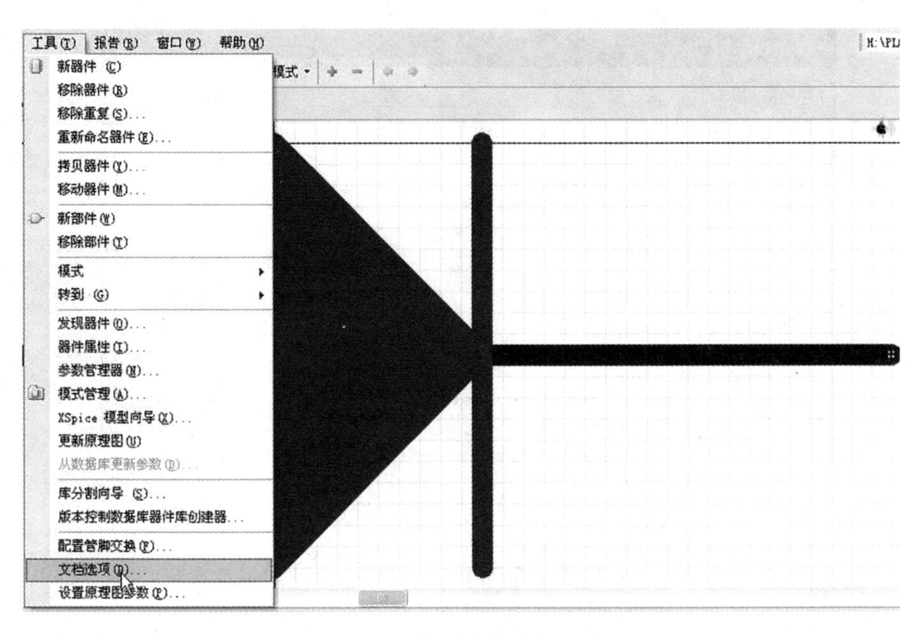

图 2-16 修改文档编辑选项

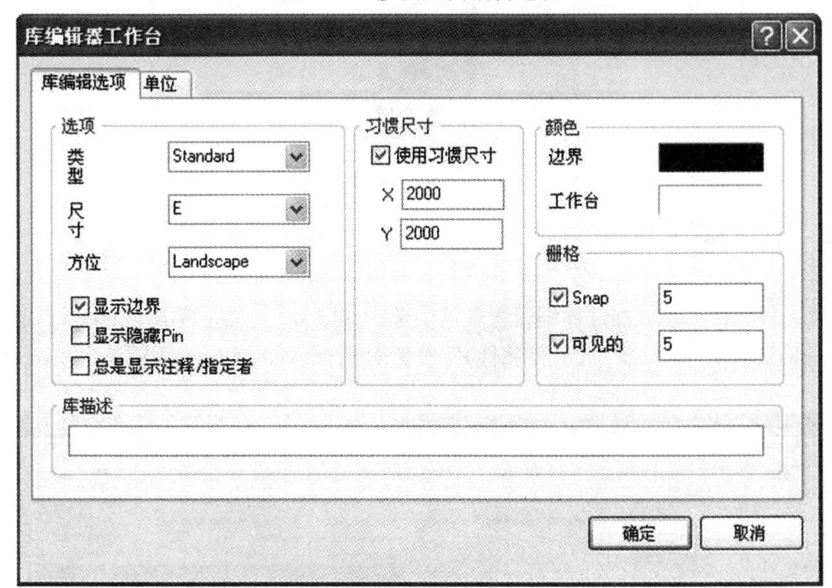

图 2-17 修改栅格参数

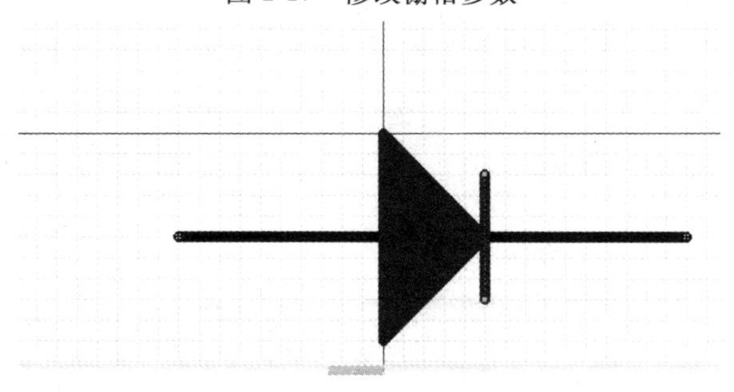

图 2-18 缩短直线后的元件

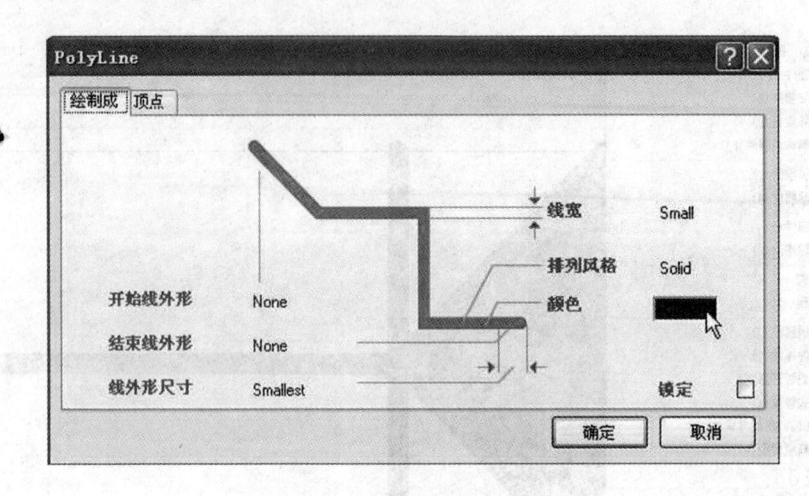

图 2-19　多边形直线对话框

修改完成后的效果如图 2-20 所示。

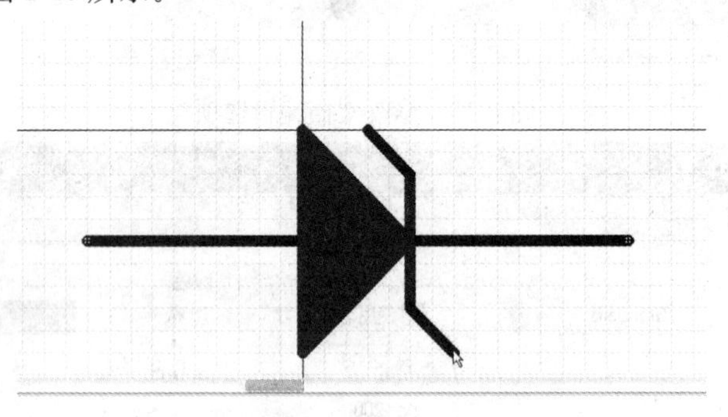

图 2-20　画斜线

（13）修改元件属性。在元器件库编辑管理器中选中“Diode”，然后单击“Edit”按钮，系统将弹出“Library Component Properties（库元件属性）”设置对话框。如图 2-21 所示设置“Designator”（元

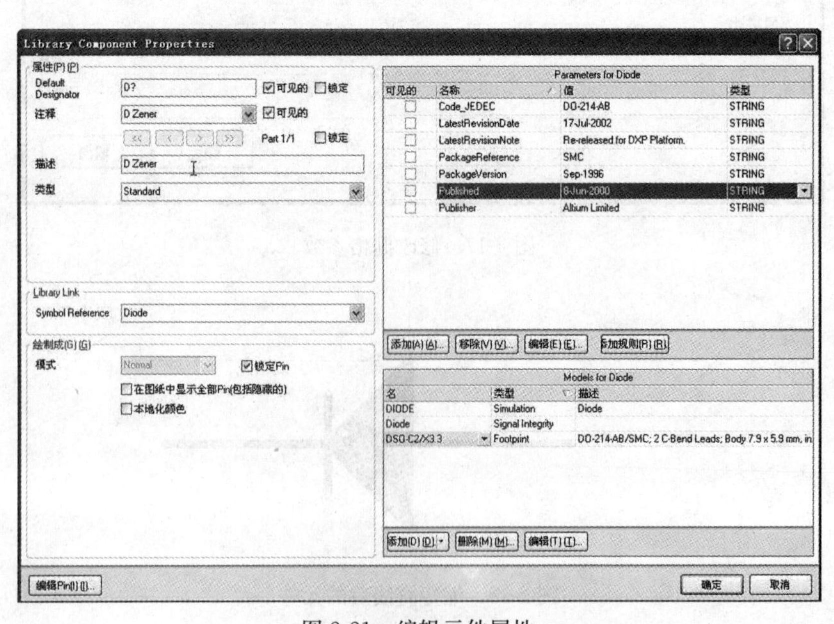

图 2-21　编辑元件属性

件默认编号）为“D?”；“Comment”（注释）为“D Zener”；“Description”（描述）为“D Zener”。

(14) 单击“确定”按钮，完成原有元器件编辑、修改。

(15) 单击“保存”按钮，保存所做的修改。

2. 绘制新元件

(1) 新建元件。

1) 打开“My Schlib1. Schlib”原理图元件库文件。

2) 单击执行“工具”菜单下的“新元件”命令，弹出如图 2-22 所示“New Component（新元件命名）”对话框。

3) 输入“NE555”，单击“确定”按钮，这时在元器件库编辑管理器中可以看到多了 NE555 元件。如图 2-23 所示。

(2) 绘制标识图。对于集成电路，由于内部结构较复杂，不可能用详细的标识图来清楚表达，因此一般是画个矩形方框来代表。

1) 单击执行“放置”菜单下“矩形”命令，此时鼠标指针旁边会多出一个大十字符号，将大十字指针中心移动到坐标轴原点处（X：0，Y：0），单击左键，把它定为直角矩形的左上角，移动鼠标指针到矩形的右下角，再单击

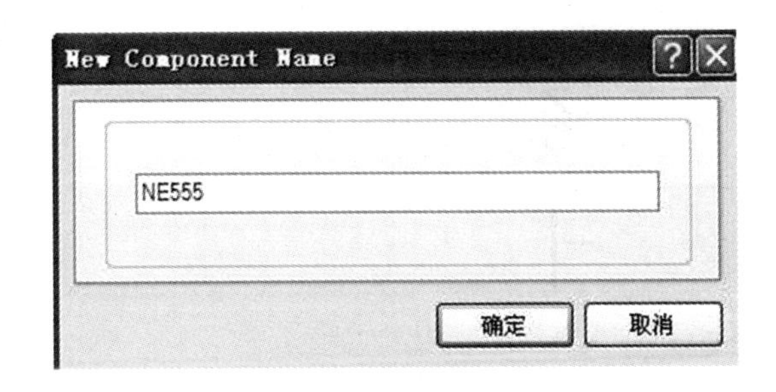

图 2-22　New Component 对话框

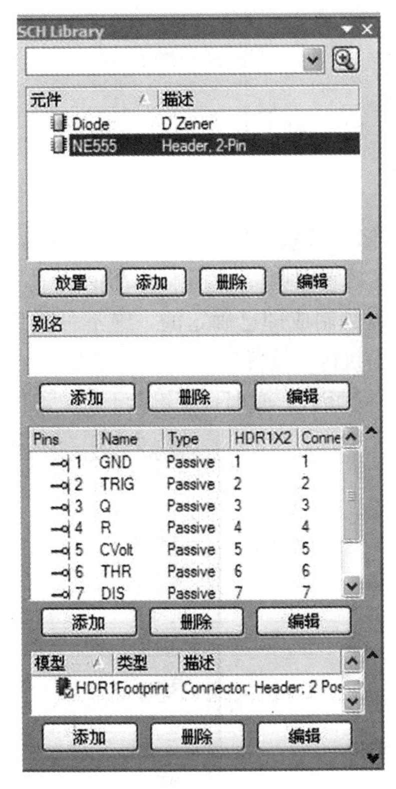

图 2-23　NE555 元件

左键，即可完成矩形的绘制。这里绘制矩形大小为 80×80。注意，所绘制的元件符号图形一定要位于靠近坐标原点的第四象限内，如图 2-24 所示。

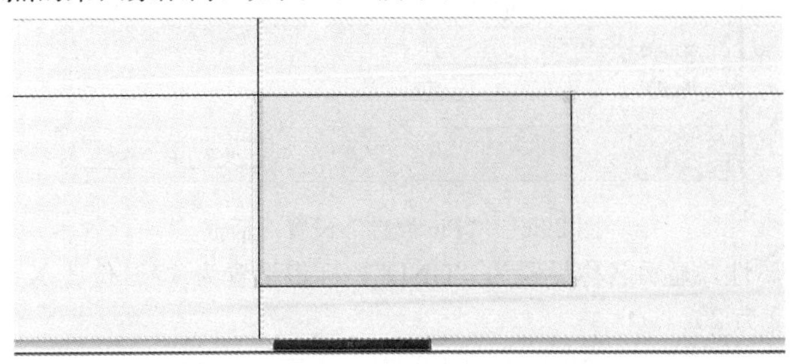

图 2-24　画矩形

2）双击矩形，弹出图 2-25 所示的长方形属性对话框。

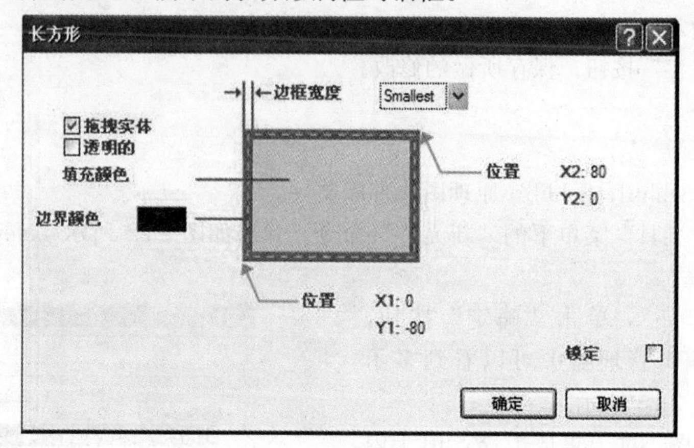

图 2-25　长方形属性对话框

3）修改参数，使 X2＝80、Y2＝80，单击“确定”按钮，矩形大小为 80×80。

（3）放置引脚 。元器件引脚必须真实地反映该元器件电气特性，它是该元器件的固有属性，是该元器件制成即已确定的，绝不可随意设置或更改。

单击执行“放置”菜单下“引脚”命令，绘制元件的引脚。此时鼠标指针旁边会多出一个大十字符号及一条短线，这时按下键盘上的“Tab”键，就可弹出“Pin 属性”设置对话框，如图 2-26 所示。

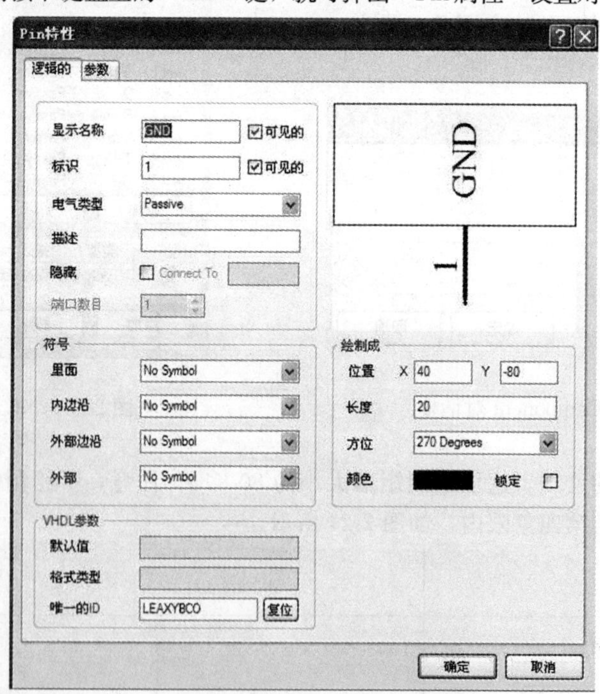

图 2-26　“Pin 属性”设置对话框

设置引脚 1 的属性，显示名称设置为“GND”，标识设置为“1”位置 X=40，Y=－80，方位设置为 270°，长度为 20。

按“确定”按钮，名称为“GND”的引脚附着在十字光标上。移动鼠标在矩形的下边单击，放置引脚 1。

按键盘空格键，旋转引脚方位为 180°，移动鼠标到合适位置单击，放置引脚 2。

按键盘空格键，旋转引脚方位为0°，移动鼠标到合适位置单击，放置引脚3。
按键盘空格键，旋转引脚方位为90°，移动鼠标到合适位置单击，放置引脚4。
按键盘空格键，旋转引脚方位为270°，移动鼠标到合适位置单击，放置引脚5。
按键盘空格键，旋转引脚方位为180°，移动鼠标到合适位置单击，放置引脚6。
按键盘空格键，旋转引脚方位为180°，移动鼠标到合适位置单击，放置引脚7。
按键盘空格键，旋转引脚方位为90°，移动鼠标到合适位置单击，放置引脚8。
单击右键，结束引脚放置。

(4) 修改引脚属性。单击选择引脚2，弹出引脚属性设置对话框，显示名称设置为“TRIG”，标识设置为“2”，位置X=0，Y=−50，方位设置为180°，长度为20，按“确定”按钮，完成引脚2属性设置。

引脚3属性，显示名称设置为“Q”，标识设置为“3”，位置X=80，Y=−40，方位设置为0°，长度为20。

引脚4属性，显示名称设置为“R”，标识设置为“4”，位置X=60，Y=0，方位设置为90°，长度为20。

引脚5属性，显示名称设置为“CVolt”，标识设置为“5”，位置X=60，Y=−80，方位设置为270°，长度为20。

引脚6属性，显示名称设置为“THR”，标识设置为“6”，位置X=0，Y=−20，方位设置为180°，长度为20。

引脚7属性，显示名称设置为“DIS”，标识设置为“7”，位置X=0，Y=−40，方位设置为180°，长度为20。

引脚8属性，显示名称设置为“VCC”，标识设置为“8”，位置X=40，Y=0，方位设置为90°，长度为20。

修改完成后的元件图形见图2-27。

(5) 单击工具栏的“保存”按钮，保存NE555的设计。

3. 制作多单元元器件

(1) CD4011简介。CD4011是四二输入与非门，如图2-28所示，它采用14脚双列直插塑料封装。它的内部包含四组形式完全相同的二输入与非门，除电源共用外，四组二输入与非门相互独立，称作4个单元(Part)，4个单元之间的内在关系由软件来建立。

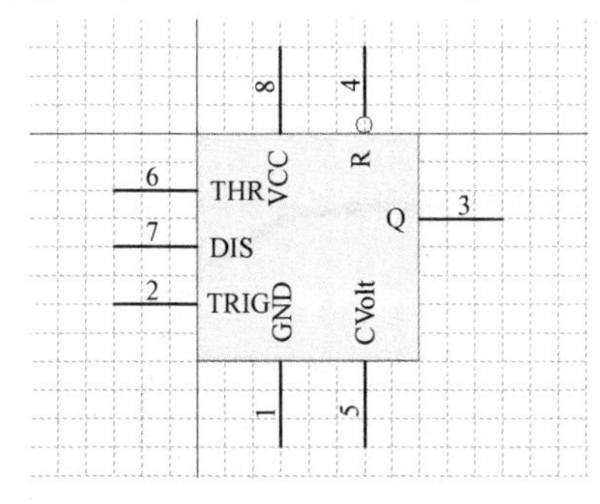

图2-27 修改完成后的元件图形

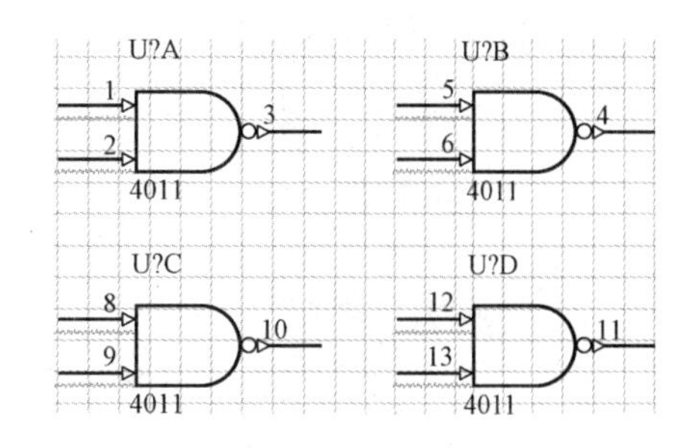

图2-28 四二输入与非门

(2) 制作第一个单元电路。

1) 打开之前创建的My Schlib1. Schlib库文件，执行“工具”菜单下的“新器件”命令。

2) 在弹出元件命名对话框中，输入“CD4011”。

3）执行“放置”菜单下的“直线”命令。

4）按下键盘上的“Tab”键，弹出“线属性”设置对话框，设置线宽为“Small”，设置线颜色为蓝色。

5）按“确定”按钮。

6）绘制如图 2-29 所示三条直线，水平直线长度为 30mil，垂直直线长度为 40mil。在画直线过程中可以按下键盘“Space”键更改走线模式，在 90°直线和斜线之间转换。

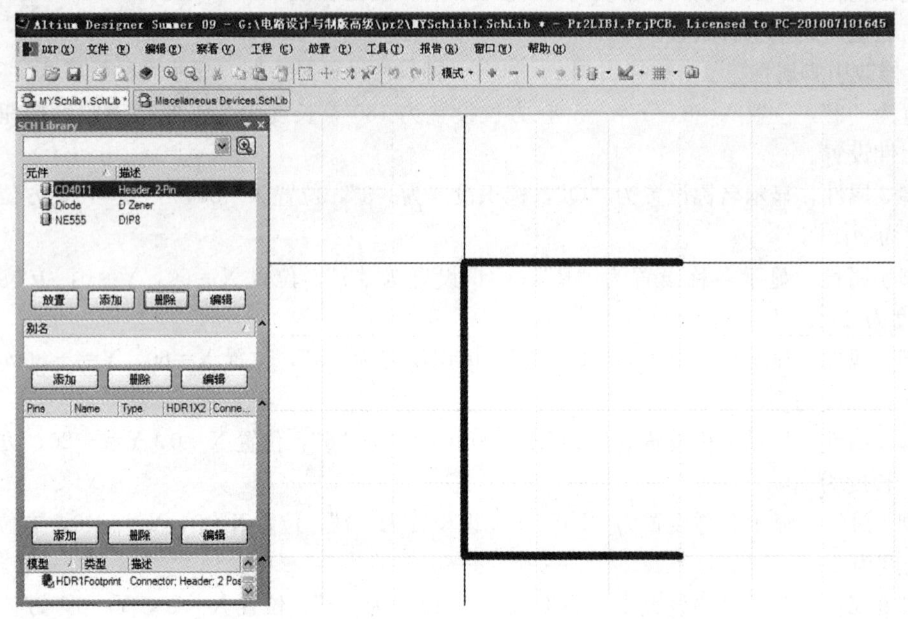

图 2-29　绘制三条直线

7）单击右键，结束直线绘制。

8）执行“放置”菜单下的“弧”命令，绘制如图 2-30 所示半圆弧。在画半圆弧过程中，移

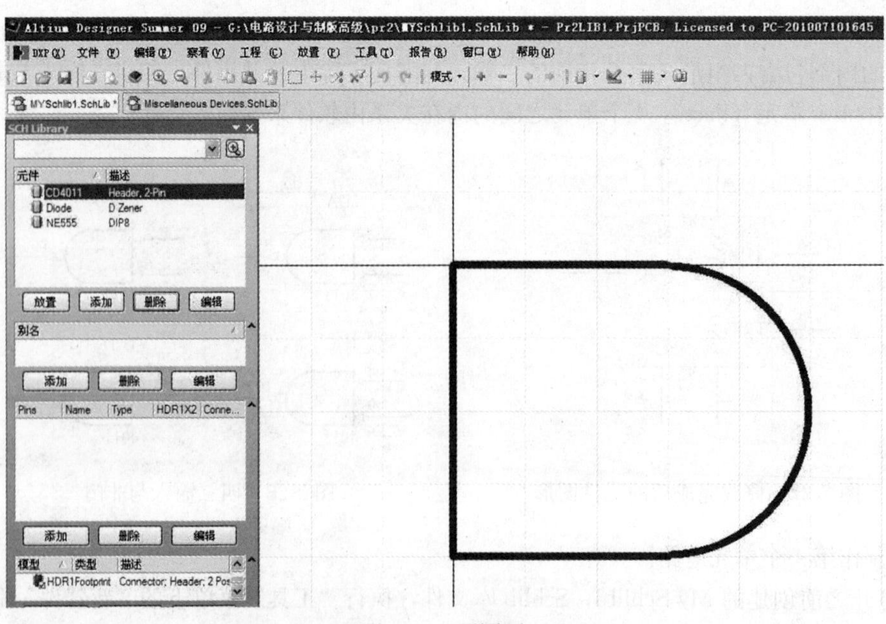

图 2-30　画圆弧

动鼠标，首先在位置（30，－20）单击，确定圆心。接着在（30，0）处单击，确定半径，在（30，－40）处单击，确定起点，在（30，0）处单击，确定终点。

9）单击右键，结束圆弧绘制。

10）执行“放置”菜单下的“引脚”命令，添加图 2-31 所示的三只引脚。

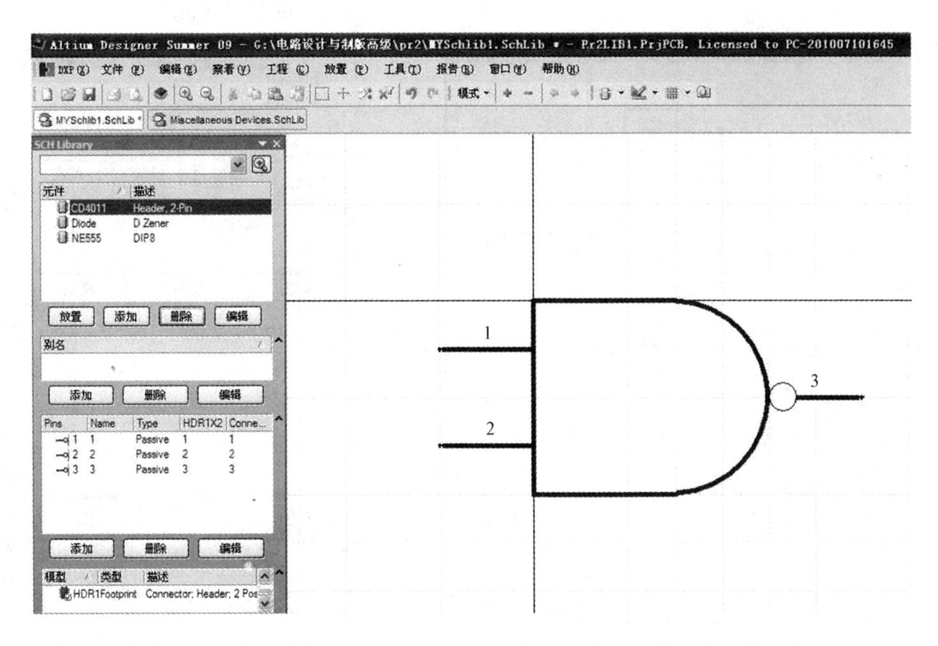

图 2-31 添加三只引脚

11）单击右键，结束引脚绘制。

12）修改引脚属性。引脚 1 位置（0，－10），引脚 2 位置（0，－30），引脚 3 的属性见图 2-32，位置为（50，－20），外部边沿设置为“Dot”，反相输出。

13）复制第一个单元内容。执行“编辑”菜单下的“选中”子菜单下的“全部”命令，选择第一个单元的全部内容，然后执行“编辑”菜单“拷贝”命令，将内容复制到粘贴板上。

（3）制作第二单元电路。

1）新建单元电路。执行“工具”菜单下的“新部件”命令。此时在 SCH Library 面板元件栏多出一个单元“PartB”，如图 2-33 所示。

2）执行“编辑”菜单下的“粘贴”命令，移动鼠标，放置到合适位置，将第一单元完全复制过来。

3）将引脚 1、2、3 依次修改为 5、6、4，如图 2-34 所示。

（4）制作其他单元电路。

1）制作第三个单元电路。重复制作第二个单元电路的 1、2 步操作，并将引脚 1、2、3 依次修改为 8、9、10。

2）制作第四个单元电路。重复制作第二个单元电路的 1、2 步操作，并将引脚 1、2、3 依次修改为 12、13、11。

（5）放置正、负电源引脚。

1）执行“放置”菜单下的“引脚”命令，放置正电源（VCC）引脚 14，在引脚浮动时按下“Tab”键，弹出引脚属性设置对话框，在对话框中将它的“Part Number”端口数目属性改为“0”，如图 2-35 所示。

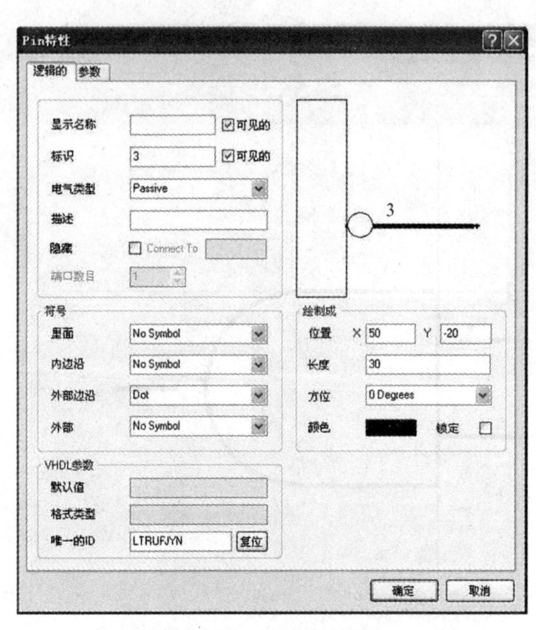
图 2-32　引脚 3 的属性

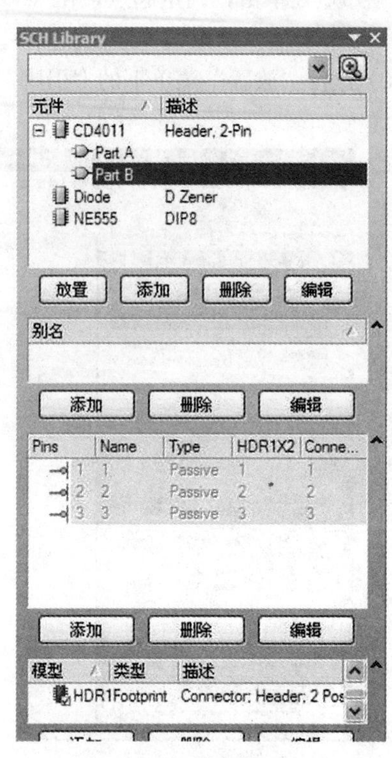
图 2-33　新增部件 Part B

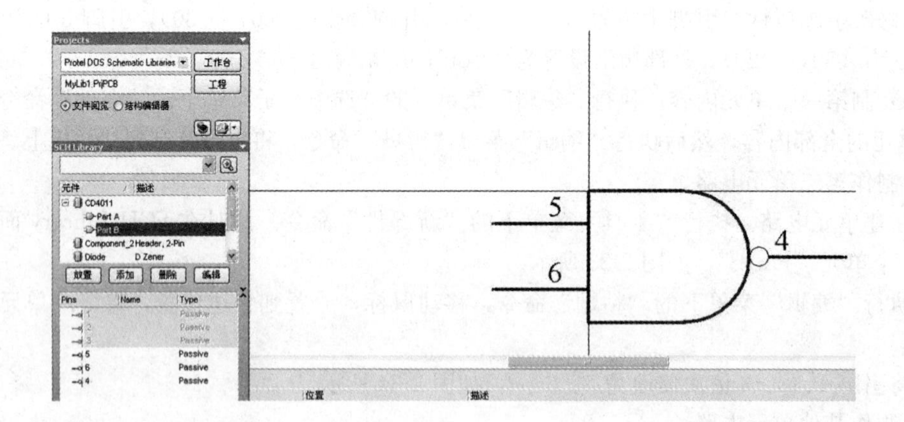
图 2-34　修改 PartB 引脚属性

2）用同样的方法放置负电源（VSS）引脚 7，结果如图 2-36 所示。

3）在元器件管理器面板中单击 PartA、PartB、PartC 三个单元，可以看到 14（VCC）和 7（VSS)引脚都已经包含在其中了。

4）如果不希望正、负电源引脚显示，可以在引脚属性中选择隐藏复选框，使引脚隐藏。

5）单击“保存”按钮，保存操作结果。

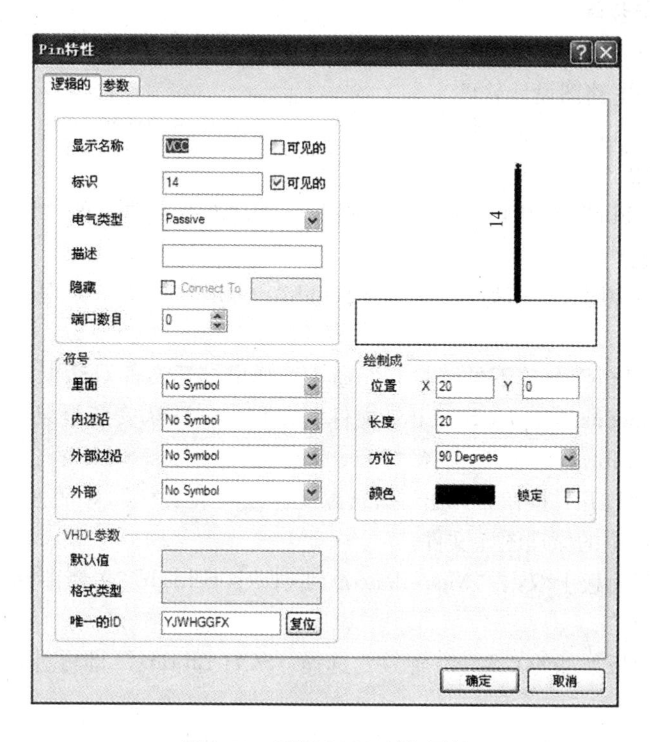

图 2-35　配置 VCC 引脚属性

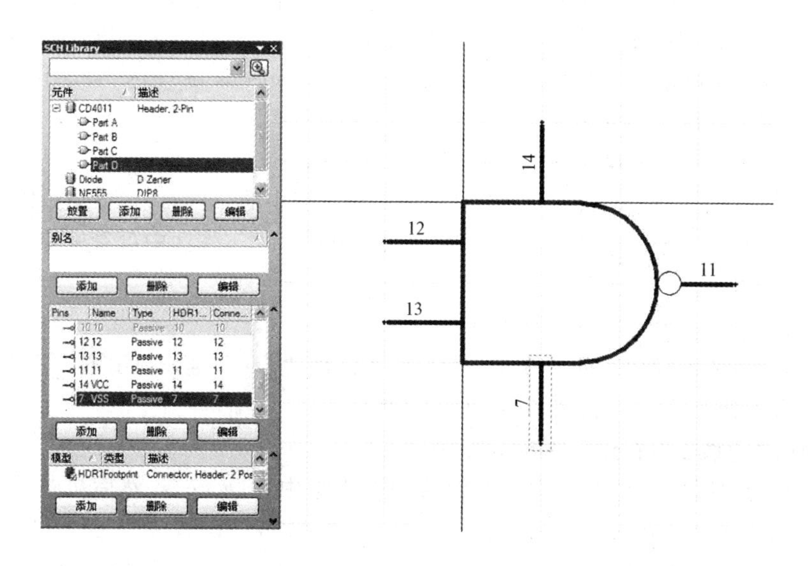

图 2-36　配置 VSS 引脚

技能训练

一、训练目标

(1) 能够正确启动原理图元件库编辑器。

(2) 学会简单原理图元件的制作。

(3) 学会复杂原理图元件的制作。

二、训练内容与步骤

1. 制作简单的稳压二极管元件

(1) 启动浏览库电路图设计软件。

(2) 单击执行“File”文件菜单下的“新建”子菜单下的“PCB 工程”，创建一个 PCB 项目文档，命名为“PR2Lib1. PrjPCB”。

(3) 单击执行“File”菜单下“新建”子菜单下的“库”菜单下的“原理图库”命令，创建一个原理图元件库文档。

(4) 将新建的原理图元件库另存为“My Schlib1. SchLib”，进入原理图元件库编辑器工作界面。

(5) 单击执行“File”菜单下的“打开”命令，弹出打开文件对话框，在选择文件打开对话框中找到“Miscellaneous Devices. SchLib”文件所在目录（默认安装目录 D：\ Program Files \ Altium Designer 9 \ Library)，然后选择“Miscellaneous Devices. SchLib”文件，双击该文件名或单击对话框下面的“打开”按钮，弹出“摘录源文件或安装文件”对话框，单击“摘取源文件”按钮，即可调出该库中的原理图库文件。

(6) 在“工程”面板上双击“Miscellaneous Devices. SchLib”文档图标，打开该文件。系统进入元件库编辑器状态。

(7) 单击工作面板下部的“SCH”标签，选择“SCH Library”即可进入到元件库编辑管理状态。

(8) 在“Miscellaneous Devices. SchLib”中找到“Diode”。

(9) 右键单击“Diode”元件，弹出快捷菜单，执行菜单中的“复制”命令。

(10) 选择自己创建的库文件“MySchlib1. SchLib”，在元件区单击右键，弹出快捷菜单，执行“粘贴”命令，就将元器件“Diode”从库文件“Miscellaneous Devices. SchLib”复制到自己创建的库文件“My Schlib1. SchLib”中。

(11) 单击执行“工具”菜单下的“文档选项”命令。

(12) 弹出“库编辑器工作台”对话框，设置栅格区域中的“Snap”（捕获栅格，即光标能够在工作区移动的最小距离）为“1”，“Visibe”（可视栅格，即工作区中可看见的网格的距离）为“1”，单位默认为 mil。

(13) 选中元件的直线，并缩短直线。

(14) 执行“放置”菜单下的“直线”命令，按键盘“Tab”键，弹出图 2-19 所示的“Polyline”多边形直线对话框，修改直线的颜色为蓝色。

(15) 利用画直线工具在短直线两端画两条斜线。

(16) 修改元件属性。在元器件库编辑管理器中选中“Diode”，然后单击“编辑”按钮，系统将弹出“Library Component Properties（库元件属性)”设置对话框。设置“Designator（元件默认编号)”为“D?”；“Comment”（注释）为“D Zener”；“Description”（描述）为“D Zener”。

(17) 单击“确定”按钮，完成原有元器件编辑、修改。

(18) 单击“保存”按钮，保存所做的修改。

2. 绘制新元件

(1) 新建元件。

1) 打开“My Schlib1. Schlib”原理图元件库文件。

2) 单击执行“工具”菜单下的“新元件”命令，弹出“New Component（新元件命名)”对话框。

3）输入“NE555”，单击“确定”按钮，

（2）绘制标识图。

1）单击执行“放置”菜单下“矩形”命令，此时鼠标指针旁边会多出一个大十字符号，将大十字指针中心移动到坐标轴原点处（X：0，Y：0），单击左键，把它定为直角矩形的左上角，移动指针到矩形的右下角，再单击左键，即可完成矩形的绘制。

2）双击矩形，弹出长方形属性对话框。

3）修改参数，使X2=80、Y2=80，单击“确定”按钮，矩形大小为80×80。

（3）放置引脚。

1）单击执行“放置”菜单下“引脚”命令，绘制元件的引脚。此时鼠标指针旁边会多出一个大十字符号及一条短线，这时按下键盘上的“Tab”键，就可弹出“Pin属性”设置对话框。

设置引脚1的属性，显示名称设置为“GND”，标识设置为“1”，位置X=40，Y=－80，方位设置为270°，长度为20。

按“确定”按钮，名称为“GND”的引脚附着在十字光标上。移动鼠标在矩形的下边单击，放置引脚1。

2）按键盘空格键，旋转引脚方位为180°，移动鼠标到合适位置单击，放置引脚2。

3）按键盘空格键，旋转引脚方位为0°，移动鼠标到合适位置单击，放置引脚3。

4）按键盘空格键，旋转引脚方位为90°，移动鼠标到合适位置单击，放置引脚4。

5）按键盘空格键，旋转引脚方位为270°，移动鼠标到合适位置单击，放置引脚5。

6）按键盘空格键，旋转引脚方位为180°，移动鼠标到合适位置单击，放置引脚6。

7）按键盘空格键，旋转引脚方位为180°，移动鼠标到合适位置单击，放置引脚7。

8）按键盘空格键，旋转引脚方位为90°，移动鼠标到合适位置单击，放置引脚8。

9）单击右键，结束引脚放置。

（4）修改引脚属性。

1）单击选择引脚2，弹出引脚属性设置对话框，显示名称设置为“TRIG”，标识设置为“2”，位置X=0，Y=－50，方位设置为180°，长度为20，按“确定”按钮，完成引脚2属性设置。

2）引脚3属性，显示名称设置为“Q”，标识设置为“3”，位置X=80，Y=－40，方位设置为0°，长度为20。

3）引脚4属性，显示名称设置为“R”，标识设置为“4”，位置X=60，Y=0，方位设置为90°，长度为20。

4）引脚5属性，显示名称设置为“CVolt”，标识设置为“5”，位置X=60，Y=－80，方位设置为270°，长度为20。

5）引脚6属性，显示名称设置为“THR”，标识设置为“6”，位置X=0，Y=－20，方位设置为180°，长度为20。

6）引脚7属性，显示名称设置为“DIS”，标识设置为“7”，位置X=0，Y=－40，方位设置为180°，长度为20。

7）引脚8属性，显示名称设置为“VCC”，标识设置为“8”，位置X=40，Y=0，方位设置为90°，长度为20。

（5）单击工具栏的“保存”按钮，保存NE555的设计。

任务4　管 理 元 件 库

一、元件库的管理

1. 启动元件库管理器

(1) 启动 Altim Designer 9 电路设计软件。

(2) 如图 2-37 所示，执行“设计”菜单“浏览库”下的命令。

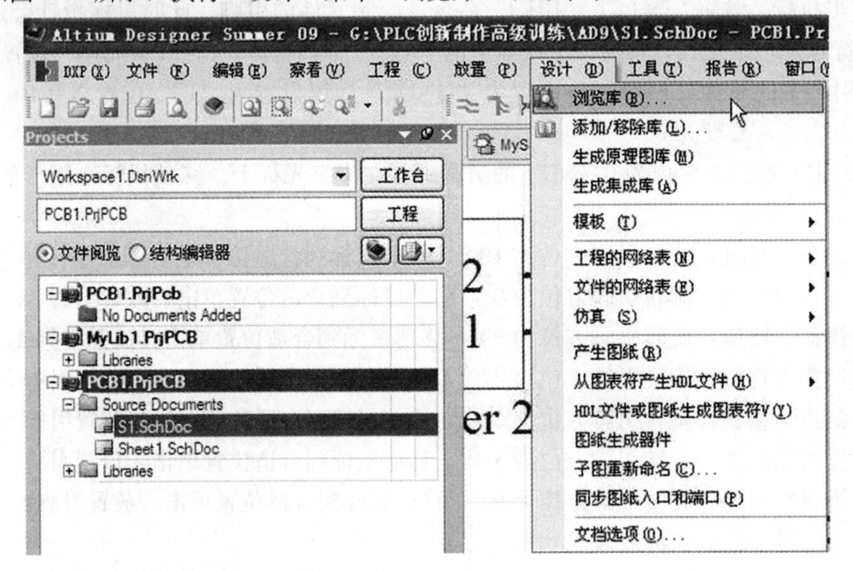

图 2-37　执行浏览库命令

(3) 系统将弹出图 2-38 所示的元件库管理器面板。

在元件库管理器面板中，从上至下各部分功能说明如下。

1) 3 个按钮的功能：

- 元器件库：用于“装载/卸载元件库”。
- 搜索：用于查找元件。
- Place：用于放置元件。

2) 元器件库显示文本框。单击下拉列表，在其中可以看到已添加到当前开发环境中的所有集成库。

3) 过滤参数设置文本框。用来设置过滤器参数，设置元件显示的匹配项的操作内容。“*”表示匹配任何字符。

4) 元件信息列表，包括元件名、元件说明及元件所在集成库等信息。

5) 所选元件的原理图模型展示。

6) 所选元件的相关模型信息，包括其 PCB 封装模型，进行信号仿真时用到的仿真模型，进行信号完整性分析时用到的信号完整性模型。

2. 元件库的操作

(1) 单击元件库管理面板的“元器件库”，弹出图 2-39 所示的可用库对话框。

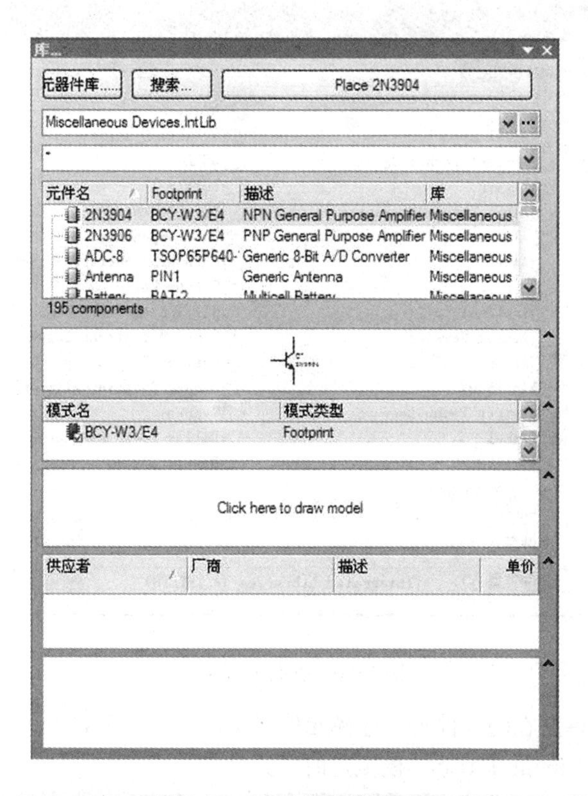

图 2-38 元件库管理器面板

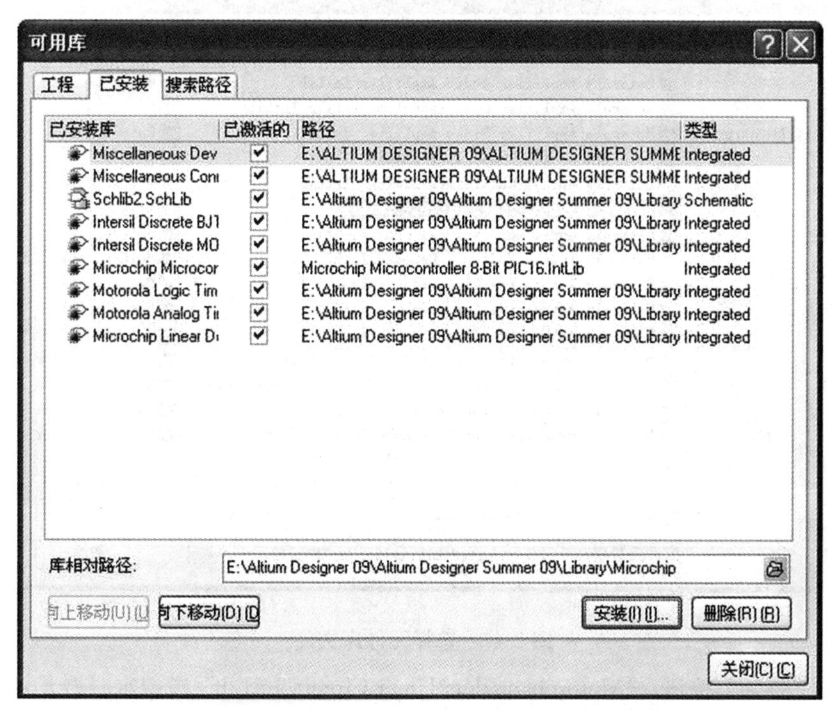

图 2-39 可用库对话框

（2）单击“安装”按钮，弹出图 2-40 所示的打开文件对话框。

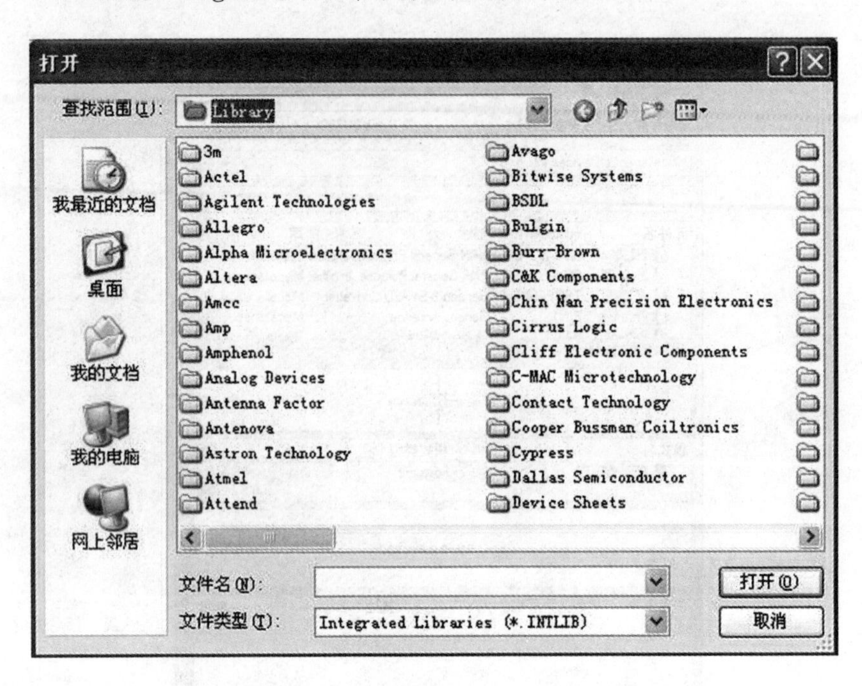

图 2-40　文件对话框

(3) 选择元件库文件所在的文件夹，选择元件库文件，如图 2-41 所示，选择“\ Motorola \ Motorola analog Timer Circuit. IntLib”模拟定时器元件库。

图 2-41　选择元件库文件

(4) 单击“打开”按钮，“Motorola analog Timer Circuit. IntLib”模拟定时器元件库添加到可用元件库中，如图 2-42 所示。

(5) 在可用库对话框，选择一个元件库，单击“删除”按钮，被选择的元件库从可用库中删除。

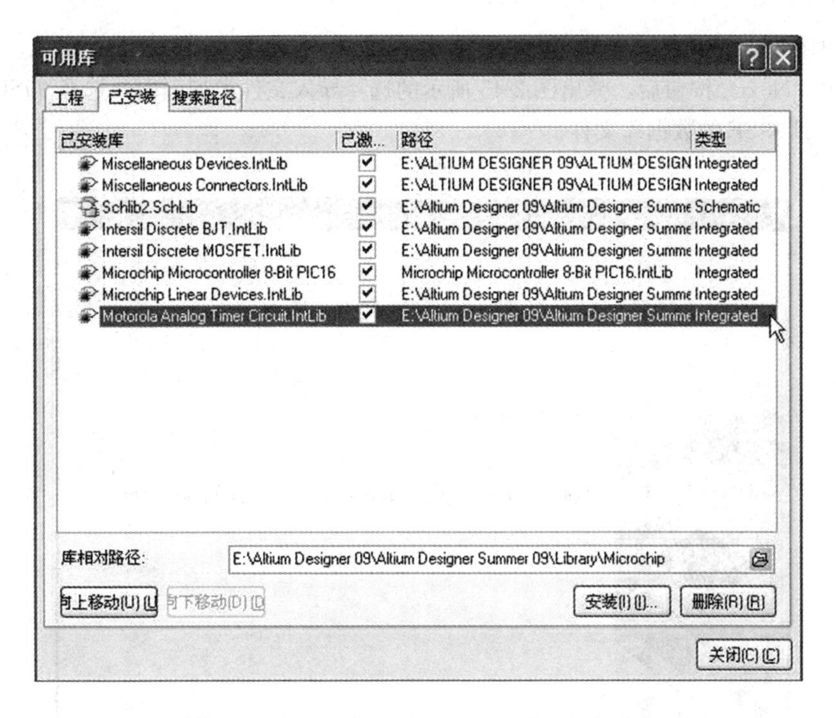

图 2-42 Motorola analog Timer Circuit. IntLib

(6) 在可用库对话框，选择一个元件库，通过单击“向上移动”，被选择的元件在可用库中的位置上移。

(7) 在可用库对话框，选择一个元件库，通过单击“向下移动”，被选择的元件在可用库中的位置下移。

二、导入元件库

1. 导入 Protel 99SE 原理图元件库

(1) 打开 Altium Designer 9，关掉所有的工程。选中你的工程，单击右键，选择执行“close project”关闭工程命令，关闭所选工程。

(2) 如图 2-43 所示，单击执行“File”文件菜单下的“导入向导”命令。

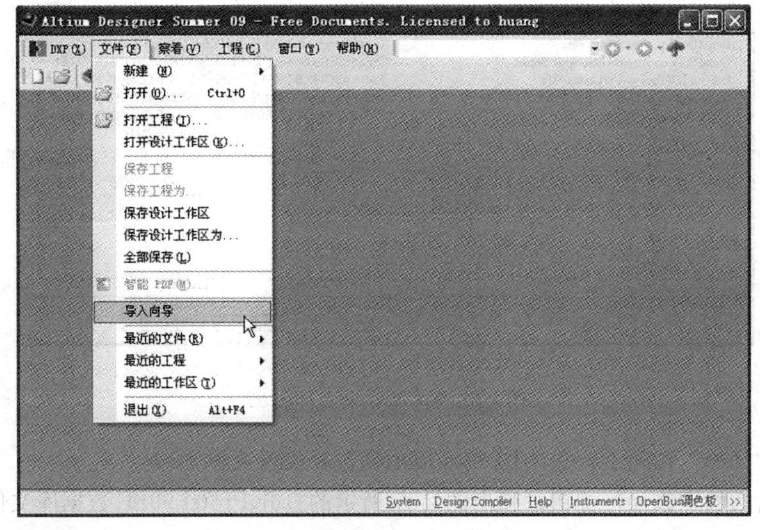

图 2-43 执行导入向导命令

(3) 弹出图 2-44 所示的导入向导画面。

(4) 单击“Next”按钮后，弹出图 2-45 所示的选择导入文件类型画面，选择 99SE DDB file，选择导入 Protel 99SE 的数据库文件。

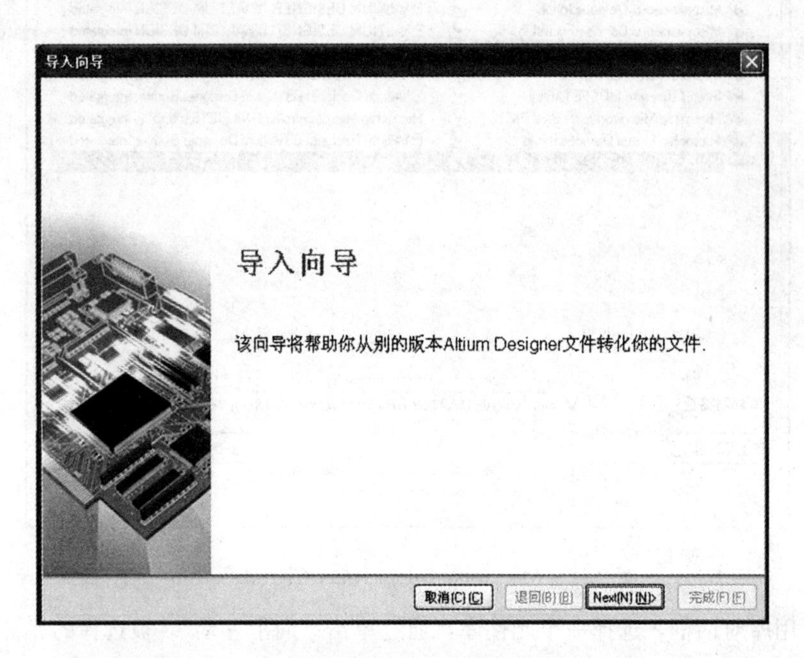

图 2-44　执行导入向导命令

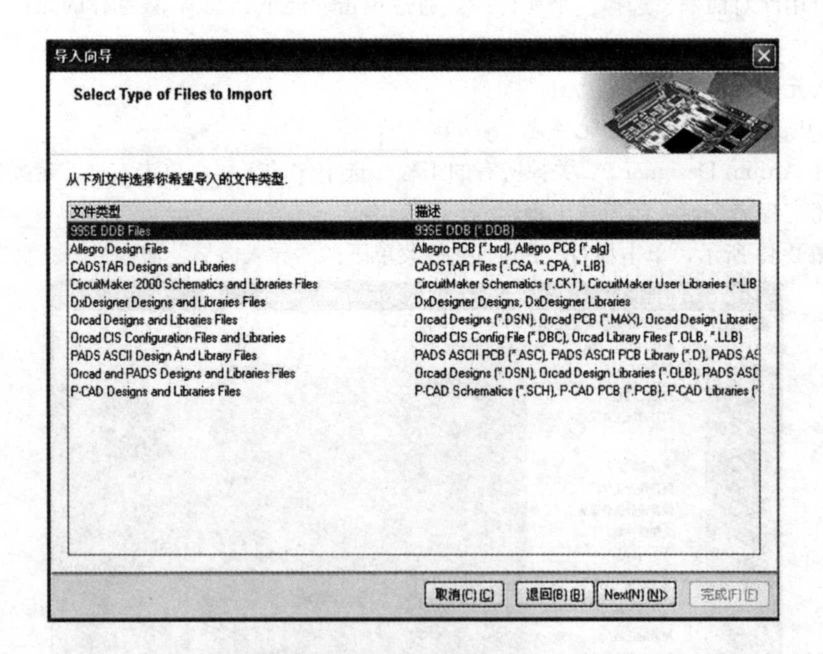

图 2-45　选择导入文件类型

(5) 单击“Next”按钮后，进入图 2-46 所示的选择文件夹画面。

(6) 单击右边的“添加”按钮，弹出图 2-47 所示的打开 Protel 99SE 数据库文件对话框。

(7) 选择 Protel 99SE 数据库文件所在的文件夹，单击“打开”按钮。

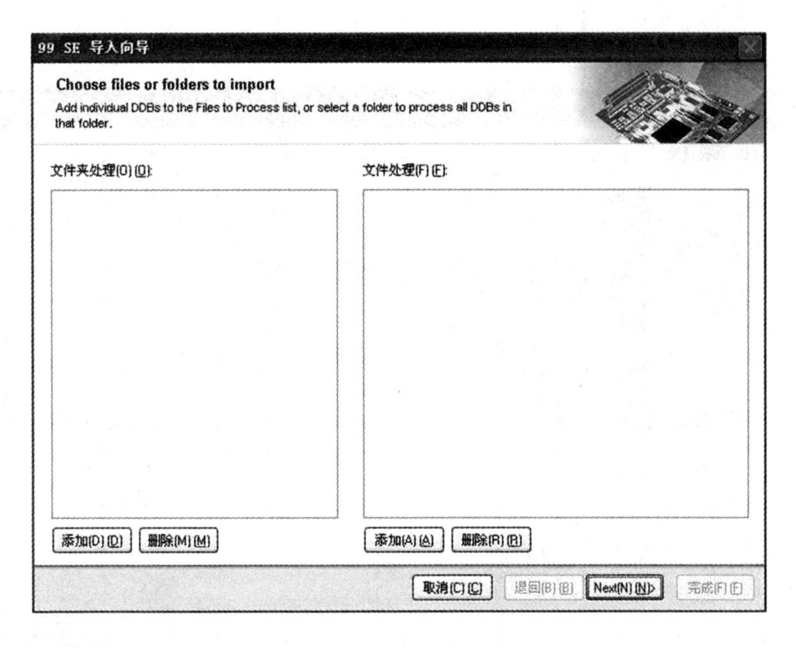

图 2-46　选择文件夹

图 2-47　打开 Protel 99SE 数据库文件

(8) 如图 2-48 所示，选择“Protel DOS Schematic Libraries. ddb”文件。

(9) 单击“打开”按钮，返回选择导入文件类型对话框，画面显示 Protel 99SE 数据库文件所在的文件。

(10) 单击“Next”按钮后，进入图 2-49 所示的保存转换文件位置对话框，选择你自己转换好的 Altium Designer 9 的库文件放置的位置，一般放在默认的 Altium Designer 9 的库文件的位置。

(11) 单击“Next”按钮后，弹出图 2-50 所示的设置转换文件格式对话框，保持默认格式。

图 2-48　选择 Protel DOS Schematic 数据库文件

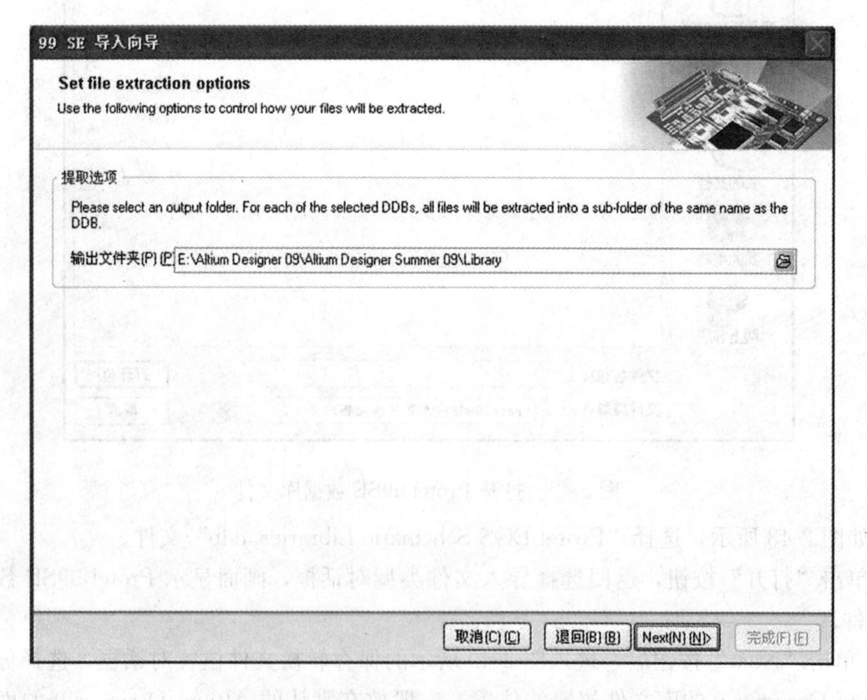

图 2-49　选择 Protel 库文件存放的位置

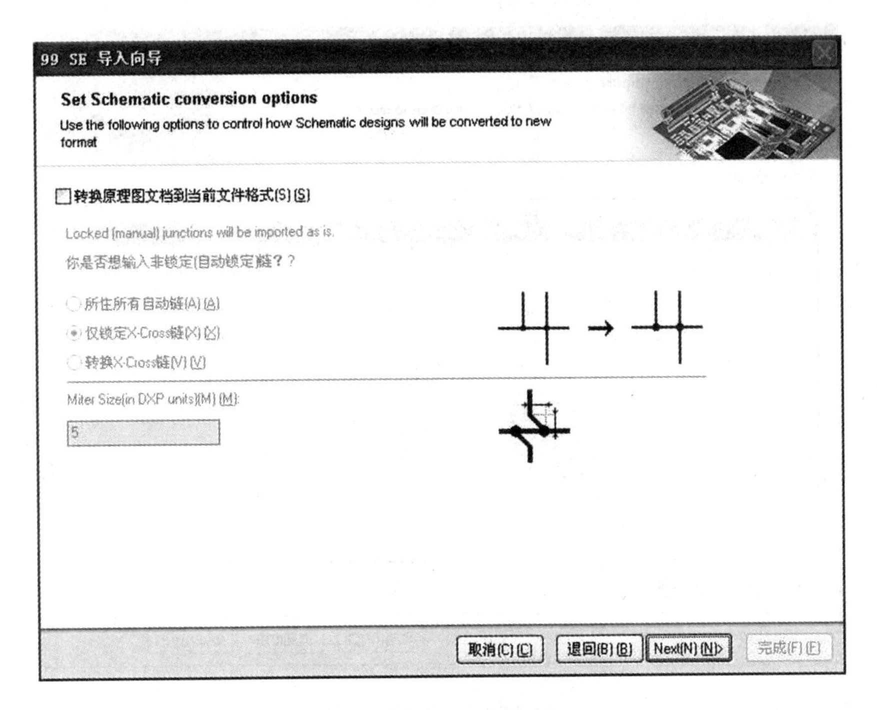

图 2-50 设置转换文件格式

(12) 单击“Next”按钮后，弹出图 2-51 所示的设置导入选项对话框。

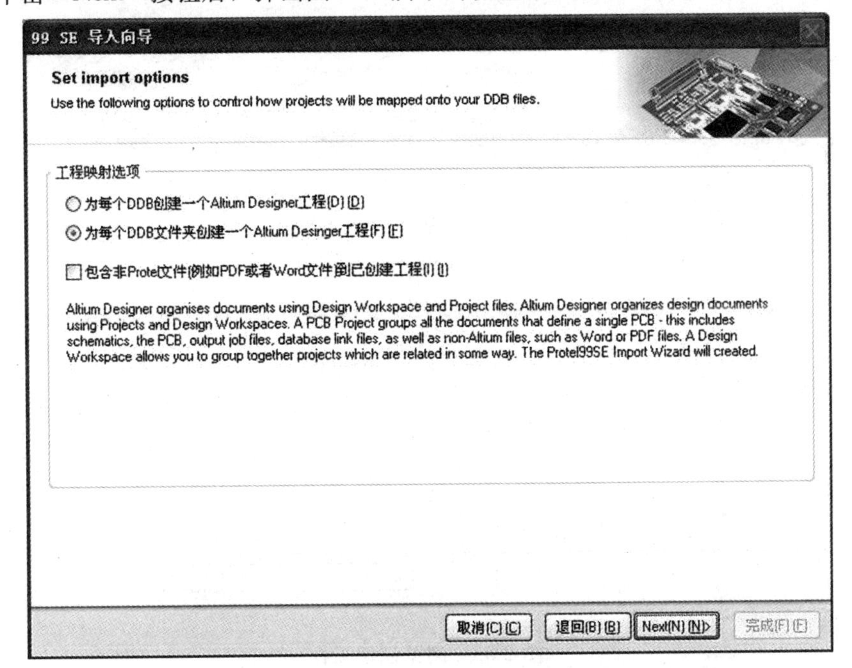

图 2-51 设置导入选项

(13) 单击“Next”按钮后，弹出图 2-52 所示的选择导入选项。

(14) 单击“Next”按钮后，弹出图 2-53 浏览创建工程对话框。

(15) 继续单击“Next”按钮，直到弹出“Message”对话框时，将对话框关闭。

(16) 再点选“Don't Open Imported Designs”不打开导入设计选项。

任务4

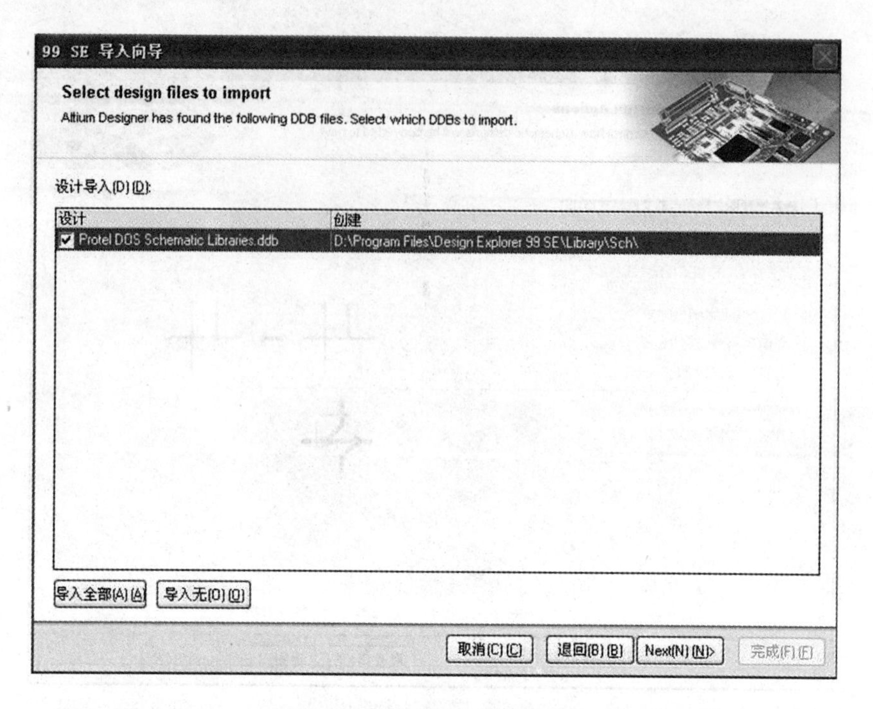

图 2-52　选择导入选项

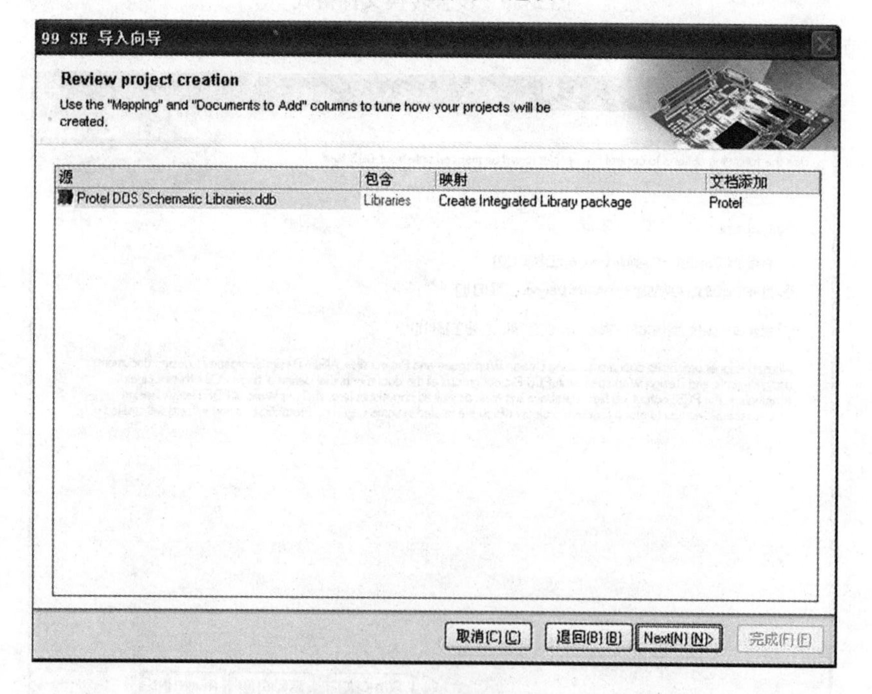

图 2-53　浏览创建工程

(17) 单击“Next”按钮后，开始导入操作，导入完成后，就可以在放置转换文件的文件夹下面看到 Altium Designer 9 可用的 Protel DOS Schematic Libraries 库文件了。

(18) 选择执行“File”文件下的“打开”命令，弹出打开文件对话框，如图 2-54 所示，在 Altium Designer 9 的库文件下，已经存在“Protel DOS Schematic Libraries”库文件了。

(19) 单击“打开”按钮，弹出图 2-55 所示的选择库文件对话框，选择一个 Protel DOS Sche-

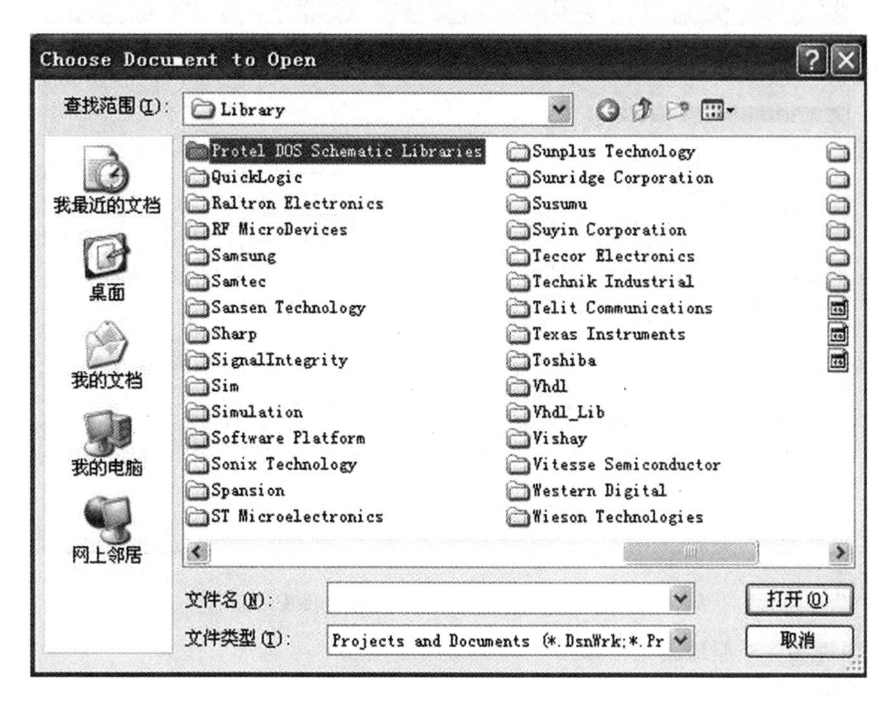

图 2-54 打开文件对话框

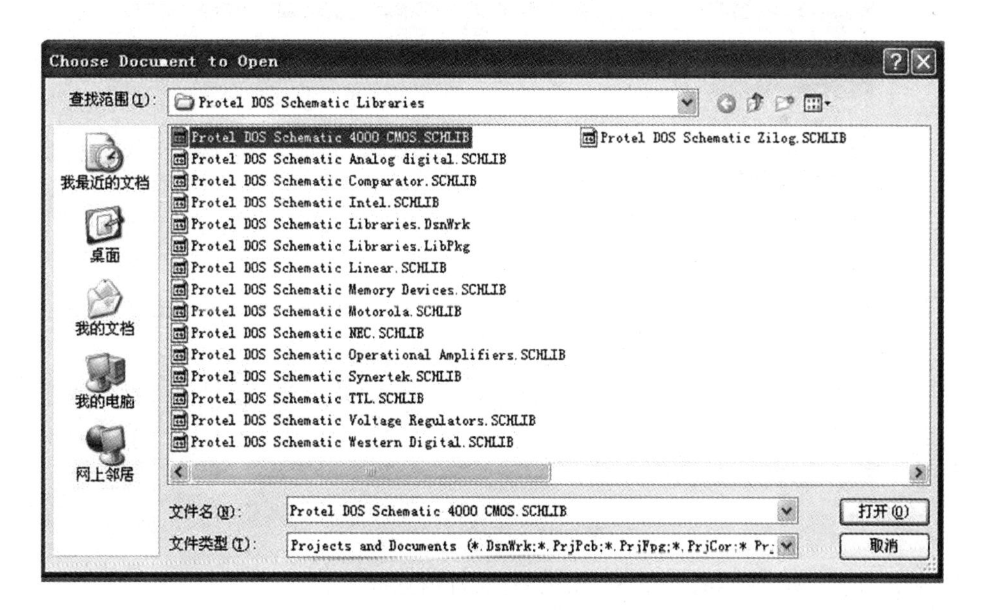

图 2-55 选择库文件对话框

matic Libraries 数据库中，例如选择“Protel DOS Schematic 4000 CMOS. SCHLIB”。

(20) 单击“打开”按钮，Protel DOS Schematic 4000 CMOS. SCHLIB 元件库被打开，如图 2-56 所示。

2. 导入 Protel 99SE 元件封装库

导入 Protel 99SE 元件封装的方法与导入 Protel 99SE 原理图元件的操作方法相似，可以参考导入 Protel 99SE 原理图元件过程操作，即可以将 Protel 99SE 元件封装库导入 Altium Designer 9。

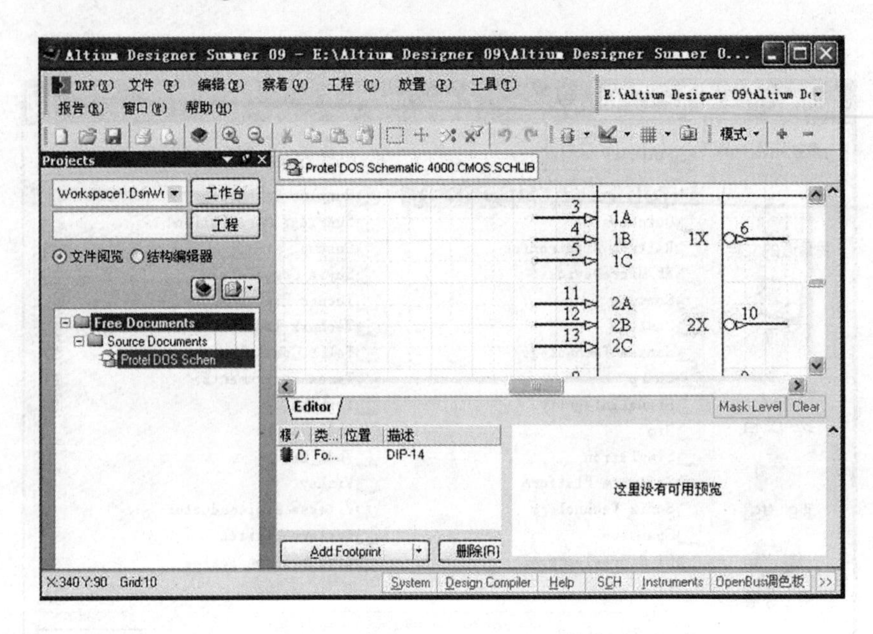

图 2-56　打开 4000 CMOS 元件库

三、从原理图生成原理图元件库

(1) 打开原理图文件 S1. SchDoc。

(2) 如图 2-57 所示，单击执行“设计”菜单下的“生成原理图库”命令。

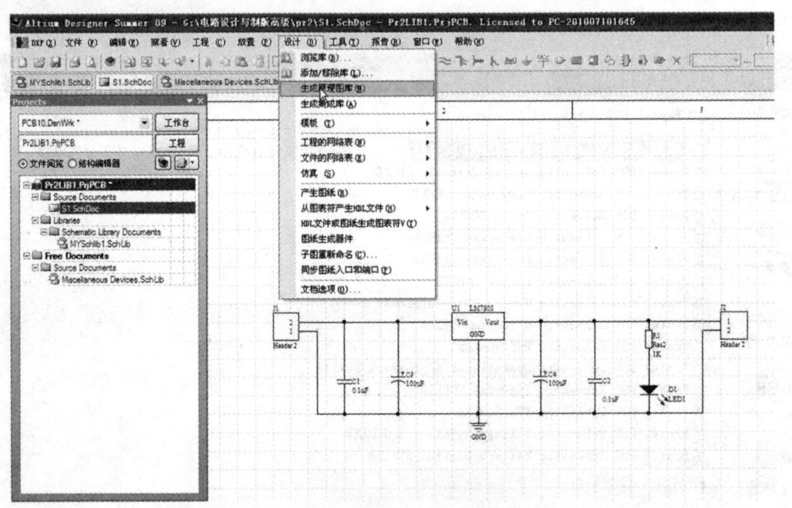

图 2-57　生成原理图库

(3) 弹出如图 2-58 所示的创建 S1 原理图库文件信息框。

图 2-58　创建 S1 原理图库信息

(4) 单击“确定”按钮，生成如图 2-59 所示的原理图元件库。

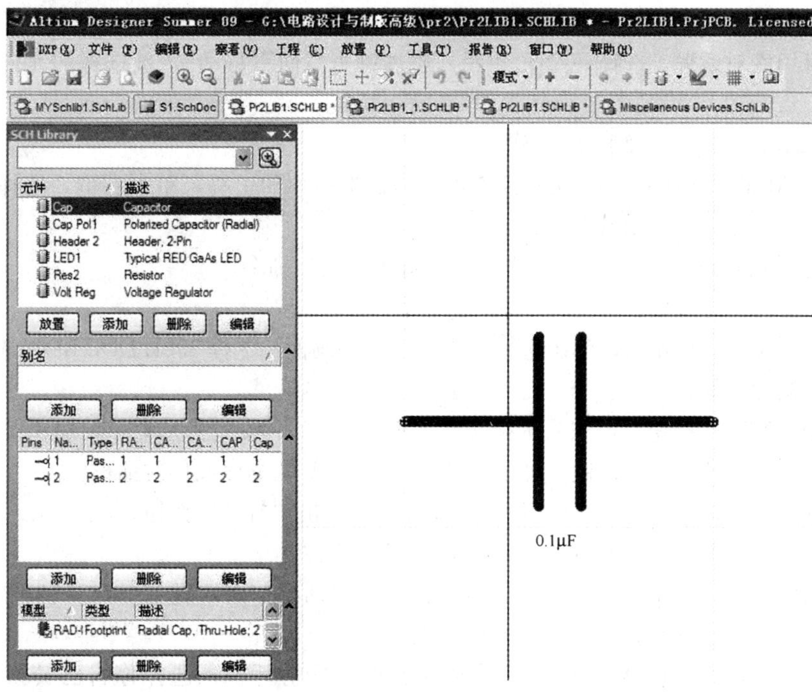

图 2-59 原理图元件库

技能训练

一、训练目标

(1) 学会浏览元器件库。

(2) 学会元器件库管理的操作。

(3) 学会从原理图生成元件库。

二、训练内容与步骤

1. 浏览元器件库

(1) 启动浏览库电路设计软件。

(2) 执行“设计”菜单“浏览库”下的命令，弹出元件库管理器面板。

(3) 查看元件库管理器。

2. 元件库的操作

(1) 单击元件库管理面板的“元器件库”，可用库对话框。

(2) 单击“安装”按钮，打开文件对话框。

(3) 选择元件库文件所在的文件夹，选择元件库文件，选择“\ Motorola \ Motorola analog Timer Circuit. IntLib”模拟定时器元件库。

(4) 单击“打开”按钮，将“Motorola analog Timer Circuit. IntLib”模拟定时器元件库添加到可用元件库中。

(5) 在可用库对话框，选择一个元件库，单击“删除”按钮，被选择的元件库从可用库中删除。

(6) 在可用库对话框，选择一个元件库，通过单击“向上移动”，被选择的元件在可用库中的位置上移。

(7) 在可用库对话框，选择一个元件库，通过单击“向下移动”，被选择的元件在可用库中的位置下移。

3. 导入 Protel 99SE 原理图元件库

(1) 打开 Altium Designer 9，关掉所有的工程。选中你的工程，单击右键，选择执行“close project”关闭工程命令，关闭所选工程。

(2) 左键单击执行“File”文件菜单下的“导入向导”命令。

(3) 弹出导入向导画面。

(4) 单击“Next”按钮后，弹出选择导入文件类型画面，选择 99SE DDB file，选择导入 Protel 99SE 的数据库文件。

(5) 单击“Next”按钮后，进入选择文件夹画面。

(6) 单击右边的“添加”按钮，弹出打开 Protel 99SE 数据库文件对话框。

(7) 选择 Protel 99SE 数据库文件所在的文件夹，单击“打开”按钮。

(8) 选择“Protel DOS Schematic Libraries. ddb”文件。

(9) 单击“打开”按钮，返回选择导入文件类型对话框，画面显示 Protel 99SE 数据库文件所在的文件。

(10) 单击“Next”按钮后，进入保存转换文件位置对话框，选择你自己转换好的 Altium Designer 9 的库文件放置的位置，一般放在默认的 Altium Designer 9 的库文件的位置。

(11) 单击“Next”按钮后，弹出设置转换文件格式对话框，保持默认格式。

(12) 单击“Next”按钮后，弹出设置导入选项对话框。

(13) 单击“Next”按钮后，弹出选择导入选项。

(14) 单击“Next”按钮后，弹出浏览创建工程对话框。

(15) 继续单击“Next”按钮，直到弹出“Message”对话框时，将对话框关闭。

(16) 再点选“Don't Open Imported Designs”不打开导入设计选项。

(17) 单击“Next”按钮后，开始导入操作，导入完成后，就可以在放置转换文件的文件夹下面看到 Altium Designer 9 可用的 Protel DOS Schematic Libraries 库文件了。

(18) 选择执行“File”文件下的“打开”命令，弹出打开文件对话框，可以看到，在 Altium Designer 9 的库文件下，已经存在“Protel DOS Schematic Libraries”库文件了。

(19) 单击“打开”按钮，弹出选择库文件对话框，选择一个 Protel DOS Schematic Libraries 数据库中，例如选择“Protel DOS Schematic 4000 CMOS. SCHLIB”。

(20) 单击“打开”按钮，Protel DOS Schematic 4000 CMOS. SCHLIB 元件库被打开。

4. 从原理图生成原理图元件库

(1) 打开一个原理图文件“＊. SchDoc”。

(2) 单击执行“设计”菜单下的“生成原理图库”命令。

(3) 弹出创建原理图库文件信息框。

(4) 单击“确定”按钮，生成原理图元件库。

习 题 2

1. 建立一个工程文件 SYT2. Prjpcb。

2. 建立原理图库文件 SYT2. Schlib。
3. 创建一个发光二极管元件符号，元件名称为 Led3mm。
4. 创建数字集成电路元件 CD4023 原理图符号。
5. 打开一张原理图，生成该原理图元件库。
6. 导入 Protel 99SE 原理图元件库。

项目三 复杂电原理图设计

学习目标

(1) 学会层次电路设计方法。

(2) 学会设计触摸延时开关电路。

(3) 学会设计单片机控制系统。

任务5 稳压电源层次电路设计

基础知识

对于一个较复杂的原理图，可能是由多个模块或多张原理图构成，不可能将它们画在一张图纸上，有时甚至不可能由一个人单独完成。对于复杂的原理图，可以采用层次原理图的设计方法，即一种模块化的设计方法。设计者可以将系统划分为多个子系统，子系统下面又可划分为若干功能模块，功能模块再细分为若干个基本模块。设计好基本模块，定义好模块之间的连接关系，即可完成整个设计过程。

1. 层次原理图概述

层次式电路中以方块电路来表示各个功能模块，每个方块电路都是一张下层原理图的等价表示，是上层电路图和下层电路图联系的纽带。所以在上层电路图中可以看到许多方块电路，很容易看懂整个工程的全局结构。如果想进一步了解细节，则可以进入每个方块电路查看，直到最下层的基本电路为止。

首先看一个层次式原理图例子，图3-1所示为电源“Power1. SchDoc”上层电路，图中的两个方块图对应下层的两张原理图。

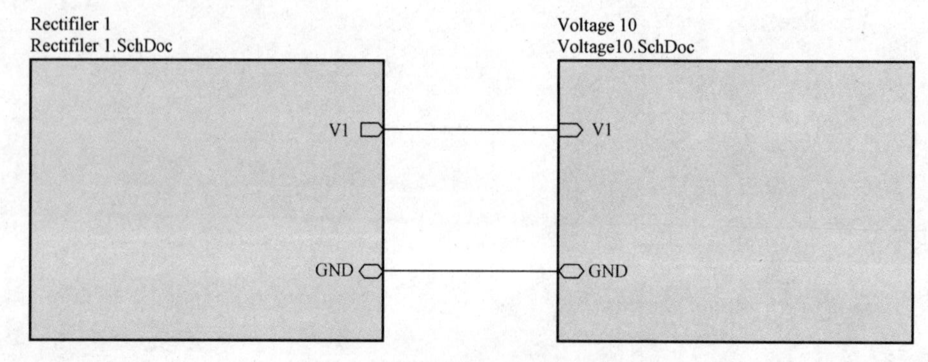

图3-1 上层电路 Power1. SchDoc

下层原理图整流滤波“Rectifiler1. SchDoc”和直流稳压“Voltage1. SchDoc”，分别如图 3-2 和图 3-3 所示。

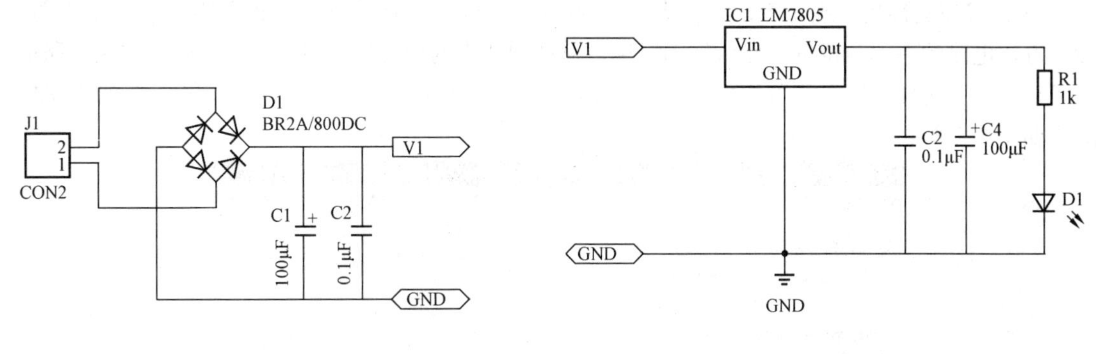

图 3-2 整流滤波　　　　图 3-3 直流稳压

2. *层次原理图的设计*

层次原理图设计时，可以采用自上而下的设计方法，即由电路方块图产生原理图，因此首先得设计电路方块图。

当然也可以采用自下而上的设计方法，即由原理图产生电路方块图，因此首先得设计原理图。

下面介绍采用自上而下的设计方法绘制层次原理图的一般过程。

(1) 设计上层方块图。

1) 启动原理图设计管理器，建立一个层次原理图文件，名为“Power1. SchDoc”原理图文件。

2) 在工作平面上打开连线工具栏，执行绘制方块电路命令。用左键单击工具栏中的“ ”按钮或者单击执行“放置”菜单下的“图表符”方块图命令。

3) 执行该命令后，光标变为十字形状，并带着方块电路，这时按“Tab”键，会出现“方块符号”属性设置对话框，如图 3-4 所示。

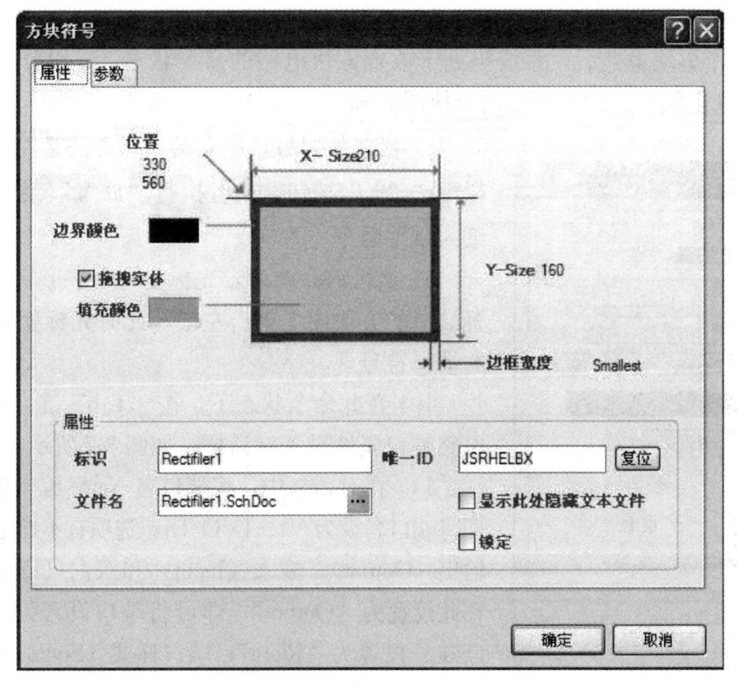

图 3-4 方块电路属性设置

4）在对话框中，在“文件名”编辑框设置文件名为“Rectifiler1. SchDoc”，表明该电路代表了 Rectifiler1 整流模块。将“标识”编辑框设置方块图的名称为“Rectifiler1”。

5）设置完属性后，确定方块电路的大小和位置。将光标移动到适当的位置后，单击左键，确定方块电路的左上角位置；然后拖动鼠标，移动到适当的位置后，单击左键，确定方块电路的右下角位置。这样就定义了方块电路的大小和位置，绘制出了一个名为“Rectifiler1”的方块电路，如图 3-5 所示。

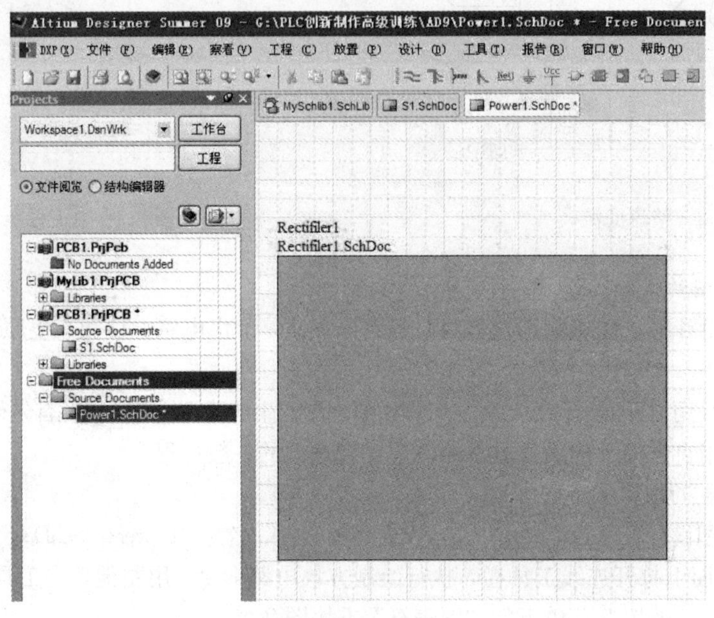

图 3-5　绘制方块电路 Rectifiler1

6）如果设计者要更改方块电路名或其代表的文件名，只需单击文字标注，就会弹出如图3-6所示的设置方块电路名属性对话框，在对话框中可以进行修改。

7）绘制完一个方块电路后，系统仍处于放置方块电路的命令状态下，设计者可用同样的方法放置另一个方块电路，并设置相应的方块图名称。

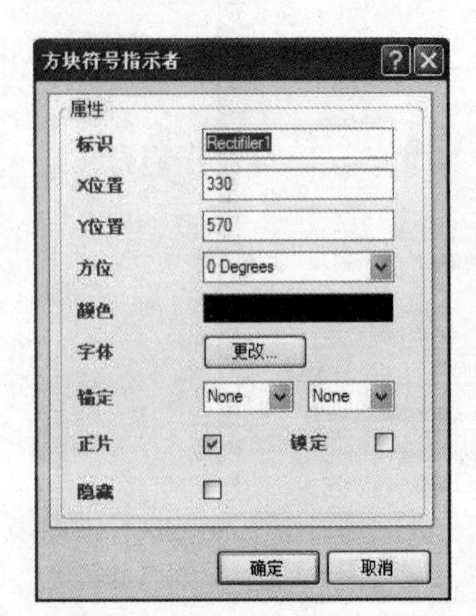

图 3-6　设置方块电路名对话框

8）接着放置方块电路端口，方法是左键单击连线工具栏中“ ”按钮，或者执行“放置”菜单下的“添加图纸入口”命令。

9）执行该命令后，光标变为十字形状，然后在需要放置端口的方块图上单击左键，此时光标处就带着方块电路的端口符号。

10）在此命令状态下，按“Tab”键，系统会弹出方块电路端口属性设置对话框，如图 3-7 所示。

11）在对话框中，将端口名 Name 编辑框设置为“V1”，即将端口名设为 V1；I\O Type 选项有不指定（Unspecified）、输出（Output）、输入（Input）和双向（Bidirectional）四种，在此设置为“Output”，即可将端口设置为输出；放置位置（Side）设置为“Right”；端口样式（Style）设置为“Right”；移动到合适位置，单击左键确定。

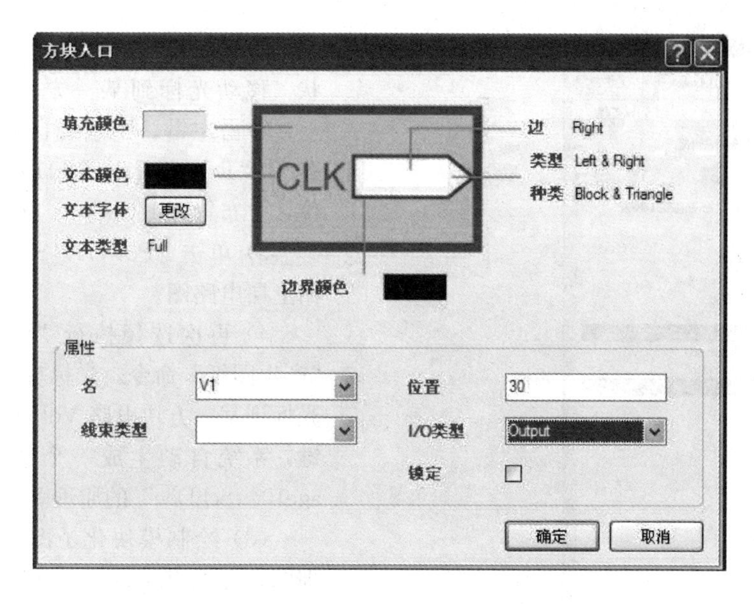

图 3-7 方块电路端口属性对话框

12）再放置一个 GND 端口。

13）放置方块图“Voltage10”，并在方块图内左边放置输入端口 V1 和接地端口 GND。

14）将电气关系上具有相连关系的端口用导线或总线连接在一起。单击执行“放置”菜单下的“线”命令，移动鼠标，单击连接方块电路 Rectifiler1 的 V1 与方块电路 Voltage1 的 V1，单击连接方块电路 Rectifiler1 的 GND 与方块电路 Voltage1 的 GND。

15）单击右键，结束连线操作。

（2）由方块电路符号产生新原理图中的 I/O 端口符号。在采用自上而下设计层次原理图时，是先建立方块电路，再设计该方块电路相对应的原理图文件。而设计下层原理图时，其 I/O 端口符号必须和方块电路上的 I/O 端口符号相对应。Altium Designer 9 提供了一条捷径，即由方块电路符号直接产生原理图文件的端口符号。

由方块电路符号产生新原理图子图的设计步骤如下。

1）如图 3-8 所示，选择执行“设计”菜单下的“产生图纸”命令。

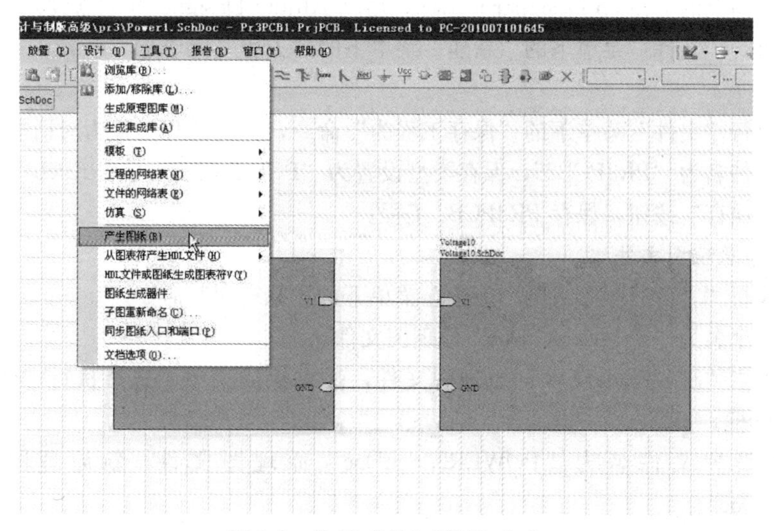

图 3-8 执行“产生图纸”命令

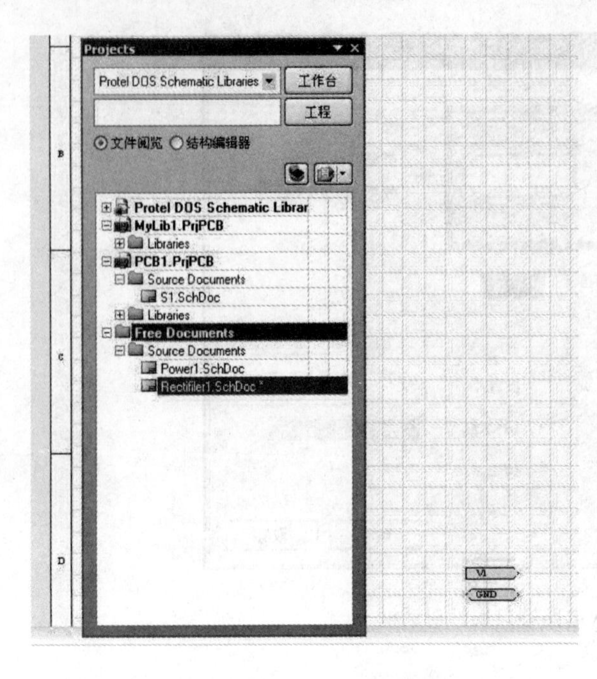

图 3-9　产生 Rectifiler1 图纸

2）执行该命令后，光标变成了十字状，移动光标到某一方块电路 Rectifiler1 上，单击左键，则系统自动生成一个文件名为“Rectifiler1. SchDoc”的原理图文件，并布置好 I/O 端口，如图 3-9 所示。

3）单击“Power1. SchDoc”文件，返回上层电路图。

4）再次选择执行“设计”菜单下的“产生图纸”命令，光标变成十字状，移动光标到某一方块电路 Voltage10 上，单击左键，系统自动生成一个文件名为“Voltage10. SchDoc”的原理图文件。

（3）绘制模块化子图。生成的电路原理图，已经有了现成的 I/O 端口，在确认了新的电路原理图上的 I/O 端口符号与对应的方块电路上的 I/O 端口符号完全一致后，设计者就可以按照该模块组成、放置元件和连线，绘制出具体的电路原理图。

技能训练

一、训练目标

（1）能够正确创建层次电原理图。

（2）能够正确创建上层电路框、下层电原理子图。

（3）学会切换上、下层电路，观察主电路、子电路。

二、训练内容与步骤

1. 创建一个项目

（1）双击桌面上的 Altium Designer 9 图标，启动 Altium Designer 9 电路设计软件。

（2）单击执行“文件”菜单下的“新建”菜单下的“工程”菜单下“PCB 工程”命令，新建一个项目。

（3）单击执行“文件”菜单下的“保存工程为”命令，弹出工程另存为对话框。

（4）修改文件名为“PR3PCB2”，保存类型设置为“PCB Projects（*PrjPcb）”。

（5）单击“保存”按钮，保存 PR3PCB2 工程。

2. 新建一个原理图文件

（1）单击执行“文件”菜单下的“新建”菜单下的“原理图”命令。

（2）新建一个名为“Sheet1. SchDoc”原理图文件。

（3）右键单击“Sheet1. SchDoc”原理图文件，弹出快捷菜单，选择执行“保存为”命令，弹出另存为对话框。

（4）重新设置文件名为“POWER2. SchDoc”原理图文件，新原理图文件更名为“POWER2. SchDoc”。

3. 设计上层方块图

(1) 在工作平面上打开连线工具栏，执行绘制方块电路命令。单击工具栏中的“ ”按钮或者单击执行“放置”菜单下的“图表符”方块图命令。

(2) 执行该命令后，光标变为十字形状，并带着方块电路，这时按“Tab”键，会出现“方块符号”属性设置对话框。

(3) 在对话框中，在“文件名”编辑框设置文件名为“Rec1. SchDoc”。这表明该电路代表了 Rec1 整流模块。将“标识”编辑框设置方块图的名称为“Rec1”。

(4) 设置完属性后，确定方块电路的大小和位置。将光标移动到适当的位置后，单击左键，确定方块电路的左上角位置。然后拖动鼠标，移动到适当的位置后，单击左键，确定方块电路的右下角位置。这样就定义了方块电路的大小和位置，绘制出了一个名为“Rec1”的方块电路。

(5) 如果设计者要更改方块电路名或其代表的文件名，只需鼠标单击文字标注，就会弹出设置方块电路名属性对话框，在对话框中可以进行修改。

(6) 绘制完一个方块电路后，系统仍处于放置方块电路的命令状态下，设计者可用同样的方法放置另一个方块电路，并设置相应的方块图名称。

(7) 接着放置方块电路端口，方法是用左键单击连线工具栏中“ ”按钮，或者执行“放置”菜单下的“添加图纸入口”命令。

(8) 执行该命令后，光标变为十字形状，然后在需要放置端口的方块图上单击左键，此时光标处就带着方块电路的端口符号。

(9) 在此命令状态下，按“Tab”键，系统会弹出方块电路端口属性设置对话框。

(10) 在对话框中，将端口名 Name 编辑框设置为“V1”，即将端口名设为 V1；I\O Type 选项有不指定（Unspecified）、输出（Output）、输入（Input）和双向（Bidirectional）四种，在此设置为“Output”，即可将端口设置为输出；放置位置（Side）设置为“Right”；端口样式（Style）设置为“Right”；移动到合适位置，单击左键确定。

(11) 再放置一个 GND 端口。

(12) 放置方块图 Volt1，并在方块图内左边放置输入端口 V1 和接地端口 GND。

(13) 将电气关系上具有相连关系的端口用导线或总线连接在一起。单击执行“放置”菜单下的“线”命令，移动鼠标，单击连接方块电路 Rec1 的 V1 与方块电路 Volt1 的 V1，单击连接方块电路 Rec1 的 GND 与方块电路 Vol1 的 GND。

(14) 单击右键，结束连线操作。

4. 由方块电路符号产生新电原理子图。

(1) 单击执行“设计”菜单下的“产生图纸”命令。

(2) 执行该命令后，光标变成了十字状，移动光标到某一方块电路 Rec1 上，单击左键，则系统自动生成一个文件名为“Rec1. SchDoc”的原理图文件，并布置好 I/O 端口。

(3) 单击“POWER2. SchDoc”文件，返回上层电路图。

(4) 再次选择执行“设计”菜单下的“产生图纸”命令，光标变成十字状，移动光标到某一方块电路 Volt1 上，单击左键，则系统自动生成一个文件名为“Volt1. SchDoc”的原理图文件。

5. 绘制模块化子图

生成的电路原理图，已经有了现成的 I/O 端口，在确认了新的电路原理图上的 I/O 端口符号与对应的方块电路上的 I/O 端口符号完全一致后，设计者就可以按照该模块组成、放置元件和连线，绘制出具体的电路原理图。

(1) 在 Rec1. SchDoc 图纸上绘制图 3-2 所示的整流电路。

(2) 在 Volt1. SchDoc 图纸上绘制图 3-3 所示的稳压电路。

(3) 单击工具栏上的“ ”上下层次电路切换按钮，光标变成十字状。

(4) 移动到主电路的 Rec1 方块电路的 V1 端单击，切换到子电路 Rec1，观察切换效果。

(5) 单击子电路 Rec1 的接地端 GND，观察切换效果，返回上层电路图。

(6) 移动到主电路的 Volt1 方块电路的 V1 端单击，切换到子电路 Volt1，观察切换效果。

(7) 单击工具栏上的“ ”上下层次电路切换按钮，结束上下层次电路切换操作。

任务 6　触摸延时开关电路设计

基础知识

一、原理图设计提高技术

1. 放置总线

为了简化电路原理图，通常用一条总线代替数条并行的导线。这样可以减少导线数量，并使原理图清新明晰，还可避免错误。总线常用于绘制数据总线、地址总线、LED 数码管的连接线等。如图 3-10 所示，总线包括总线出入端口、网络标号、导线等。

操作方法：

(1) 单击执行“放置”菜单下的“总线”命令，或单击 总线按钮。

(2) 光标变成十字形，移动光标到起点位置单击左键，开始绘制总线。

(3) 绘制总线的方法与绘制导线一样，在需要转折的位置单击左键。

(4) 单击右键，完成一条总线的绘制，接着可以绘制其他总线。

(5) 再次单击右键或按键盘“Esc”键，可以退出总线绘制。

双击绘制好的总线或者在绘制总线时按键盘“Tab”键，弹出如图 3-11 所示的总线属性设置对话框，可以设置总线宽度、颜色、是否选中等。

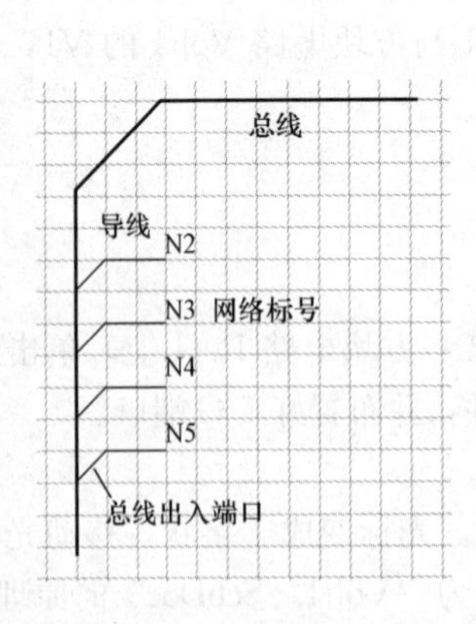

图 3-10　总线

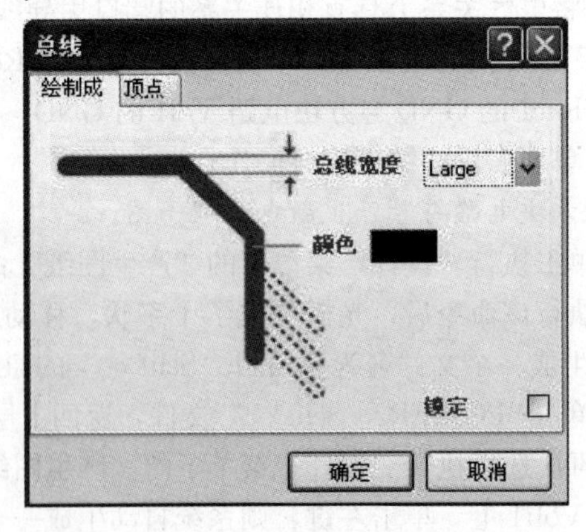

图 3-11　总线属性对话框

2. 放置总线入口

紧挨总线放置按钮有一个总线入口 按钮，单击总线入口 按钮，或单击执行“放置”菜单下的“总线入口”命令，可以放置总线的入口来与具体的引脚连接。

具体操作方法：

(1) 单击总线入口 按钮，或单击执行“Place放置”菜单下的“Bus Enter总线入口”命令。

(2) 通过单击左键放置总线入口，按键盘的空格键或X、Y键可以调节入口方向。

(3) 如图3-12所示，放置总线入口使其一端与总线相连，另一端通过放置导线与对应的引脚(P00)相连。

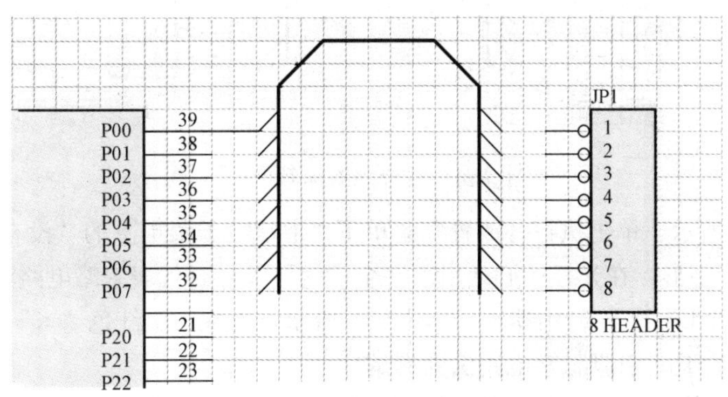

图3-12 总线连接

(4) 依次对每个引脚进行上述操作。

(5) 双击任意的一条总线入口线，弹出图3-13所示的总线入口属性对话框，其属性可通过总线入口属性对话框设置。

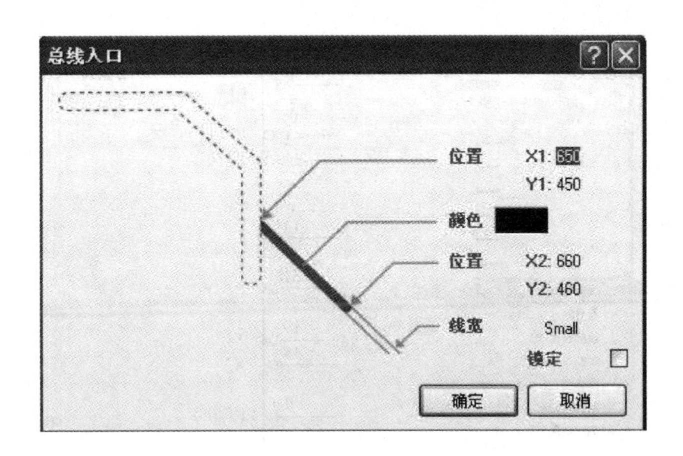

图3-13 总线入口属性对话框

(6) 放置网络标号。通过绘制总线及其入口的放置简化了电路的连接，由于将一组功能类似的导线用一条总线来表示，也使电路的连接关系更加清晰。但此时绘制的仅仅是电路连接图形的表示，各引脚间还不具备电气连接关系。要使各引脚具备真正在电气上的连接关系，还需要放置网络标号。

放置网络标号后的效果见图3-14。

3. 设置忽略电路法则测试

一般绘制电路原理图时，有些元件的某些引脚没有任何连接，这时可以将这些引脚设置为忽略电路法则测试，以免在电路法则测试时报告错误。

操作方法：

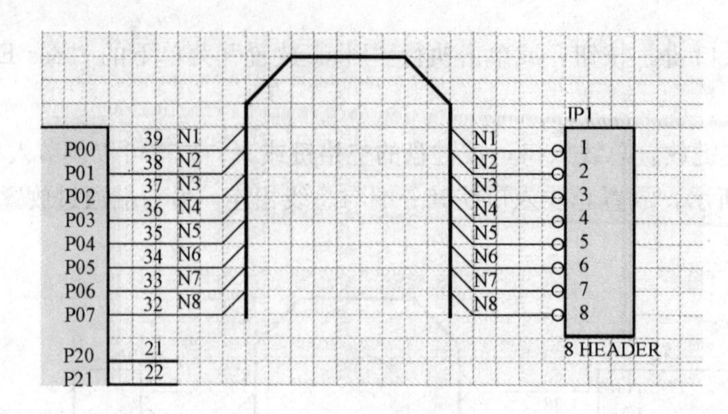

图 3-14　放置网络标号后效果

(1) 如图 3-15 所示，单击执行“放置”菜单下“指示”子菜单下的“没有 ERC”(不做 ERC 命令)，光标变为十字形，在光标中心处出现一个“×”叉号，代表忽略电路法则测试。

(2) 移动光标到 U1 的 P16 引脚上，如图 3-16 所示，出现一个红色“×”叉号，对准引脚末端时单击左键，设置 P16 引脚忽略电路法则测试。

(3) 移动光标到其他需要忽略电路法则测试的引脚，继续设置。

(4) 单击右键，退出设置忽略电路法则测试状态。

如果不对原理图进行电路法则测试，可以不进行忽略电路法则测试设置。

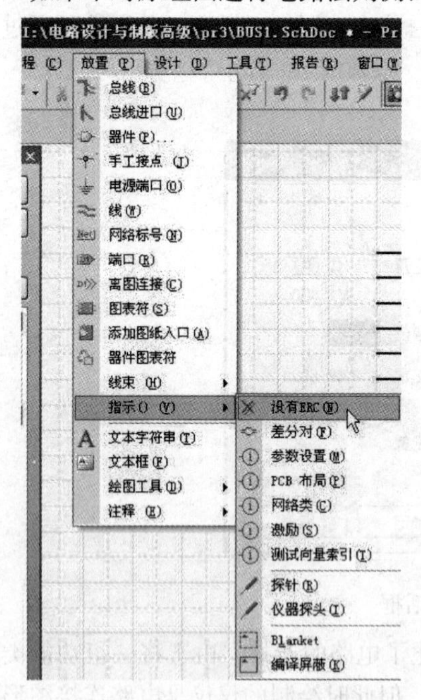

图 3-15　执行不做 ERC 命令

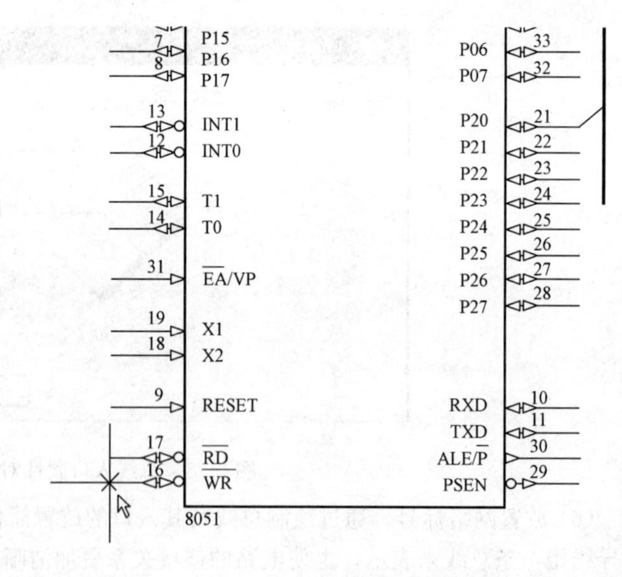

图 3-16　设置 P16 引脚忽略电路法则测试

4. 元件的自动编号

绘制电路原理图完成后，有时需要对原理图中的元件进行重新编号，或者放置元件时没有编号，这时需要用元件的自动编号功能。

操作方法：

(1) 如图 3-17 所示，单击执行“工具”菜单下“注解”命令。

(2) 弹出图 3-18 所示的注释对话框。处理顺序下拉列表有“Up Then Across”、“Down Then

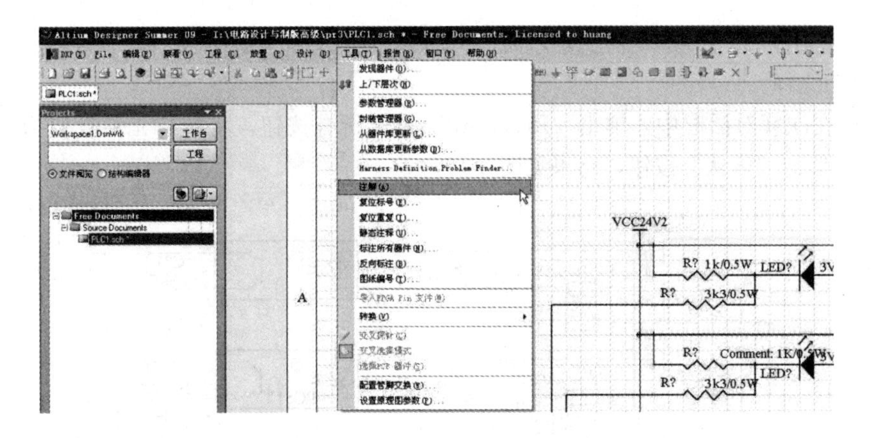

图 3-17　执行注解命令

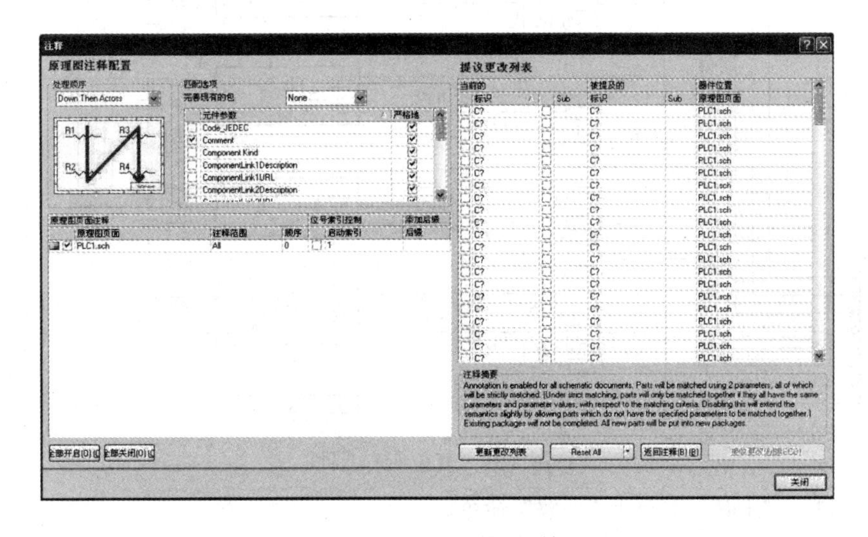

图 3-18　注释属性对话框

Across”、“Across Then Up”、“Across Then Down” 四种。

选择 Up Then Across 时，注释元件的编号由下至上，从左到右，由小到大排列。

选择 Down Then Across 时，注释元件的编号由上至下，从左到右，由小到大排列。

选择 Across Then Up 时，注释元件的编号从左到右，由下至上，由小到大排列。

选择 Across Then Down 时，注释元件的编号从左到右，由上至下，由小到大排列。

匹配选项下拉列表可以选择“NONE”（无要求）、“Per Sheet”（每张原理图）、“Whole Project”（整个项目）等。

元件参数列表中可以选择各种元件参数，并是否严格按参数排列。

在提议更改列表中给出了提议更改的元件列表。

在右下角有多个按钮，分别是“更新更改列表”、“Reset All”（复位所有）、“返回注释”等。

单击“更新更改列表”按钮，提议更改列表给出新的元件编号清单，并弹出“接收更改”按钮。

单击“Reset All”（复位所有）按钮，所有元件编号序列号消失，图纸上元件按元件分类加“?”号，如所有电阻统一标注为“R?”，为重新编号做准备。

单击“返回注释”按钮，弹出查找原注释文件对话框，按原注释文件添加注释。

(3) 自动注释。

1) 首先在注释对话框中，单击“Reset All”复位所有按钮，将所有元件复位为“元件类别+?”形式，单击“确认”按钮，结果见图 3-19。

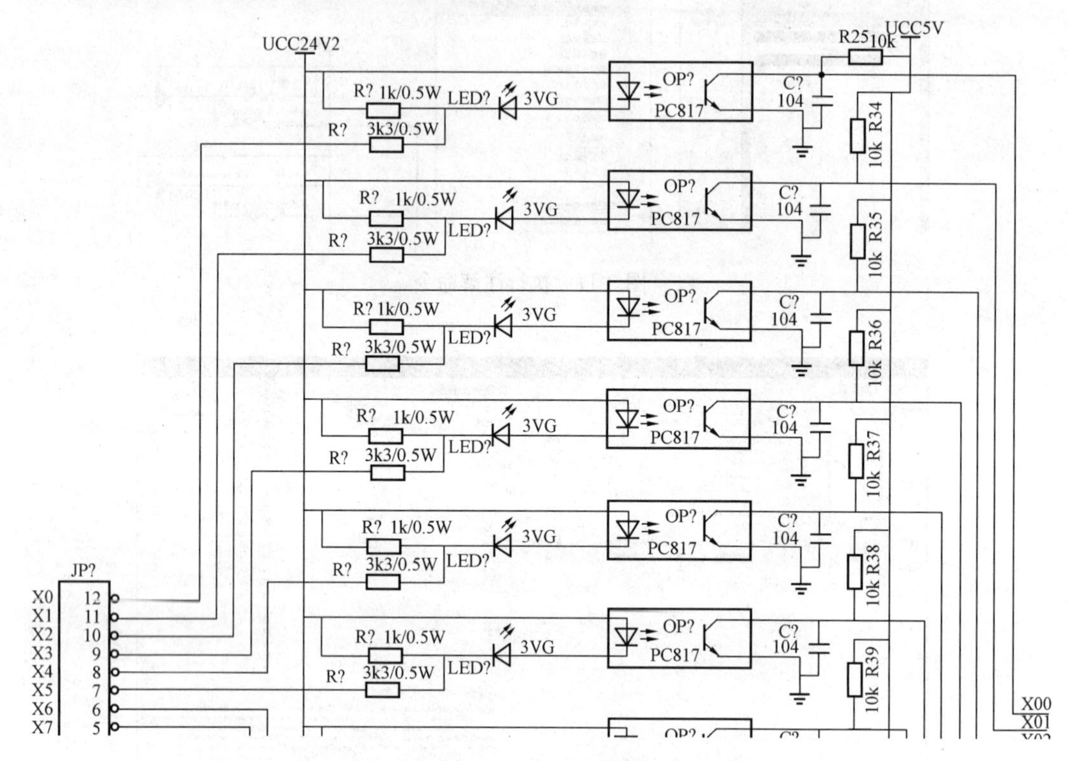

图 3-19　复位所有元件

2) 单击执行“工具”菜单下“注解”命令。

3) 弹出注释对话框，单击“更新更改列表”按钮，提议更改列表给出新的元件编号清单，并弹出“接收更改”按钮。

4) 单击“接收更改，创建 ECO”按钮，弹出图 3-20 所示的更改顺序对话框。

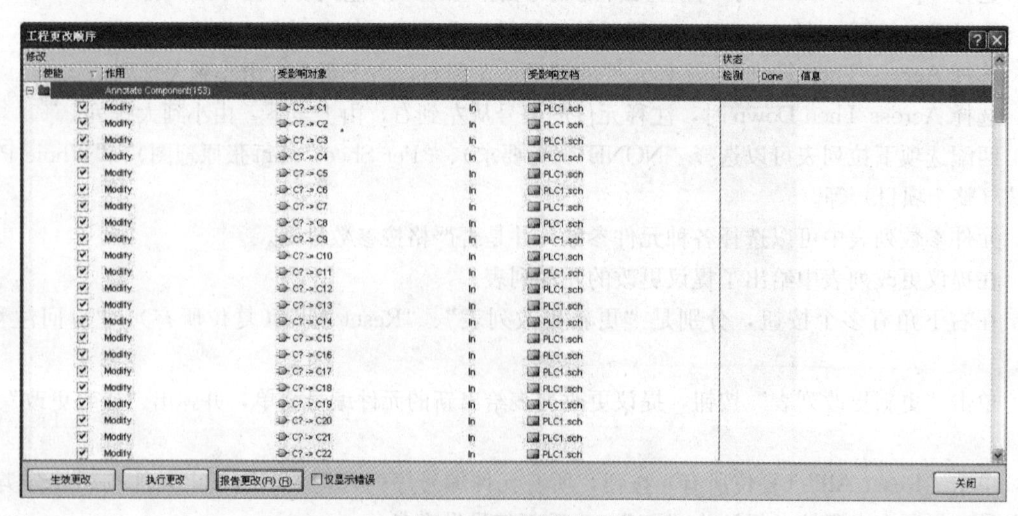

图 3-20　更改顺序对话

任务6

5）单击“生效更改”按钮，如图 3-21 所示，对话框检测列所有可以更改的元件列表元件出现绿色对勾。

工程更改顺序

使能	作用	受影响对象		受影响文档	检测	Done	信息
	Annotate Component(153)						
☑	Modify	C? -> C1	In	PLC1.sch			
☑	Modify	C? -> C2	In	PLC1.sch			
☑	Modify	C? -> C3	In	PLC1.sch			
☑	Modify	C? -> C4	In	PLC1.sch			
☑	Modify	C? -> C5	In	PLC1.sch			
☑	Modify	C? -> C6	In	PLC1.sch			
☑	Modify	C? -> C7	In	PLC1.sch			
☑	Modify	C? -> C8	In	PLC1.sch			
☑	Modify	C? -> C9	In	PLC1.sch			
☑	Modify	C? -> C10	In	PLC1.sch			
☑	Modify	C? -> C11	In	PLC1.sch			
☑	Modify	C? -> C12	In	PLC1.sch			
☑	Modify	C? -> C13	In	PLC1.sch			
☑	Modify	C? -> C14	In	PLC1.sch			
☑	Modify	C? -> C15	In	PLC1.sch			
☑	Modify	C? -> C16	In	PLC1.sch			
☑	Modify	C? -> C17	In	PLC1.sch			
☑	Modify	C? -> C18	In	PLC1.sch			
☑	Modify	C? -> C19	In	PLC1.sch			
☑	Modify	C? -> C20	In	PLC1.sch			
☑	Modify	C? -> C21	In	PLC1.sch			
☑	Modify	C? -> C22	In	PLC1.sch			

生效更改 执行更改 报告更改(R) (R)... 仅显示错误 关闭

图 3-21 检测列出现绿色对勾

6）单击“执行更改”按钮，如图 3-22 所示，对话框 Done 已做列表示已经更新的元件列表中的元件出现绿色对勾。

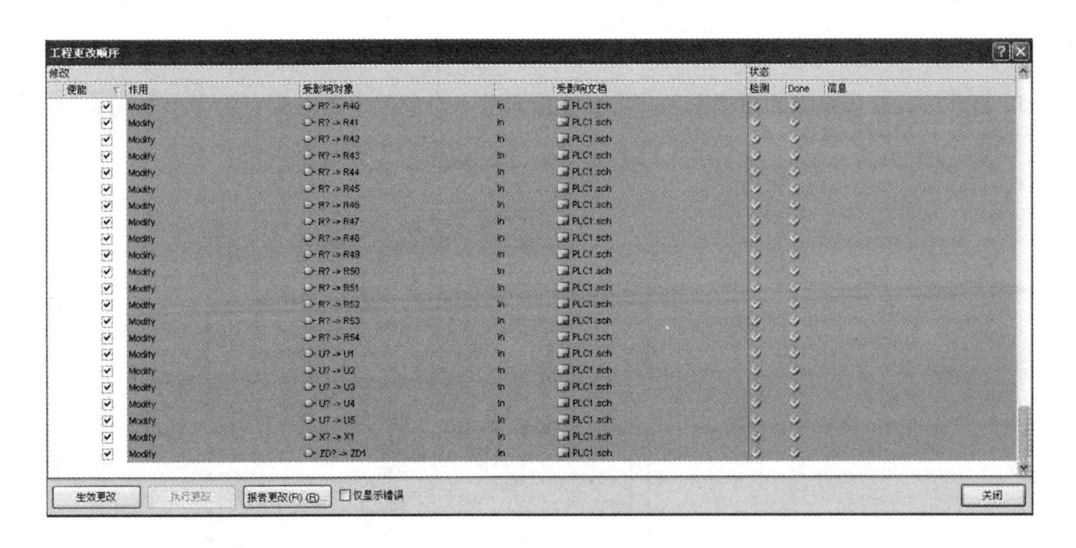

图 3-22 Done 列出现绿色对勾

7）单击“关闭”按钮，返回注解对话框，再单击“关闭”按钮，元件编号已更新，结果如图 3-23 所示。

5. 对象属性整体编辑

Altium Designer 9 不仅支持单个对象属性编辑，而且可以对当前文档或所有打开的原理图文档中的多个对象同时实施属性编辑。

(1) 打开“发现相似目标”对话框。进行整体编辑，要使用“Find Similar Objects”对话框，下面以电容元件为例，说明打开“Find Similar Objects”对话框的操作步骤。

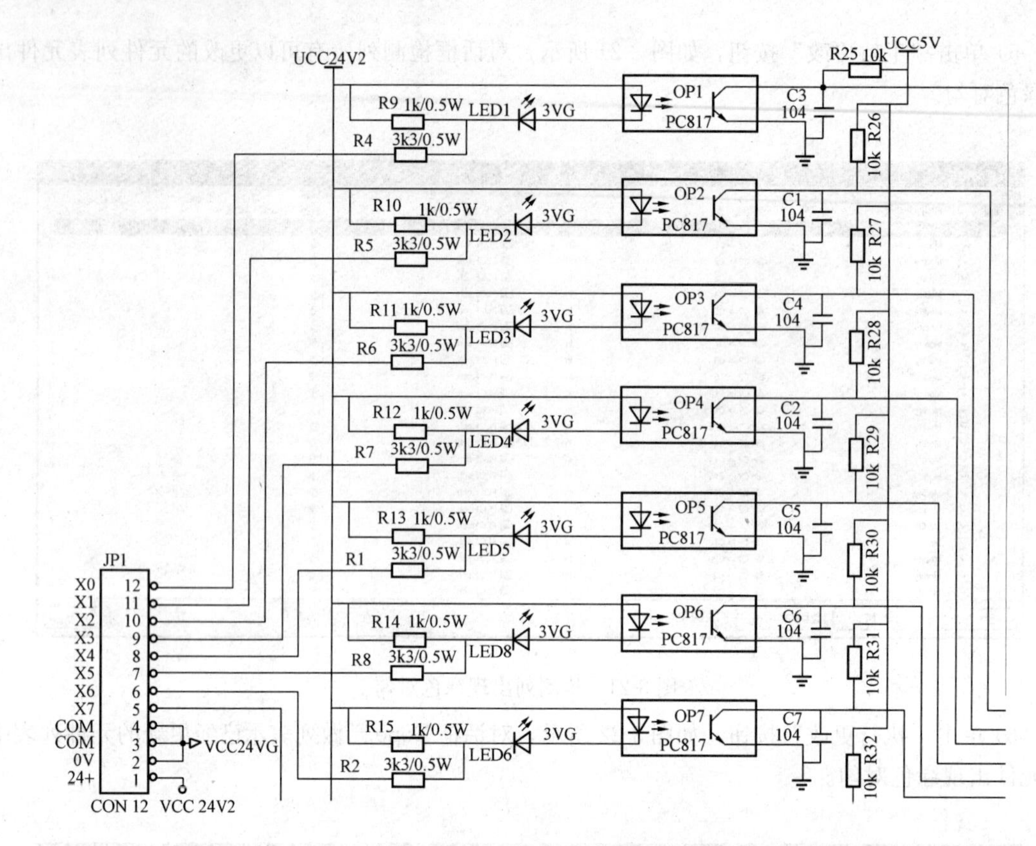

图 3-23　更新结果

1）打开进行整体编辑的原理图，并将光标指向某一对象，单击右键，将弹出如图 3-24 所示快捷菜单。

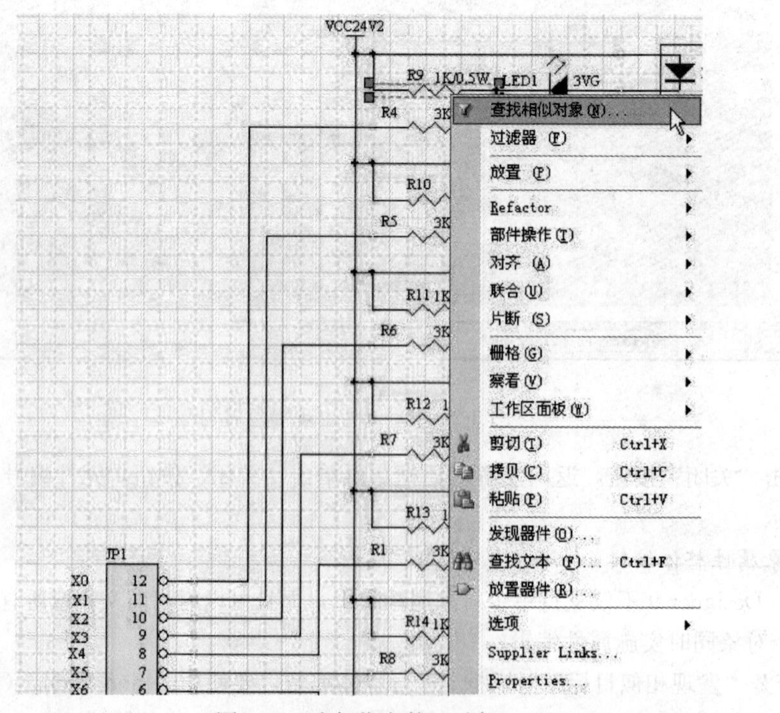

图 3-24　光标指向某一对象

2）然后从菜单中选择执行“查找相似对象命令”，即可打开“发现相似目标”对话框，如图 3-25 所示。

（2）设置查找条件。在对话框中可设置查找相似对象的条件，一旦确定，所有符合条件的对象将以放大的选中模式显现在原理图编辑窗口内。然后可以对所查到的多个对象执行全局编辑。

下面简单介绍对话框中各项的含义。

1）Kind 区域。显示当前对象的类别（是元件、导线还是其他对象），设计者可以单击右边的选择列表，选择所要搜索的对象类别与当前对象的关系，是“Same（相同）”、“Different（不同）”，还是“Any（任意）”类型。

2）Graphical 区域。在该区域内可设定对象的图形参数，如位置“X1”、“Y1”，是否镜像“Mirrored”，角度“Orientation”，显示模式“Display Mode”，是否显示被隐含的引脚“Show Hidden Pins”，是否显示元件标识“Show Designator”等。这些选项都可以当作搜索的条件，可以设定按图形参数“Same（相同）”、“Different（不同）”，还是“Any（任意）”方式来查找对象。

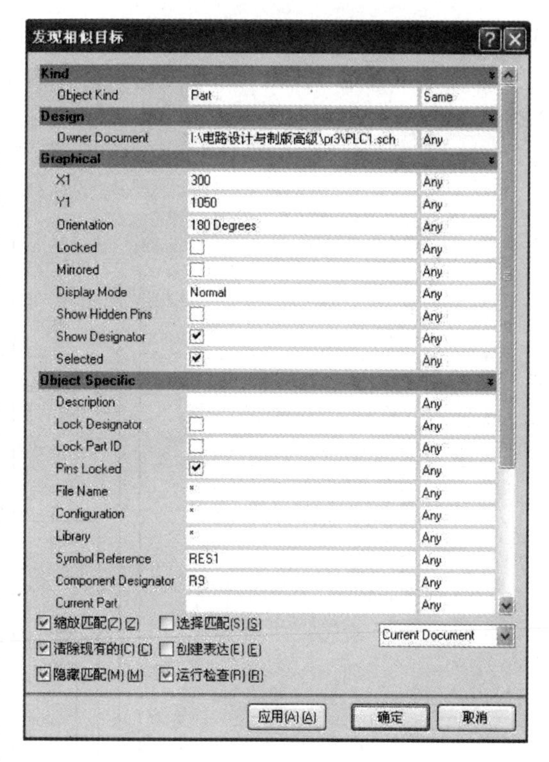

图 3-25 发现相似目标对话框

3）Object Specific 区域。在该区域内可设定对象的详细参数，如对象描述“Description”，是否锁定元件标识“Lock Designator”，是否锁定引脚“Pins Locked”，文件名“File Name”，元件所在库文件“Library”，库文件内的元件名“Library Reference”，元件标识“Component Designator”，当前组件“Current Part”，组件注释“Part Comment”，当前封装形式“Current Footprint”及元件类型“Component Type”等。这些参数也可以当作搜索的条件，可以设定查找详细参数是“Same（相同）”、“Different（不同）”，还是“Any（任意）”的对象。

4）Zoom Matching 复选项。设定是否将条件相匹配的对象，以最大显示模式，居中显示在原理图编辑窗口内。

5）Mask Matching 复选项。设定是否在显示条件相匹配的对象的同时，屏蔽掉其他对象。

6）Clear Existing 复选项。设定是否清除已存在的过滤条件。系统默认为自动清除。

7）Create Expression 复选项。设定是否自动创建一个表达式，以便以后再用。系统默认为不创建。

8）Run Inspector 复选项。设定是否自动打开“Inspector”（检查器）对话框。

9）Select Matching 复选项。设定是否将符合匹配条件的对象选中。

（3）执行整体编辑。可按下面的操作步骤完成整体编辑：

1）以任意一个电阻作为参考，执行右键菜单命令“Find similar Objects”，打开“Find Similar Objects”对话框。

2）在本例中将“Current Footprint”（当前封装）作为搜索的条件，并设定为“Same”，以搜索相同封装的元件。勾选“缩放匹配”、“清除现有的”、“选择匹配”、“隐藏匹配”、“创建表达式”复选项，其他选项采用系统默认值。

3）单击“确定”按钮，原理图编辑窗口内将以最大模式显示出所有符合条件的对象，如图 3-26 所示。

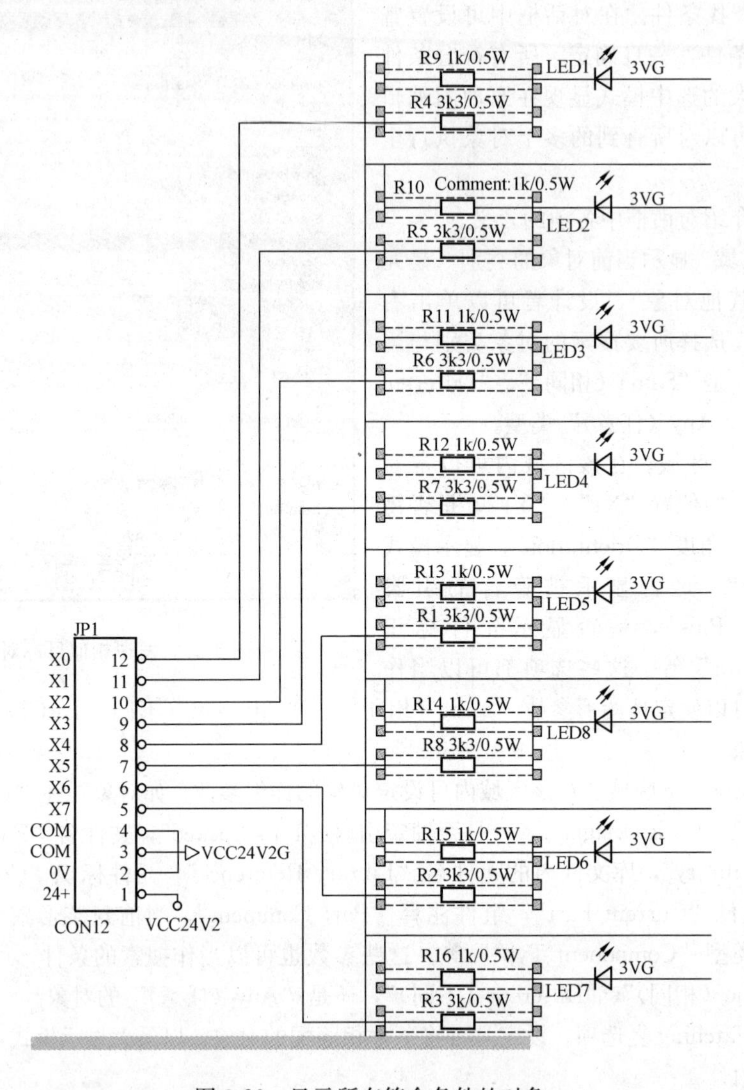

图 3-26　显示所有符合条件的对象

4）同时，系统打开如图 3-27 所示的“Inspector”检查器对话框。当然，也可以直接在原理图上选中多个对象，然后按 F11 键打开“Inspector”检查器对话框。

Inspector 面板常用来检查和编辑当前被选择的对象，对所有被选择对象做整体编辑。

5）修改“Current Footprint”（当前封装）参数为“AXIAL0. 5”，按键盘“Enter”（回车）键，确定参数修改。

6）单击“Inspector”对话框右上角的红色“×”按钮，关闭“Inspector”对话框。

7）单击工具栏的一个红叉旁边有个漏斗的按钮“ ”，关闭查找相似对象按钮，清除所有元件的选中状态。

二、从下层原理图产生上层方块图

1. 创建一个项目 Pr3Yanshi1. PrjPcb

2. 新建三个原理图文件 Yanshi1. SchDoc、dingshi2. SchDoc、Ralayout3. SchDoc

3. 设计子原理图 dingshi2. SchDoc、Ralayout1. SchDoc

(1) 设计子原理图 dingshi2. SchDoc（见图 3-28）。

(2) 设计子原理图 Ralayout3. SchDoc（见图 3-29）。

4. 从下层原理图产生上层方块图

(1) 单击“Projects”工作面板中“Yanshi1. SchDoc”文件的名称，在工作区打开该文件。

(2) 如图 3-30 所示，在主菜单中选择执行“设计”主菜单下的“HDL 文件或图纸生成图标符”命令。

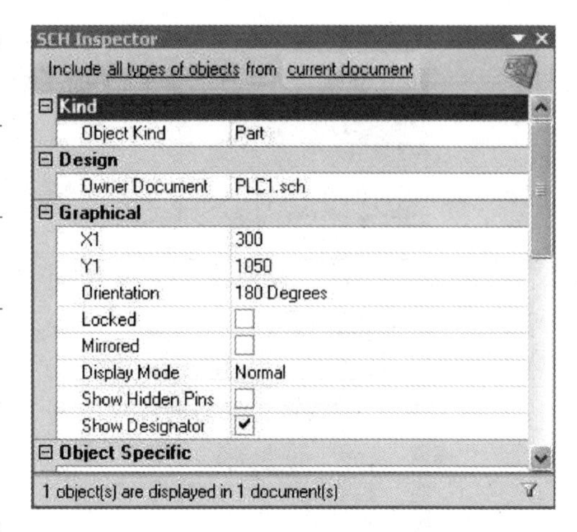

图 3-27 检查器对话框

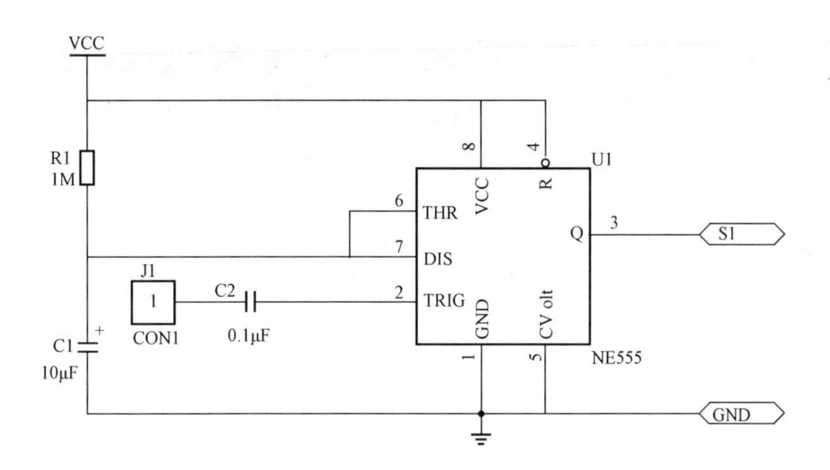

图 3-28 子原理图 dingshi2

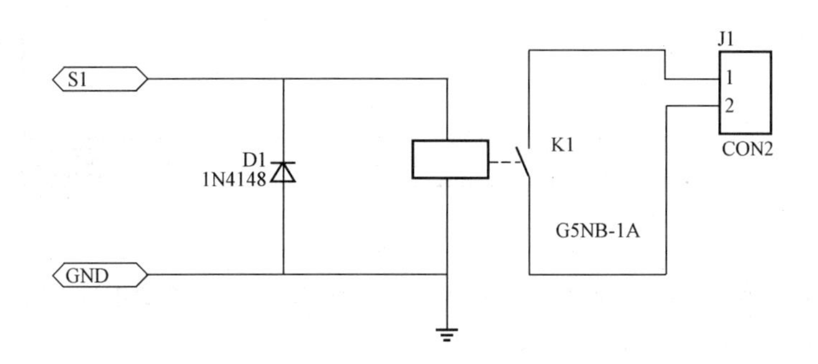

图 3-29 子原理图 Ralayout3

(3) 打开如图 3-31 所示的“Choose Document to Place”选择子图文件对话框。

(4) 在“Choose Document to Place”对话框中选择“dingshi2. SchDoc”文件。

(5) 单击“确定”按钮，回到“Yanshi1. SchDoc”窗口中，鼠标处“悬浮”着一个方块图，在适当的位置，按左键，把方块图放置好，如图 3-32 所示。

图 3-30 执行创建方块主图符号命令

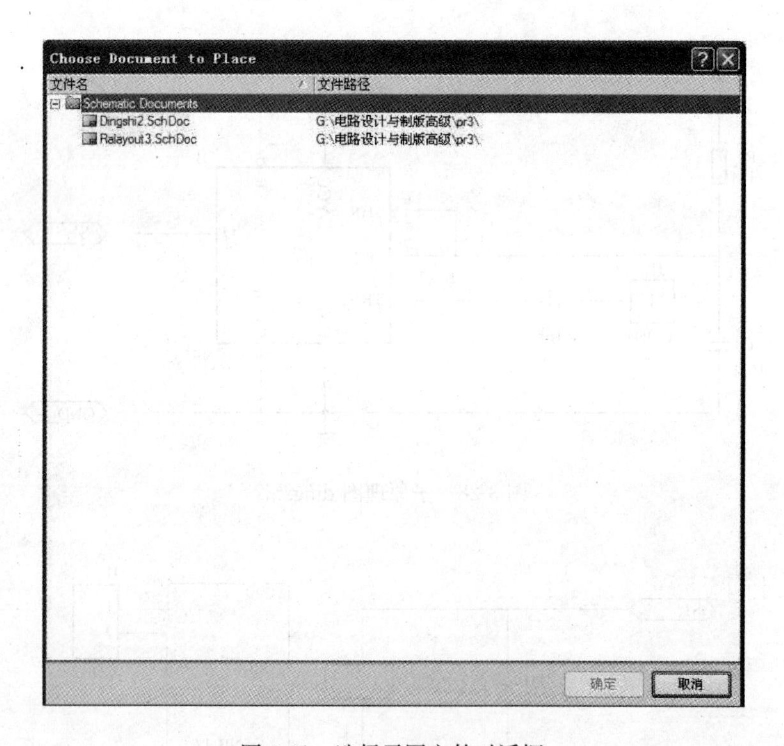

图 3-31 选择子图文件对话框

(6) 在主菜单中选择执行“设计”主菜单下的“HDL 文件或图纸生成图标符”命令，打开“Choose Document to Place”选择子图文件对话框。

(7) 在“Choose Document to Place”选择子图文件对话框中选择“Ralayout3. SchDoc”文件。

(8) 单击“确定”按钮，回到“Yanshi1. SchDoc”窗口中，鼠标处“悬浮”着一个方块图，在适当的位置，按左键，把方块图 Ralayout1 放置好。

(9) 调整方块图 dingshi2 端口 S1、GND 的位置，如图 3-33 所示。

(10) 绘制方块图之间的连线，完成方块主图的设计，如图 3-34 所示。

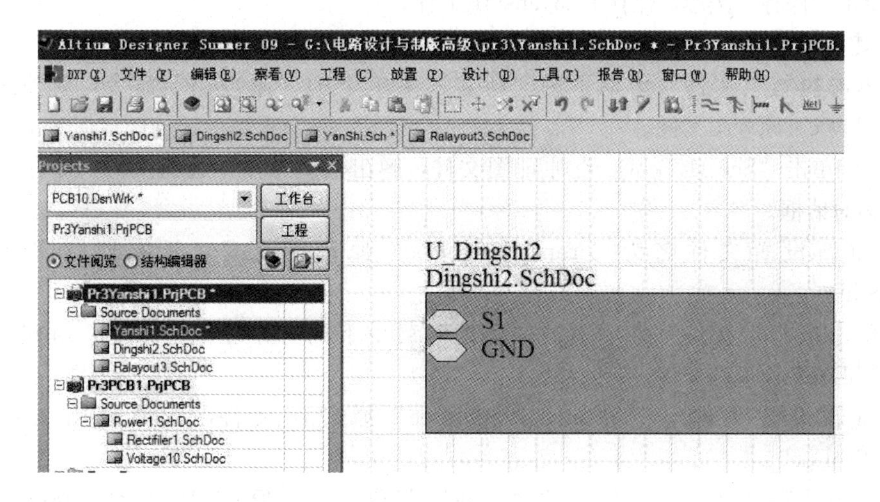

图 3-32 放置方块图

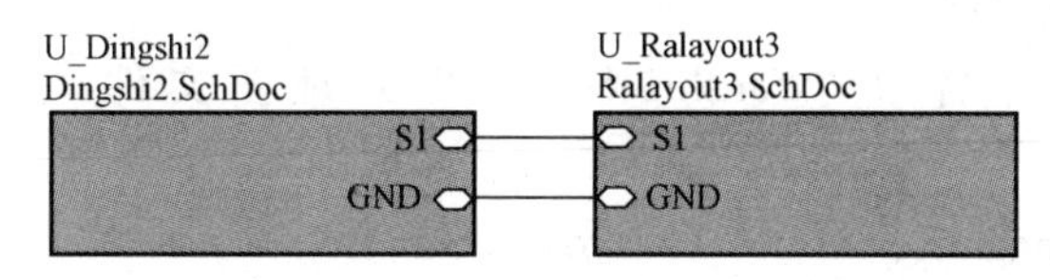

图 3-33 调整方块图 dingshi2 端口 S1、GND 的位置

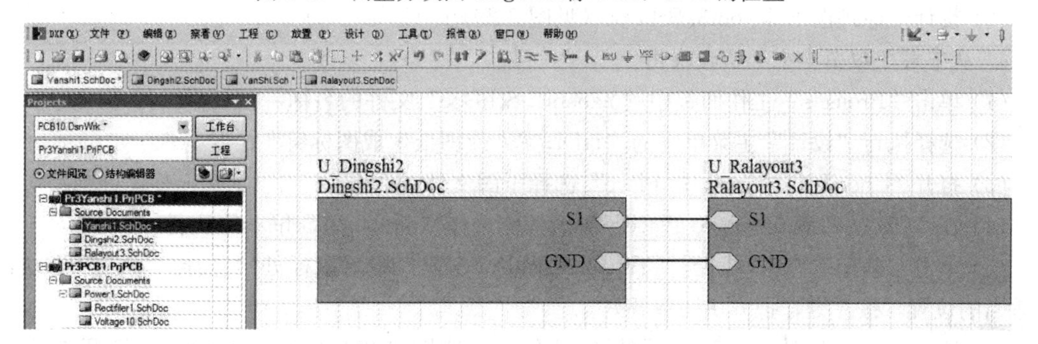

图 3-34 绘制方块图之间的连线

技能训练

一、训练目标

(1) 学会设计触摸延时开关电路的原理图。

(2) 学会通过下层电原理子图创建上层电路图。

(3) 学会切换上下层电路，观察主电路、子电路。

二、训练内容与步骤

1. 创建一个项目

(1) 双击桌面上的 Altium Designer 9 图标，启动 Altium Designer 9 电路设计软件。

(2) 单击执行“文件”菜单下的“新建”菜单下的“工程”菜单下“PCB 工程”命令，新建一个项目。

(3) 单击执行“文件”菜单下的“保存工程为”命令，弹出工程另存为对话框。

(4) 修改工程文件名为“PR3yanshi1”，保存类型设置为“PCB Projects（＊PrjPcb)”。

（5）单击“保存”按钮，保存 PR3yanshi1 工程。

2. 新建三个原理图文件

（1）单击执行“文件”菜单下的“新建”菜单下的“原理图”命令，新建一个名为“Sheet1. SchDoc”原理图文件。

（2）右键单击“Sheet1. SchDoc”原理图文件，弹出快捷菜单，选择执行“保存为”命令，弹出另存为对话框。

（3）重新设置文件名为“Yanshi1. SchDoc”原理图文件，新原理图文件更名为 Yanshi1. SchDoc。

（4）单击执行“文件”菜单下的“新建”菜单下的“原理图”命令，新建一个名为“Sheet2. SchDoc”原理图文件。

（5）重新设置文件名为“dingshi2. SchDoc”原理图文件，新原理图文件更名为“dingshi2. SchDoc”。

（6）单击执行“文件”菜单下的“新建”菜单下的“原理图”命令，新建一个名为“Sheet3. SchDoc”原理图文件。

（7）重新设置文件名为“Yanshi1. SchDoc”原理图文件，新原理图文件更名为“Ralayout3. SchDoc”。

3. 设计子原理图 dingshi2. SchDoc、Ralayout1. SchDoc

（1）设计子原理图 dingshi2. SchDoc（见图 3-28）。

（2）设计子原理图 Ralayout3. SchDoc（见图 3-29）。

4. 从下层原理图产生上层方块图

（1）单击“Projects”工作面板中“Yanshi1. SchDoc”文件的名称，在工作区打开该文件。

（2）选择执行“设计”主菜单下的“HDL 文件或图纸生成图标符”命令。

（3）打开“Choose Document to Place”选择子图文件对话框。

（4）在“Choose Document to Place”对话框中选择“dingshi2. SchDoc”文件。

（5）单击“确定”按钮，回到“Yanshi1. SchDoc”窗口中，鼠标处“悬浮”着一个方块图，在适当的位置，按左键，把方块图放置好。

（6）选择执行“设计”主菜单下的“HDL 文件或图纸生成图标符”命令，打开“Choose Document to Place”选择子图文件对话框。

（7）在“Choose Document to Place”选择子图文件对话框中选择“Ralayout3. SchDoc”文件。

（8）单击“确定”按钮，回到“Yanshi1. SchDoc”窗口中，鼠标处“悬浮”着一个方块图，在适当的位置，按左键，把方块图 Ralayout1 放置好。

（9）调整方块图 dingshi2 端口 S1、GND 的位置。

（10）绘制方块图之间的连线，完成方块主图的设计。

5. 查看上下层次电路

（1）如图 3-35 所示，单击选择执行“工具”主菜单下的“上下层次”命令。

（2）如图 3-36 所示，单击方块电路图 dingshi2 的 S1 端。

（3）如图 3-37 所示，查看方块电路图 dingshi2。

（4）单击方块电路图 dingshi2 的 GND 端，返回主图“Yanshi1. SchDoc”窗口。

（5）单击方块电路图 Ralayout3 的 S1 端，进入电路图 Ralayout3。

（6）单击工具栏的“ ”上下层次电路切换按钮，退出上下层次电路查看状态。

图 3-35 执行“上下层次”命令

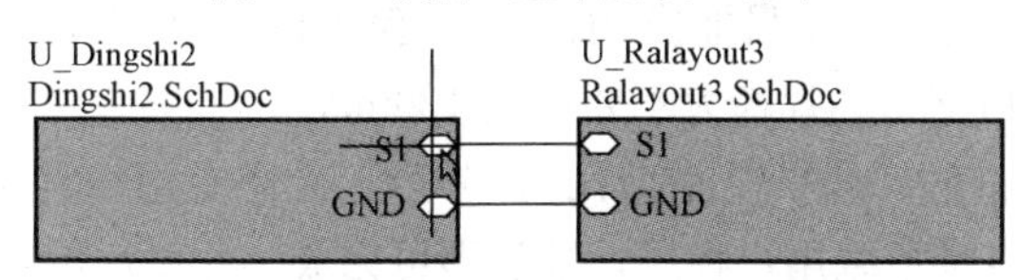

图 3-36 单击方块电路图 dingshi2 的 S1 端

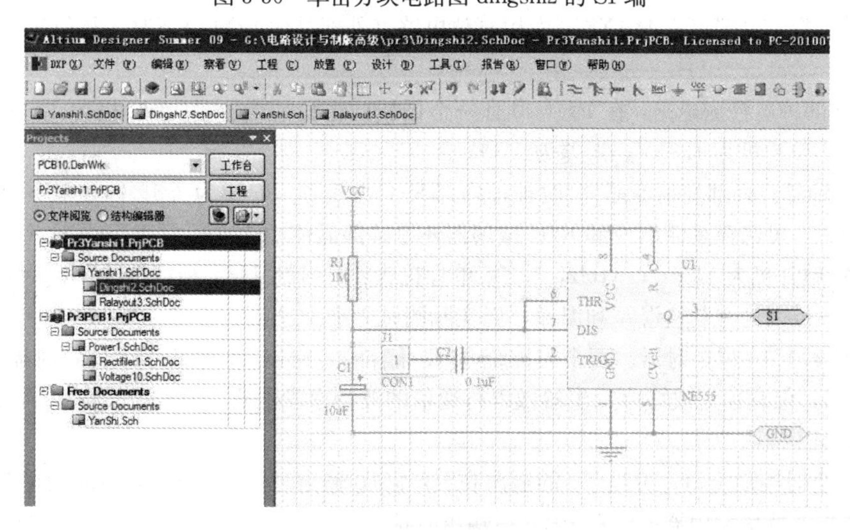

图 3-37 查看方块电路图 dingshi2

任务6

任务7　单片机控制系统设计

基础知识

一、STC12C5A60 S2 单片机简介

STC12C5A60S2/AD/PWM 系列单片机是宏晶科技生产的单时钟/机器周期（1T）的单片机，是高速、低功耗、超强抗干扰的新一代 8051 单片机，指令代码完全兼容传统 8051，但速度快 8～12 倍。内部集成 MAX810 专用复位电路，2 路 PWM，8 路高速 10 位 A/D 转换（250k/s，即 25 万次/秒），针对电机控制，强干扰场合。

STC12C5A60S2 具有如下特点：

（1）增强型 8051 CPU，1T，单时钟/机器周期，指令代码完全兼容传统 8051。

（2）工作电压：

STC12C5A60S2 系列工作电压：5.5～— 3.5V（5V 单片机）。

STC12LE5A60S2 系列工作电压：3.6～— 2.2V（3V 单片机）。

（3）工作频率范围：0～35 MHz，相当于普通 8051 的 0～420 MHz。

（4）用户应用程序空间 8K /16K / 20K / 32K / 40K / 48K / 52K / 60K / 62K 字节。

（5）片上集成 1280 字节 RAM。

（6）通用 I/O 口（36/40/44 个），复位后为准双向口/弱上拉（普通 8051 传统 I/O 口），可设置成四种模式：准双向口/弱上拉，强推挽/强上拉，仅为输入/高阻，开漏输出，每个 I/O 口驱动能力均可达到 20mA，但整个芯片最大不要超过 120mA。

（7）ISP（在系统可编程）/ IAP（在应用可编程），无需专用编程器，无需专用仿真器。可通过串口（P3.0/P3.1）直接下载用户程序，数秒即可完成一片单片机的下载。

（8）有 EEPROM 功能（STC12C5A62S2/AD/PWM 无内部 EEPROM）。

（9）看门狗，内部集成 MAX810 专用复位电路（外部晶体 12M 以下时，复位脚可直接 1k 电阻到地）。

（10）外部掉电检测电路，在 P4.6 口有一个低压门槛比较器。5V 单片机为 1.33V，误差为±5%，3.3V 单片机为 1.31V，误差为±3% 。

（11）时钟源。外部高精度晶体/时钟，内部 R/C 振荡器（温漂为±5%～±10% ）用户在下载用户程序时，可选择是使用内部 R/C 振荡器还是外部晶体/ 时钟 ，常温下内部 R/C 振荡器频率为：5.0V 单片机为 11 ～ 17MHz，3.3V 单片机为：8～12MHz。精度要求不高时，可选择使用内部时钟，但因为有制造误差和温漂，以实际测试为准。

（12）共 4 个 16 位定时器。两个与传统 8051 兼容的定时器/计数器，16 位定时器 T0 和 T1，没有定时器 2，但有独立波特率发生器做串行通信的波特率发生器，再加上 2 路 PCA 模块可再实现 2 个 16 位定时器。

（13）3 个时钟输出口，可由 T0 的溢出在 P3.4/T0 输出时钟，可由 T1 的溢出在 P3.5/T1 输出时钟，独立波特率发生器可以在 P1.0 口输出时钟。

（14）外部中断 I/O 7 路，传统的下降沿中断或低电平触发中断，并新增支持上升沿中断的 PCA 模块，Power Down 模式可由外部中断唤醒，INT0/P3.2，INT1/P3.3，T0/P3.4，T1/P3.5，RxD/P3.0，CCP0/P1.3（也可通过寄存器设置到 P4.2），CCP1/P1.4（也可通过寄存器设置到 P4.3）。

（15）PWM（2 路）/ PCA（可编程计数器阵列，2 路）。可用来当 2 路 D/A 使用，也可用来再实现 2 个定时器，还可用来再实现 2 个外部中断（上升沿中断/下降沿中断均可分别或同时支持）。

（16）A/D 转换，10 位精度 ADC，共 8 路，转换速度可达 250k/s（每秒钟 25 万次）。

（17）通用全双工异步串行口（UART），由于 STC12 系列是高速的 8051，可再用定时器或 PCA 软件实现多串口。

（18）STC12C5A60S2 系列有双串口，后缀有 S2 标志的才有双串口，RxD2/P1.2（可通过寄存器设 置到 P4.2），TxD2/P1.3（可通过寄存器设置到 P4.3）。

（19）工作温度范围：−40～+85℃（工业级）/ 0～75℃（商业级）。

（20）封装。具有 LQFP-48、LQFP-44、PDIP-40、单片机控制系统 C-44、QFN-40 等封装形式，I/O 口不够时，可用 2～3 根普通 I/O 口线外接 74HC164/165/595（均可级联）来扩展 I/O 口，还可用 A/D 做按键扫描来节省 I/O 口。

二、STC 单片机控制系统

1. 以 STC 单片机为核心的 CPU 电路

图 3-38 为以 STC 单片机为核心的 CPU 电路，CPU 使用宏晶的 51 系列增强型单片机 STC12C5A60S2。

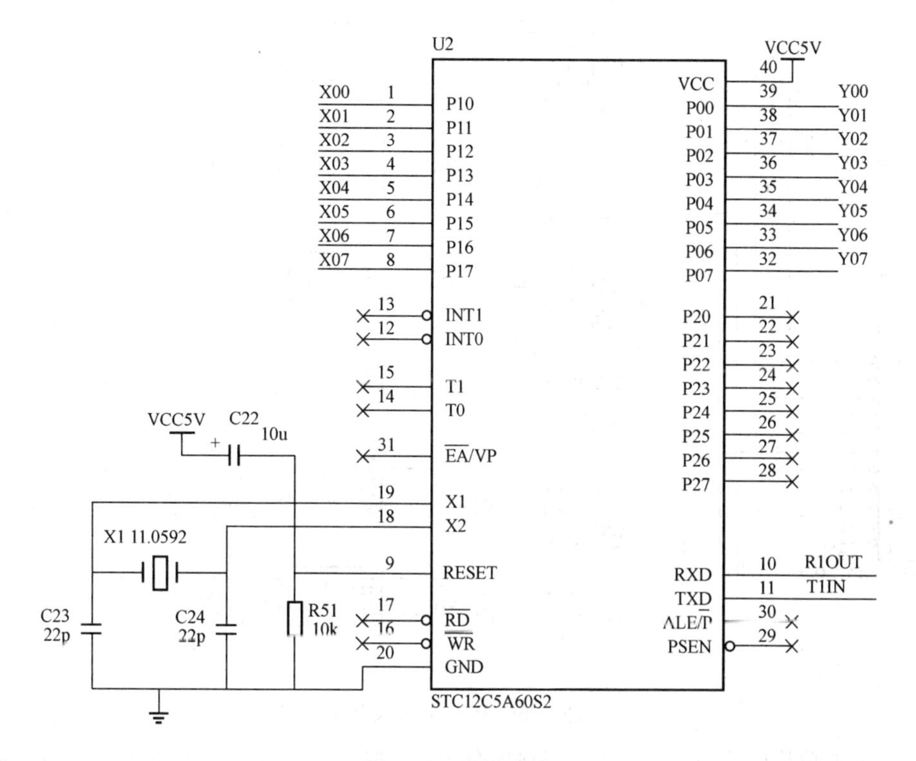

图 3-38 CPU 电路

X1、C23、C24 组成 CPU 的时钟电路，晶振频率 22.1184MHz。C22、R51 组成 CPU 的上电复位电路。P1 口为简单的单片机控制系统的输入接口，连接来自光电耦合器隔离电路的 8 路输入信号。P2 为简单的单片机控制系统的输出接口，单片机控制系统的运行结果通过该端口驱动继电器带动负载工作。引脚 10 的 RXD 端与 RS-232C 通信集成电路芯片的 R1OUT 连接，接收来自 RS-232C 通信集成电路 R1OUT 送过来的读信号。引脚 11 的 TXD 端与 RS-232C 通信集成电路芯片的 T1IN 连接，送出单片机控制系统的 CPU 发出的数据信号。

2. 输入电路

图 3-39 为单片机控制系统的输入电路，以单发光二极管光电耦合器 PC817 为核心组成带光电隔离的输入电路。输入发光二极管部分的供电电压采用工业自动控制通用的直流 24V 电压，光电耦合器 OP1 采用 PC817，光电耦合器 OP1 的发光二极管串联的 LED1 作 X0 输入状态指示，连接在 X0 端的输入开关闭合时，LED1 点亮发光，指示输入状态为“ON”，连接在 X0 端的输入开关关断时，LED1 熄灭，指示输入状态为“OFF”。R1 与 R9 组成分压电路，保证光电耦合器 OP1 的发光二极管在输入开关闭合时正常工作。其他光电耦合器的工作原理与 OP1 类似，分别将 X0～X7 的输入信号送单片机控制系统的 CPU。

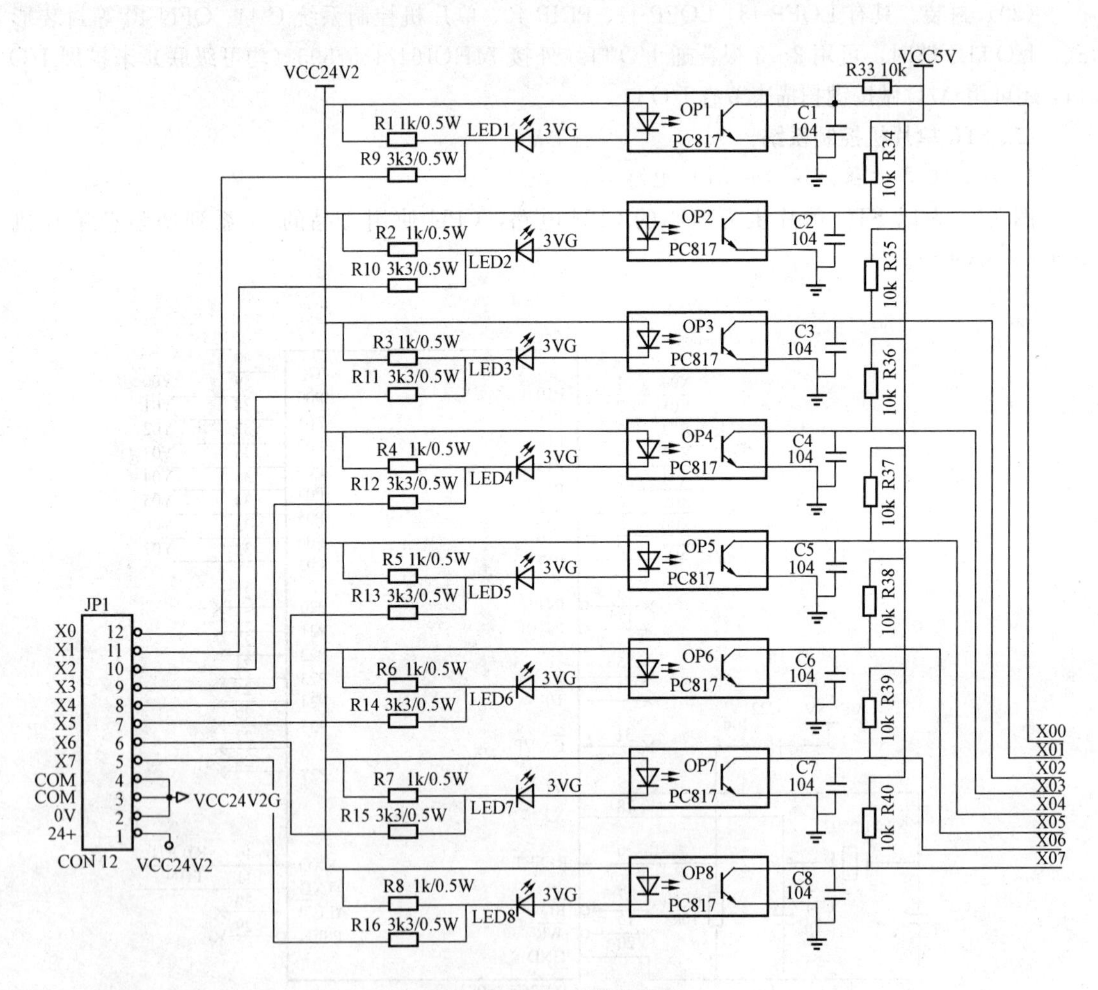

图 3-39 PLC 的输入电路

图 3-39 的单片机控制系统的输入电路适合 NPN 型传感器和通用触点开关信号的输入。

若要制作适合 NPN 和 PNP 型传感器和通用触点开关信号的输入，可以采用双发光二极管光电耦合器（见图 3-40）。

3. 输出电路

图 3-41 为单片机控制系统的输出电路，单片机控制系统的 CPU 的输出信号（低电平有效）

任务7

送到光电耦合器 OP9，驱动光电耦合器 OP9 的二极管导通发光，光电耦合器 OP9 的光敏三极管导通，通过电阻 R24，输出高电平，送 ULN2803A 达林顿输出集成电路 8B 端，ULN2803A 达林顿输出集成电路 8C 端为开路集电极输出端，达林顿输出管导通，输出指示二极管 LED9 导通，指示 Y0 输出状态为“ON”，继电器 K1 得电导通，K1 输出端开关导通。当单片机控制系统的 CPU 的输出信号为“OFF”时，输出高电平信号，光电耦合器 OP9 的二极管不导通，光电耦合器 OP9 的光敏三极管截止，达林顿输出管截止，输出指示二极管 LED9 截止，指示 Y0 输出状态为“OFF”，继电器 K1 失电，K1 输出端开关断开。

4. 通信电路

图 3-42 为单片机控制系统的通信电路。以 MAX232 串口通信集成电路为核心，组成 RS-232 串口通信电路，MAX232 串口通信集成电路的 R1OUT 输出读信号给单片机控制系统的 CPU 的 RXD，MAX232 串口通信集成电路的 T1IN 输入端接收来自单片机控制系统的 CPU 发送端 TXD 的发送信号。MAX232 串口通信集成电路连接 DB9 端口，通过它与计算机或其他的串口设备进行通信。

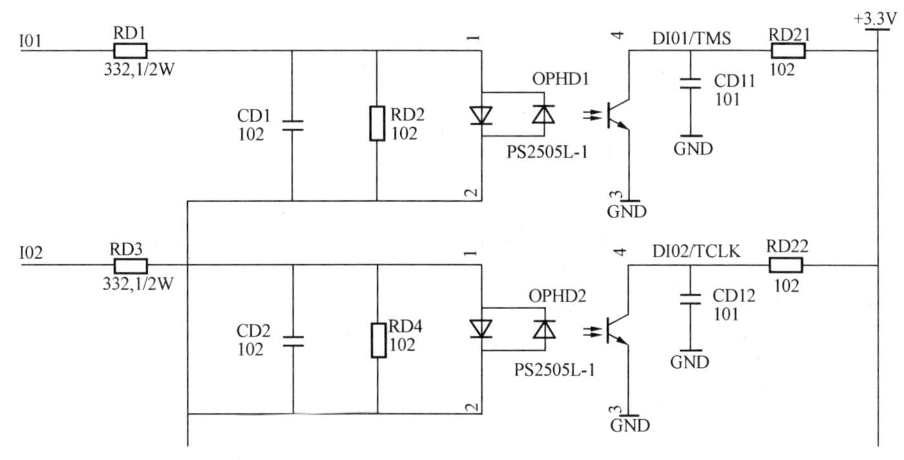

图 3-40 双发光二极管光电耦合器输入电路

发光二极管 LED18、LED19 指示通信状态，通信电路正常通信时，发光二极管 LED18、LED19 闪烁。

5. 电源电路

图 3-43 为单片机控制系统的电源电路。外接电源通过 JP3 接入电源电路，保险 F1 保证系统电源的安全。外接电源可以是交流 20V 电源或直流 24V 电源。当输入为 24V 直流电源时，为了保证不至于因为用户接错直流电源导致单片机控制系统不工作，保险 F1 后连接的整流桥堆 DP1 来保证输出电源极性的正确，同时与单片机控制系统使用其他电源相隔离。VCC24V2、VCC24V2G 为单片机控制系统的输入、输出电路的直流 24V 电源，通过滤波电容 C10、C17 滤除交流干扰，保证直流 24V 2 电源的恒定。保险 F1 后连接的整流桥堆 DP2 用来保证 24V 1 输出电源极性的正确。整流桥堆 DP2 连接直流-直流（DC TO DC）变换集成电路 LM2576-12，将 24V 直流电变换为 12V 直流电，再由直流稳压电源集成电路 LM7805 稳压输出直流 5V 电源。

LM2576-12 是单片集成稳压电路，能提供降压开关稳压电源的各种功能，能驱动 3A 的负载，具有优异的线性和负载调整能力。LM2576 系列稳压器的固定输出电压有 3.3V、5V、12V、15V 多种。LM2576 系列稳压器内部包含一个固定频率振荡器和频率补偿器，使开关稳压器外部元件数量减到最少，使用方便。

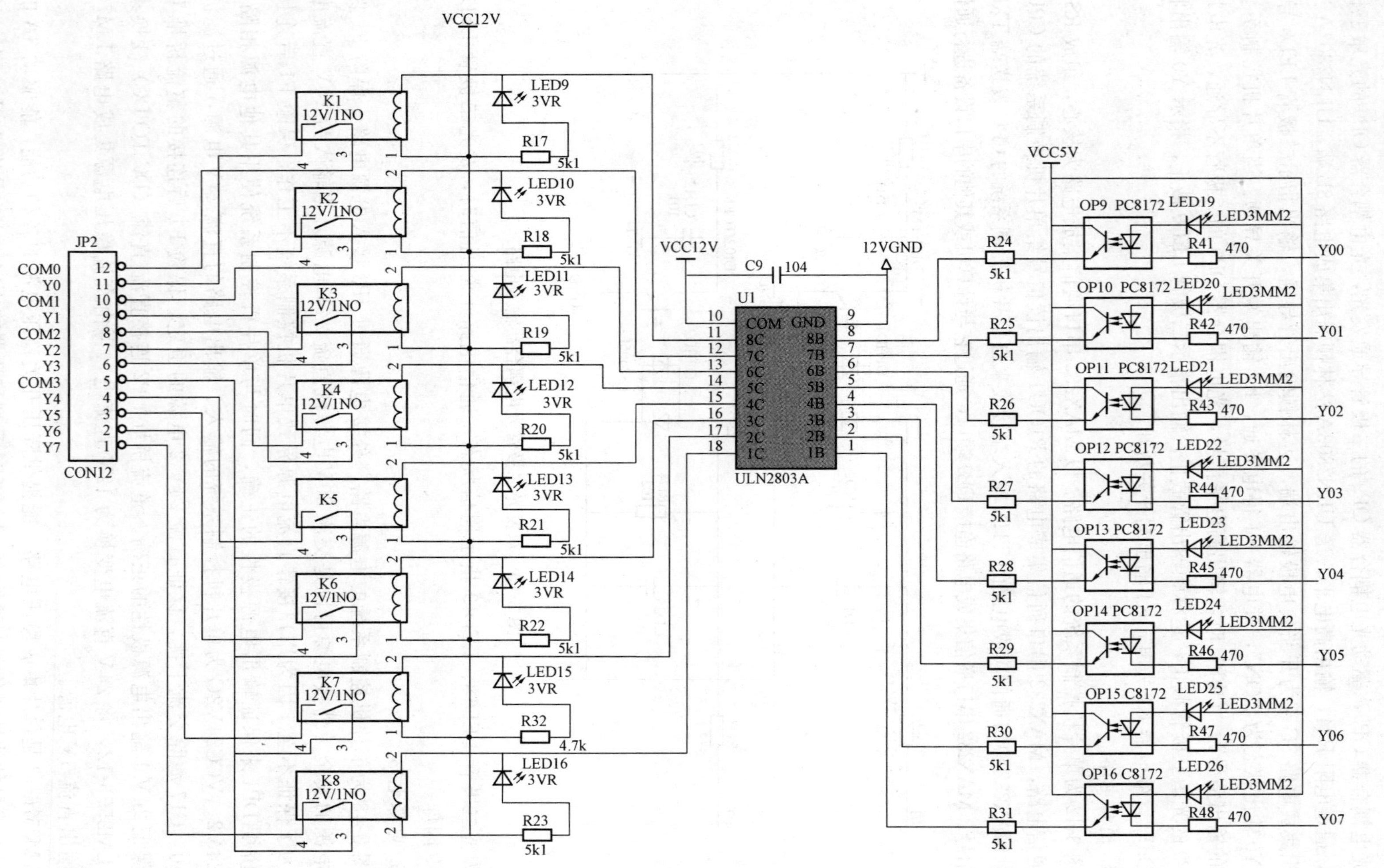

图 3-41 PLC 的输出电路

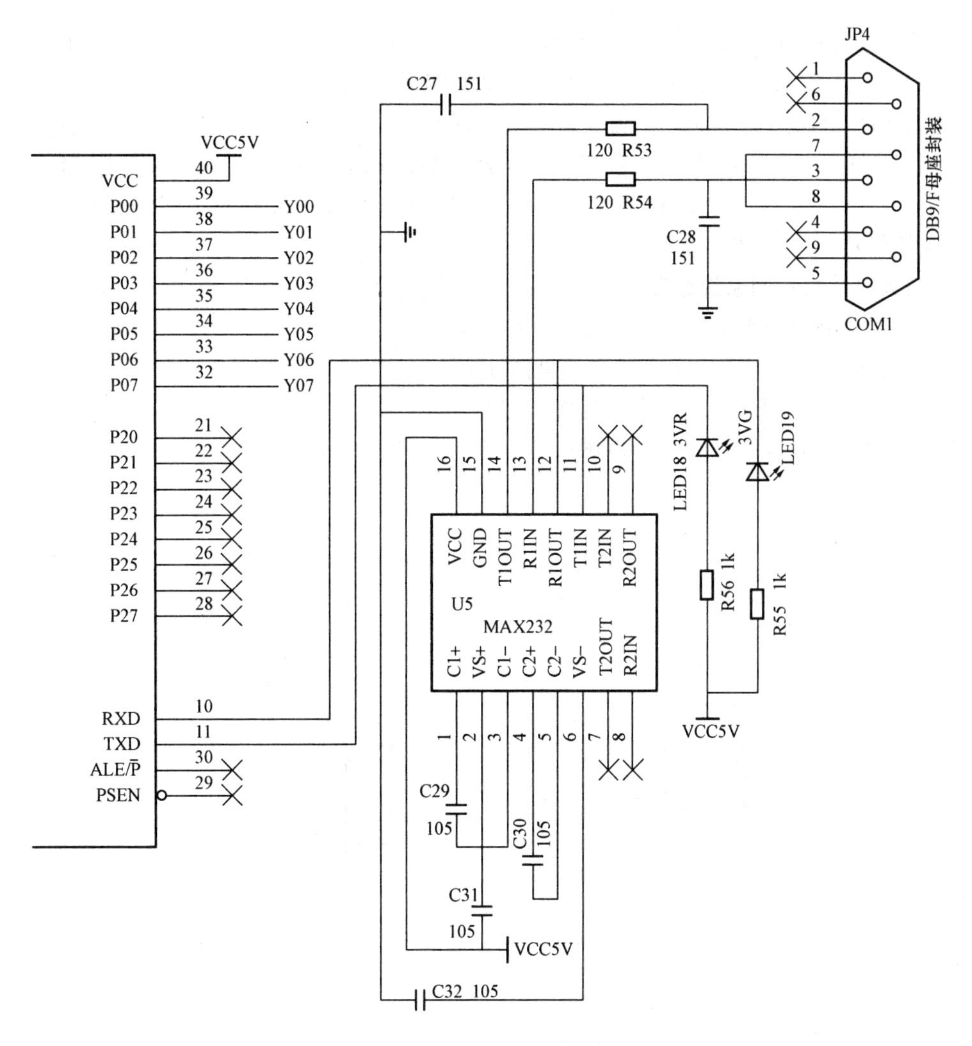

图 3-42 PLC 的通信电路

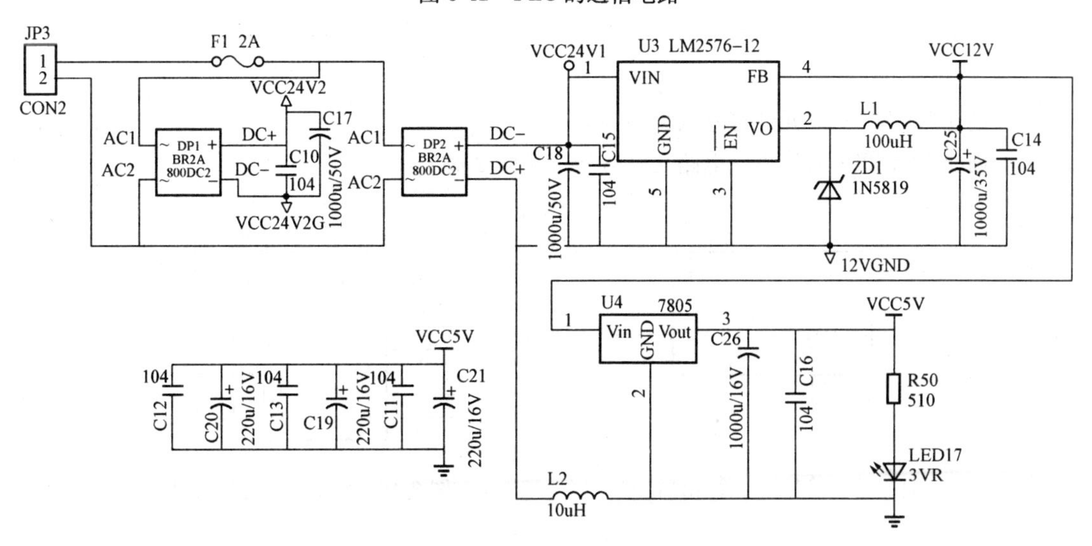

图 3-43 PLC 的电源电路

电容C18、C15为直流24V1的滤波电容，电感L1为降压型开关电源的储能电感，ZD1为肖特基二极管，在开关调整管截止时提供续流作用，保证12V输出电源电压稳定。电容C25、C14为直流12V的滤波电容。直流12V电源与直流5V电源地线间连接有电感L2，使直流12V开关电源对直流5V电源影响降低。C26、C16为直流5V的滤波电容。R50与LED17用于直流5V电源指示。

电容C12、C20、C13、C19 C21、C11为单片机控制系统的通信电路、CPU电路、输入和输出电路的直流5V电源的滤波电容。

三、设计单片机控制系统原理图

1. 创建单片机控制系统的电原理图元件符号库

(1) 创建继电器G5NB-12元件符号（见图3-44）。

(2) 创建整流桥堆DP元件符号（见图3-45）。

(3) 创建CPU元件符号（见图3-46）。

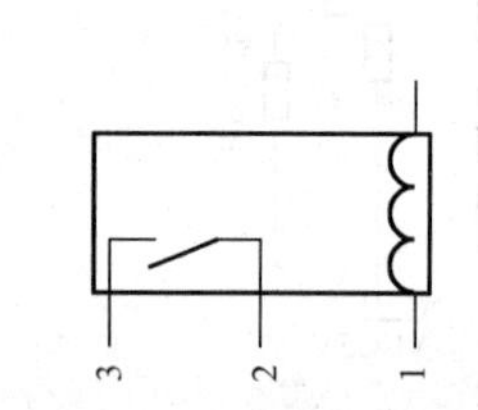

图3-44　继电器元件符号

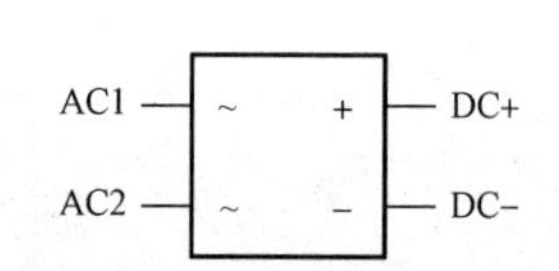

图3-45　整流桥堆元件符号

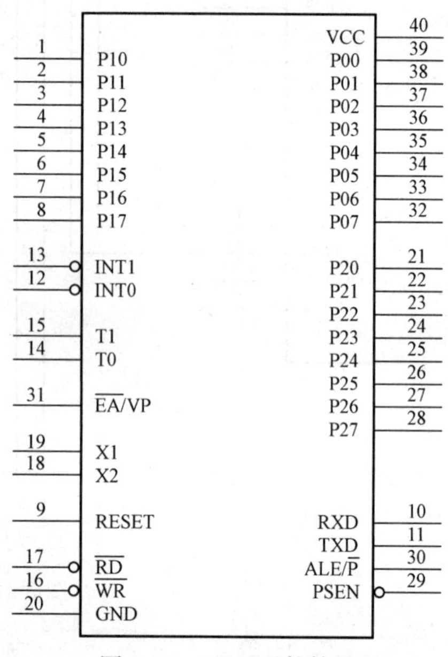

图3-46　CPU元件符号

(4) 创建LM2576-12元件符号（见图3-47）。

(5) 创建MAX232通信集成电路元件符号（见图3-48）。

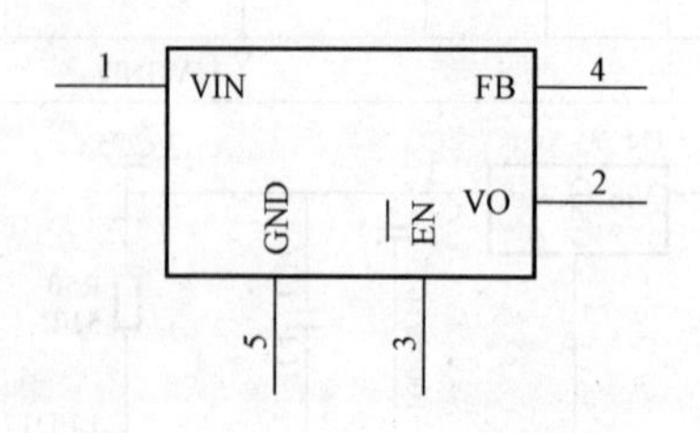

图3-47　LM2576-12元件符号

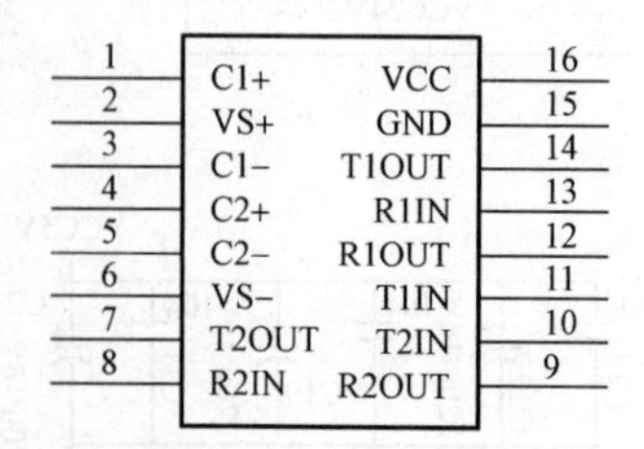

图3-48　MAX232元件符号

(6) 创建PC817光电耦合器元件符号（见图3-49）。

(7) 创建ULN2803A达林顿输出集成电路元件符号（见图3-50）。

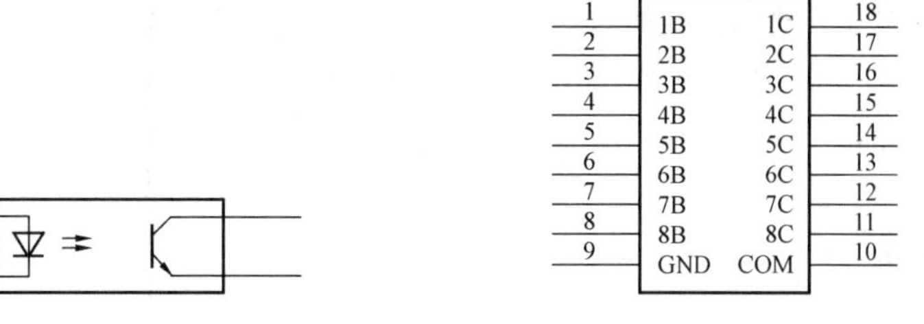

图 3-49 PC817 光电耦合器元件符号　　图 3-50 ULN2803A 元件符号

2. 设计单片机控制系统的输入接口电路

在设计单片机控制系统的输入接口电路中，需要考虑现场输入信号对电源的要求，一般现场输入开关信号采用工业自动控制标准的 24V 直流电压电源，传感器也使用工业自动控制标准的 24V 直流电压电源，所以一般用于隔离的光电耦合器输入部分的电源采用 24V 直流电压电源。定制的不使用传感器的单片机控制系统，用于隔离的光电耦合器输入部分的电源可采用其他的直流电压电源。例如制作单片机控制系统学习机的用于隔离的光电耦合器输入部分的电源可以用 5V 直流电压电源，与单片机控制系统的 CPU 使用相同的电源电压。

其次要考虑的是连接的输入接口电路连接的传感器类型，当只需要连接 NPN 开路输出、PNP 开路输出中的一种传感器时，可以使用单发光二极管光电耦合器，并根据使用传感器类型设计相应的光电耦合器电路。如果不知道未来要连接的传感器类型，或者为满足可连接所有类型的传感器，可以使用双二极管光电耦合器输入电路，也可以使用二极管桥式定向电路与单二极管光电耦合器组合的输入电路。

3. 设计单片机控制系统的输出接口电路

在设计单片机控制系统的输出接口电路中，需要考虑输出电路与输出信号电平之间的关系，高电平有效输出、低电平有效输出电路连接输出接口电路是不同的。其次要考虑是输出接口电路是否需要与负载电路隔离的问题。如果需要隔离，还要考虑采用的隔离方式，是电磁隔离，还是光电隔离。第三个要考虑是输出接口电路的保护问题，继电器输出、晶体管输出的保护电路是不同的。

不同有效电平输出、不同的隔离方式，导致输出接口电路的不同。

4. 设计单片机控制系统的通信电路

在设计单片机控制系统的通信电路中，需要考虑的是单片机控制系统与计算机或其他串口设备的通信协议问题，一般单通信端口使用 RS-232 协议比较方便，既可以与计算机通信，也便于和其他串口设备通信。如果是多通信端口，可以采用一个 RS-232，另一个采用 RS-485，第三个采用 USB，其他的用 CAN、TCP/IP 等协议，便于连接各种不同协议的串口设备。

配置不同的通信协议端口，需要设计不同的通信协议的串口通信接口电路。

5. 设计单片机控制系统的电源电路

在设计单片机控制系统的电源电路中，首先需要考虑的是单片机控制系统使用的电源是交流还是直流。其次是单片机控制系统的各部分电路使用的电源电压的种类。根据需要采用简单的直流开关电源集成电路、直流稳压集成电路或采用 DC TO DC（直流-直流）变换集成电路制作各种电源电压的电路，以满足各部分电路对电源电压的要求。第三个要考虑的是各部分电路的接地与电源滤波问题，按接地与电源滤波的要求，设计好单片机控制系统的电源电路。

6. 按模块设计单片机控制系统的原理图

将单片机控制系统分为主电路．输入电路、输出串路三个模块，主电路模块包括 CPU 电路、电源电路、通信电路。

技能训练

一、训练目标

(1) 学会设计层次、模块电路。

(2) 学会设计单片机控制系统的原理图。

二、训练内容与步骤

1. 新建一个项目文件

(1) 双击桌面上的 Altium Designer 9 图标，启动 Altium Designer 9 电路设计软件。

(2) 单击执行“文件”菜单下的“新建”菜单下的“工程”菜单下“PCB 工程”命令，新建一个项目。

(3) 单击执行“文件”菜单下的“保存工程为”命令，弹出工程另存为对话框。

(4) 修改文件名为“PR3PLC”，保存类型设置为“PCB Projects（＊PrjPcb)”。

(5) 单击“保存”按钮，保存 PR3PLC 工程。

2. 新建一个原理图文件

(1) 单击执行“文件”菜单下的“新建”菜单下的“原理图”命令。

(2) 新建一个名为“Sheet1. SchDoc”原理图文件。

(3) 右键单击“Sheet1. SchDoc”原理图文件，弹出快捷菜单，选择执行“保存为”命令，弹出另存为对话框。

(4) 重新设置文件名为“DPLC1. SchDoc”原理图文件，新原理图文件更名为“DPLC1. SchDoc”。

3. 设计上层方块图

(1) 在工作平面上打开连线工具栏，执行绘制方块电路命令。用左键单击工具栏中的“ ”按钮或者单击执行“放置”菜单下的“图表符”方块图命令。

(2) 执行该命令后，光标变为十字形状，并带着方块电路，这时按 Tab 键，会出现“方块符号”属性设置对话框。

(3) 在对话框中，在“文件名”编辑框设置文件名为“Input1. SchDoc”。这表明该电路代表了 Input1 输入模块。将“标识”编辑框设置方块图的名称为“Input1”。

(4) 设置完属性后，确定方块电路的大小和位置。将光标移动到适当的位置后，单击左键，确定方块电路的左上角位置。然后拖动鼠标，移动到适当的位置后，单击左键，确定方块电路的右下角位置。这样就定义了方块电路的大小和位置，绘制出了一个名为“Input1”的方块电路。

(5) 如果设计者要更改方块电路名或其代表的文件名，只需单击文字标注，就会弹出设置方块电路名属性对话框，在对话框中可以进行修改。

(6) 绘制完一个方块电路后，系统仍处于放置方块电路的命令状态下，设计者可用同样的方法放置另一个方块电路，并设置相应的方块图名称。

(7) 接着放置方块电路端口，方法是用左键单击连线工具栏中“ ”按钮，或者执行“放置”菜单下的“添加图纸入口”命令。

(8) 执行该命令后，光标变为十字形状，然后在需要放置端口的方块图上单击左键，此时光标处就带着方块电路的端口符号。

(9) 在此命令状态下，按“Tab”键，系统会弹出方块电路端口属性设置对话框。

(10) 在对话框中，将端口名 Name 编辑框设置为“VCC1”，即将端口名设为 VCC1；I\O Type 选项有不指定（Unspecified）、输出（Output）、输入（Input）和双向（Bidirectional）四种，在此设置为 Unspecified，即可将端口设置为不指定；放置位置（Side）设置为“Right”；端口样式（Style）设置为“Left&Right”；移动到合适位置，单击左键确定。

(11) 放置 DX1～DX8 端口。

(12) 放置 24V1、24V2 端口。

(13) 再放置一个 GND1 端口。

(14) 放置方块图 Main1。

(15) 在方块图内左边放置端口 VCC2 和接地端口 GND2。

(16) 放置 DX11～DX18 端口。

(17) 放置 24V、24VG 端口。

(18) 在方块图内右边放置端口 VCC3 和接地端口 GND3。

(19) 放置 DY1～DY8 端口。

(20) 放置 12V、12VG 端口。

(21) 放置方块图 Output1。

(22) 在方块图内左边放置端口 VCC4 和接地端口 GND4。

(23) 放置 DY11～DY18 端口。

(24) 放置 12V1、12V2 端口。

(25) 将电气关系上具有相连关系的端口用导线或总线连接在一起，如图 3-51 所示。

(26) 单击右键，结束连线操作。

4. 由方块电路符号产生新电原理子图

(1) 单击执行“设计”菜单下的“产生图纸”命令。

(2) 执行该命令后，光标变成十字状，移动光标到某一方块电路 Input1 上，单击左键，则系统自动生成一个文件名为“Input1. SchDoc”的原理图文件，并布置好 I/O 端口。

(3) 单击“DPLC1. SchDoc”文件，返回上层电路图。

(4) 再次选择执行“设计”菜单下的“产生图纸”命令，光标变成了十字状，移动光标到某一方块电路 Main1 上，单击左键，则系统自动生成一个文件名为“Main1. SchDoc”的原理图文件。

(5) 单击“DPLC1. SchDoc”文件，返回上层电路图。

(6) 再次选择执行“设计”菜单下的“产生图纸”命令，光标变成十字状，移动光标到某一方块电路 Output1 上，单击左键，则系统自动生成一个文件名为“Output1. SchDoc”的原理图文件。

5. 设计子电路图

(1) 设计输入子电路图 Input1. SchDoc（见图 3-52）。

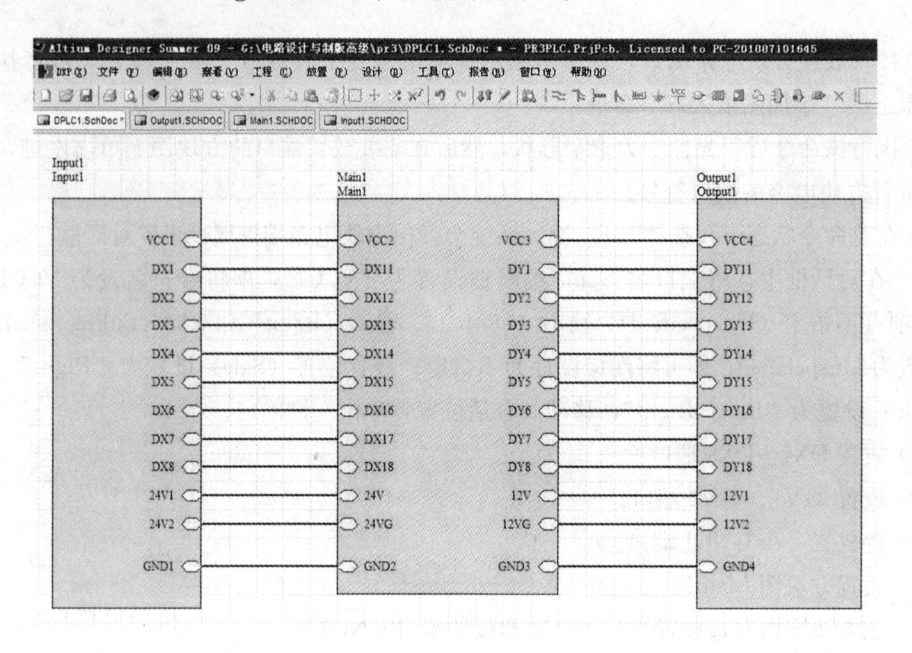

图 3-51　上层方块图

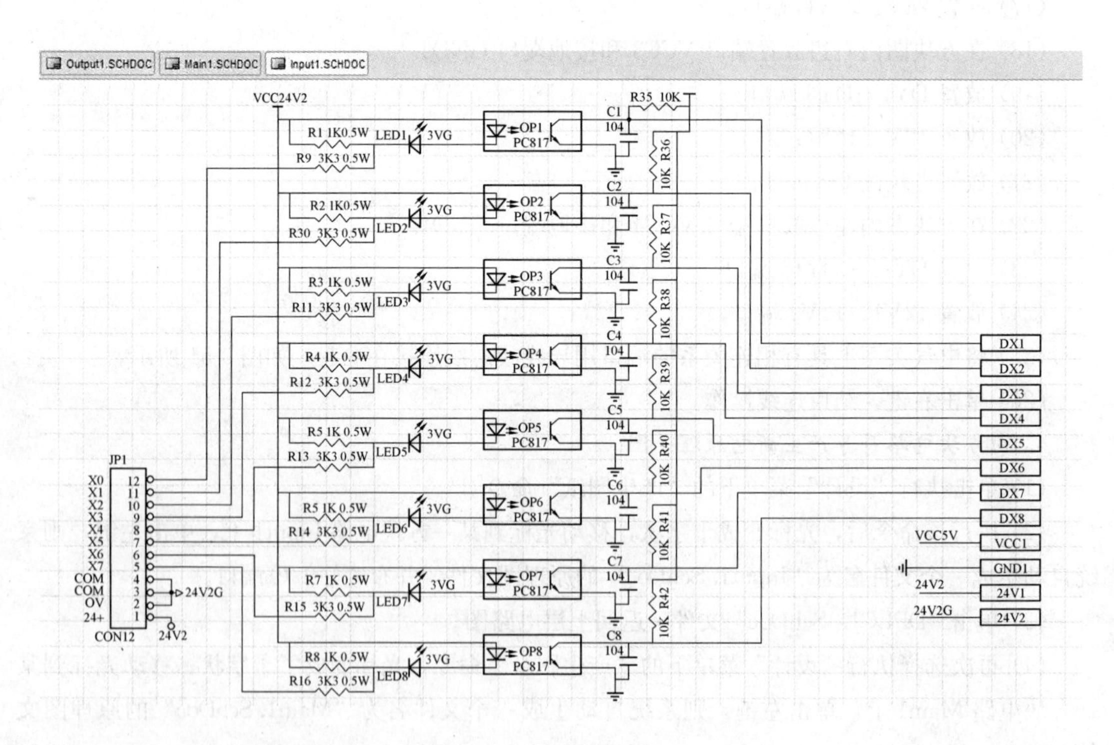

图 3-52　子电路图 Input1

(2) 设计主 CPU 控制子电路图 Main1. SchDoc（见图 3-53）。

(3) 设计输出子电路图 Output1. SchDoc（见图 3-54）。

6. *在层次电路间切换*

(1) 单击工具栏上的“ ”上下层次电路切换按钮，光标变成十字状，移动到主电路的

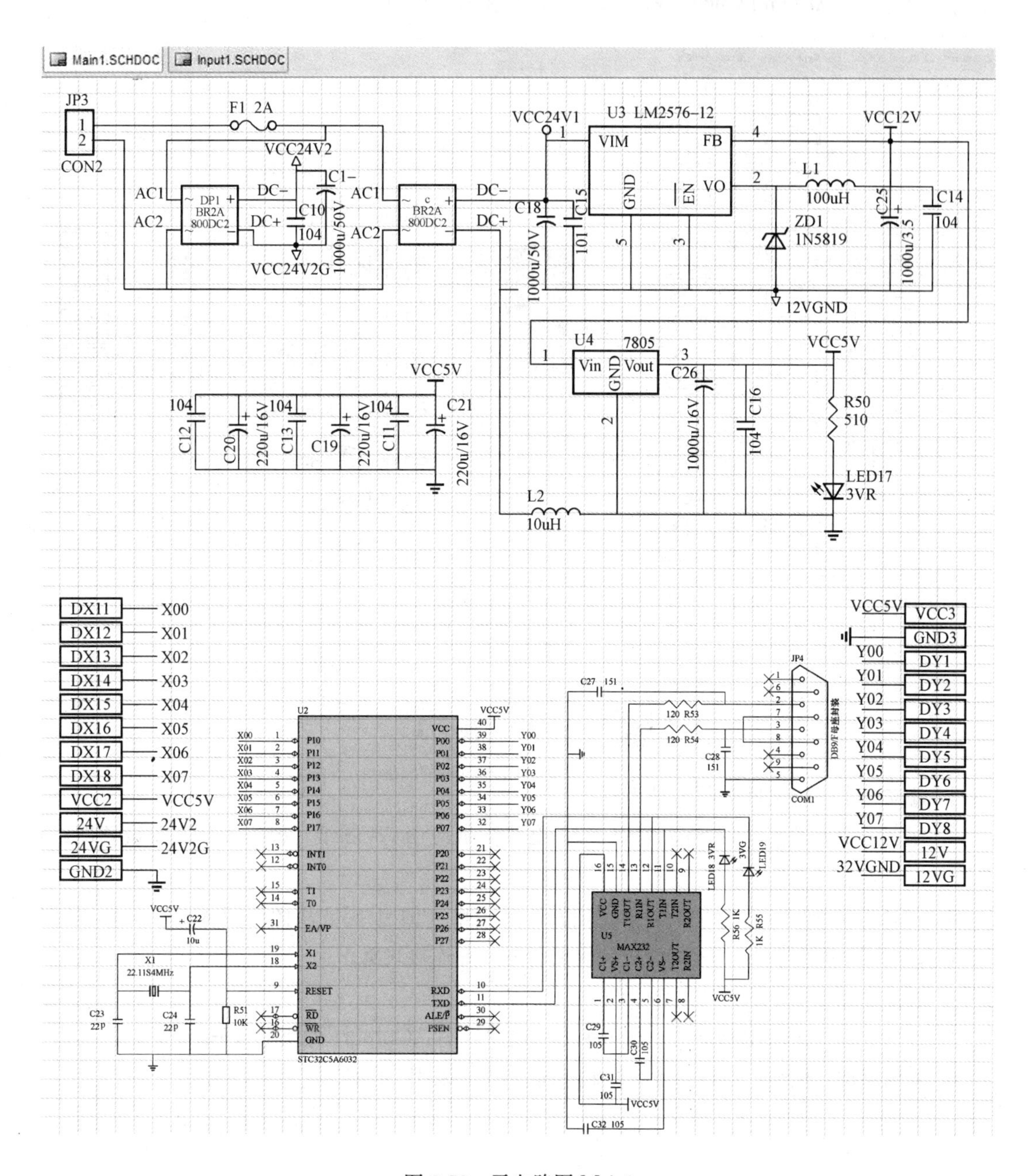

图 3-53 子电路图 Main1

Input1方块电路的 VCC1 端单击，切换到子电路 Input1。

(2) 单击子电路 Input1 的 DX1 端，返回上层电路 DPLC1。

(3) 单击 Main1 方块电路的 DX11 端，切换到子电路 Main1。

(4) 单击子电路 Main1 DX12 端，返回上层电路 DPLC1。

(5) 单击 Output1 方块电路的 DY12 端，切换到子电路 Output1。

(6) 单击子电路 Output1 的 DY13 端，返回上层电路 DPLC1。

(7) 单击工具栏的“ ”上下层次电路切换按钮，退出上下层次电路查看状态。

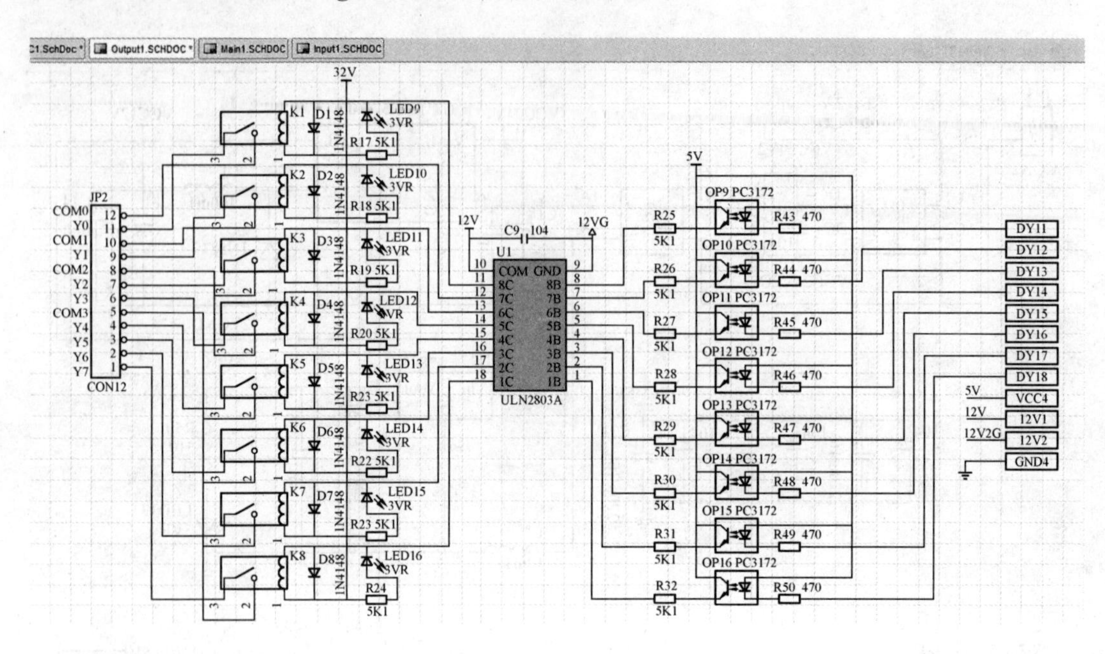

图 3-54　子电路图 Output1

习　题　3

1. 建立一个工程文件 SYT3. Prjpcb。

2. 建立一个原理图文件 SYT3. Schdoc，电路图纸使用 A4 图纸，根据实际需要设置图纸参数。

3. 在 SYT3. Schdoc 文件中设计上层电路，参考图 3-51 上层方块图放置 Main1 方块电路符号、Input1 方块电路符号、Output1 方块电路符号，并连接线路。

4. 通过上层电路生成方块电路子图。

5. 绘制 Main1 方块电路子图、Input1 方块电路子图、Output1 方块电路子图。

6. 采用层次化电路，设计单片机控制系统，CPU 采用 DIP40 封装的单片机。

项目四　设计 PCB 印刷电路图

学习目标

（1）学会设计多谐振荡器的 PCB 图。
（2）学会设计直流稳压电源的 PCB 图。

任务 8　设计多谐振荡器的 PCB 图

基础知识

一、印刷电路板的基础知识

1. PCB 板的结构

PCB（Printed Circuit Board），即印刷电路板，是电子元器件安装固定和实现相互连接的基板，是电子产品组成的核心部分。印刷电路板的制作材料主要是绝缘材料、金属铜箔及其焊锡等，覆铜主要用于电路板上的走线，焊锡一般用于在过孔和焊盘表面，以便固定电子元件。

根据印刷电路板层数的多少，一般将印刷电路板分为单面板、双面板和多层板 3 类。

（1）单面板。单面板是单面印刷电路板，一般指所有元件、走线及其文字等都在一个面上，另一面不放置任何对象的电路板。或者是覆铜只在一个面上，可以有过孔的印刷电路板。单面印刷电路板容易加工，但布线受到很大限制，经常会出现无法布置不同走线的问题，所以，单面印刷电路板适合于非常简单的电路设计。

（2）双面板。双面印刷电路板，简称双面板，其特点是双面覆铜，双面走线，有过孔，对于表面贴装元件，既可以放置在顶层，也可以放置在底层。双面印刷电路板制作工艺比单面印刷电路板复杂，成本也稍高一些，但由于双面布线适合较复杂的电路，用途相对广泛。

（3）多层板。多层印刷电路板包含有多个工作面，一般指 3 层以上的印刷电路板，除了顶层、底层外，还有若干个中间信号层、电源层、地线层，由于工作面多，布线的选择性更大，布线更容易，但制作成本更高。随着电子技术的高速发展，芯片的集成度高、芯片的引脚更多，电子产品的精度也高，电路板设计趋于复杂，使得多层印刷电路板的应用更普遍。

2. 元件封装

元件封装是指实际元件焊接到印刷电路板时所显示的外观和焊点的位置，是一个纯空间概念，不同元件可以共用同一个封装，同种元件也可以有多种不同的元件封装。

元件封装一般分为两类，针插式封装、表面贴装式封装。针插式封装的元件体积大，电路板必须钻孔，针插式元件插入孔中，才可以焊接。表面贴装式元件，体积小，不需要过孔，可以直接贴装在覆铜线路上，元件与走线可以在一个面上。

常用元件的封装见表 4-1。

表 4-1 常用元件的封装

元件	封装	元件	封装
电阻	AXIAL	整流桥	D
无极性电容	RAD	晶振	XTAL1
电解电容	RB	单排多针插座	CON SIP
电位器	VR	双排多针插座	IDC
二极管	DIODE	双列直插元件	DIP
三极管	TO	场效应管	TO（与三极管相同）
三端稳压电源	TO126		

（1）电阻。电阻在原理图库中的名称有 RES1、RES2、RES3、RES4 等，针插式元件的封装是 AXIAL 系列，即 AXIAL0.3～AXIAL0.7，其中 0.3～0.7 指的是电阻的长度。

对于表面贴装的电阻封装，常用的有 0201、0402、0603、0805、1206 等。他们与电阻的阻值无关，表示的是电阻的尺寸。尺寸大小与功率有关，见表 4-2。

表 4-2 表面贴装电阻尺寸大小与功率

封装	尺寸（mm）	功率（W）
0201	0.5×0.5	1/20
0402	1.0×0.5	1/16
0603	1.6×0.8	1/10
0805	2.0×1.2	1/8
1206	3.2×1.6	1/4

（2）无极性电容。无极性电容在电原理图库中的名称是 CAP，针插式封装的属性是 RAD0.1～RAD0.4，其中 0.1～0.4 是指电容焊盘间距，一般用 RAD0.1。表面封装的电容与表面封装电阻属性相同。

（3）电解电容。电解电容在电原理图库中的符号是 ELECTRO1、ELECTRO2，针插式封装的属性为 RB.1/.2～RB.4/.8，其中“/”前的“.4”表示焊盘间距，后面的“.8”表示电解电容的外径。一般容量小于 100μF 的用 RB.1/.2，100～470μF 的用 RB.2/.4，大于 470μF 的用 RB.3/.6，2200μF 及以上的用 RB.4/.8。

表面贴装的电解电容封装分为 A、B、C、D 四类，见表 4-3。

表 4-3 表面贴装的电解电容封装

封　装	类　型	耐压（V）
3216	A	10
3528	B	16
6032	C	25
7343	D	35

（4）电位器。电位器在电原理图库中的名称是 POT1、POT2，封装属性为 VR1～VR5。

（5）二极管。二极管在电原理图库中的名称是 DIODE，常用的封装是 DIODE0.4、DIODE0.7，其中 0.4、0.7 是二极管的长度。小功率用 DIODE0.4，大功率用 DIODE0.7。

（6）发光二极管。发光二极管在电原理图库中的名称是 LED，针插式的用 RB.1/.2，表面贴装的发光二极管封装一般用 0805、1206、1210 等。

(7) 三极管（场效应晶体管)。三极管在电原理图库中的名称有 NPN、PNP 两种，三极管产品系列多，封装也复杂，一般大功率的用 TO-3，中功率扁平封装用 TO-220，中功率金属壳的用 T0-66，小功率的一般用 TO-5、T0-46、TO-92A 等。

(8) 三端稳压电源。三端稳压集成电路有 78、79 两个系列，常用的封装有 T0-126H、TO-126V。

(9) 整流桥。整流桥在电原理图库中的名称有 BRIDGE1、BRIDGE2 等，常用的封装一般为 D 系列，D-37、D-44、D-46 等。

(10) 石英晶体。石英晶体在电原理图库中的名称是 CRYSTAL，封装为 XTAL1。

(11) 单排多针插座。单排多针插座的封装有 SIP2～SIP20 等，其中数字表示针脚数量。

(12) 双排多针插座。双排多针插座的封装有 IDC10～IDC50 等，其中数字表示针脚数量。

(13) 双列直插元件。双列直插元件使用的封装为 DIP4～DIP64，其中数字表示针脚数量。

3. PCB 设计的基本流程

PCB 设计一般分为原理图设计、配置 PCB 环境、规划电路板、引入网络表、对元件进行布局、PCB 布线、规则检查、导出 PCB 文件及打印输出等。

4. 配置 PCB 环境

在进行 PCB 设计之前，需要对编辑环境做一些设置，包括设置电路类型、光标样式、设置电路板层数等。环境参数用户可以根据个人的习惯进行设置，选默认参数基本适用一般设计要求。

5. 规划电路板

规划电路板主要是大致确定电路板的尺寸、一般出于成本考虑，电路板尺寸应尽可能小，但尺寸太小会导致布线困难，尺寸大小需要综合考虑。

6. 由原理图生成 PCB

通过原理图引入网络表，通过网络表将原理图中的元件封装引入到 PCB 编辑器，同时根据原理图定义各元件引脚之间的逻辑连接关系。

7. 元件布局

通过网络表引入的元件封装，代表实际元件的定位，调整其相互之间的位置关系就是元件布局要解决的问题。要综合考虑走线和功能等因素，保证电路功能的正常实现、避免元件间的相互干扰，同时要有利于走线。合理的布局是保证电路板工作的基础，对后续工作影响较大，设计时要全盘考虑。Altium Designer 提供自动布局功能，但不够精细、理想，还需要手工布局、调整。如果设计电路复杂，可以先用自动功能进行整体布局，然后对局部进行调整。

8. PCB 布线

PCB 布线是 PCB 设计的关键工作，布线成功与否直接决定电路板功能的实现。Altium Designer 具有强大的自动布线功能，用户可以通过设置布线规则对导线宽度、平行间距、过孔大小等个参数进行设置，从而布置出既符合制作工艺要求，又满足客户需求的导线。自动布线结束，系统会给出布线成功率、导线总数等提示，对于不符合要求的布线，用户可以手工调整，以满足工艺、功能的要求。

9. 设计规则检查

通过用设计规则检查 PCB 设计是否符合规则，防止出现疏忽的原因导致的错误。

10. 电路版图输出

完成 PCB 设计后，可以将 PCB 文件导出，提供给加工厂进行电路板加工制作，也可以通过打印机打印输出。

二、PCB 设计的基本原则

PCB 设计的好坏对电路板抗干扰能力影响很大，因此，在进行 PCB 设计时，必须遵循 PCB 设计的一般原则，并应符合抗干扰设计的要求。为了设计出性能优良的 PCB，应遵循以下的一般原则。

1. 布局原则

首先，要考虑 PCB 尺寸大小。PCB 尺寸过大时，印制电路线路长，阻抗增加，抗噪声能力下降，成本也增加。PCB 尺寸过小，则散热不好，且邻近线条之间易受干扰。

在确定 PCB 尺寸后，再确定特殊元件的位置。最后，根据电路的功能单元，对电路的全部元器件进行布局。

(1) 确定特殊元件的位置时要遵守的原则。

1) 尽可能缩短高频元器件之间的连线，设法减少它们的分布参数和相互间的电磁干扰。易受干扰的元器件不能相互挨得太近，输入和输出元件应尽量远离。

2) 某些元器件或导线之间可能有较高的电位差，应加大它们之间的距离，以免放电引出意外短路。带高电压的元器件应尽量布置在调试时手不易触及的地方。

3) 重量超过 15g 的元器件应当用支架加以固定，然后焊接。那些又大又重、发热量多的元器件，不宜装在印制板上，而应装在整机的机箱底板上，且应考虑散热问题，热敏元件应远离发热元件。

4) 对于电位器、可调电感线圈、可变电容器、微动开关等可调元件的布局应考虑整机的结构要求。若是机内调节，应放在印制板上方便于调节的地方；若是机外调节，其位置要与调节旋钮在机箱面板上的位置相适应。

5) 应留出印制板定位孔及固定支架所占用的位置。

(2) 对电路的全部元器件进行布局时要符合的原则。

1) 按照电路的流程安排各个功能电路单元的位置，使布局便于信号流通，并使信号尽可能保持一致的方向。

2) 以每个功能电路的核心元件为中心，围绕它来进行布局。元器件应均匀、整齐、紧凑地排列在 PCB 上，尽量减少和缩短各元器件之间的引线和连接。

3) 在高频下工作的电路，要考虑元器件之间的分布参数。一般电路应尽可能使元器件平行排列。这样，不但美观，而且装焊容易，易于批量生产。

4) 位于电路板边缘的元器件，离电路板边缘一般不小于 2mm。电路板的最佳形状为矩形。电路板面尺寸大于 200mm×150mm 时，应考虑电路板所能承受的机械强度。

2. 布线原则

在 PCB 设计中，布线是设计 PCB 的重要步骤，布线有单面布线、双面布线和多层布线。为了避免输入端与输出端的边线相邻平行而产生反射干扰和两相邻布线层互相平行产生寄生耦合等干扰而影响线路的稳定性，甚至在干扰严重时造成电路板根本无法工作，所以应优化 PCB 布线工艺。

(1) 连线精简原则。连线要精简，尽可能短，尽量少拐弯，力求线条简单明了。

(2) 安全载流原则。铜线宽度应以自己所能承载的电流为基础进行设计，铜线的载流能力取决于线宽和线厚（铜箔厚度）。当铜箔厚度为 0.05mm、宽度为 1～15mm 时，通过 2A 的电流，温度不会高于 3℃，因此导线宽度为 1.5mm 可满足要求。对于集成电路，尤其是数字电路，通常选 0.02～0.3mm 导线宽度。当然，只要允许，还是尽可能用宽线，尤其是电源线和地线。

(3) PCB 抗干扰原则。

1）电源线设计原则。根据印制线路板电流的大小，要尽量加粗电源线宽度，减少环路电阻。同时使电源线、地线的走向和数据传递的方向一致，这样有助于增强抗噪声能力。

2）地线设计的原则。数字地与模拟地分开；接地线应尽量加粗，若接地线用很细的线条，则因接地电位随电流的变化而变化，抗噪性能降低，如有可能，接地线线宽应在 2～3mm。

3）减少寄生耦合。铜膜导线的拐弯处应为圆角或斜角（因为高频时直角或尖角的拐角处会影响电气性能），双面板两面的导线应互相垂斜交或者弯曲走线，尽量避免平行走线等。

3. 焊盘要求

焊盘中心孔要比器件引线直径稍大一些。焊盘太大易形成虚焊。焊盘外径 D 一般不小于 $(d+1.2)$mm，其中 d 为引线孔径。对高密度的数字电路，焊盘最小直径可取（$d+1.0$）mm。

三、创建和规划 PCB

电路板规划有两种方法，一是利用 Altium Designer 9 提供的向导工具生成，二是手动设计规划电路板。

1. 利用向导生成

Altium Designer 9 提供了 PCB 板文件向导生成工具，通过这个图形化的向导工具，可以使复杂的电路板设置工作变得简单。

（1）启动 Altium Designer 9，单击工作区底部的“File”按钮，弹出“Files”工作面板。

（2）单击“Files”工作面板中“从模板新建文件”选项下的“PCB Board Wizard”选项，启动“Altium Designer New Board Wizard（PCB 板设计向导）”，如图 4-1 所示。

图 4-1　PCB 板设计向导

（3）单击“下一步”按钮，弹出如图 4-2 所示“选择板单位”对话框，默认的度量单位为“Imperial”（英制），也可以选择“Metric”（公制），二者的换算关系为：1inch=25.4mm，选择公制。

（4）单击“下一步”按钮，弹出如图 4-3 所示“选择 PCB 板类型”对话框。在对话框中给出了多种工业标准板的轮廓或尺寸，根据设计的需要选择。选择“Custom”用户自定义电路板的轮廓和尺寸。

（5）单击“下一步”按钮，弹出如图 4-4 所示“选择板详细信息”设置对话框。“外形”确定 PCB 的形状，有矩形（Rectangular）、圆形（Circular）和自定义形三种。“板尺寸”定义 PCB 的

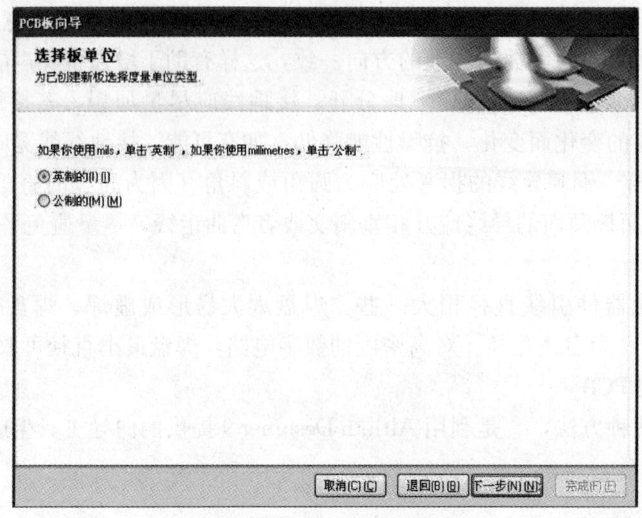

图 4-2　选择 PCB 板单位

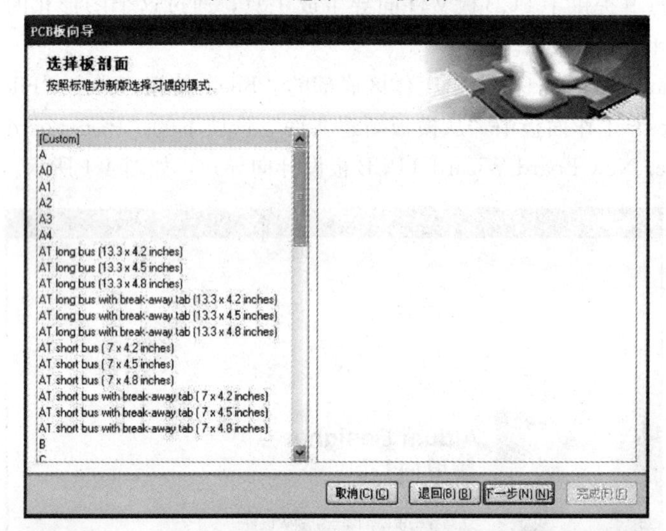

图 4-3　选择 PCB 板类型

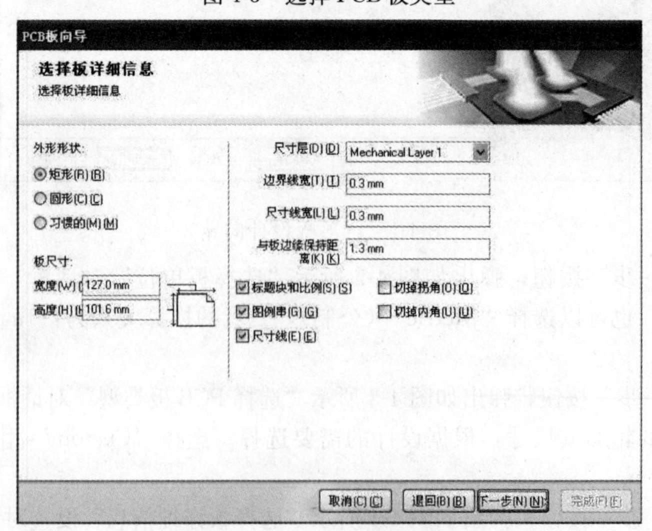

图 4-4　选择板详细信息

尺寸，在宽度和高度栏中键入尺寸即可。定义 PCB 尺寸为 50mm×40mm 的矩形电路板。

（6）单击“下一步”按钮，将会弹出图 4-5 所示的“选择层数”设置对话框。设置信号层数和电源层数。设置两个信号层，0 个电源层，即不需要电源层。

图 4-5　选择板层数

（7）单击“下一步”按钮，弹出如图 4-6 所示“选择过孔类型”对话框。有两种类型选择，即仅通孔式过孔、仅盲孔和埋孔。如果是双面板则选择单选项仅通孔式过孔。

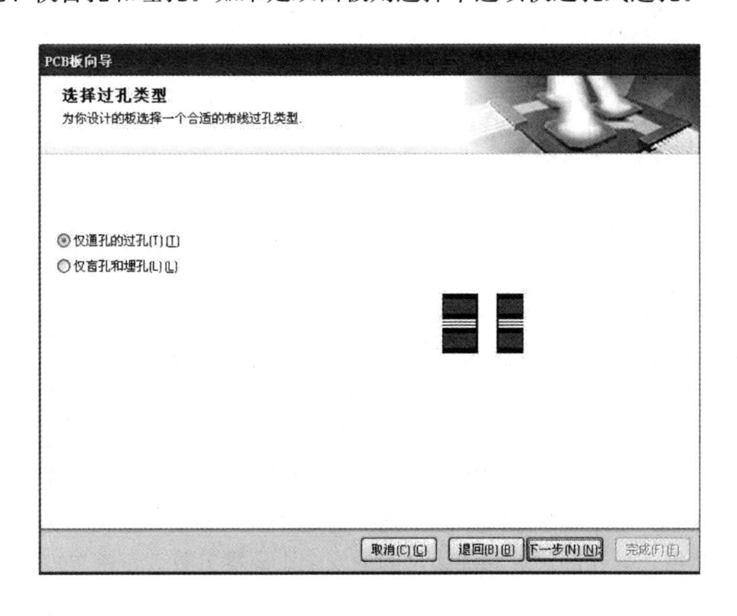

图 4-6　选择过孔类型

（8）单击“下一步”按钮，弹出如图 4-7 所示“组件及布线工艺”设置对话框。

（9）对话框包括两项设置：电路板中使用的元件是表面安装元件还是穿孔式安装元件。如果 PCB 中使用表面安装元件，则要选择元件是否放置在电路板的两面。

（10）如果 PCB 中使用的是穿孔式安装元件，如图 4-8 所示，则要设置相邻焊盘之间的导线

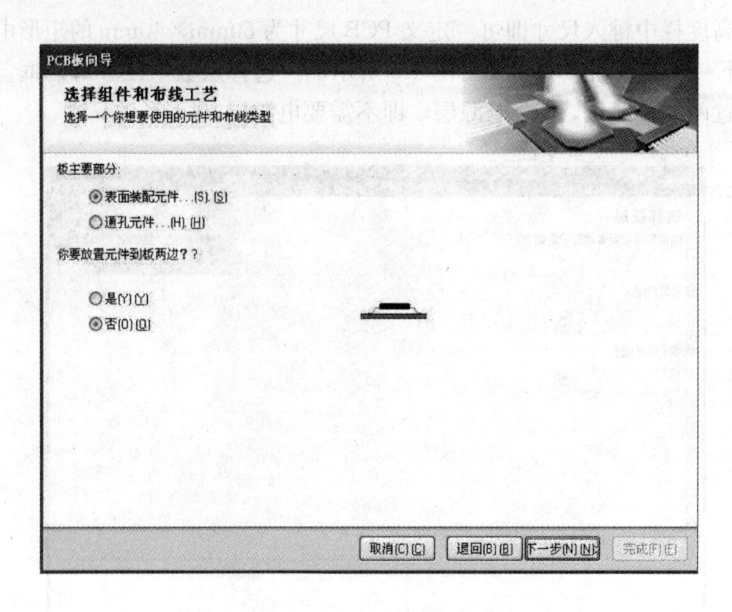

图 4-7　组件及布线工艺设置

数。选择“通孔元件”选项，相邻焊盘之间的导线数设为“2 个轨迹”2 条线路。

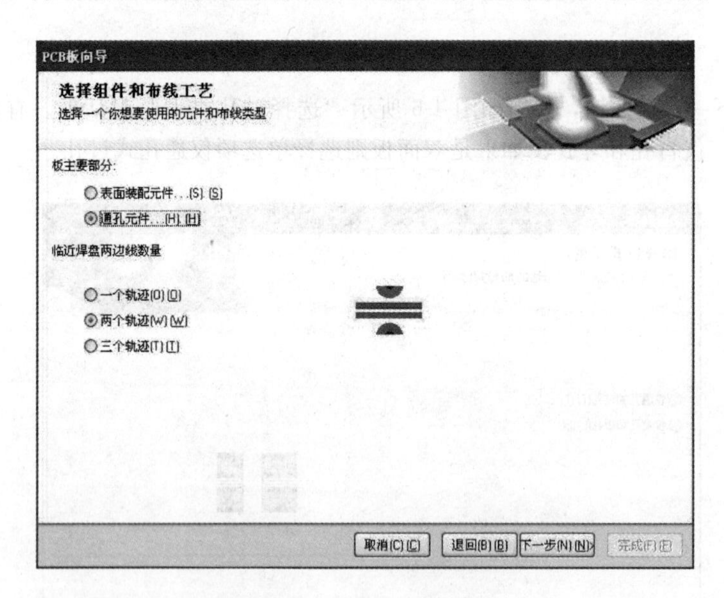

图 4-8　使用通孔元件

(11) 单击“下一步”按钮，弹出如图 4-9 所示“选择默认导线和过孔尺寸”设置对话框。主要设置导线的最小宽度、导孔的尺寸和导线之间的安全距离等参数。左键单击要修改的参数位置即可进行修改。

(12) 单击“下一步”按钮，弹出如图 4-10 所示的 PCB 向导完成对话框。

(13) 单击“完成”按钮，启动 PCB 编辑器，新建的 PCB 板文件名被默认为“PCB1. PcbDoc”，PCB 编辑区会出现设计好的 50mm×40mm 的 PCB 板，如图 4-11 所示。

2. 手动规划电路板

利用向导可以生成一些标准规格的电路板，当然更多的时候，需要自己规划电路板。实际设

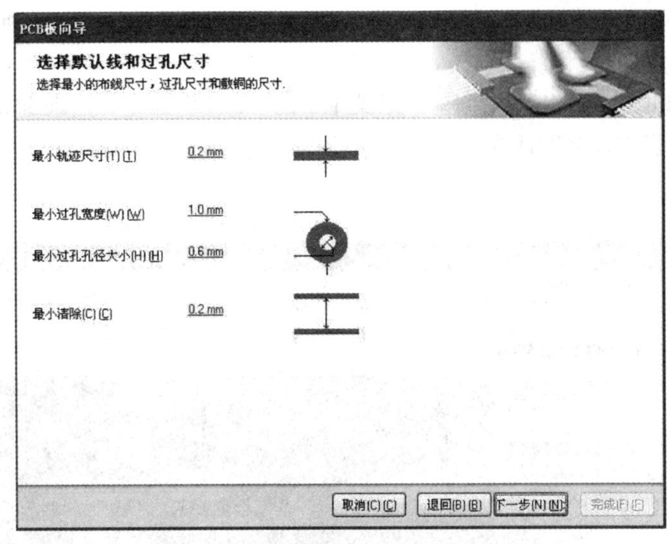

图 4-9 选择默认导线和过孔尺寸

图 4-10 PCB 向导完成

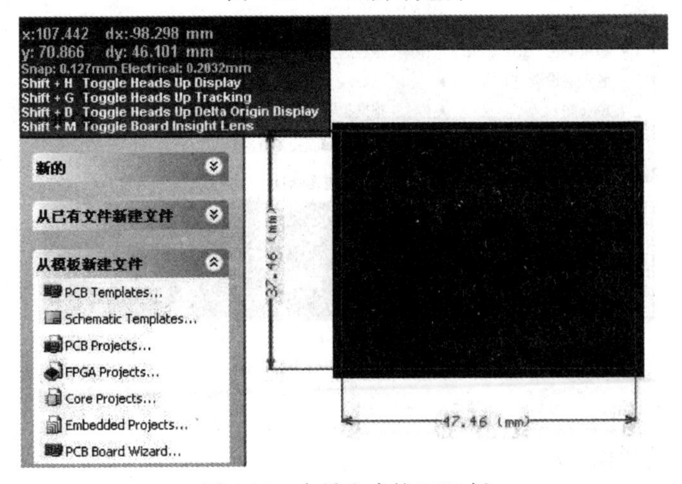

图 4-11 向导生成的 PCB 板

计的 PCB 板都有严格的尺寸要求，需要认真地规划，准确地定义电路板的物理尺寸和电气边界。

(1) 创建空白的 PCB 文档。

1) 执行菜单“File”菜单下的“新建”子菜单下的“PCB”命令，启动 PCB 编辑器。

2) 新建的 PCB 板文件名默认为“PCB1. Pcbdoc”，此时在 PCB 编辑区会出现空白的 PCB 图纸，如图 4-12 所示。

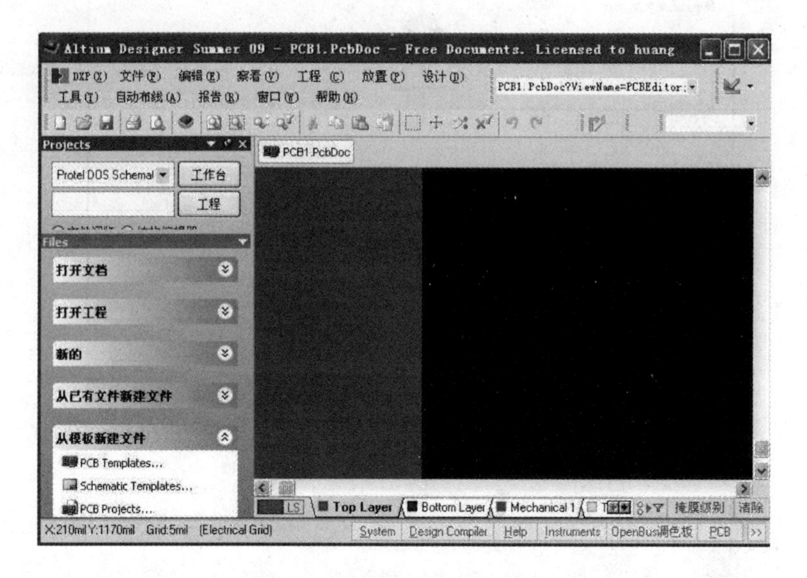

图 4-12　空白的 PCB 图纸

(2) PCB 板的外形设置菜单。如图 4-13 所示，“设计”菜单下的“板子外形”子菜单中包含以下几个选项：

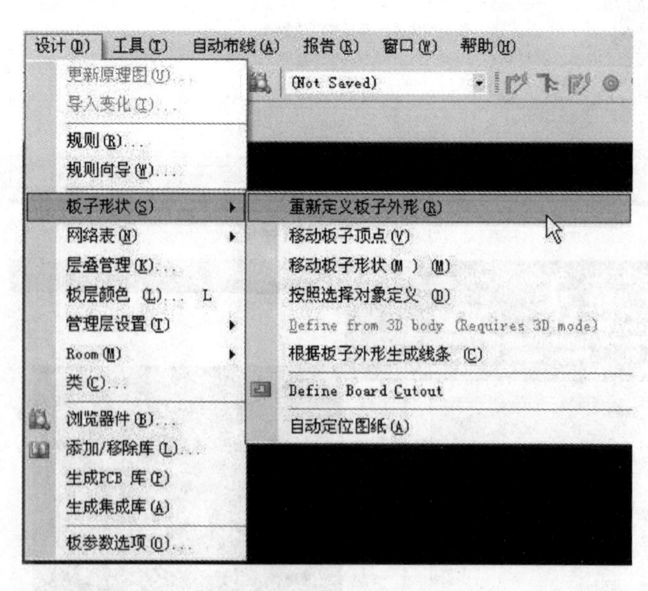

图 4-13　板子外形菜单

1) 重新定义板子外形；

2) 移动 PCB 板外形顶点；

3) 移动 PCB 板外形；

4）按照选择对象定义；

5）自动定位图纸。

(3) 设置 PCB 物理边界。

1）将当前的工作层切换到 Mechanical1（第一机械层）。

2）执行“设计”菜单下的“板子外形”子菜单下的“重新定义板子外形”命令。

3）光标呈十字形状，系统进入编辑 PCB 板外形状态，如图 4-14 所示，绘制一个封闭的矩形。

4）如果要调整 PCB 板的物理边界。可以执行“设计”菜单下的“板子外形”子菜单下的“移动 PCB 板外形顶点”命令，如图 4-15 所示，将鼠标移到板子边上那些定位点，选择需要修改的地方拖动鼠标，修改 PCB 板的外形。

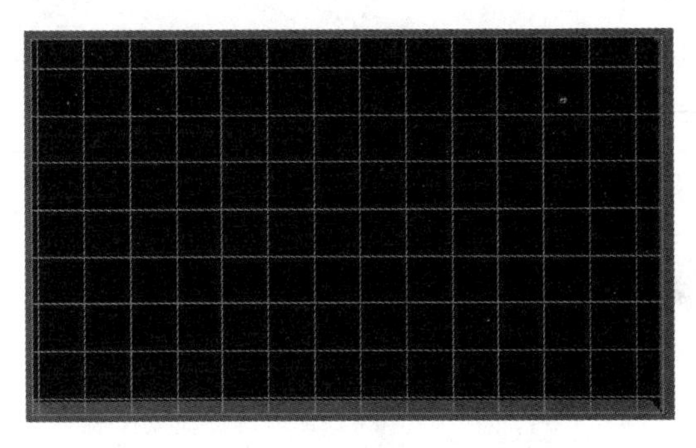

图 4-14　绘制一个封闭的矩形

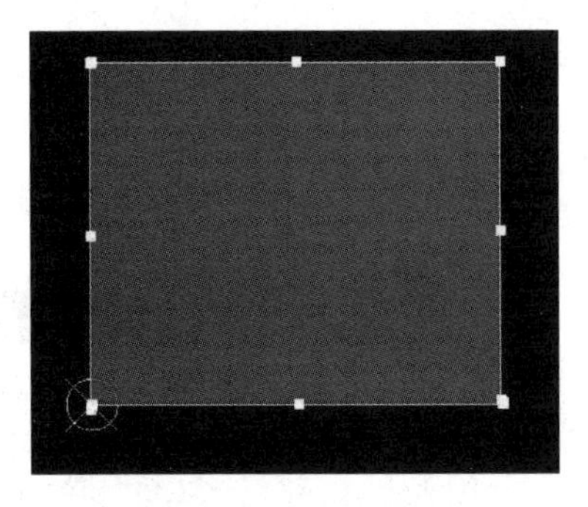

图 4-15　调整 PCB 板边界

(4) 设置 PCB 板电气边界。PCB 板的电气边界用于设置元件以及布线的放置区域范围，它必须在 Keep-Out-Layer（禁止布线层）绘制。

规划电气边界的方法与规划物理边界的方法完全相同，只不过是要在 Keep-Out-Layer（禁止布线层）上操作。

1）将 PCB 编辑区的当前工作层切换为 Keep-Out-Layer 禁止布线层。

2）执行“放置”菜单下“走线”命令，绘制一个封闭图形即可，如图 4-16 所示。

图 4-16　绘制一个封闭图形边界

3）双击选择边线，弹出图 4-17 所示的走线轨迹对话框。

4）修改直线的线宽、开始位置的坐标、结束位置的坐标，单击“确定”按钮，完成直线参数的设置。

5）底部直线的参数开始坐标（0，0），结束坐标（50，0）。

6）右边直线的参数开始坐标（50，0），结束坐标（50，40）。

7）上边直线的参数开始坐标（0，40），结束坐标（50，40）。

8）左边直线的参数开始坐标（0，0），结束坐标（0，40）。

9）设置完成的禁止布线区大小为 50mm×40mm。

四、印制电路板选项设置

1. 启动 PCB 选项设置

(1) 单击执行“设计”菜单下的“板参数选项”命令，弹出图 4-18 所示的板选项对话框。

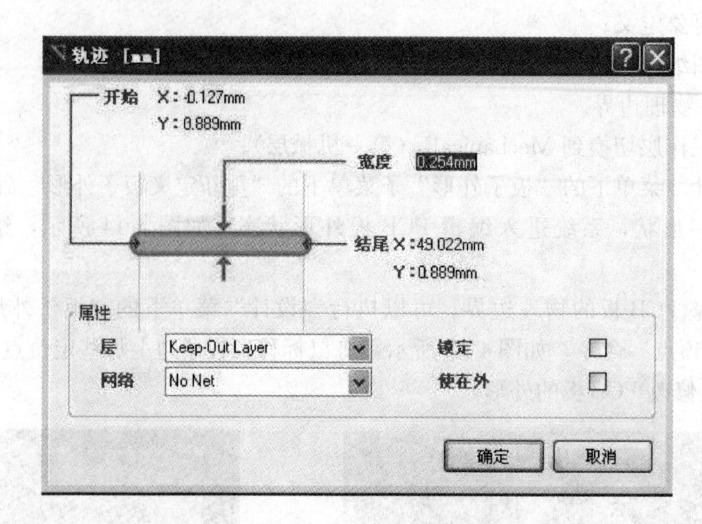

图 4-17　走线轨迹对话框

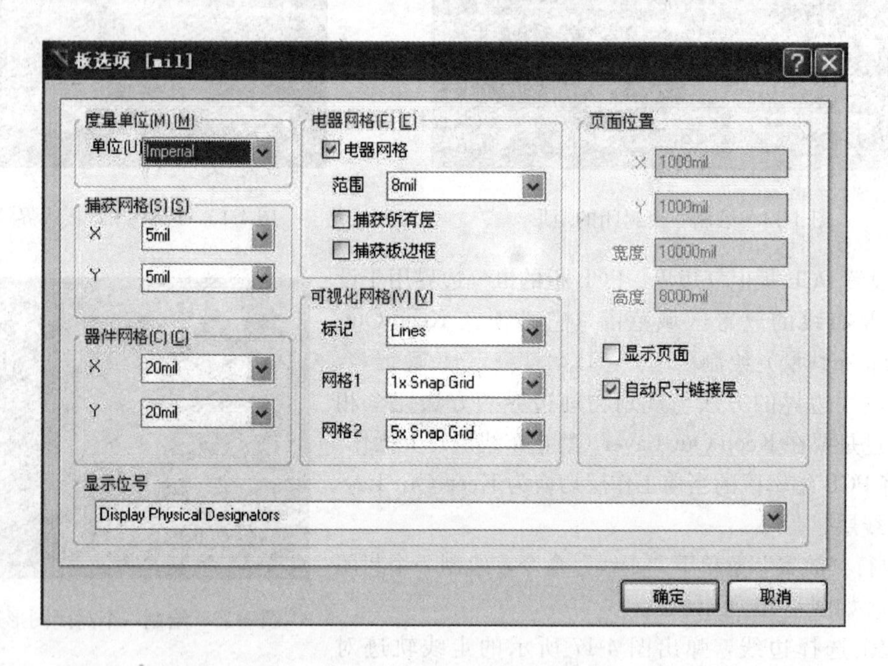

图 4-18　板选项对话框

(2) 度量单位。单击下拉选项，可选择 Imperial（英制）或 Metric（公制）。

(3) 捕获栅格。指光标每次移动的距离，是不可见的，设计者可以分别设置水平 X、垂直 Y 方向的捕获栅格间距。

(4) 可视栅格。指工作区上看到的网格（由几何点或线构成），其作用类似于坐标线，可帮助设计者掌握图件间的距离。选项区域中的标记选项用于选择图纸上所显示栅格的类型，包括 Lines（线状）和 Dots（点状）。网格 1 和网格 2 分别用于设置可见栅格 1 和可见栅格 2 的值。

(5) 元件栅格。用来设置元件移动的间距，一般选择默认 20mil。

(6) 电气栅格。用于对给定范围内的电气点进行搜索和定位，选中“电器网络”复选框表示具有自动捕捉焊盘的功能。“范围”用于设置捕捉半径。在布置导线时，系统会以当前光标为中心，以“范围设置值”为半径捕捉焊盘，一旦捕捉到焊盘，光标会自动移到该焊盘上。

（7）页面位置。用于设置 PCB 板左下角 X 坐标和 Y 坐标的值；“宽度”设置图纸的宽度，“高度”设置图纸的高度。选中“显示页面”复选框，则显示图纸，否则只显示 PCB 部分。

2. 加载元器件封装库

（1）调出元件封装管理器。单击编辑区右边“Libraries”标签或者单击编辑区下方“System”标签选择“库”，即可调出如图 4-19 所示的库工作面板，元件封装管理器。

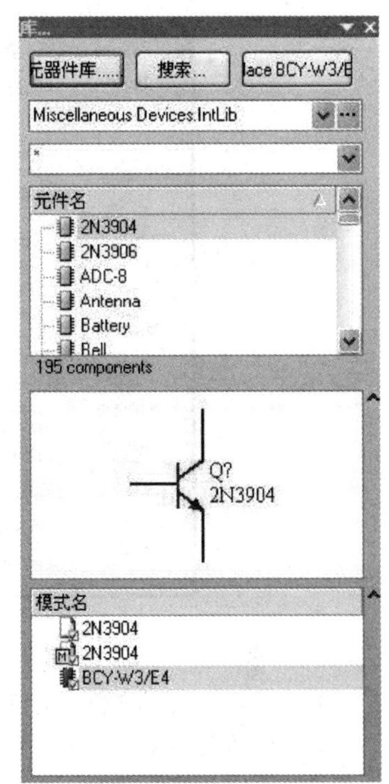

图 4-19 库工作面板

（2）单击元件库工作面板上方的“元器件库”按钮，弹出如图 4-20 所示的“可用库”对话框。

（3）单击该对话框的“已安装”标签，显示出当前已经加载的元件库。其中“类型”一项的属性为“Integrated”，表示是 Altium Designer 9 的集成库，后缀名为．“IntLib”。

（4）选中一个组件库，单击“向上移动”或“向下移动”按钮可上移或下移组件库；单击“删除”按钮，可以将该集成库移出当前的项目。

（5）单击对话框下方“安装”按钮，将弹出如图 4-21 所示的选择元件库对话框。该对话框列出了 Altium Designer 9 安装目录下的 Library 中的所有元件库。Altium Designer 9 中的元器件库是以公司名分类的，对于常用的一些元件，如电阻、电容等元器件，Altium Designer 9 提供了常用元件库：Miscellaneous Devices. IntLib（杂样元件库）。对于常用的接插件和连接器件，Altium Designer 9 提供了常用连接插件库 Miscellaneous Connectors. IntLib。

可用库

工程 已安装 搜索路径

已安装库	已激活的	路径	类型
Miscellaneous Dev	✓	E:\ALTIUM DESIGNER 09\ALTIUM DESIGNER SUMME	Integrated
Miscellaneous Con	✓	E:\ALTIUM DESIGNER 09\ALTIUM DESIGNER SUMME	Integrated
Schlib2.SchLib	✓	E:\Altium Designer 09\Altium Designer Summer 09\Library	Schematic
Intersil Discrete BJ1	✓	E:\Altium Designer 09\Altium Designer Summer 09\Library	Integrated
Intersil Discrete MO	✓	E:\Altium Designer 09\Altium Designer Summer 09\Library	Integrated
Microchip Microcor	✓	Microchip Microcontroller 8-Bit PIC16.IntLib	Integrated
Motorola Logic Tim	✓	E:\Altium Designer 09\Altium Designer Summer 09\Library	Integrated
Motorola Analog Ti	✓	E:\Altium Designer 09\Altium Designer Summer 09\Library	Integrated
Microchip Linear D	✓	E:\Altium Designer 09\Altium Designer Summer 09\Library	Integrated

库相对路径：E:\Altium Designer 09\Altium Designer Summer 09\Library\Microchip

向上移动(U) 向下移动(D) 安装(I)... 删除(R) 关闭(C)

图 4-20 可用库对话框

图 4-21　选择元件库对话框

（6）选择××公司文件夹，单击“打开”按钮。

（7）弹出该公司文件下的可供选择元件集成库，选择需用的元件集成库。

（8）单击“打开”按钮，被选择的元件集成库安装到可用库。

（9）添加完所有需要的元件封装库后，单击“关闭”按钮完成该操作，程序即可将所选中的元件库载入。

3. 元件库操作

（1）浏览元件库。当装入元件库后，可以对装入的元件库进行浏览，选择自己需要的元件。

1）执行“设计”菜单“浏览器件”命令，或者单击工作区右边的“Libraries”标签。

2）系统弹出如图 4-19 所示“库”工作面板。

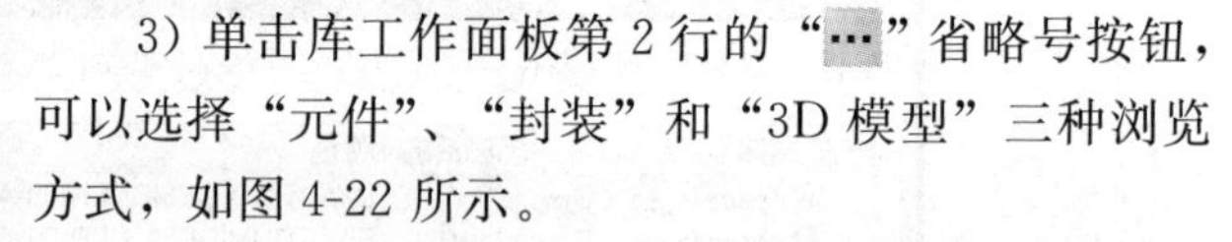

3）单击库工作面板第 2 行的“…”省略号按钮，可以选择“元件”、“封装”和“3D 模型”三种浏览方式，如图 4-22 所示。

4）选择“封装”，单击“Close”关闭按钮，返回库操作面板，如图 4-23 所示，可以看到元件

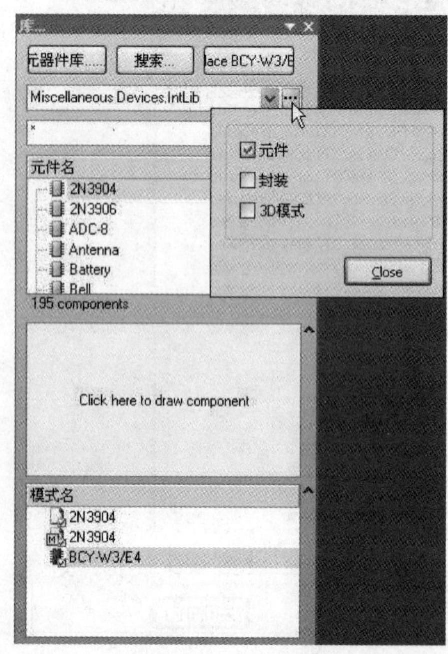

图 4-22　选择元件浏览方式

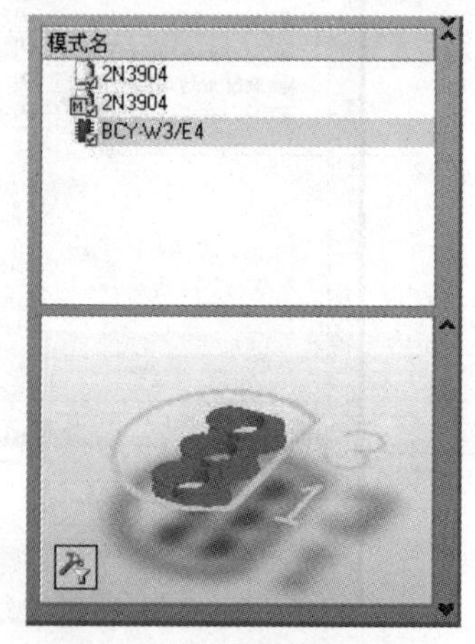

图 4-23　看到元件封装

“2N3904”三极管的元件封装。

(2) 搜索元件封装。搜索元件封装时，经常会遇到两种情形，一种情形是已经知道该元件封装在哪个库中，那么可以按照前面讲述的元件库加载方法直接加载该元件库，并选为当前库，然后在“库”工作面板搜索关键字栏中直接输入该封装相关信息。

1) 执行“设计”菜单“浏览器件”命令，或者单击工作区右边的“Libraries”标签。

2) 系统弹出如图 4-19 所示“库”工作面板。

3) 单击库工作面板第 2 行的“…”省略号按钮，可以选择“元件”、“封装”和“3D 模型”三种浏览方式，选择“封装”，单击“Close”关闭按钮，返回库操作面板。

4) 在搜索关键字栏中输入“DIP-8”，“＊”表示匹配任何字符，当不知道元件封装的完整名称时，最好加上。如图 4-24 所示。

5) 不知道该封装在那个库中，这也是在设计 PCB 时经常会遇到的情形。这时可以在元件封装管理器上方单击“Search”搜索按钮，弹出图 4-25 所示的搜索库对话框。

6) 例如搜索“DIP8”的封装，在搜索对话框里给出搜索条件，“name” equals (等于)“DIP8”，单击左下角的“搜索”按钮，软件开始搜索，搜索到的所有 DIP8 的封装全部列入元件名列表栏里，如图 4-26 所示。

7) 如果搜索中希望停止搜索，可以单击“Stop”停止按钮，停止搜索过程。

4. 放置元件封装

放置元件封装有如下两种方法：

第一种方法：在元件封装管理器中选中某个组件，单击上方“Place”按钮，即可在 PCB 设计图纸上放置该组件。

第二种方法：执行“放置”菜单下的“器件”命令，或者单击工具栏的“ ”放置器件按钮，弹出如图 4-27 所示的“放置元件”对话框。具体含义如下：

(1) 放置类型：“封装”和“元件”两种类型。

(2) 器件详细信息。

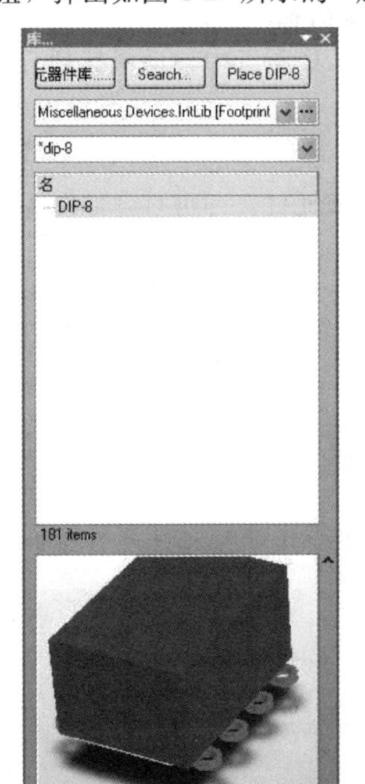

图 4-24 直接查找元件封装

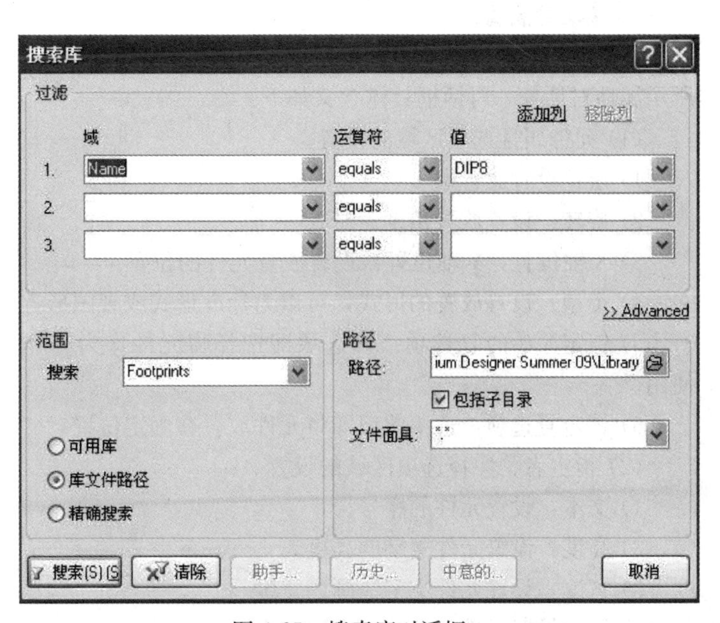

图 4-25 搜索库对话框

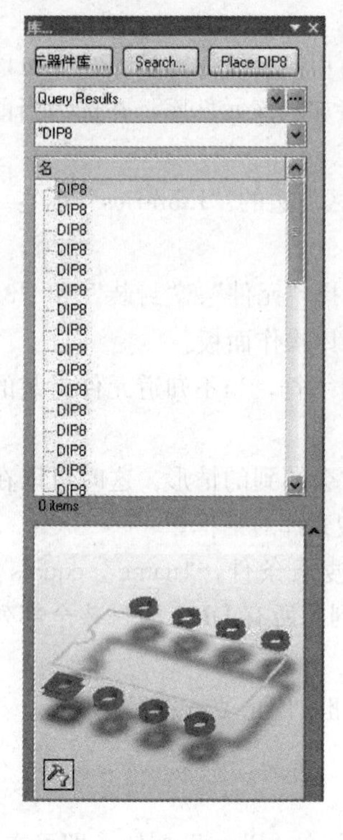

图 4-26　DIP8 封装列表

图 4-27　放置元件对话框

1）封装文本框。表示元件的封装形式。

2）指定者文本框。表示元件名。

3）注释文本框。表示该元件的注释，可以输入元件的数值大小等信息。

输入相关信息后，单击“确定”按钮，鼠标变成十字形状，在 PCB 图纸中移动鼠标到合适位置，单击左键，完成元件封装放置。

5. 修改封装属性

在元件封装放置状态下，按键盘“Tab”键，或者放定好后双击该元件，即可打开如图 4-28 所示属性对话框。对话框具体含义如下。

(1) 元件属性选项区域的设置。

1）层：设置放置层。

2）旋转：设置放置角度。

3）X 轴位置，Y 轴位置：设置放置元件的位置。

4）类型：设置放置的形式，可以为标准形式或者图形方式。

5）锁定原始的复选项：该选项即选择将元件作为整体使用，即不允许将元件和管脚拆开使用。

6）锁定复选项：选中此项即将元件放置在固定位置。

(2) 指定者、注释选项区域的设置。

1）文本：设置元件的序号。

2）高度：设置元件文字的高度。

3）宽度：设置元件文字笔画的宽度。

4）层：设置元件文字的所在层，应在丝印层。

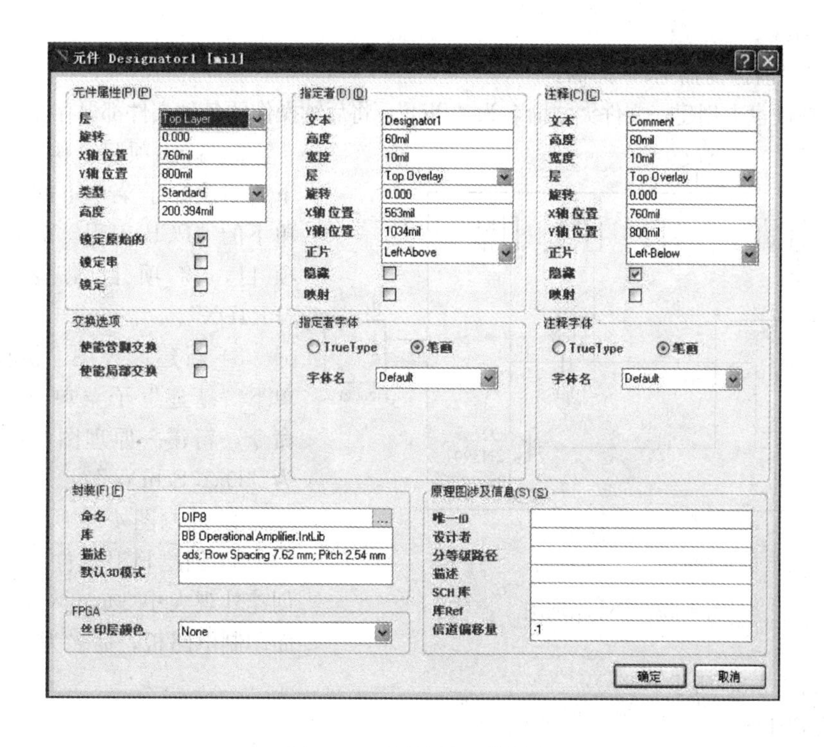

图 4-28 元件属性对话框

5）旋转：设置元件文字放置的角度。

6）X 轴位置、Y 轴位置文本框：设置元件文字的位置。

7）字体下拉列表框：设置元件文字的字体。

8）隐藏复选项：设置是否隐藏元件的文字。

9）正片下拉列表框：设置元件文字的布局方式。

10）镜像复选项：设置元件封装是否反转。

11）注释选项区域的设置用于对元件注释文字的设置。

（3）封装选项区域的设置。

1）命名：封装在库中的名称，单击右边的“…”省略号按钮，可以重新选择元件的封装库和封装库内的元件。

2）库：封装所在的库。

3）描述：元件封装的描述。

五、手工布线设计单面印制电路板

尽管 Altium Designer 9 集成环境整合了制作印制电路板的全套工具，但对于简单的电路，用户仍然可以采用纯手工的方法制作简单的印制电路板，即不用画电路原理图，再同步到印制电路板，而是直接在 PCB 编辑器中方式库调入元器件，手工布局，手工布线。

（1）手工布线制作印制电路板的基本步骤。

1）在原理图编辑器中绘制原理图。

2）编译设计项目，检查原理图。

3）新建 PCB 文件以及规划电路板外观大小。

4）加载元器件封装库和导入网络表。

5）布局元器件。

6）手工布线。

（2）创建多谐振荡器 PCB 文档。

1）首先在硬盘上创建一文件夹，命名为“PR4”，将后续操作的各种文件都保存在该文件夹下。

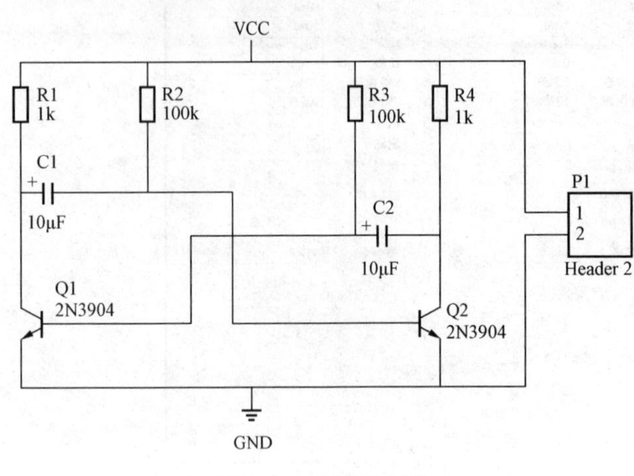

图 4-29　Dxl 原理图

2）新建项目。执行“File”菜单下“新建”子菜单下的“工程”子菜单下的“PCB 工程”命令，新建一个项目，将项目命名并保存为“PR4DX”。

3）新建原理图。执行“File”菜单下“新建”子菜单下的“原理图”命令，新建一原理图，将原理图命名为“Dx1. SchDoc”。

4）绘制图 4-29 所示的原理图。

5）创建 PCB 文件。利用 PCB 向导创建外观大小 50mm×30mm 的矩形单面印制电路板，命名为“DX. PcbDoc”，创建完成后如图 4-30 所示。

6）删除 PCB 板。

（3）载入网络表。

1）使用从原理图到 PCB 板自动更新功能，如图 4-31 所示，执行“设计”菜单下的“Up PCB Document DX. PcbDoc”。

2）弹出“工程改变顺序”对话框，如图 4-32 所示。

3）单击对话框中“生效更改”按钮，系统将检查所有的更改是否都有效。如果有效，将在右边“检测”栏对应位置打勾；如果有错误，检测栏将显示红色错误标识。一般的错误都是由于元件封装定义错误或者设计 PCB 板时没有添加对应元件封装库造成的。

4）单击“执行更改”按钮，系统将执行所有的更改操作，执行结果如图 4-33 所示。如果 ECO 存在错误，则装载不能成功。

5）单击“关闭”按钮，元器件和网络将添加到 PCB 编辑器中，如图 4-34 所示。

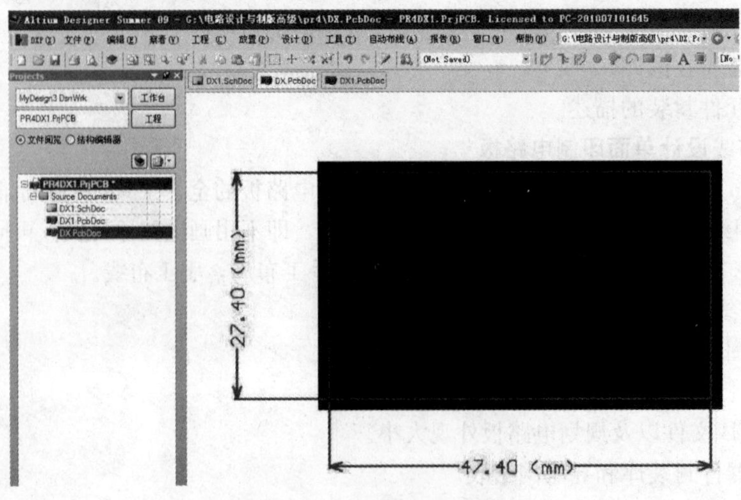

图 4-30　创建 PCB 文件

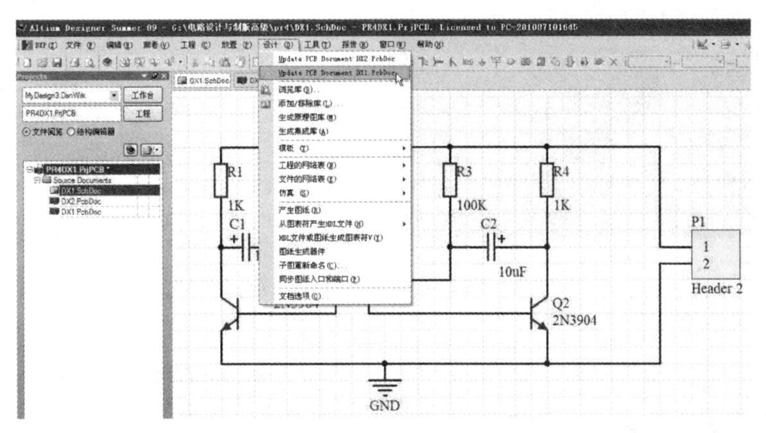

图 4-31　PCB 板更新

工程更改顺序

修改

使能	作用	受影响对象		受影响文档	检测	Done	信息
	Add Components(9)						
☑	Add	C1	To	DX1.PcbDoc			
☑	Add	C2	To	DX1.PcbDoc			
☑	Add	P1	To	DX1.PcbDoc			
☑	Add	Q1	To	DX1.PcbDoc			
☑	Add	Q2	To	DX1.PcbDoc			
☑	Add	R1	To	DX1.PcbDoc			
☑	Add	R2	To	DX1.PcbDoc			
☑	Add	R3	To	DX1.PcbDoc			
☑	Add	R4	To	DX1.PcbDoc			
	Add Nets(6)						
☑	Add	GND	To	DX1.PcbDoc			
☑	Add	NetC1_1	To	DX1.PcbDoc			
☑	Add	NetC1_2	To	DX1.PcbDoc			
☑	Add	NetC2_1	To	DX1.PcbDoc			
☑	Add	NetC2_2	To	DX1.PcbDoc			
☑	Add	VCC	To	DX1.PcbDoc			
	Add Component Classes(1)						
☑	Add	DX1	To	DX1.PcbDoc			
	Add Rooms(1)						
☑	Add	Room DX1 (Scope=InComponentClass(D	To	DX1.PcbDoc			

生效更改　执行更改　报告更改(R)(R)...　□仅显示错误　关闭

图 4-32　工程改变顺序对话框

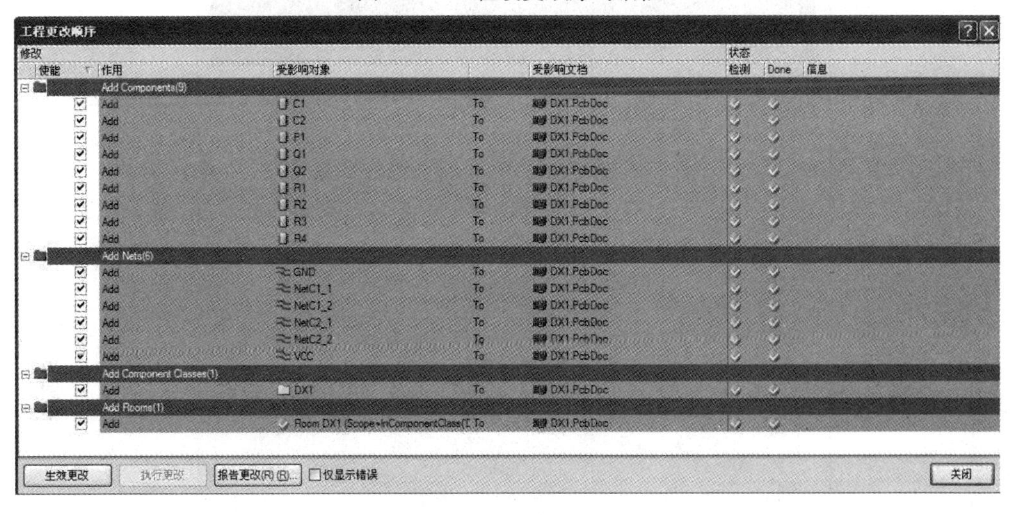

图 4-33　执行更改

(4) 元件布局。导入网络表后，所有元件已经更新到 PCB 板上，但是元件布局不够合理。合理的布局是 PCB 板布线的关键，如果 PCB 板元件布局不合理，将可能使电路板导线变得非常复杂，甚至无法完成布线操作。

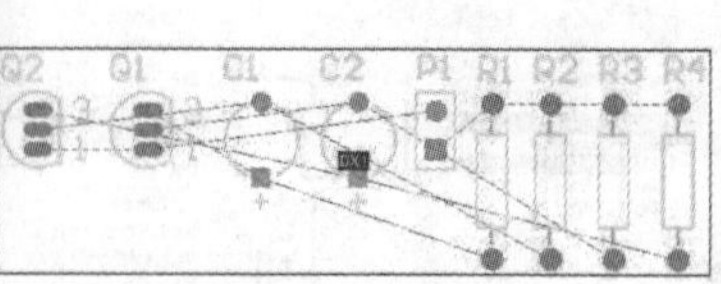

图 4-34　元器件和网络将添加到 PCB

手工布局的操作方法是：

1）单击需要调整位置的对象，按住左键不放，将该对象拖到合适的位置，然后释放即可。

2）如果需要旋转或者改变对象方向，可按空格键、X 键和 Y 键。

3）手动布局后的 PCB 板如图 4-35 所示。

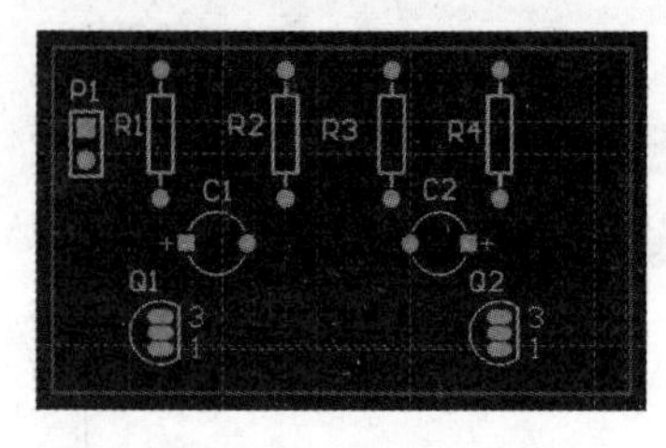

图 4-35　手动布局后的 PCB 板

（5）添加网络连接。当在 PCB 中装载了元件和网络后，一般还有些网络需要设计者自行添加，比如 PCB 板与外部电源、输入输出信号等的连接。在本例中电路板需要外部连接电源 GND 以及输出信号 OUT1 和 OUT2，操作步骤如下：

1）执行“放置”菜单下的“焊盘”命令，或单击放置工具栏中“◎”按钮，光标变为十字状，并粘着一个浮动的焊盘。

2）按下键盘“Tab”键，系统弹出如图 4-36 所示“焊盘属性”设置对话框。

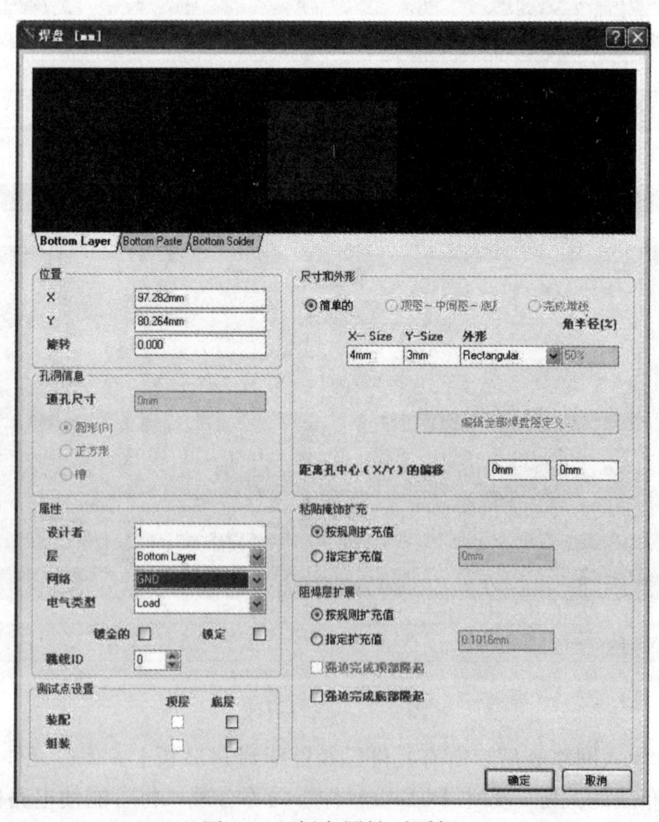

图 4-36　焊盘属性对话框

3）在“焊盘属性”设置对话框中，“尺寸和外形”设置焊盘形状为矩形，大小为 4mm×3mm。“属性”设置者（编号）为 1，“层”（焊盘所处层）为 Bottom Layer，“网络”设置为 GND。

4）设置好后单击下面的“确定”按钮，移动鼠标将焊盘放置到 PCB 的合适位置。

5）按照上述方法依次再放入 2 个焊盘，网络分别定义为 NETC2-1、NETC1-1。放置好三个矩形焊盘，如图 4-37 所示。

（6）手工布线。布线就是放置导线将板上的元器件连接起来，实现所有网络的电气连接。本例中由于是单面 PCB 板设计，故只在底层布线。

1）切换当前层为底层（Bottom Layer）。单击工作区底部的“Bottom Layer”标签，如图 4-38 所示。

2）调出 PCB 工作面板，执行“察看”菜单下的“工作区面板”下的“PCB”子菜单下的“PCB”命令，调出如图 4-39 所示左边工作面板。

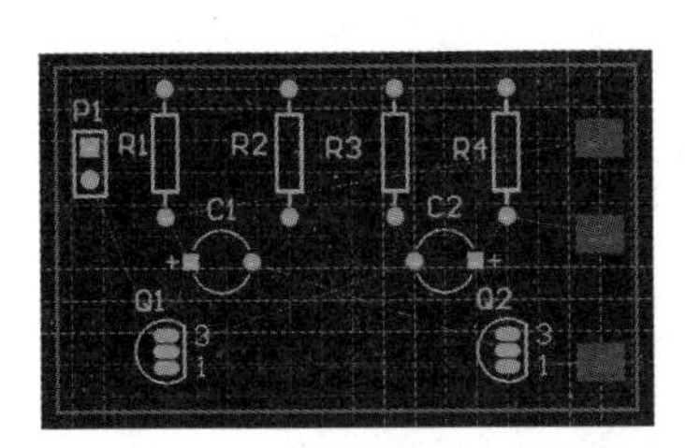

图 4-37 添加三个矩形焊盘

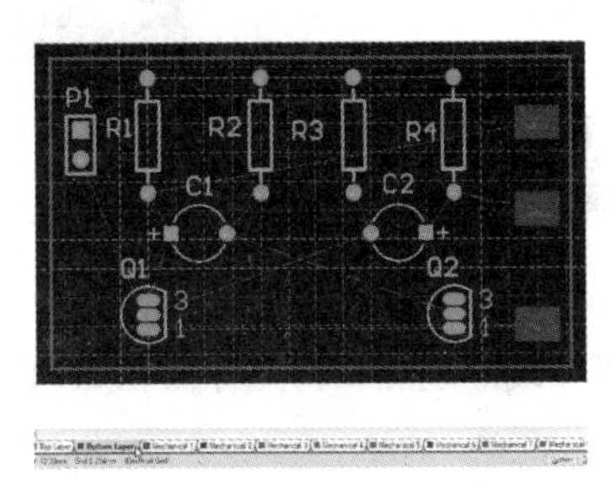

图 4-38 Bottom Layer 标签

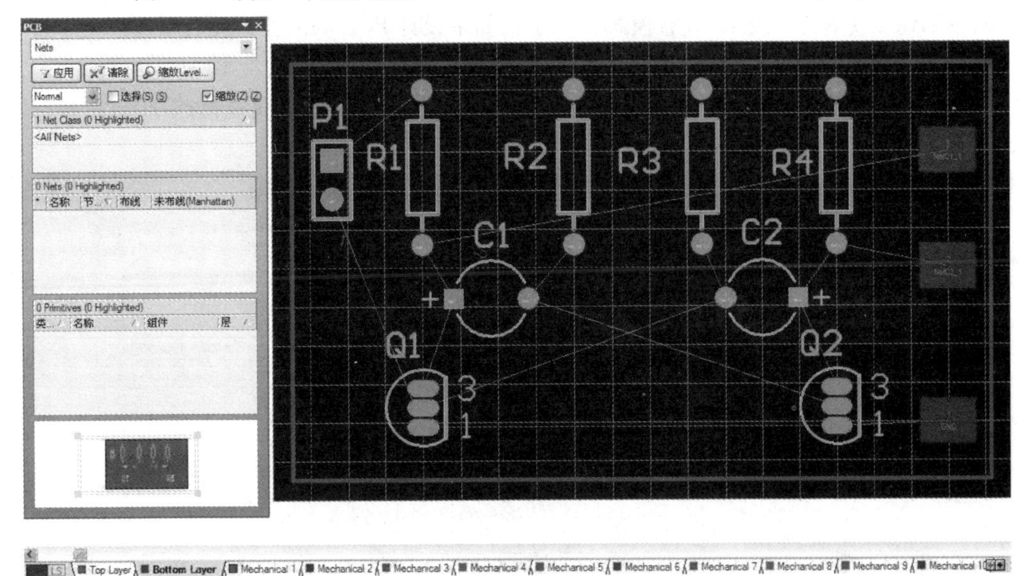

图 4-39 PCB 工作面板

3）选择网络。在 PCB 工作面板网络类别 Net Class 选择区，选择 All Nets 所有网络，在网络选择区单击 VCC 网络，这时连接 VCC 网络的所有焊盘都突出显示，如图 4-40 所示的工作区。

4）修改布线规则。增加一条新的宽度规则，Width1，设置最大宽度（Max Width）为 2mm，最小宽度（Min Width）为 0.2mm，推荐宽度（Preferred Width）为 1mm。

5）执行“放置”菜单下的“Interactive Routing”（交互式布线）命令，光标变成十字形状，

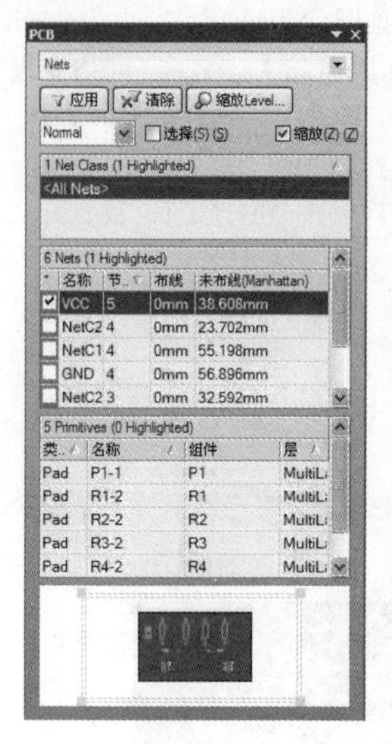

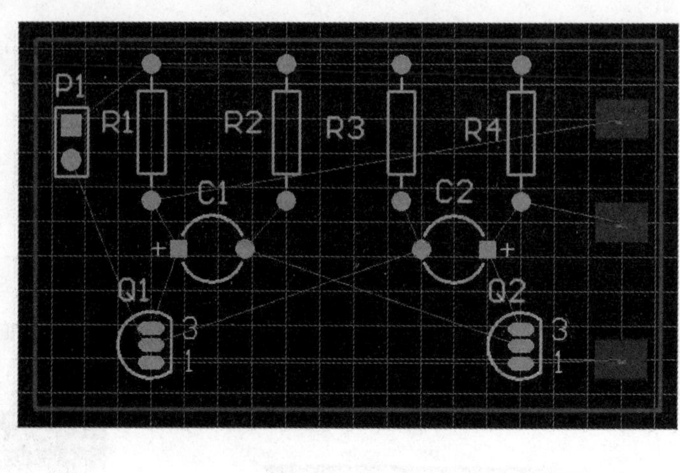

图 4-40　单击 VCC 网络

表示处于导线放置模式。

6）放置导线的起点。将光标放在 R4 的 2 号焊盘上，单击左键或按键盘“ENTER”键确定导线的起点。

7）移动光标到 R3 的 2 号焊盘，按键盘“SPACE”键可以切换要放置的导线的 Horizontal（水平）、Vertical（垂直）或 45°放置模式。注意：如果设计 PCB 双面板，此时可按“*”键，使布线在顶层和底层之间切换，同时自动放置一个过孔。

8）按下键盘“Tab”键可弹出导线属性对话框，修改线宽，用户线宽修改 1mm，如图 4-41 所示。

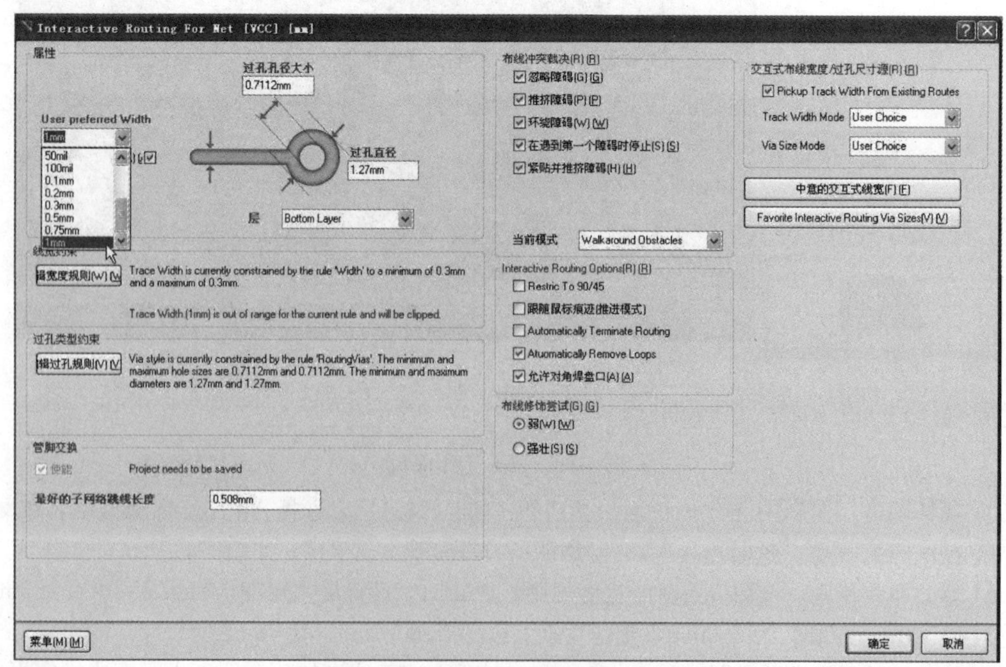

图 4-41　修改线宽

9）将光标放在 R3 的 2 号焊盘上，单击左键或按键盘“ENTER”键，此时第一段导线变为蓝色，表示它已经放在底层了，如图 4-42 所示。

10）依次再连接 R2 的 2 号焊盘、R1 的 2 号焊盘以及连接插件的 P1 焊盘。连接好后效果如图 4-43 所示。

11）完成了第一个网络的布线后，紧接着再按照上述方法完成 GND、NetC1 _ 2、NetC2 _ 2、NetC1 _ 1 以及 NetC2 _ 1 网络。完成后如图 4-44 所示。

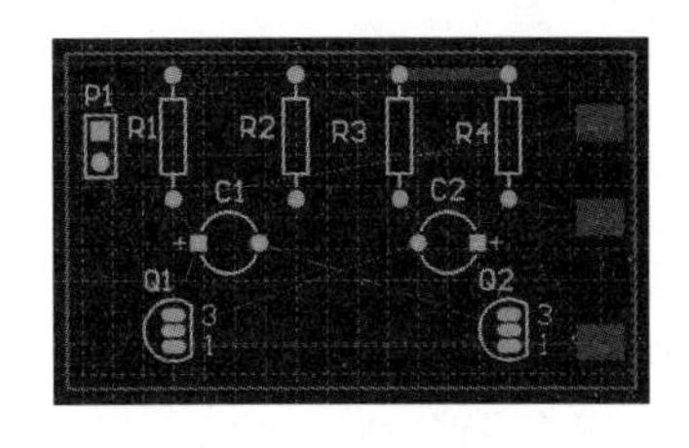

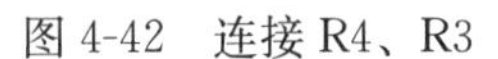
图 4-42　连接 R4、R3

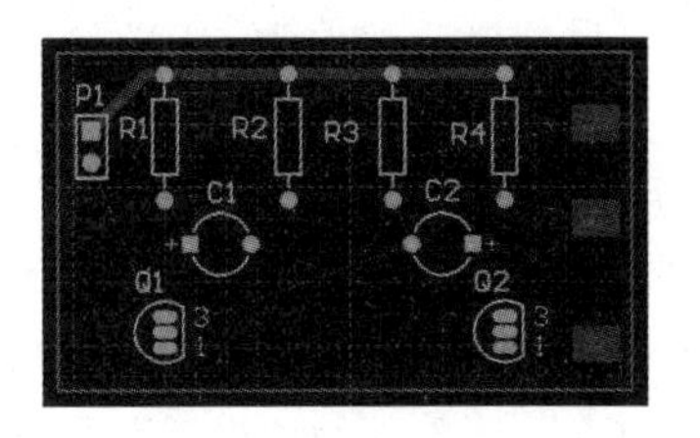

图 4-43　连接 VCC 网络

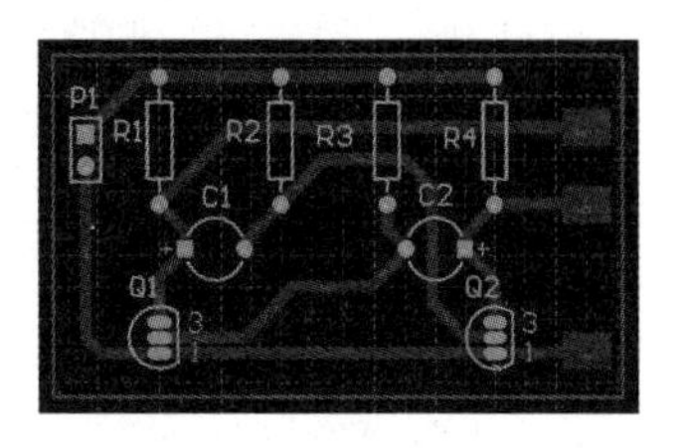

图 4-44　连接所有网络

技能训练

一、训练目标

（1）学会设计多谐振荡器的 PCB 图。

（2）学会生成元件清单文件。

二、训练内容与步骤

1. PCB 设计准备

（1）在硬盘上创建一个文件夹，命名为“PR4”。

（2）启动 Altium Designer 9 电路设计软件。

（3）新建项目。执行“File”菜单下“新建”子菜单下的“工程”菜单下的“PCB 工程”命令，新建一个项目，将项目命名并保存为“PR4DX1”。

（4）新建原理图。执行“File”菜单下“新建”子菜单下的“原理图”命令，新建一原理图，将原理图命名为“Dx1. SchDoc”。

（5）单击执行“设计”菜单下“文档选项”命令，弹出文档选项对话框。

（6）在标准类型选项区域，通过下拉列表选项，将图纸大小设置为标准 A4 格式。

（7）在方位选项设置区，选项选择“Landscape”，将图纸设置为横向放置。

（8）图样栅格设置。设定“Snap”（光标移动距离）为“10” mil，“Visible”（可视栅格）为“10” mil。

（9）用左键选中“电气栅格”设置栏中“使能”左面的复选框，使复选框中出现“√”，表明选中此项。

（10）单击“确认”按钮，完成原理图选项的设置。

（11）加载基本元件库，“Misellaneous Devices. IntLib”和“Misellaneous Connectors. IntLib”。

（12）绘制图 4-29 所示的原理图。

（13）创建元件网络表文件。执行“设计”菜单下的“文件的网络表”下的“Protel”命令，立即产生网络表文件“DX1. Net”。

2. 创建 PCB 文件

（1）利用 PCB 向导创建外观大小 50mm × 30mm 的矩形单面印制电路板，命名为

"DX1. PcbDoc"。

(2) 单击执行"设计"菜单下的"板参数选项"命令，弹出板选项对话框。

1) 度量单位：单击下拉选项，选择"Imperial"(英制)。

2) 捕获栅格：分别设置 X、Y 向的捕获栅格间距为"10" mil。

3) 可视栅格：指工作区上看到的网格(由几何点或线构成)，其作用类似于坐标线，可帮助设计者掌握图件间的距离。选项区域中的"Marks"选项用于选择图纸上所显示栅格的类型为 Lines(线状)。设置可见栅格 1 和可见栅格 2 的值为"10" mil。

4) 元件栅格：选择默认"20" mil。

5) 电气栅格：用于对给定范围内的电气点进行搜索和定位，选中"电器网络"复选框表示具有自动捕捉焊盘的功能。设置捕捉半径为"8" mil。

(3) 单击 PCB 编辑界面底部标签"Bottom Layer"，切换到底层。

(4) 单击"编辑"菜单下的"原点"菜单下的"设置"命令，移动鼠标在 PCB 板的左下角顶点位置单击，设置为 PCB 板的原点。

(5) 单击"放置"菜单下的"过孔"命令。

(6) 按键盘"Tab"键，弹出过孔属性对话框，在直径属性选择区选择"顶-中间-底"单选项，设置过孔直径为 3mm，顶层、底层、中间层直径为 3mm。

(7) 移动鼠标分别在板的四角放置一个过孔。

(8) 双击左下角的过孔，设置其位置 X、Y 属性为 (5，5)，单击"确定"按钮。

(9) 双击右下角的过孔，设置其位置 X、Y 属性为 (65，5)，单击"确定"按钮。

(10) 双击左上角的过孔，设置其位置 X、Y 属性为 (5，45)，单击"确定"按钮。

(11) 双击左下角的过孔，设置其位置 X、Y 属性为 (65，45)，单击"确定"按钮。

3. 载入网络表

(1) 执行"设计"菜单下的"Import Changes From DX1. Prjpcb"。

(2) 弹出"工程改变顺序"对话框。

(3) 单击对话框中"生效更改"按钮，系统将检查所有的更改是否都有效。如果有效，将在右边"检测"栏对应位置打勾；如果有错误，检测栏将显示红色错误标识。

(4) 单击"执行更改"按钮，系统将执行所有的更改操作。

(5) 单击"关闭"按钮，元器件和网络将添加到 PCB 编辑器中。

4. 手动元件布局

导入网络表后，所有元件已经更新到 PCB 板上，但是元件布局不够合理。

(1) 单击需要调整位置的对象，按住左键不放，将该对象拖到合适的位置，然后释放即可。

(2) 如果需要旋转或者改变对象方向，可按空格键、X 键和 Y 键。

5. 添加网络连接

当在 PCB 中装载了元件和网络后，一般还有些网络需要设计者自行添加，比如 PCB 板与外部电源、输入输出信号等的连接。在本例中电路板需要外部连接电源 GND 以及输出信号 OUT1 和 OUT2。

(1) 执行"放置"菜单下的"焊盘"命令，或单击放置工具栏中"◎"按钮，光标就变为十字状，并粘着一个浮动的焊盘。

(2) 按下键盘"Tab"键，系统弹出"焊盘属性"设置对话框。

(3) 在"焊盘属性"设置对话框中，"尺寸和外形"设置焊盘形状为矩形，大小为 4mm×3mm。"属性"设置(编号)为"1"，"层"(焊盘所处层)为"Bottom Layer"，"网络"设置为

“GND”。

(4) 设置好后，单击下面的“确定”按钮，移动鼠标将焊盘放置到 PCB 的合适位置。

(5) 按照上述方法依次再放入 2 个焊盘，网络分别定义为 NETC2-1、NETC1-1。

6. 设置布线规则

(1) 执行“设计”菜单下的“规则”命令，弹出图 4-45 所示的 PCB 规则对话框。

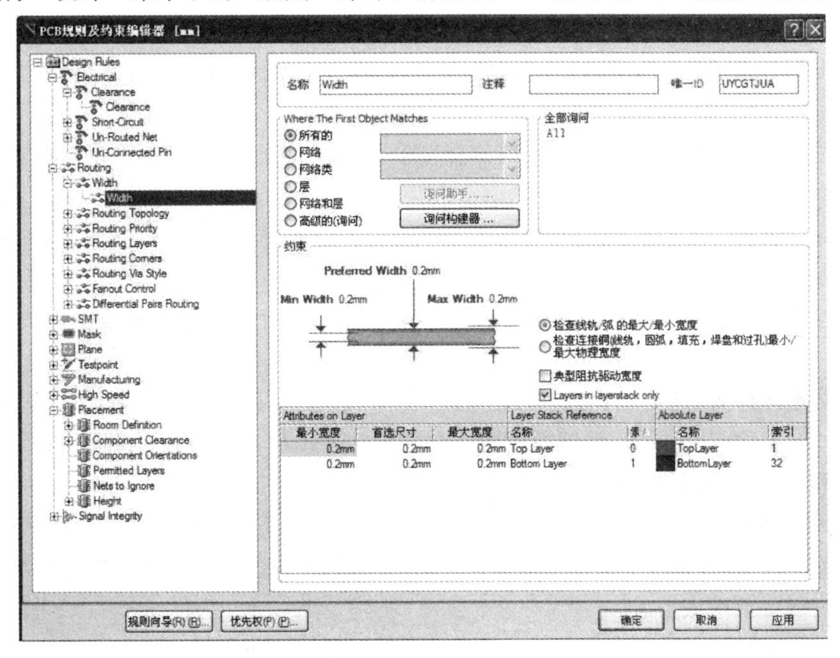

图 4-45　PCB 规则对话框

(2) 右键单击 Routing 布线规则下的“Width”选项，弹出快捷菜单，执行“新规则”命令，创建图 4-46 所示的新规则 Width_1。在约束区，设置最大线宽取 2mm，最小线宽取 0.2mm，推

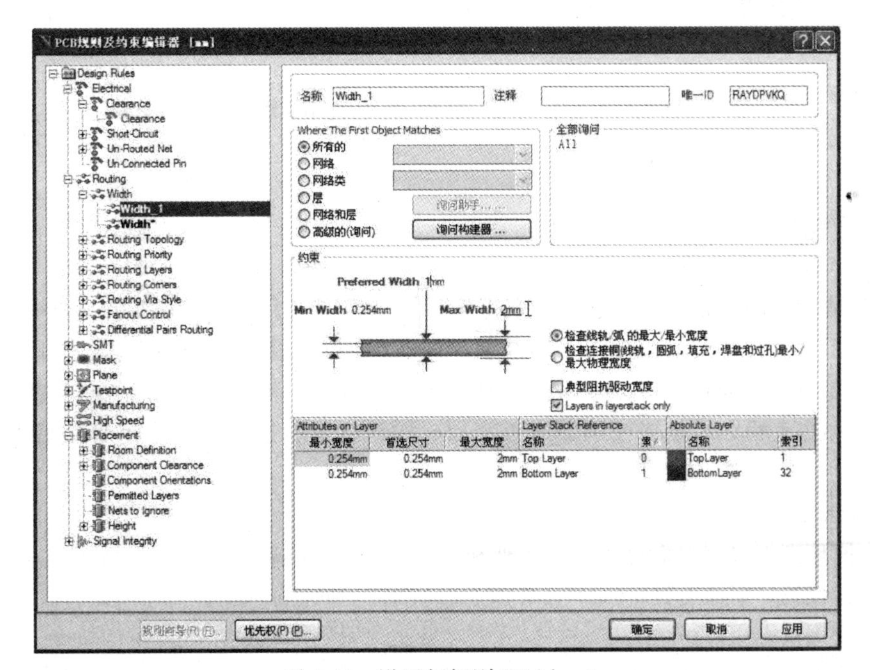

图 4-46　设置新规则 Width_1

荐值取 1mm。

（3）单击“确认”按钮，完成布线规则设置。

7. 手工布线

布线就是放置导线将板上的元器件连接起来，实现所有网络的电气连接。本例中由于是单面PCB板设计，故只在底层布线。

（1）切换当前层为底层（Bottom Layer）。单击工作区底部的“Bottom Layer”标签。

（2）调出PCB工作面板，执行“察看”菜单下的“工作区面板”下的“PCB”子菜单下的“PCB”命令，调出工作面板。

（3）选择网络。在PCB工作面板网络选择区单击VCC网络，这时连接VCC网络的所有焊盘都突出显示。

（4）执行“放置”菜单下的“Interactive Routing”交互式布线命令，光标将变成十字形状，表示处于导线放置模式。

（5）放置导线的起点。将光标放在R4的2号焊盘上，单击左键或按键盘“ENTER”键确定导线的起点。

（6）移动光标到R3的2号焊盘，按键盘“SPACE”键可以切换要放置的导线的Horizontal（水平）、Vertical（垂直）或45°放置模式。注意：如果设计PCB双面板，此时可按“*”键，使布线在顶层和底层之间切换，同时自动放置一个过孔。

（7）按下键盘“Tab”键可弹出导线属性对话框，修改线宽，用户线宽修改为“1”mm。

（8）将光标放在R3的2号焊盘上，单击左键或按键盘“ENTER”键，此时第一段导线变为蓝色，表示它已经放在底层了。

（9）依次再连接R2的2号焊盘、R1的2号焊盘以及连接插件的P1焊盘。

（10）完成了第一个网络的布线后，紧接着再按照上述方法完成GND、NetC1_2、NetC2_2、NetC1_1以及NetC2_1网络。

（11）保存操作结果。

任务9　设计直流稳压电源的PCB图

对于复杂的电路而言手工布线通常效率不高而且难度较大。而Altium Designer 9的强大功能之处就在于其有强大的自动布局和布线功能，熟练掌握这些方法和技巧，在实际应用中可以提高设计效率。双面板是印制电路板设计中最为常用的一种，在双面板设计过程中，用户可以根据实际需要将元件放置在顶层或者底层，同样在布线过程中可以将导线放置在任何一信号层。

1. 设计流程

（1）在原理图编辑器中绘制正确的原理图。

（2）工程设置，编译工程。

（3）生成网络表文件。

（4）创建PCB文件，规划电路板大小以及设置选项。

(5) 将原理图内容导入到PCB中。

(6) 画禁止布线区。

(7) 自动布局元器件以及手工调整。

(8) 设置布线规则。

(9) 自动布线。

(10) 保存完成

2. 设计PLC电源电路PCB板的准备工作

(1) 设计PLC电源电路原理图。

1) 首先在硬盘上创建一文件夹，命名为“PW”，将后续操作的各种文件都保存在该文件夹下。

2) 新建项目。执行“File”菜单下“新建”子菜单下的“工程”菜单下的“PCB工程”命令，新建一个项目，将项目命名并保存为“PW1”。

3) 新建原理图。执行“File”菜单下“新建”子菜单下的“原理图”命令，新建一原理图，将原理图命名为“Power1. SchDoc”。

4) 将光盘MyLIB文件夹内容拷贝到软件安装目录下的Library文件目录下。

5) 单击图纸下部的“System”标签，弹出快捷菜单，执行菜单中“库”命令，弹出库工作面板。

6) 单击库工作面板上的“元器件库”按钮，弹出浏览库对话框。

7) 单击“安装”按钮，弹出打开文件对话框。

8) 如图4-47所示，在对话框选择安装目录下的Library文件MyLIB文件内的“MyLIB1. IntLib”元件集成库文件。

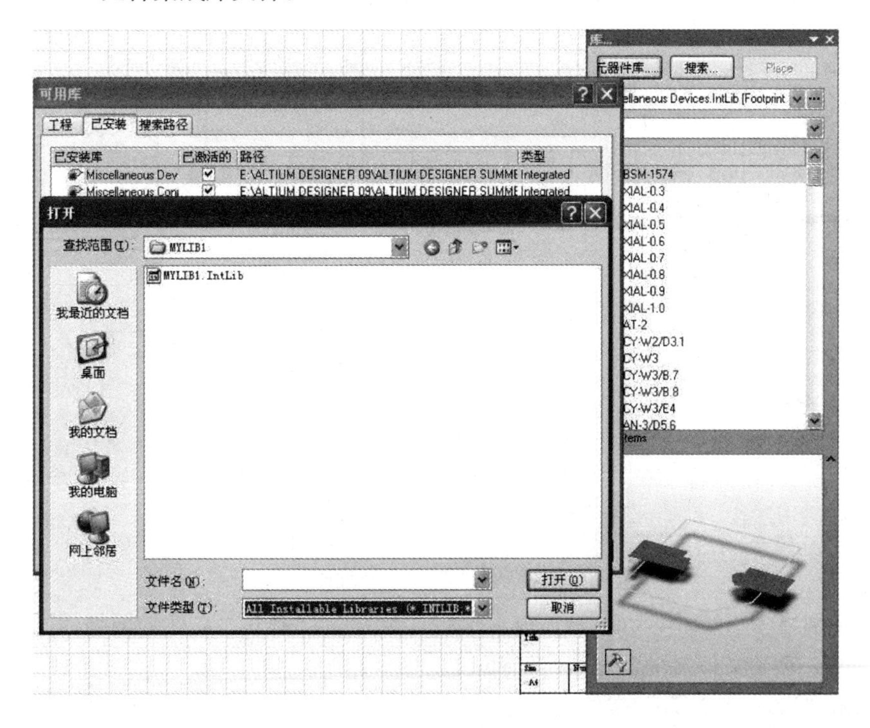

图4-47 选择MyLIB1. IntLib

9) 单击“打开”按钮，MyLIB1. IntLib集成库安装到可用库，如图4-48所示。

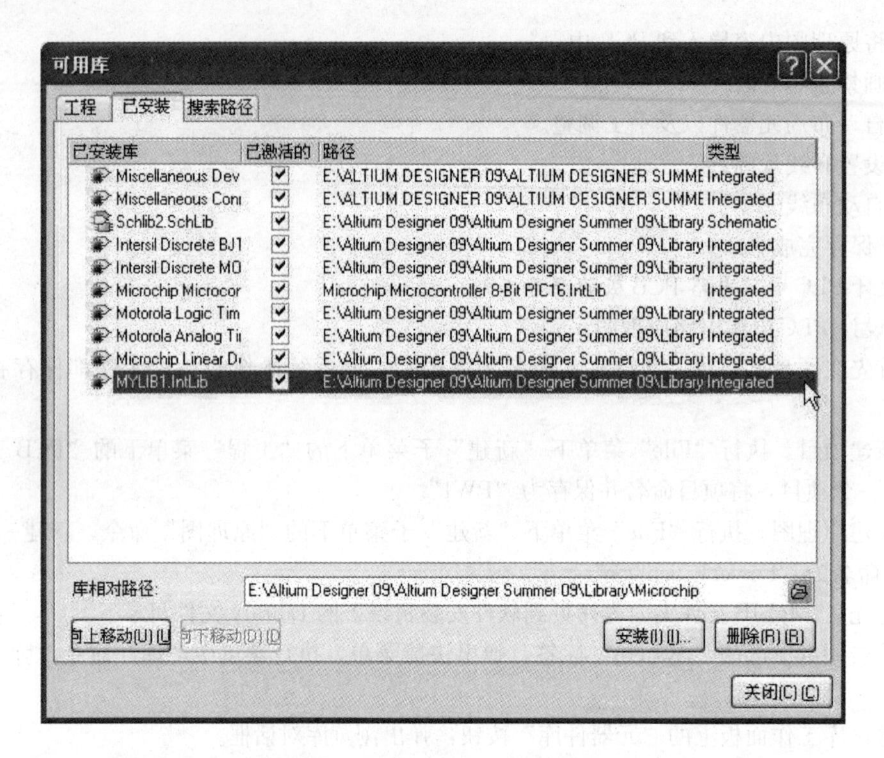

图 4-48　可用库见到 MyLIB1. IntLib

10）单击“关闭”按钮，返回原理图编辑界面。

11）应用 MyLIB1. IntLib 集成库的元件绘制图 4-49 所示的原理图。

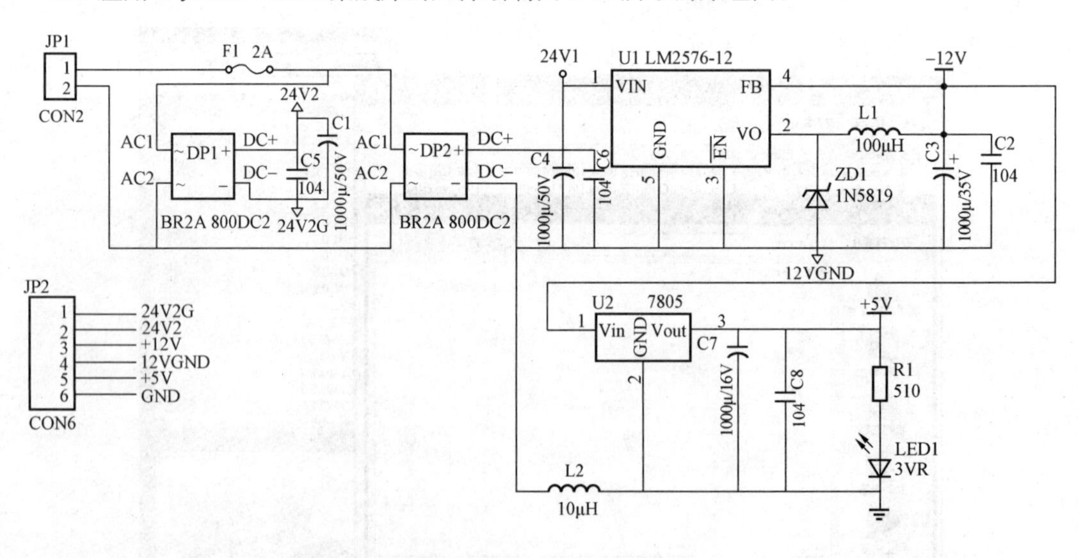

图 4-49　Power 1 原理图

（2）创建网络表。如图 4-50 所示，单击执行“设计”菜单下“文件的网络表”子菜单下的“Protel”命令，创建文件网络表 Power1. NET。

（3）双击“Power1. NET”文件，打开网络表文件。

```
[                                //元件声明开始
C1                               //元件序号
```

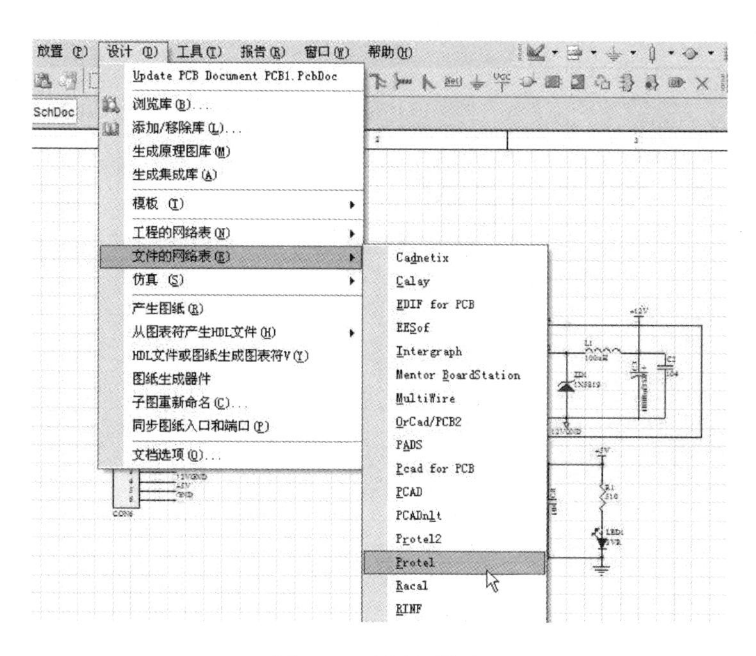

图 4-50 创建网络表

```
RB25V/2200UF                //元件封装
1000u/50V                   //元件参数注释
]                           //元件声明结束
[
C2
C102/25V
104
]
[
C3
RB25V/1000UF
1000u/35V
]
[
C4
RB25V/2200UF
1000u/50V
]
[
C5
C102/25V
104
]
[
C6
C102/25V
```

104
]
[
C7
100UF/35V
1000u/16V
]
[
C8
C102/25V
104

]
[
DP1
BR2A/800DC2
BR2A/800DC2
]
[
DP2
BR2A/800DC2
BR2A/800DC2
]
[
F1
RAD0.2
2A
]
[
JP1
CON5/2
CON2
]
[
JP2
HDR1X6
CON6
]
[
L1
800UH - 0.5A2
100uH
]
[

```
L2
DIODE0.4
10uH
]
[
LED1
LED3MM
3VR
]
[
R1
AXIAL0.3
510
]
[
U1
LM2576S-12
LM2576-12
]
[
U2
7805
7805
]
[
ZD1
ZD1
1N5819
]

(                          //网络定义开始
+5V                        //网络名称
C7-1                       //电容元件序号为7，元件引脚号为1
C8-1                       //电容元件序号为8，元件引脚号为1
JP2-5                      //连接器元件序号为2，元件引脚号为5
R1-2                       //电阻元件序号为1，元件引脚号为2
U2-3                       //集成元件序号为2，元件引脚号为3
)                          //网络定义结束
(
+12V
C2-1
C3-1
JP2-3
L1-2
```

```
U1-4
U2-1
)
(
12VGND
C2-2
C3-2
C4-2
C6-2
DP2-DC-
JP2-4
L2-1
U1-3
U1-5
ZD1-1
)
(
24V1
C4-1
C6-1
DP2-DC+
U1-1
)
(
24V2
C1-1
C5-1
DP1-DC+
JP2-2
)
(
24V2G
C1-2
C5-2
DP1-DC-
JP2-1
)
(
GND
C7-2
C8-2
JP2-6
L2-2
LED1-1
```

```
U2-2
)
(
NetDP1_AC1
DP1-AC1
DP2-AC1
F1-2
)
(
NetDP1_AC2
DP1-AC2
DP2-AC2
JP1-2
)
(
NetF1_1
F1-1
JP1-1
)
(
NetL1_1
L1-1
U1-2
ZD1-2
)
(
NetLED1_2
LED1-2
R1-1
)
```

（4）创建 PCB 文件。利用 PCB 向导创建外观大小 65mm×45mm 的矩形印制电路板，命名为“PWPCB1. PcbDoc”，创建完成后的 PCB 板底图如图 4-51 所示。

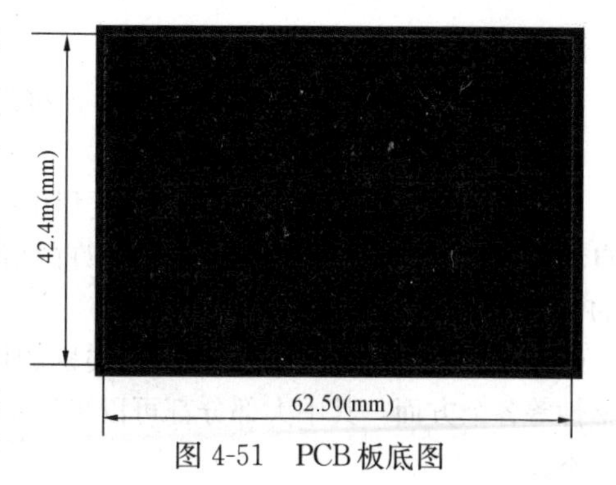

图 4-51 PCB 板底图

（5）单击选择尺寸标注，按键盘“Delete”键删除尺寸标注。

（6）导入元件网络表和元件封装。

1）在原理图编辑环境下，单击执行“设计”菜单下的“Update PCB Document PWPCB1. PcbDoc”命令，如图 4-52 所示。

2）弹出图 4-53 所示的工程更改顺序对话框。

3）单击“生效更改”按钮。

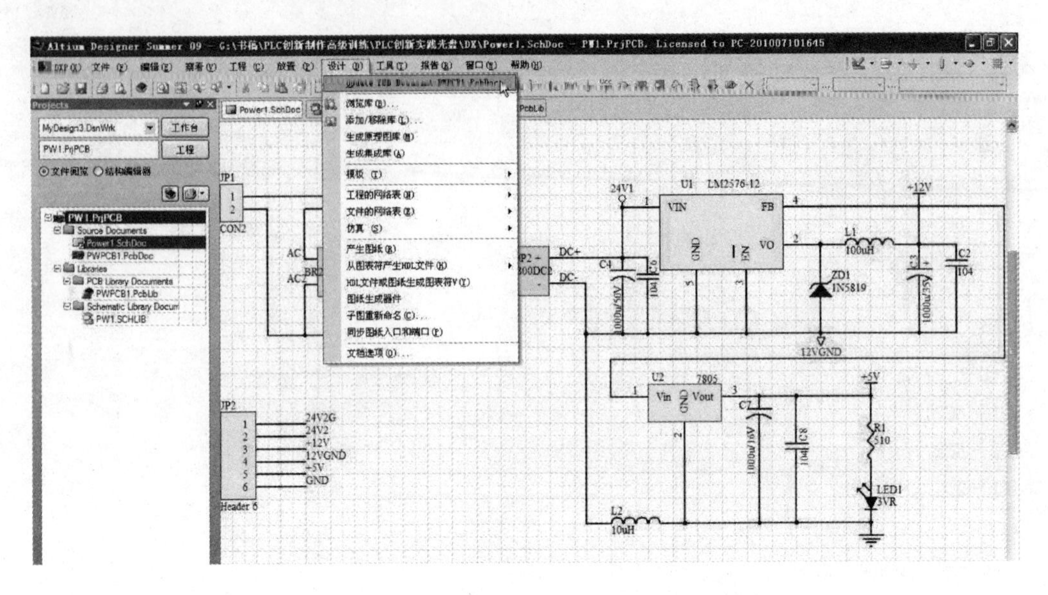

图 4-52　更新 PCB 文档

工程更改顺序

使能	作用	受影响对象		受影响文档	检测	Done	信息
Add Components(20)							
☑	Add	C1	To	PCB2.PcbDoc			
☑	Add	C2	To	PCB2.PcbDoc			
☑	Add	C3	To	PCB2.PcbDoc			
☑	Add	C4	To	PCB2.PcbDoc			
☑	Add	C5	To	PCB2.PcbDoc			
☑	Add	C6	To	PCB2.PcbDoc			
☑	Add	C7	To	PCB2.PcbDoc			
☑	Add	C8	To	PCB2.PcbDoc			
☑	Add	DP1	To	PCB2.PcbDoc			
☑	Add	DP2	To	PCB2.PcbDoc			
☑	Add	F1	To	PCB2.PcbDoc			
☑	Add	JP1	To	PCB2.PcbDoc			
☑	Add	JP2	To	PCB2.PcbDoc			
☑	Add	L1	To	PCB2.PcbDoc			
☑	Add	L2	To	PCB2.PcbDoc			
☑	Add	LED1	To	PCB2.PcbDoc			
☑	Add	R1	To	PCB2.PcbDoc			
☑	Add	U1	To	PCB2.PcbDoc			
☑	Add	U2	To	PCB2.PcbDoc			
☑	Add	ZD1	To	PCB2.PcbDoc			
Add Nets(12)							
☑	Add	+5V	To	PCB2.PcbDoc			

生效更改　执行更改　报告更改(R)(R)...　□仅显示错误　关闭

图 4-53　工程更改顺序对话框

4）单击“执行更改”按钮。

5）单击“关闭”按钮，导入元件连接与封装，如图 4-54 所示。

3. 设置设计规则的一般操作

在 PCB 的自动布局、布线设计过程中执行的任何一个操作，包括放置导线、移动元器件和自动布线等，都是在系统设计规则允许的情况下进行的，因此设计规则的合理性将直接影响布线的质量和成功率。

Altium Designer 9 中分为 10 个类别的设计规则，覆盖了电气、布线、制造、放置、信号完整性等各个方面，其中大部分都可以采用系统默认的设置，设计者结合自己实际需要设置的规则并不多。

(1) 执行“设计”菜单下的“规则”命令，弹出图 4-55 所示的“PCB 规则和约束编辑”对话框。

(2)“PCB 规则和约束编辑”对话框采用的是 Windows 资源管理器的树状管理模式，左边是

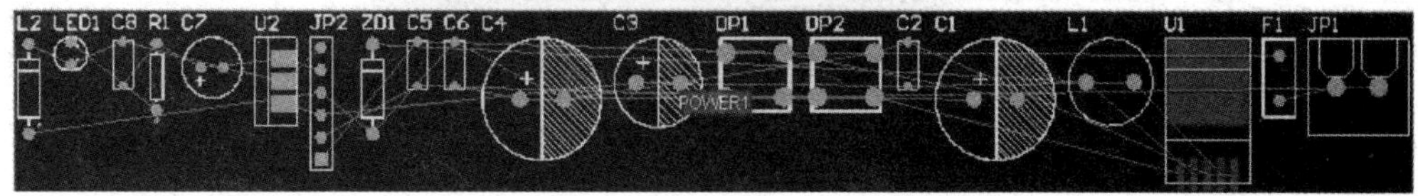

图 4-54 导入元件连接与封装

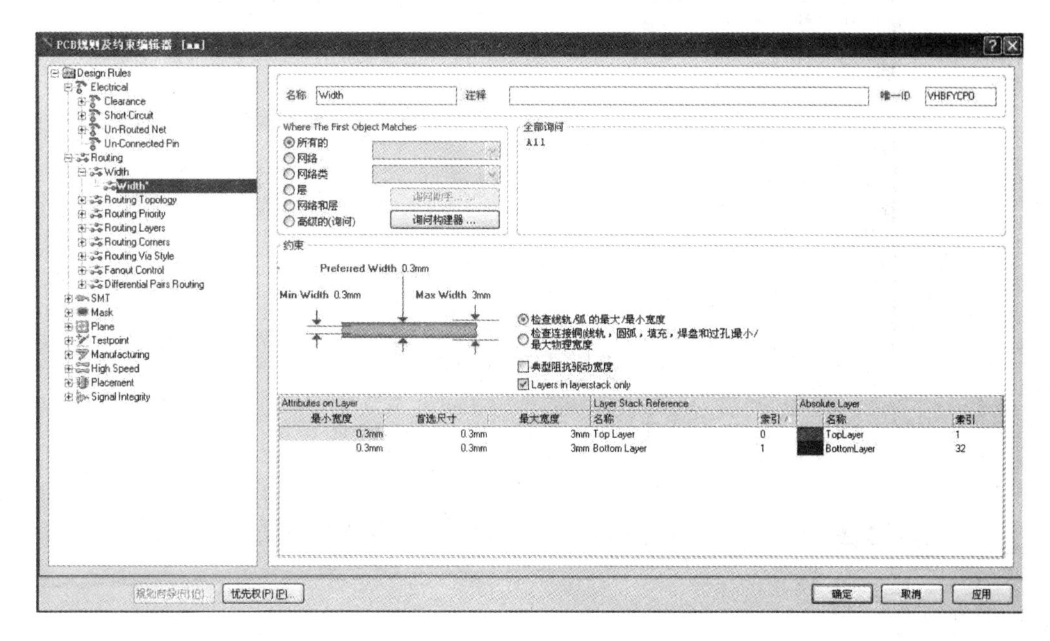

图 4-55 PCB 规则和约束编辑

规则种类，单击左边的“+”号，展开规则。

(3) 在每类规则上单击右键都会出现如图 4-56 所示的子菜单，用于“新规则”、“删除规则”“导入规则”、“导出规则”和“报告”等操作，右边区域显示设计规则的设置或编辑内容。

4. *布局规则设置*

在“PCB 规则和约束”对话框左侧单击“Placement”，打开如图 4-57 所示自动布局规则设置对话框。这个规则设定对话框中包含以下几项：Room Definition（房间定义）、Component Clearance（元件间距）、Component Orientations（元件排列方向）、Permitted Layers（布局层面）、Nets To Ignore（网格忽略）、Height（高度）。

(1) Room Definition（房间定义）规则设定。该规则用来定义一个房间，也就是电路板上的一个矩形区域，一组元件可以放在这个房间内，也可以放在这个房间外。

单击“Room Definition”，弹出如图 4-58 所示的对话框。

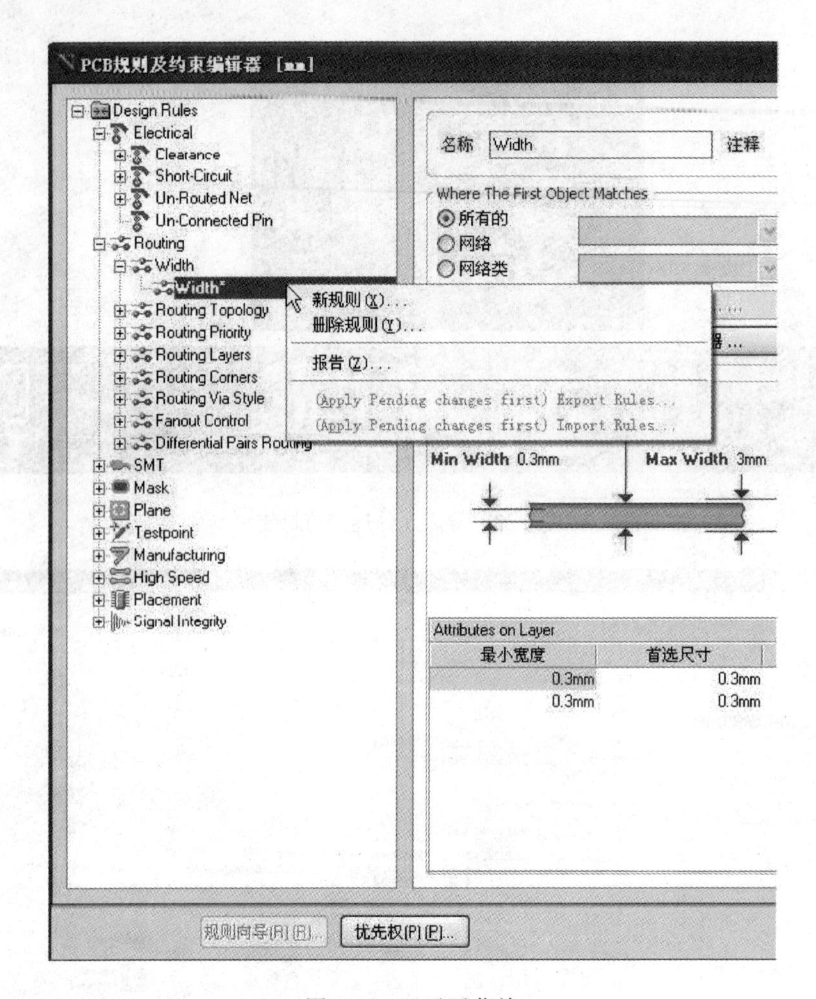

图 4-56　显示子菜单

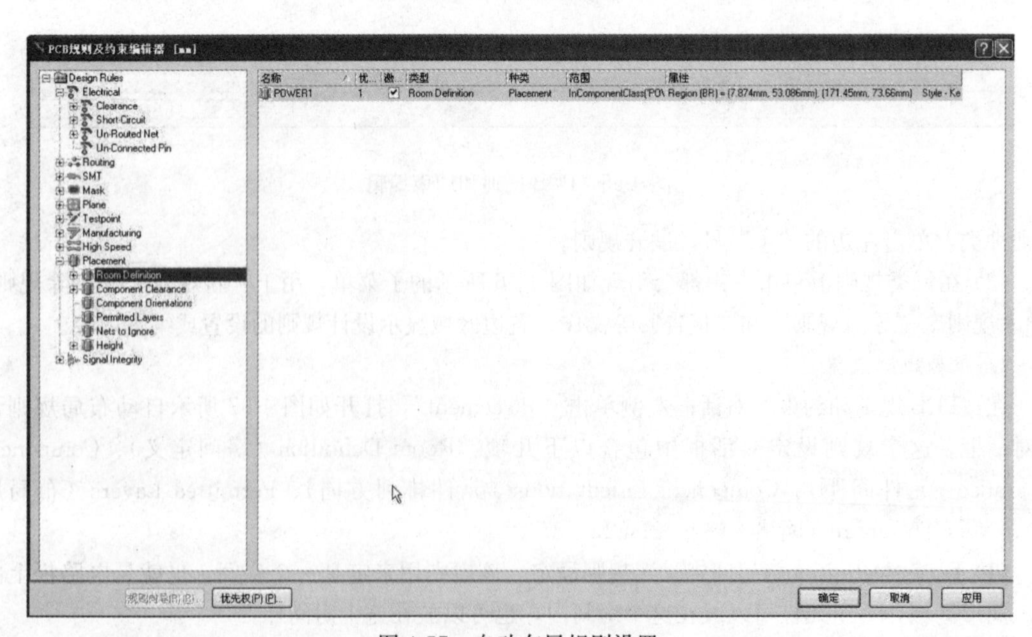

图 4-57　自动布局规则设置

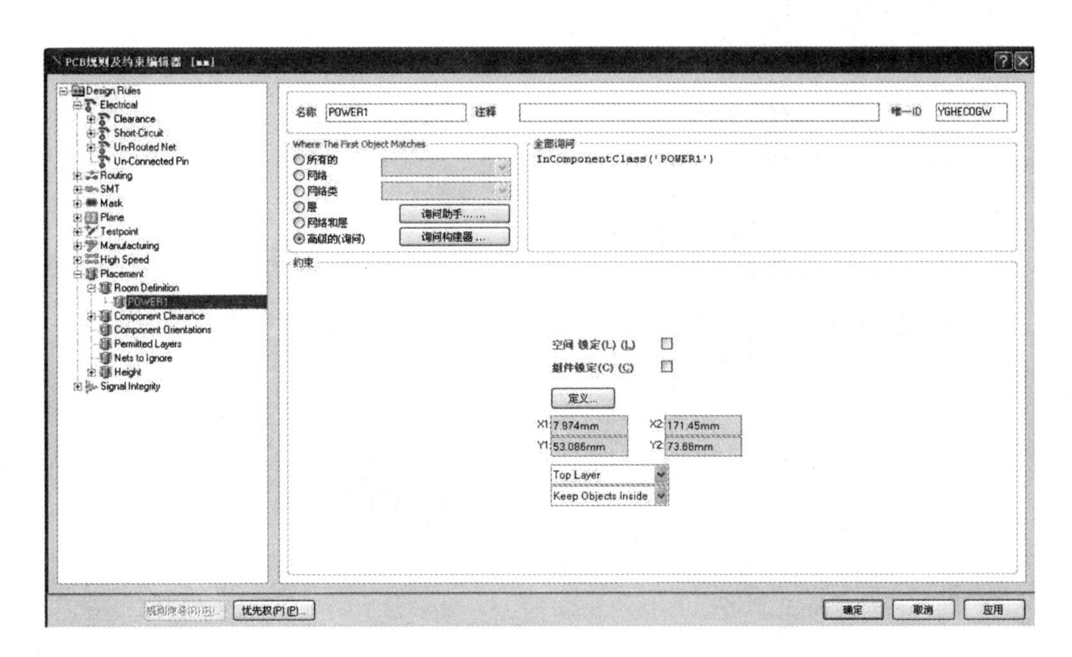

图 4-58 房间定义规则设置

1）空间锁定。定义房间是否锁定。

2）组件锁定。定义组件是否锁定。

3）定义。单击这个按钮可以在电路板上用鼠标拖出一个虚框来定义房间。

4）X1、Y1、X2、Y2。定义房间的对角坐标值。

5）Top Layer/Bottom Layer。选择定义房间的层面。

6）Keep Objects Inside/Keep Objects Outside。定义元件是放在房间内还是房间外。

如用户没有特殊要求，这一项规则一般不用设定，采用系统默认。

（2）Component Clearance（元件间距）规则设置。该规则用来设定元件排列之间的最小间距的检测模式，单击“Component Clearance”选项，打开间距规则检测模式设定对话框，如图 4-59 所示。

（3）Component Orientation（元件排列方向）规则设置。该规则用来设定元件的排列方向，单击“Component Orientation”选项，打开元件排列方向对话框。用户可以根据需要选择各个方向的元件排列，可以复选其选项。

（4）Permitted Layers（布局层面）规则设置。这个规则用来设置元件放置的层面，单击“Permitted Layers”，弹出元件放置对话框。设定规则适用范围为整个电路板，元件允许放置在顶层或底层。

（5）Height（高度）规则设置。该规则用来设置元件的高度值。单击“Height”，打开如图 4-60 所示对话框，在这个对话框中，用户需要设定三个参数值。

1）最小的：高度设置的最小值。

2）首选的：高度设置的典型值。

3）最大的：高度设置的最大值。

该规则一般采用系统默认。

5. 与电气相关的设计规则（Electrical）

“Electrical”规则设置在电路板布线过程中所遵循的电气方面的规则。

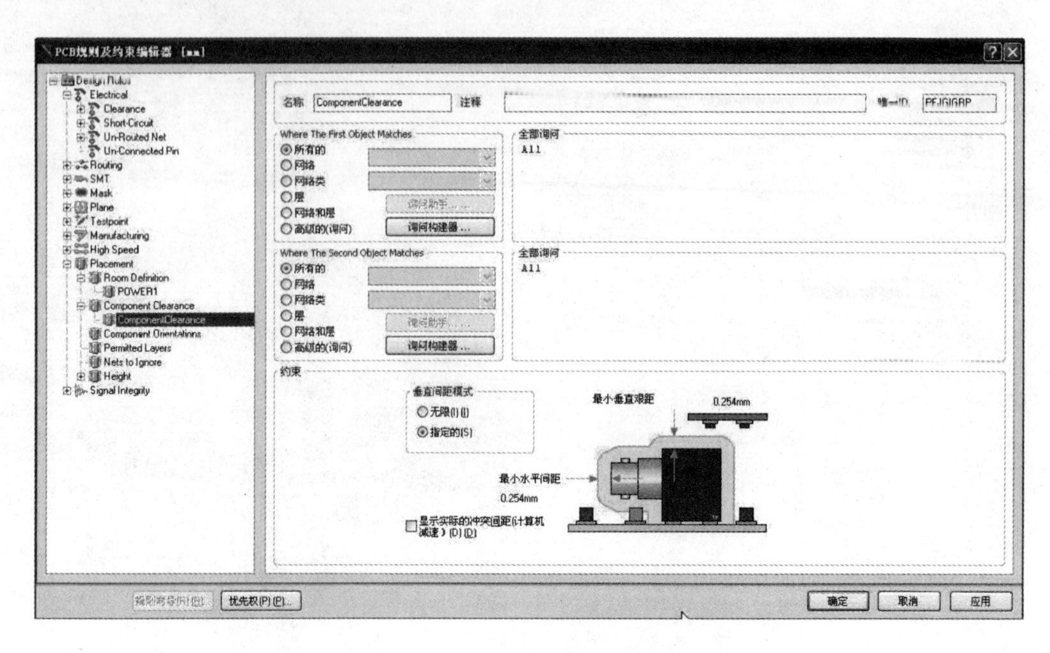

图 4-59　元件间距设置

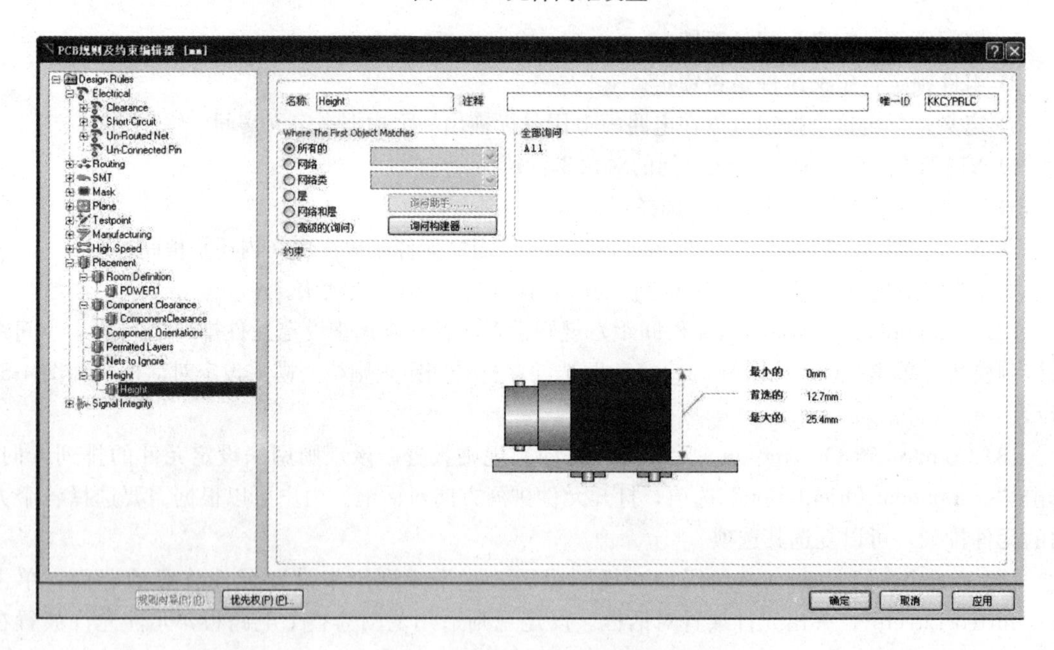

图 4-60　元件排列方向设置

(1) Clearance（安全距离）。“Clearance”设计规则用于设定在 PCB 的设计中，导线、导孔、焊盘、矩形敷铜填充等组件相互之间的安全距离。

1) 单击“Clearance”规则，弹出如图 4-61 所示对话框。默认的情况下整个电路板上的安全距离为“10”mil。

2) 在“Clearance”上单击右键并选择“”命令，则系统自动在“Clearance”的下面增加一个名称为“Clearance-1”的规则，单击“Clearance _ 1”，弹出新规则设置对话框，如图 4-62 所示。

3) 设置规则使用范围。在“Where the first object matches”单元中单击“网络”，在 Query

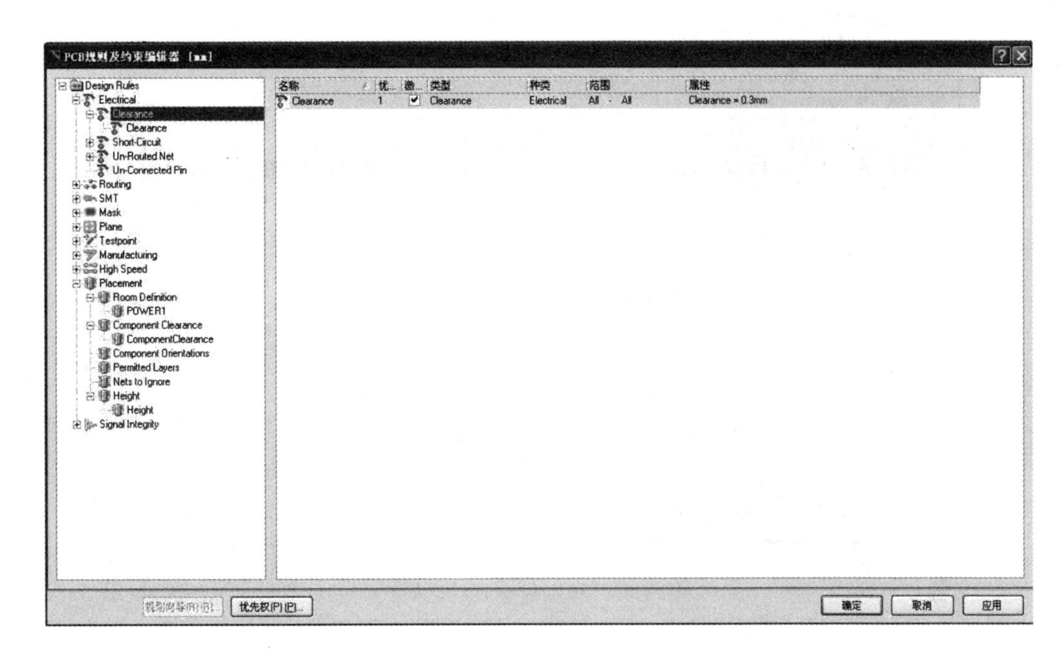

图 4-61 安全距离设置

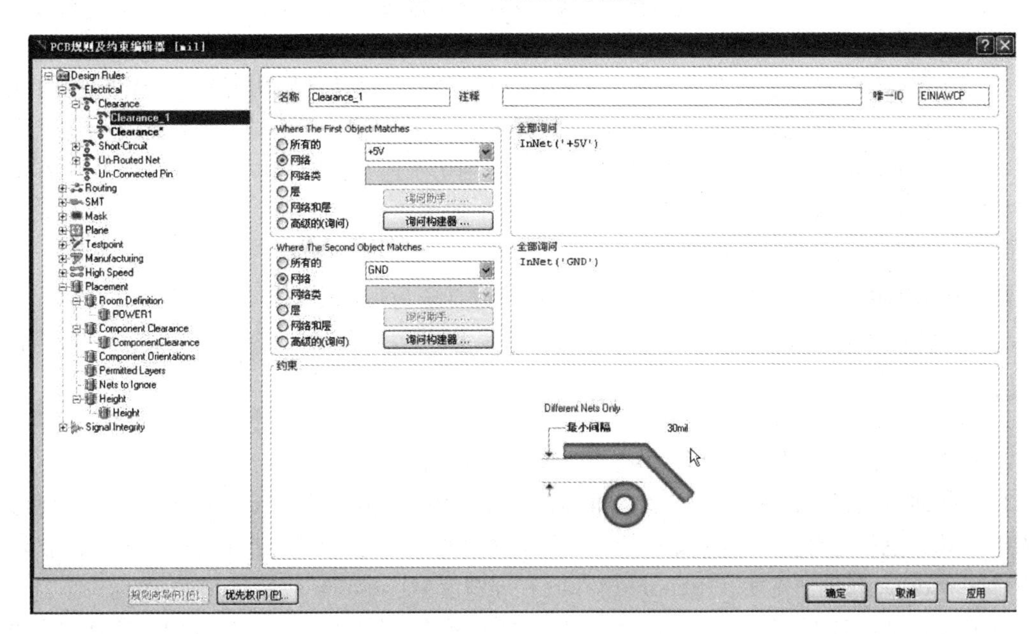

图 4-62 新规则设置对话框

Kind 单元里出现 In Net ()，单击“所有的”按钮旁的下拉列表，从有效的网络表中选择“+5V”；按照同样的方法在“Where the second object matches”单元中单击“网络”，从有效的网络表中选择“GND”。设置规则约束特性：将光标移到 Constraints 单元，将“Minimum Clearance”的值改为 30mil。

4）设置优先权。此时在 PCB 的设计中同时有两个电气安全距离规则，因此必须设置它们之间的优先权。单击优先权设置“优先权”按钮，系统弹出如图 4-63 所示的优先权编辑对话框。通过对话框下面的“增加优先权”与“减少优先权”按钮，可以改变布线规则中的优先次序。

5）单击“关闭”按钮，返回新规则编辑对话框。

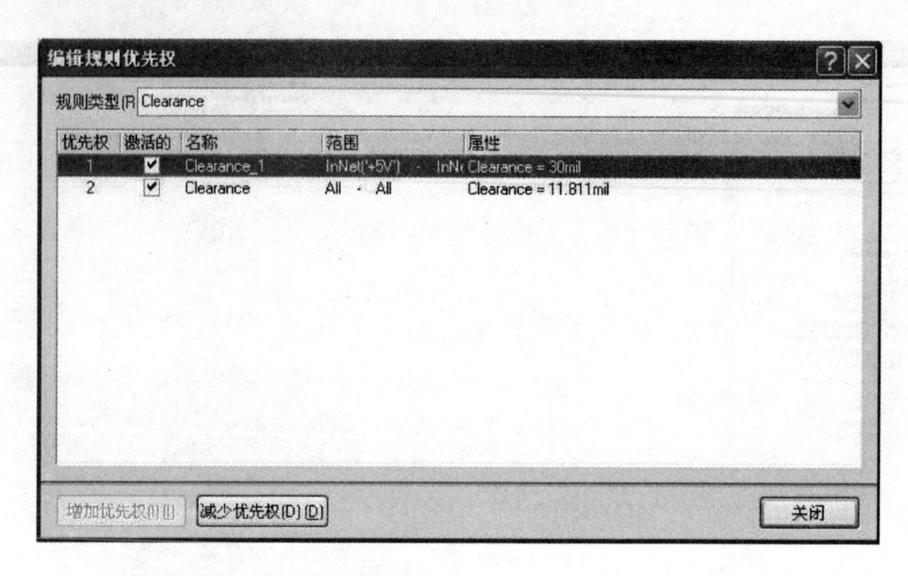

图 4-63　规则优先权对话框

6）单击“确定”按钮，确定安全边距新规则。

（2）Short-Circuit（短路）。“Short-Circuit”设计规则设定电路板上的导线是否允许短路。默认设置为不允许短路。

（3）Un-Routed Net（没有布线网络）。“Un-Routed Net”设计规则用于检查指定范围内的网络是否布线成功，布线不成功的，该网络上已经布的导线将保留，没有成功布线的将保持飞线。

（4）Un-Connected Pin（没有连接的引脚）。该规则用于检查指定范围内的元件封装的引脚是否连接成功。

6. 布线规则（Routing）

此类规则主要设置与布线有关的规则，是 PCB 设计中最为常用和重要的规则。

（1）Width（导线宽度）。除了电源和地线宽度为 1mm 外，其余信号线宽度为 0.5mm。单击“Routing”左边的“+”，展开布线规则。

1）单击“Width”导线宽度项，出现如图所示 4-64 的默认宽度设置。

2）单击默认的宽度设置 Width，出现设置内容，如图 4-65 所示。

3）一般线宽设置。在图 4-66 所示“Name”文本框中将规则名称改为“Width_all”；规则范围选择：All，也就是对整个电路板都有效；在规则内容处，将最小宽度（Min Width）、最大宽度（Max Width）和最佳宽度（Preferred Width）分别设为：0.5mm、0.5mm 和 1mm。

4）将该规则命名为：Width_5V，然后单击规则适用范围中的“Net”选项，选择“+5V”网络，将最小宽度（Min Width）、最大宽度（Max Width）和最佳宽度（Preferred Width）分别设为：1mm、1mm 和 1mm。如图 4-67 所示。

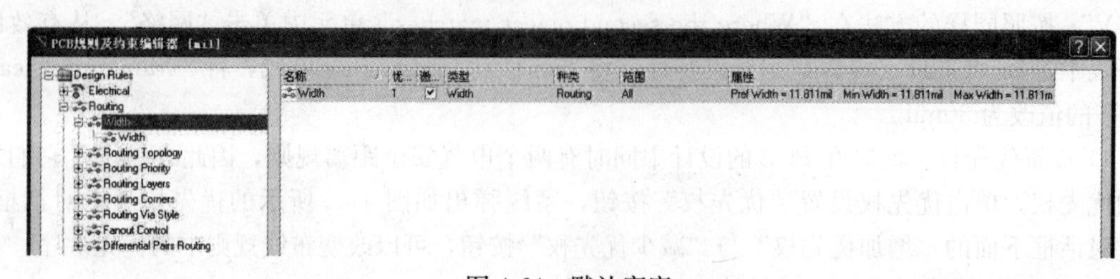

图 4-64　默认宽度

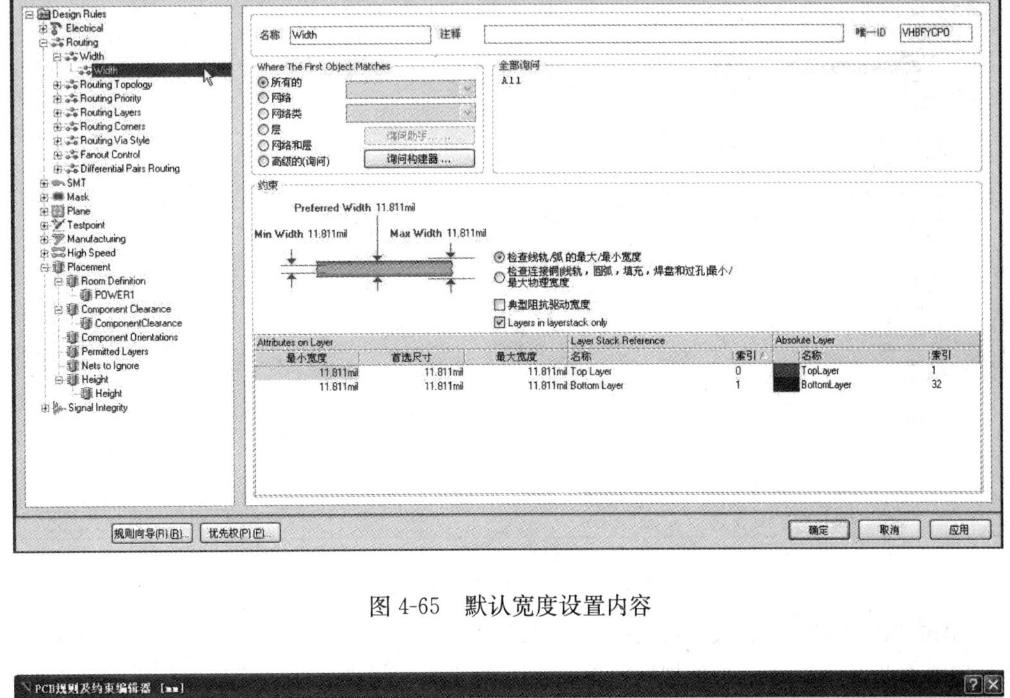

图 4-65 默认宽度设置内容

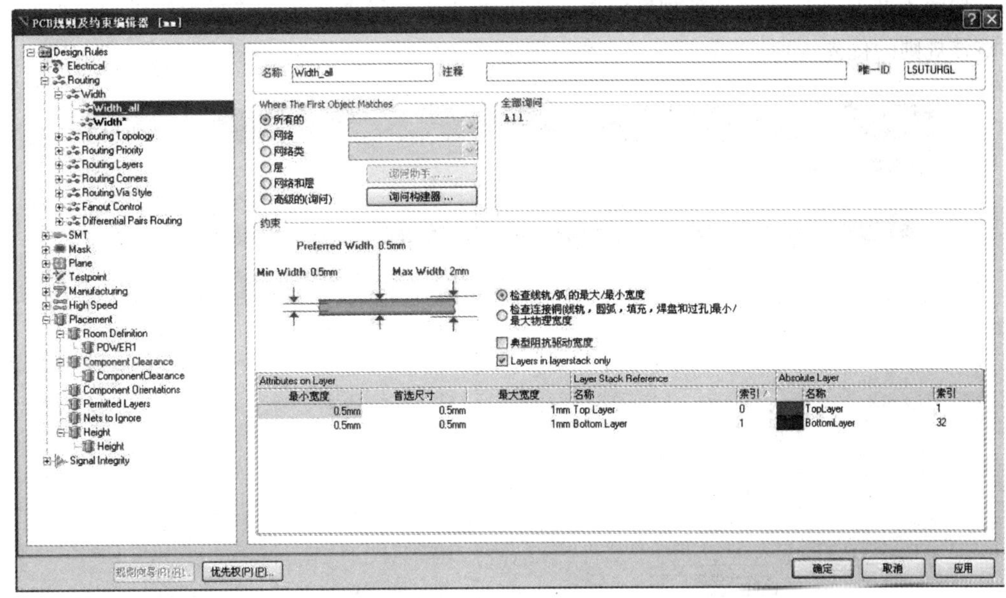

图 4-66 一般线宽设置

5）将该规则命名为：Width _ GND，然后单击规则适用范围中的“Net”选项，选择“GND”网络，将最小宽度（Min Width）、最大宽度（Max Width）和最佳宽度（Preferred Width）分别设为：1mm、1mm 和 1mm。

6）线宽优先级设置。上述设置的三条规则中 Width _ VCC 和 Width _ GND 优先级是一样的，它们两个都比 Width _ all 要高。也就是说在制作同一条导线时，如果有多条规则都涉及这条导线时，要以级别高的为准，应该将约束条件苛刻的作为高级别的规则。

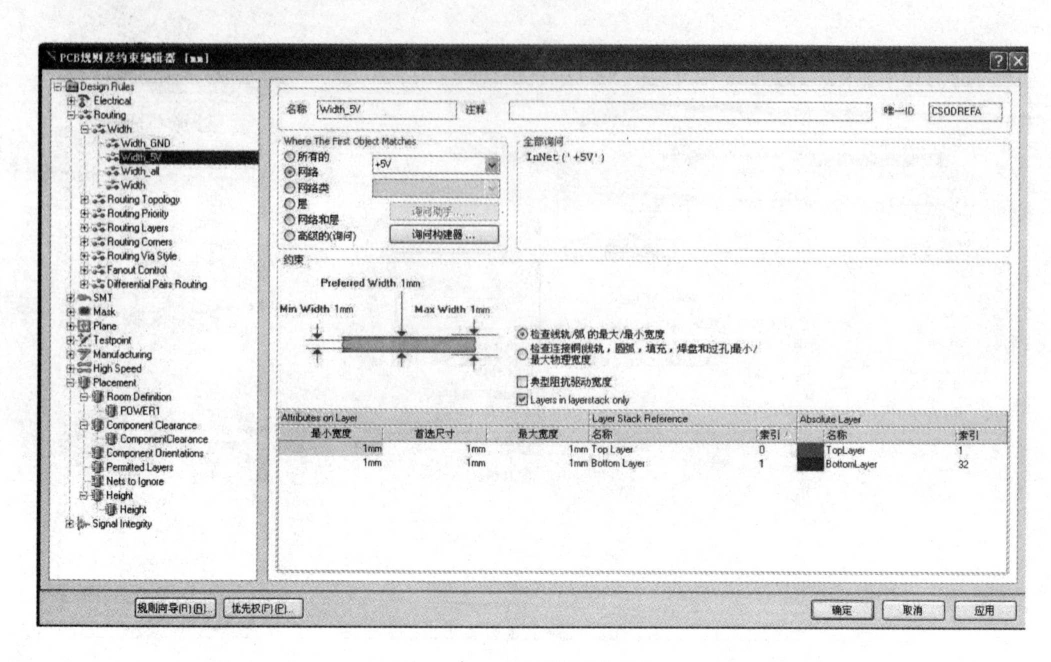

图 4-67　5V 网络线宽设置

7）单击“PCB 规则和约束”对话框左下角的“优先权”按钮，进入“编辑规则优先级”对话框，如图 4-68 所示。选中某条规则，单击下方的“增加优先权”与“减少优先权”按钮，可以调整该规则的优先级别。

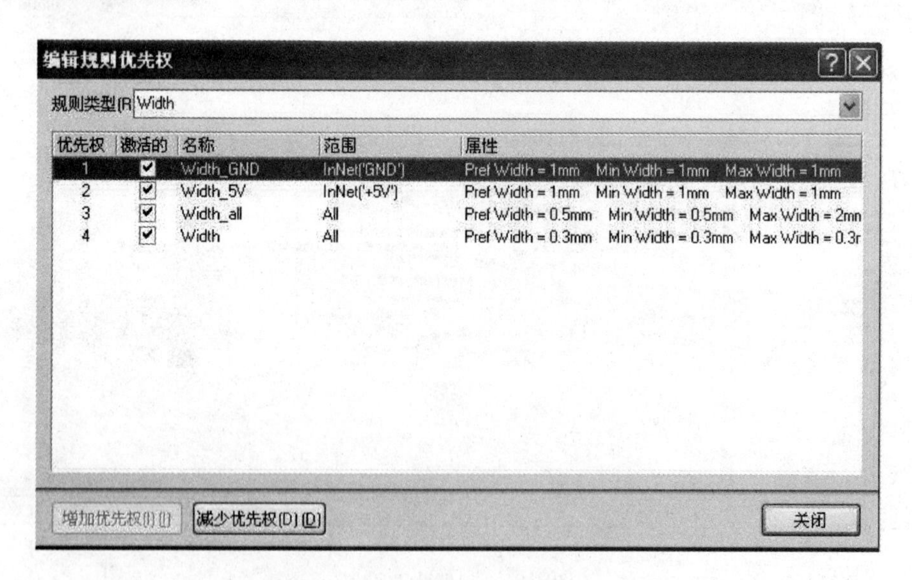

图 4-68　优先级设置

（2）Routing Layers（布线层）。展开“Routing Layers”项，并单击默认的“Routing Layers”规则，如图 4-69 所示。本例要求设计双面板，可采取默认。如果设计单面板，注意单面板只能底层布线，则要将 Top Layer 的 Allow Routing（允许布线）复选框取消。

其余设置可采用系统默认，完成后单击“确定”按钮完成规则设置。

7. 元件布局

元件的布局有自动布局和手工布局两种方式，用户根据自己的习惯和设计需要可以选择自动

图 4-69　布线层设置

布局，也可以选择手工布局，当然在很多情况下需要两者结合才能达到很好的效果。

Altium Designer 9 提供了强大的自动布局功能，在自动布局完成后，进行手工调整，这样可以更加快速、便捷地完成元件的布局工作。

(1) 如图 4-70 所示，单击执行“工具”菜单下的“器件布局”下的“自动布局”命令。

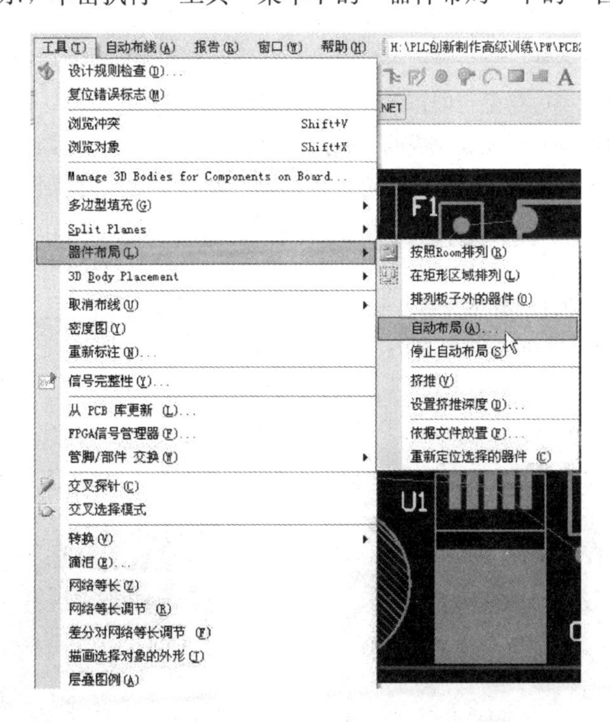

图 4-70　自动布局命令

(2) 弹出“自动放置”对话框，如图 4-71 所示。

(3) 成群的放置项。集群方法布局。系统将根据元件之间的连接关系，将元件划分成一个个的集

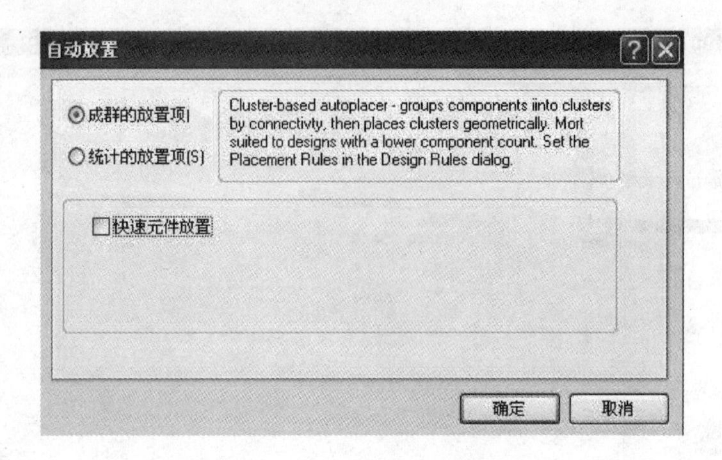

图 4-71　自动放置对话框

群（Cluster)，并以布局面积最小为基准进行布局。这种布局方式适合于元件数量较少的电路板。

（4）统计的放置项。统计法布局。系统将以元件之间连接长度最短为标准进行布局，这种布局适合于元件数目比较多的电路板。

（5）选择“成群的放置项”选项，单击“确定”按钮，将进行 PCB 板自动布局。自动布局结果如图 4-72 所示。

（6）在自动布局过程中，如果想中途终止自动布局过程，可以单击执行“工具”菜单下的“器件布局”下的“自动布局”命令，停止自动布局。

8. 手工调整

尽管 Altium Designer 9 自动布局的速度和效率都很高，但自动布局后的元件通常非常乱，并不能完全符合设计需要，因此不能完全依赖程序的自动布局。在自动布局结束后往往还要对元件布局进行手工调整。同时还要考虑到电路是否能正常工作和电路的抗干扰性等问题，可能对某些元件的布局有特殊的要求，这是系统自动布局无法完成的。因此，对元件布局进行手工调整是十分必要的。

对元件布局进行手工调整主要是对元件进行移动、旋转、排列等操作。

（1）手动调节元件布局，单击元件 JP1，按空格键旋转元件，移动鼠标到合适位置，松开鼠标，确定元件布局位置。依次完成连接件 JP2、保险 F1、整流元件 DP1、DP2 的布局，完成电容元件 C1～C8，电阻元件 R1，电感元件 L1、L2，集成元件 U1、U2，发光二极管元件的布局。

（2）调节完成后的元件布局，如图 4-73 所示。

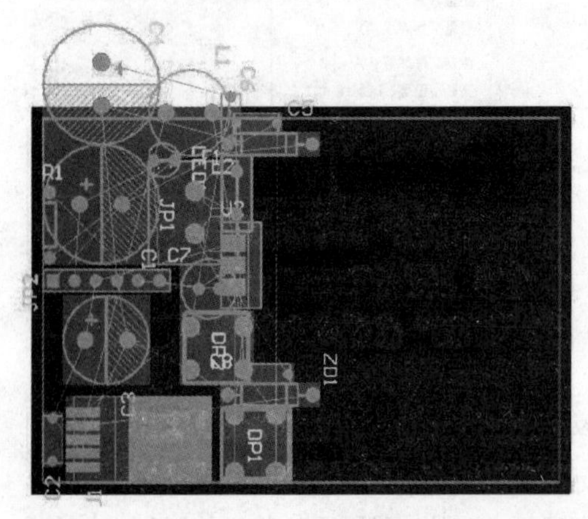

图 4-72　自动布局结果

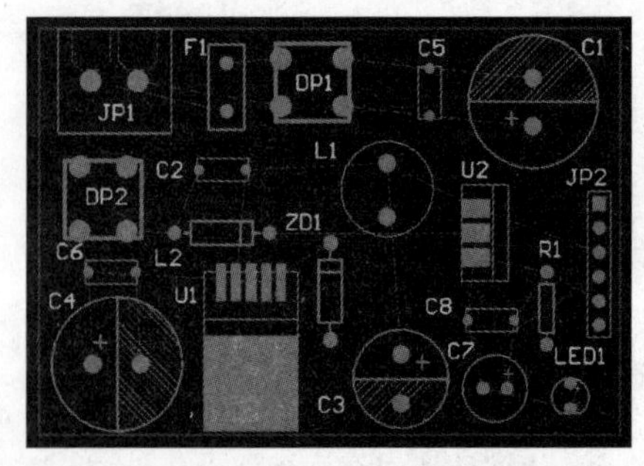

图 4-73　手动调节元件布局

9. 自动布线

自动布线就是根据用户设定的有关布线规则，依照一定的算法，自动在各个元器件之间进行连接导线，实现 PCB 板各个组件和元器件的电气连接。

(1) 单击主菜单“自动布线”项，系统弹出自动布线菜单，如图 4-74 所示。Altium Designer 9 提供了 10 种自动布线方式，分别如下：

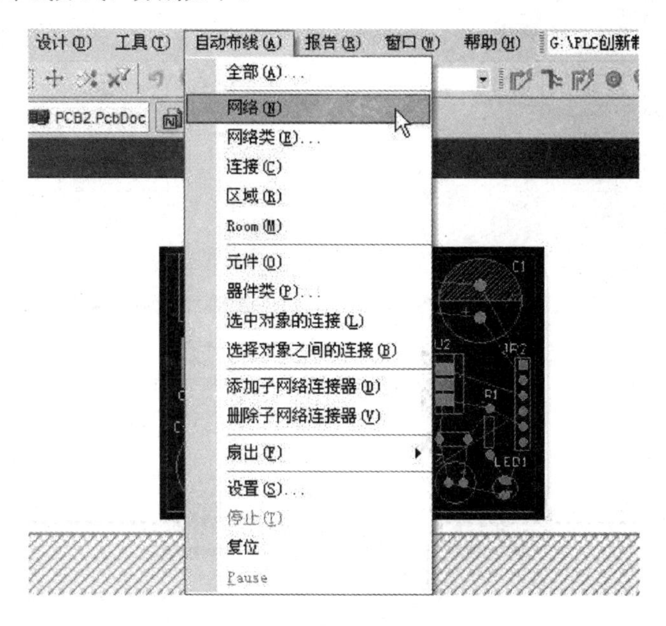

图 4-74 自动布线菜单

1) 所有：对整个 PCB 板进行布线。

2) 网络：对指定网络进行布线。

3) 网络类：对指定网络类进行布线。

4) 连接：对指定焊盘进行布线。

5) 区域：对指定区域进行布线。

6) Room：对给定元件组合进行自动布线。

7) 元件：对指定元件进行布线。

8) 器件类：对指定元器件类进行布线。

9) 选中对象的连接：对选中对象的连接进行布线。

10) 选择对象之间的连接：对选择对象之间的连接进行布线。

(2) All 布线方式。

1) 执行“自动布线”菜单下的“所有”命令，弹出图 4-75 所示的“Situs 布线策略”自动布线设置对话框。

2) 单击“Routing All”按钮，程序就开始对电路板进行自动布线，系统弹出如图 4-76 所示自动布线信息窗口，设计者可以了解到布线的情况。

3) 完成自动布线结果如图 4-77 所示。从图中可以清楚看到由于布线规则的约束“+5V”和“GND”两个网络的线宽比一般的导线要宽。

(3) 按网络布线方式。

1) 执行“自动布线”菜单下的“网络”命令后，光标变为十字形状，设计者可以选取需要进行布线的网络。

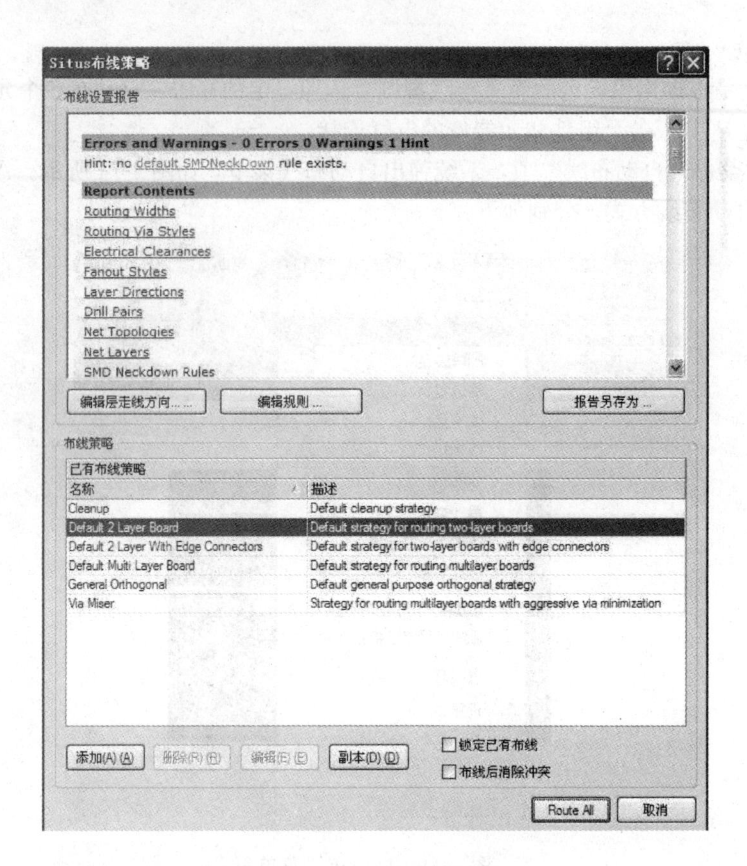

图 4-75　自动布线设置对话框

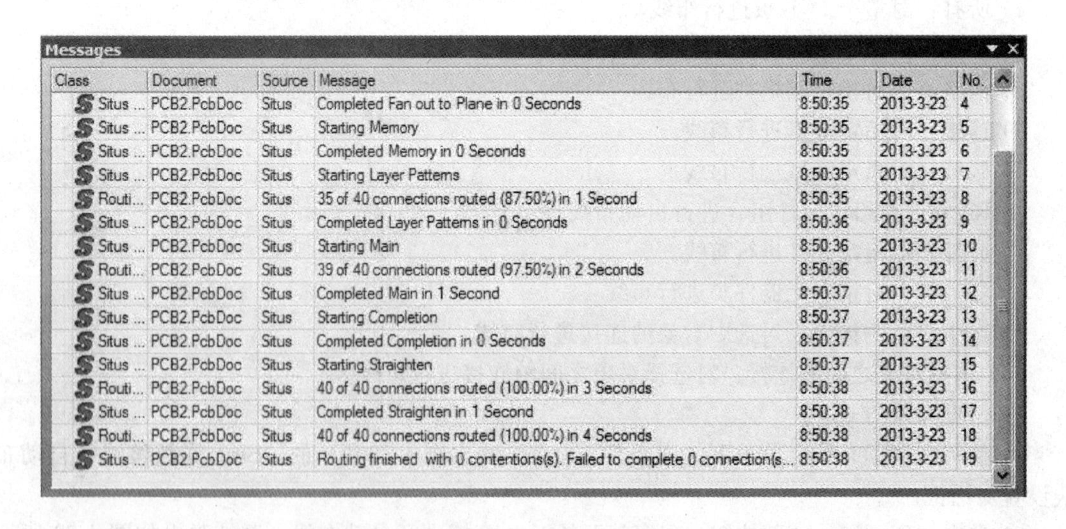

Messages

Class	Document	Source	Message	Time	Date	No.
Situs ...	PCB2.PcbDoc	Situs	Completed Fan out to Plane in 0 Seconds	8:50:35	2013-3-23	4
Situs ...	PCB2.PcbDoc	Situs	Starting Memory	8:50:35	2013-3-23	5
Situs ...	PCB2.PcbDoc	Situs	Completed Memory in 0 Seconds	8:50:35	2013-3-23	6
Situs ...	PCB2.PcbDoc	Situs	Starting Layer Patterns	8:50:35	2013-3-23	7
Routi...	PCB2.PcbDoc	Situs	35 of 40 connections routed (87.50%) in 1 Second	8:50:35	2013-3-23	8
Situs ...	PCB2.PcbDoc	Situs	Completed Layer Patterns in 0 Seconds	8:50:36	2013-3-23	9
Situs ...	PCB2.PcbDoc	Situs	Starting Main	8:50:36	2013-3-23	10
Routi...	PCB2.PcbDoc	Situs	39 of 40 connections routed (97.50%) in 2 Seconds	8:50:36	2013-3-23	11
Situs ...	PCB2.PcbDoc	Situs	Completed Main in 1 Second	8:50:37	2013-3-23	12
Situs ...	PCB2.PcbDoc	Situs	Starting Completion	8:50:37	2013-3-23	13
Situs ...	PCB2.PcbDoc	Situs	Completed Completion in 0 Seconds	8:50:37	2013-3-23	14
Situs ...	PCB2.PcbDoc	Situs	Starting Straighten	8:50:37	2013-3-23	15
Routi...	PCB2.PcbDoc	Situs	40 of 40 connections routed (100.00%) in 3 Seconds	8:50:38	2013-3-23	16
Situs ...	PCB2.PcbDoc	Situs	Completed Straighten in 1 Second	8:50:38	2013-3-23	17
Routi...	PCB2.PcbDoc	Situs	40 of 40 connections routed (100.00%) in 4 Seconds	8:50:38	2013-3-23	18
Situs ...	PCB2.PcbDoc	Situs	Routing finished with 0 contentions(s). Failed to complete 0 connection(s...	8:50:38	2013-3-23	19

图 4-76　自动布线信息

2）当设计者单击的地方靠近焊盘时，系统可能会弹出如图 4-78 所示的菜单（该菜单对于不同焊盘可能不同），一般应该选择“Pad”或“Track”选项，而不选择“JP1”元件选项，因为“JP1”元件选项是对与当前元器件管脚有电气连接关系的网络进行布线。

3）如果发现 PCB 板没有完全布通（即布通率低于 100%），或者欲拆除原来布线，如图 4-79 所示，执行“工具”菜单下的“取消布线”下的相关命令，取消布线，然后再重新布线。

10. 电路板走线的手工调整

在设计复杂 PCB 时，利用软件提供的自动布线一般是不可能完成全部任务的。自动布线其实质是在某种给定的算法下，按照用户给定的网络表，实现各网络之间的电气连接。因此，自动布线的功能主要是实现电气网络间的连接，在自动布线的实施过程中，很少考虑到特殊的电气、物理散热等要求，设计者还应根据实际需求通过手工布线来进行一些调整，修改不合理的走线，使电路板既能实现正确的电气连接，又能满足用户的设计要求。

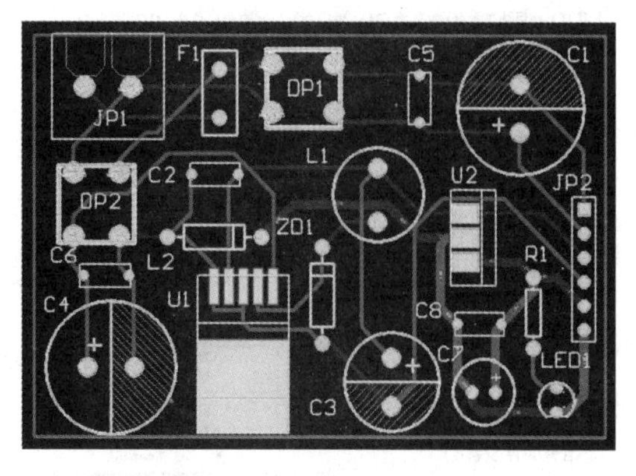

图 4-77 自动布线结果

输入导线和输出导线平行的走线会导致寄生反馈，有可能引起自激振荡，应该避免。如果存在网络没有布通，或者存在拐弯太多、总长度太大的线，则应拆除导线，重新调整布局，然后重新布线。

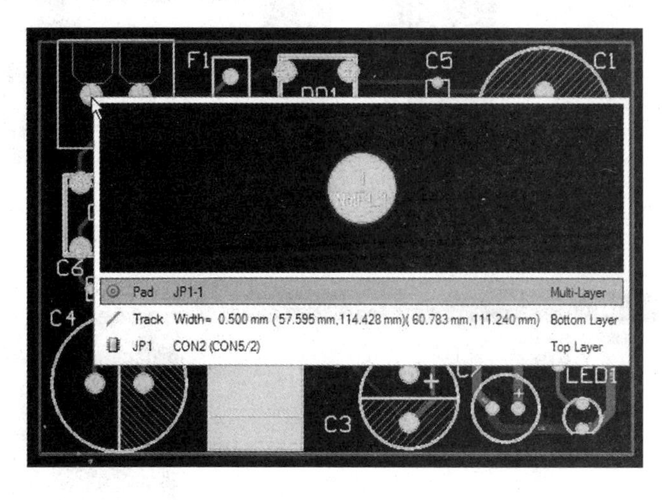

图 4-78 选择布线对象

(1) 调整 12VGND 网络线的宽度。

1) 执行“设计”菜单下的“规则”命令，弹出“PCB 规则和约束编辑”对话框。

2) 修改布线规则下的“Width”宽度规则，单击右键，执行“新规则”命令，增加 Width_12VGND 网络导线宽度规则，最大值设为 1mm，最小值设为 0.8mm，推荐值设为 0.8mm。

3) 执行“工具”菜单下的“取消布线”下的“网络”命令，选择 12VGND 网络线，取消 12VGND 网络线的布线。

4) 执行“自动布线”菜单下“网络”命令，选择 12VGND 网络线，重新进行网络布线，结果如图 4-80 所示，12VGND 网络线变粗了。

(2) 直接双击 24V1 导线，弹出图 4-81 所示的导线宽度设置对话框，修改导线宽度为 0.8mm，单击“确定”按钮，该导线宽度变为 0.8mm。

11. 敷铜

在印制电路板上敷铜有以下作用：加粗电源网络的导线，使电源网络承载大电流；给电路中的高频单元放置敷铜区，吸收高频电磁波，以免干扰其他单元；整个线路板敷铜，提高抗干扰能力。

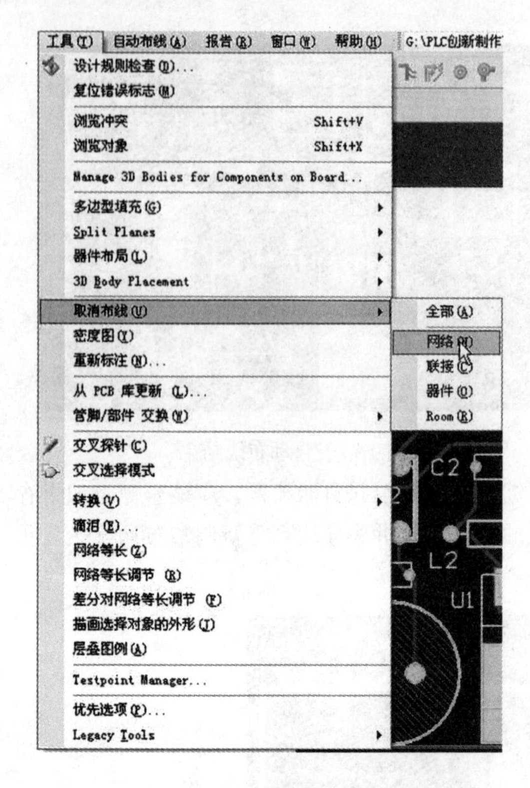

图 4-79 取消布线

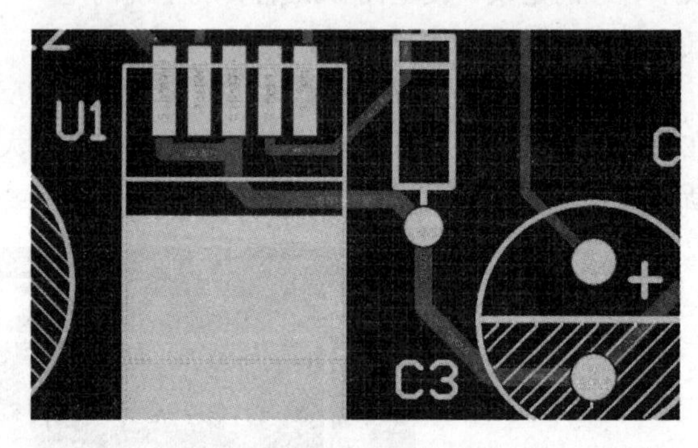

图 4-80 12VGND 网络线变粗

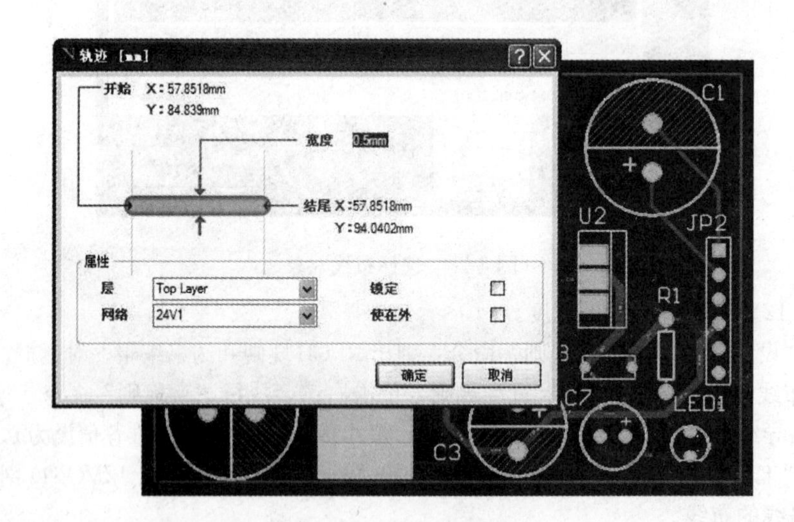

图 4-81 24V1 导线变粗

(1) 放置填充区。切换到所需的层，执行“放置”菜单下的“填充”命令。这种方法只能放置矩形填充，在其属性对话框中可以设置填充所连接的网络。填充通常放置在 PCB 的顶层、底层或内部的电源层或接地层，不能包围元器件等图形对象。

(2) 放置敷铜区。切换到所需的层，执行“放置”菜单下的“实心区域”命令，画出多边形区域，如图 4-82 所示，其形状可以改变，但是不能包围元器件等图形对象。

(3) 放置多边形铜区域。

1) 执行“放置”菜单下的“多边形敷铜”命令，弹出图 4-83 所示的“敷铜设置”对话框。

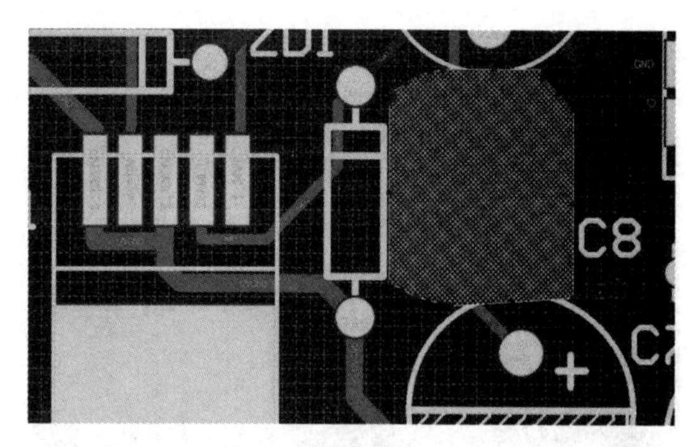

图 4-82 放置实心区域敷铜

● Solid：敷铜区为实心铜区域。在敷铜的过程中，将不产生小于设定值的孤岛铜区域。

● 层：设定敷铜区所在的信号层，设为“Bottom Layer”底层。

● 锁定原始的：选中此项，敷铜将作为一个整体存在，否则会被分解为若干导线、圆弧，将失去抗干扰的作用。

● 连接到网络：选择敷铜所要连接的网络，为抗干扰考虑，一般选择地线网络，设为“GND”。设为“GND”后，当敷铜经过“GND”网络时，会自动与该网络相连。

2）然后选择如何处理敷铜和同一个网络中对象实体之间的关系。其中，“Don′t Pour Over Same Net Objects”敷铜经过连接在相同网络上的对象实体时，不覆盖过去，要为对象实体勾画出轮廓；“Pour Over All Net Objects”敷铜经过连接在相同网络上的对象实体时，会覆盖过去，不为对象实体勾画出轮廓；“Pour Over Same Net Polygon Only”只覆盖相同网络的敷铜。本例选择“Pour Over All Net Objects”。

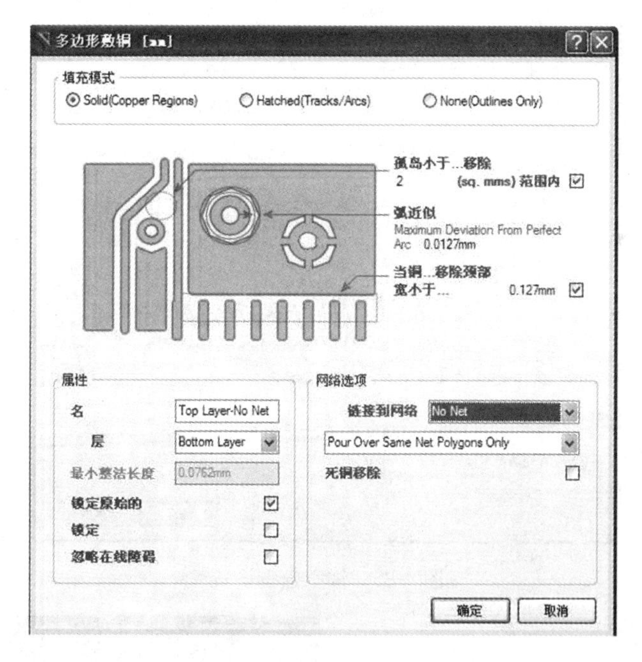

图 4-83 敷铜设置对话框

3）选择是否“死铜移除”。若选择此项，删除没有连接在指定网络上的死铜。

4）设置完成后，光标变成十字，在工作区内画出敷铜的区域（区域可以不完全闭合，软件会自动完成区域的闭合），敷铜的效果如图 4-84 所示。

5）对于比较复杂的系统，印制电路板上可能包含多种性质的功能单元（传感器、低频模拟信号、高频模拟、数字信号等），不宜采用覆盖所有的网络对象实体，这样会导致单元电路之间的干扰，甚至系统无法正常工作。

（4）放置镂空敷铜区。

1）在覆盖区内没有对象实体的位置单击左键，选中敷铜，然后按键盘“Delete”键删除

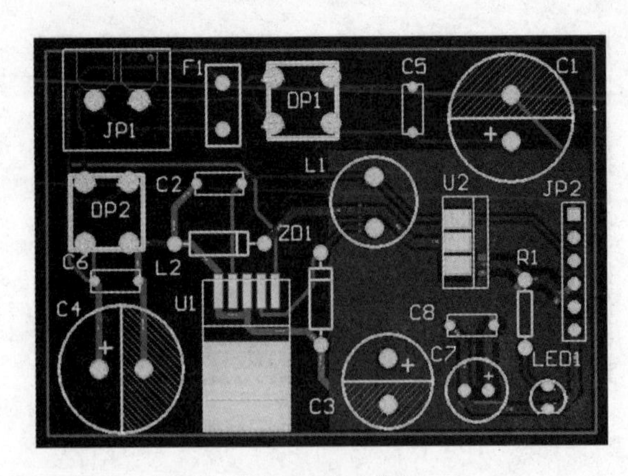

图 4-84　实心敷铜

敷铜。

2）执行“放置”菜单下的“多边形填充”命令，弹出“敷铜设置”对话框，属性设置如图 4-85 所示。

- Hatched（Track/Arcs）：敷铜区内为镂空铜区域。
- 轨迹宽度：设置导线宽度。
- 栅格尺寸：设置网格尺寸。
- 包围焊盘宽度：选择敷铜包围焊盘的方式，圆弧（Arc）还是八角形（Octagons）。
- 镂空模式：选择镂空式样，90°、45°、水平的、垂直的。

3）设置完成后，光标变成十字，在工作区内画出敷铜的区域（区域可以不完全闭合，软件会自动完成区域的闭合），敷铜的效果如图 4-86 所示。

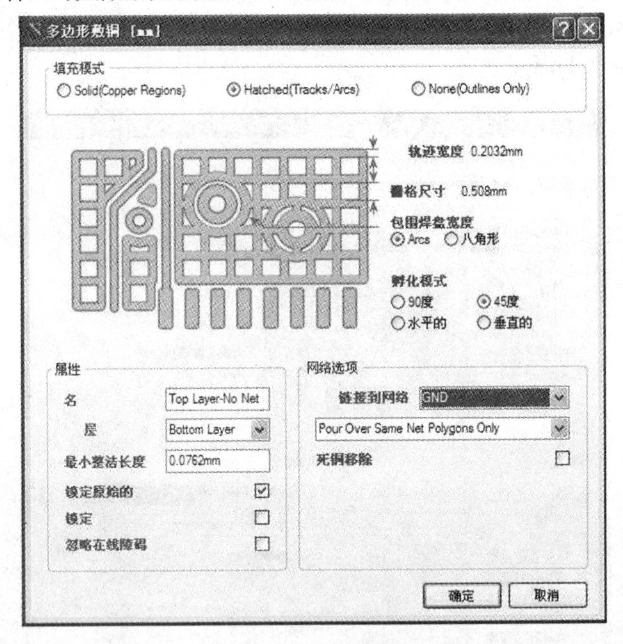

图 4-85　镂空敷铜设置

12. 补泪滴

在电路板设计中，为了让焊盘更坚固，防止机械制板时焊盘与导线之间断开，常在焊盘和导线连接处用铜膜布置一个过渡区，形状像泪滴，故常称此操作为补泪滴（Teardrops）。

（1）执行“工具”菜单下的“泪滴”命令，弹出图 4-87 所示的“泪滴选项”设置对话框。

各项参数说明如下：

1）通常选项区域设置。

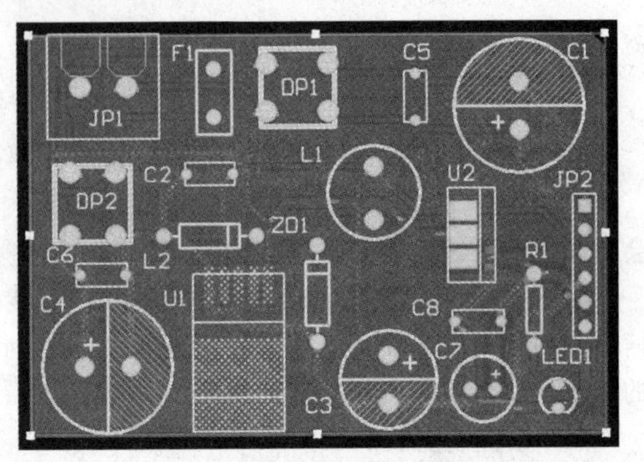

图 4-86　镂空敷铜效果

● “全部焊盘”复选项：用于设置是否对所有的焊盘都进行补泪滴操作。

● 所有过孔复选项：用于设置是否对所有过孔都进行补泪滴操作。

● 仅选择对象复选项：用于设置是否只对所选中的组件进行补泪滴。

● 强迫泪滴复选项：用于设置是否强制性的补泪滴。

● 创建报告复选项：用于设置补泪滴操作结束后是否生成补泪滴的报告文档。

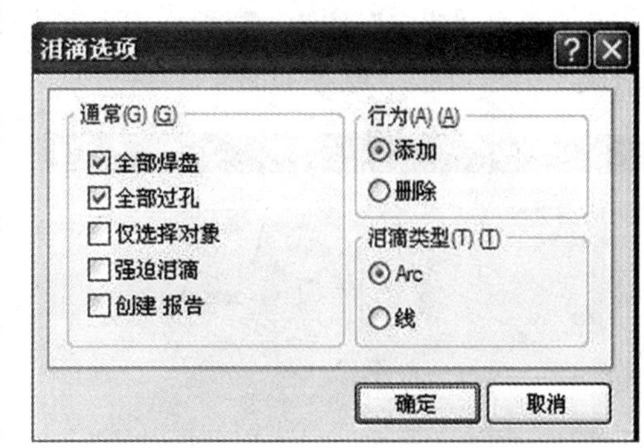

图 4-87 泪滴选项设置对话框

2) 泪滴行为选项区域设置。

● 添加单选项：表示是泪滴的添加操作。

● 移除单选项：表示是泪滴的删除操作。

3) 泪滴类型选项区域设置。

● 圆弧单选项：表示选择圆弧形补泪滴。

● 线单选项：表示选择用导线形做补泪滴。

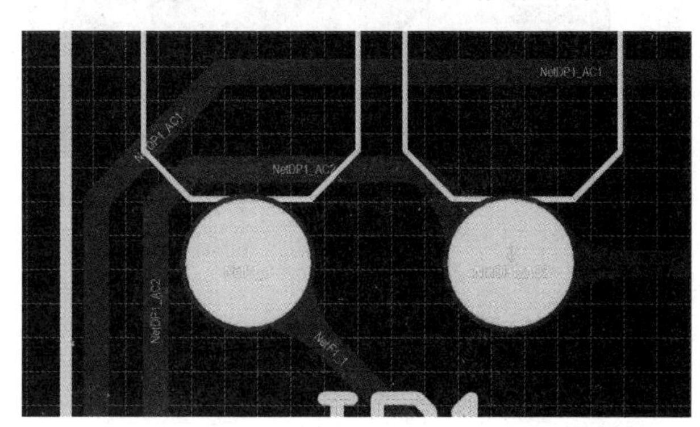

图 4-88 补钼滴局部放大图

注意：对选择的焊盘和过孔补泪滴时，要同时选中“所有焊盘”和“所有过孔”选项。

(2) 设置完成，单击“确定”按钮，完成补泪滴操作。

(3) 局部放大图结果见图 4-88。

13. 放置文字

在设计 PCB 时，在布好的印刷板上需要放置相应组件的文字（String）标注，或者电路注释及公司的产品标志等文字。必须注意的是所有的文字都放置在 Silkscreen（丝印层）上。

(1) 执行“放置”主菜单下的“字符串”命令，或单击组件放置工具栏中的“A”放置字符串按钮，鼠标变成十字光标状，将鼠标移动到合适的位置，单击就可以放置文字。系统默认的文字是“String”，可以用以下的办法对其编辑。

(2) 在用鼠标放置文字时按“Tab”键，弹出图 4-89 所示的字符串设置对话框。可以设置文字的 Height（高度）、Width（宽度）、Rotation（放置的角度）和放置的 X 和 Y 的坐标位置 LocationX/Y。

在“属性”选项区域中，有如下几项：

1)“文本”下拉列表：用于设置要放置的文字的内容，可根据不同设计需要而进行更改。

2)“层”下拉列表：用于设置要放置的文字所在的层面。

3)“字体”：选择“True Type”单选项，弹出字体设置选项，可以设置放置的文字的字体。

4)“锁定”复选项：用于设定放置后是否将文字固定不动。

5)“镜像”复选项：用于设置文字是否镜像放置。

(3) 例如设置文字内容为“SITEC”，字高为 2.5mm。

(4) 单击“确定”按钮，鼠标变成十字光标状，将鼠标移动到合适的位置，单击鼠标就可以放置文字“SITEC”，结果如图 4-90 所示。

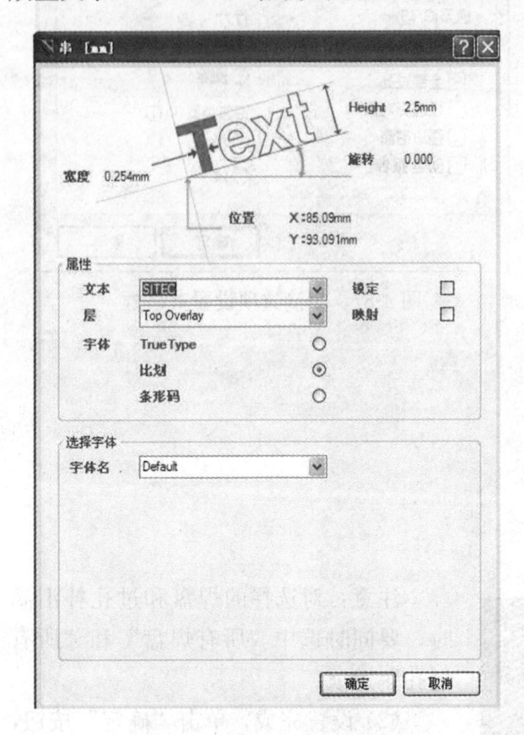

图 4-89 字符串设置对话框

图 4-90 放置字符串

(5) 对已经在 PCB 板上放置好的文字，直接双击文字，也可以弹出“字符串”设置对话框。

14. 原理图与 PCB 之间交叉追逐与相互更新

从原理图到完成印制电路板的制作是个复杂的过程，需要在原理图与印制电路板文档之间反复切换，反复更改，软件提供了交叉追踪和更新功能帮助用户提高制图速度。

(1) 打开工程中的两个文档：PLC 电源原理“POWER1. Schdoc”和“PCB2. Pcbdoc”。

(2) 执行“窗口”菜单下的“垂直排列”命令，将工作区文档并行排列，如图 4-91 所示。

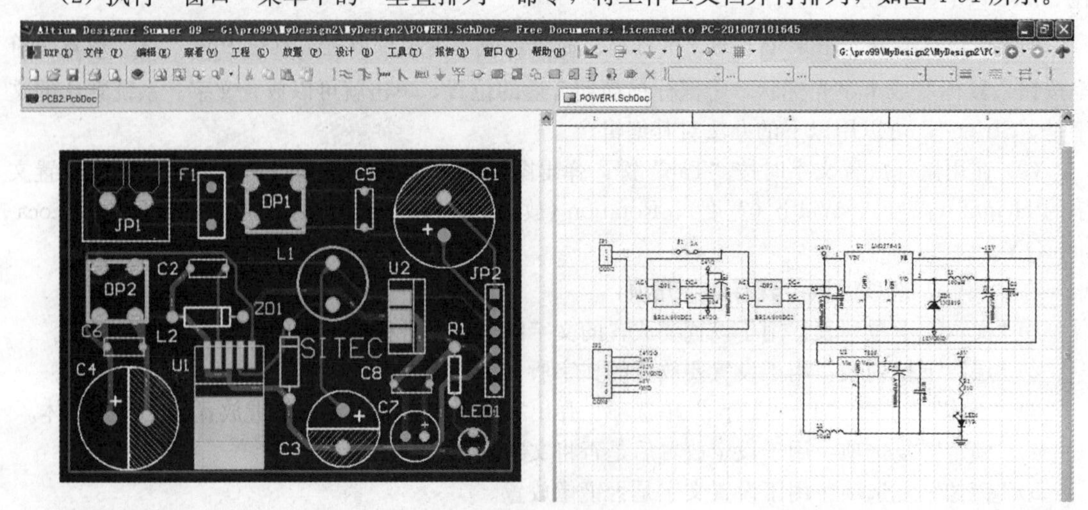

图 4-91 窗口垂直排列

(3) 从原理图追踪并更新到 PCB。

1) 在原理图窗口单击，使之成为活动文档。

2) 如图 4-92 所示，执行“工具”菜单下的“发现器件”命令。

3) 光标变为十字。如图 4-93 所示，单击原理图工作区内元件 JP1，则 PCB 中相应的元器件 JP1 被高亮显示，而其他部分暗显，此时只有 JP1 能被编辑。

4) 继续单击其他元器件或者网络标号进行追踪，直到按右键取消该操作。

5) 找到需要修改的目标后，进行编辑，完成后单击工作区右下角的“清除”按钮，清除高亮显示状态。

6) 将原理图中连接器编号 JP1 修改为 S3。

7) 自动更新到 PCB。执行“设计”菜单下的“Update PCB Document PCB2. Pcbdoc”，接受工程变化，更新后效果如图 4-94 所示。

(4) 从 PCB 追踪并更新到原理图。

1) 在 PCB 图窗口单击，使 PCB2. Pcbdoc 成为活动文档。

2) 执行“工具”菜单下的“交叉选择模式”命令。

3) 单击 PCB 图工作区内元件，则原理图中相应的元器件被高亮显示，而其他部分暗显，此时只有高亮显示元件能被编辑。找到需要修改的目标后，进行编辑。

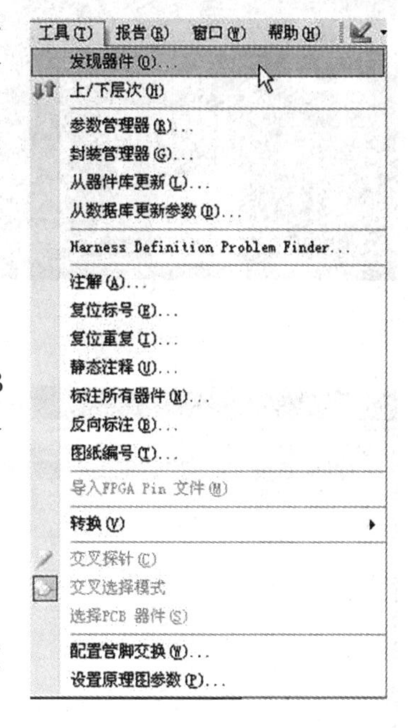

图 4-92 发现器件

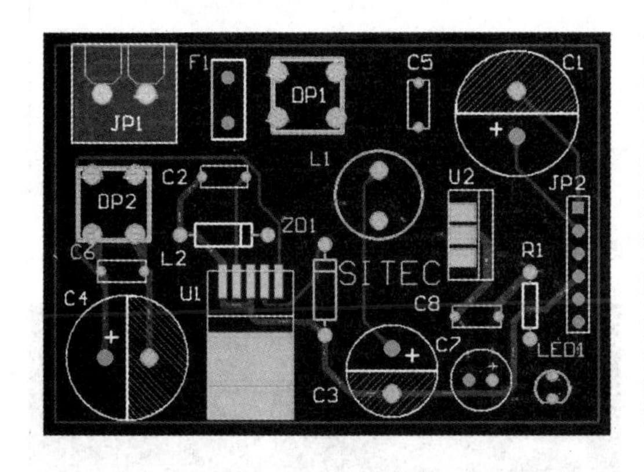

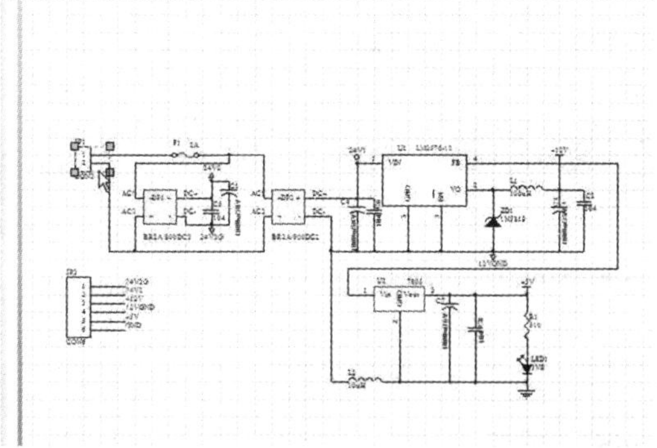

图 4-93 JP1 高亮显示

4) 将 PCB 图中连接器编号 F1 修改为 S2。

5) 自动更新到原理图。执行“设计”菜单下的“Update Schematics in PCB _ Project1. PrjPcb”命令。

6) 弹出图 4-95 所示的“工程更改顺序”对话框。

7) 单击“生效更改”按钮。

8) 单击“执行更改”按钮。

9) 单击“关闭”按钮，接受更新变化，结果见图 4-96。

15. 设计规则检查

PCB 设计完成后，接下来就要进行设计规则校验，检查设计中的错误，同时根据需要生成

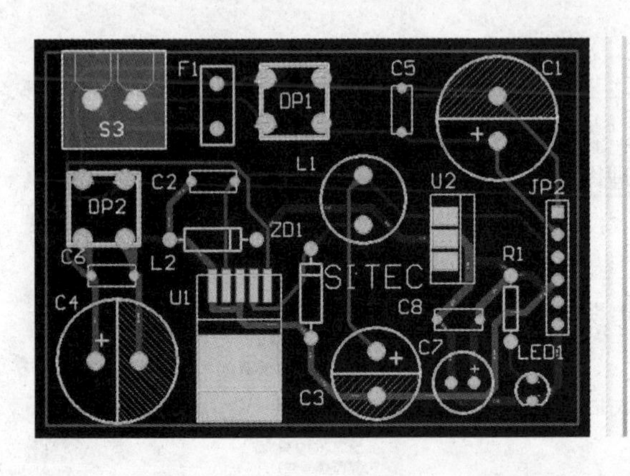

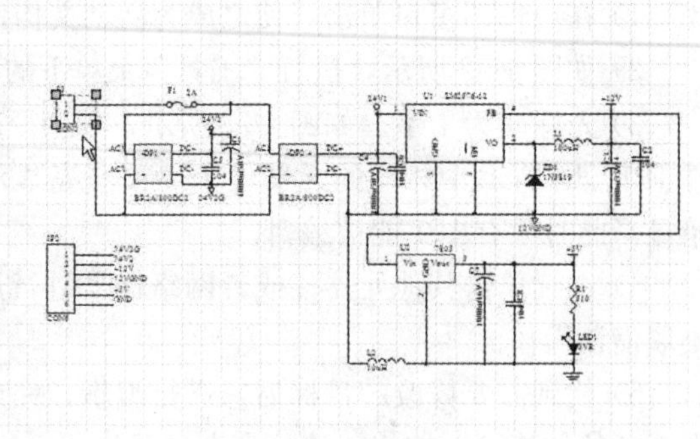

图 4-94　JP1 修改为 S3

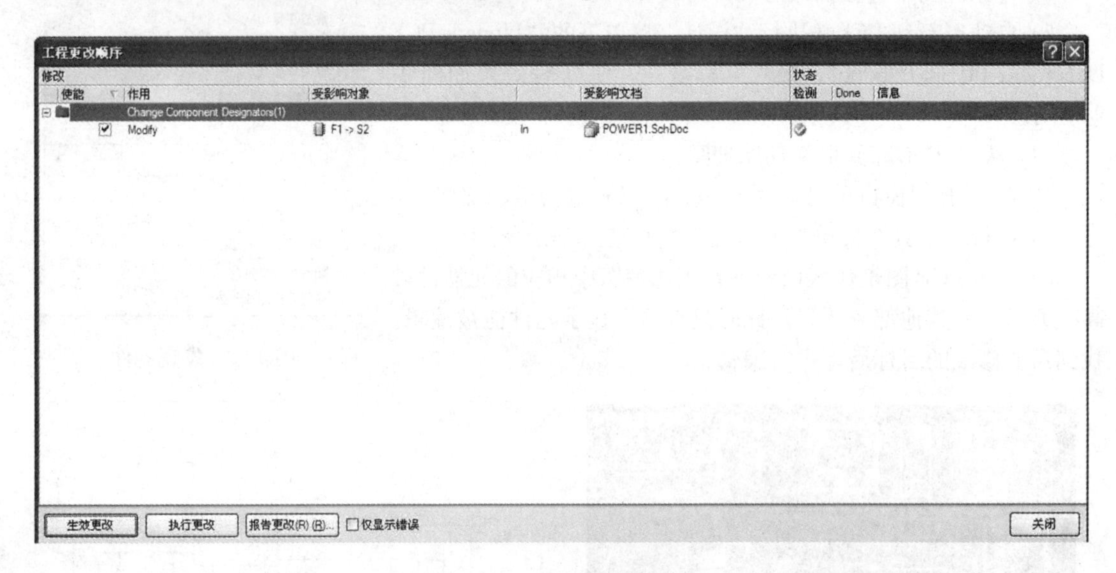

图 4-95　工程更改顺序对话框

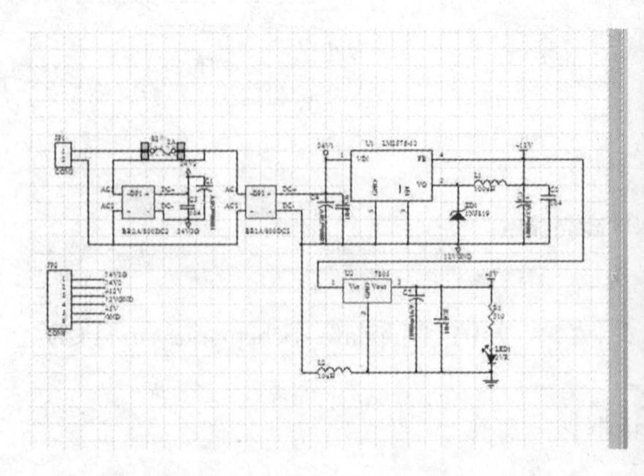

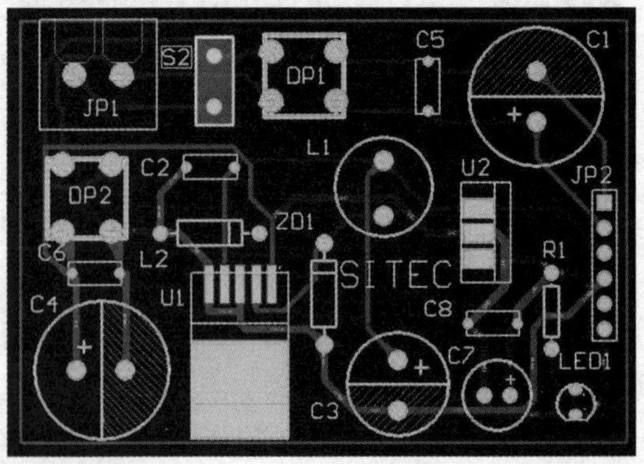

图 4-96　F1 修改为 S2

一些报表，供后期制作 PCB 或者装配 PCB 使用。

(1) 在线自动检查。Altium Designer 9 支持在线的规则检查，即在 PCB 设计过程中按照在“Design Rule（设计规则）”设置的规则，自动进行检查，如果有错误，则高亮显示，系统默认颜色为绿色。

1）执行“工具”菜单下的“优先选项”命令。

2）打开“首选项”对话框，设置是否要进行在线规则检查，如图 4-97 所示。

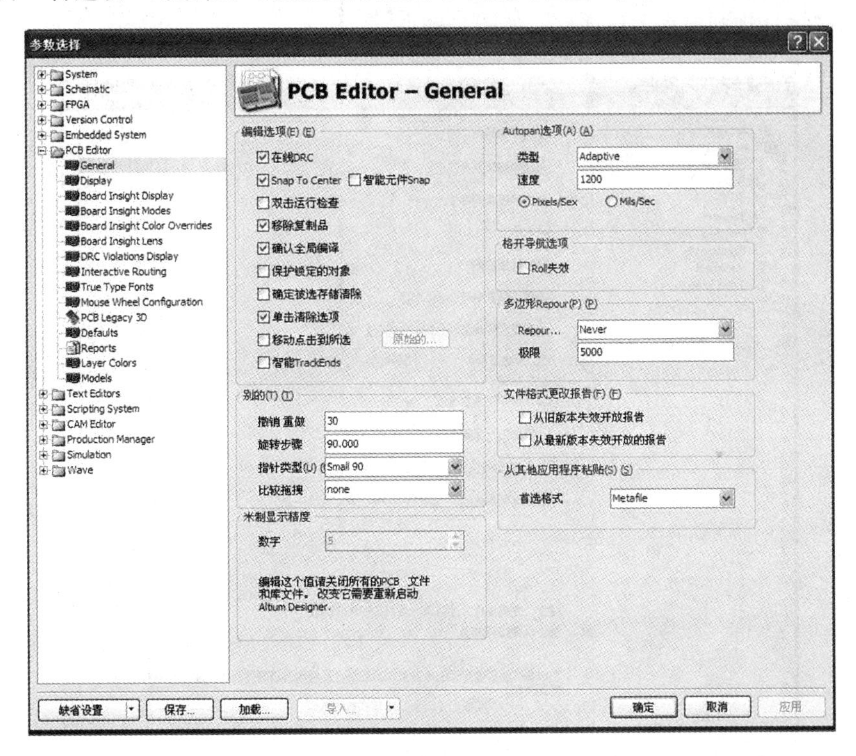

图 4-97 首选项对话框

3）在编辑选项的“在线 DRC”复选框中单击，选择“在线 DRC”，设置完成，单击“确定”按钮。

4）执行“设计”菜单下的“板层颜色”命令，打开印制电路板的“层和颜色设置”对话框，设置是否显示错误提示层和设置错误颜色，如图 4-98 所示。

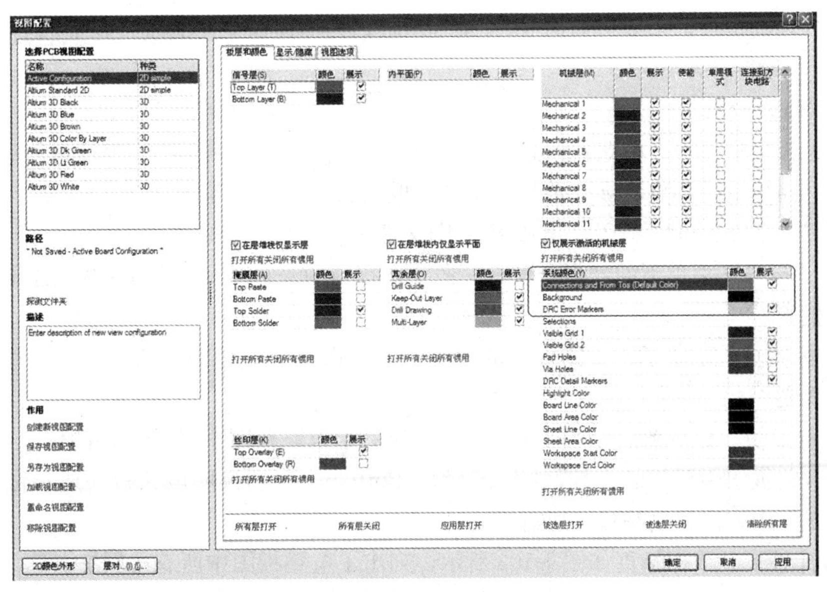

图 4-98 层和颜色设置对话框

(2) 手工检查。

1) 执行“工具”菜单下的“设计规则检测”命令。

2) 弹出“设计规则检查”对话框，如图 4-99 所示。

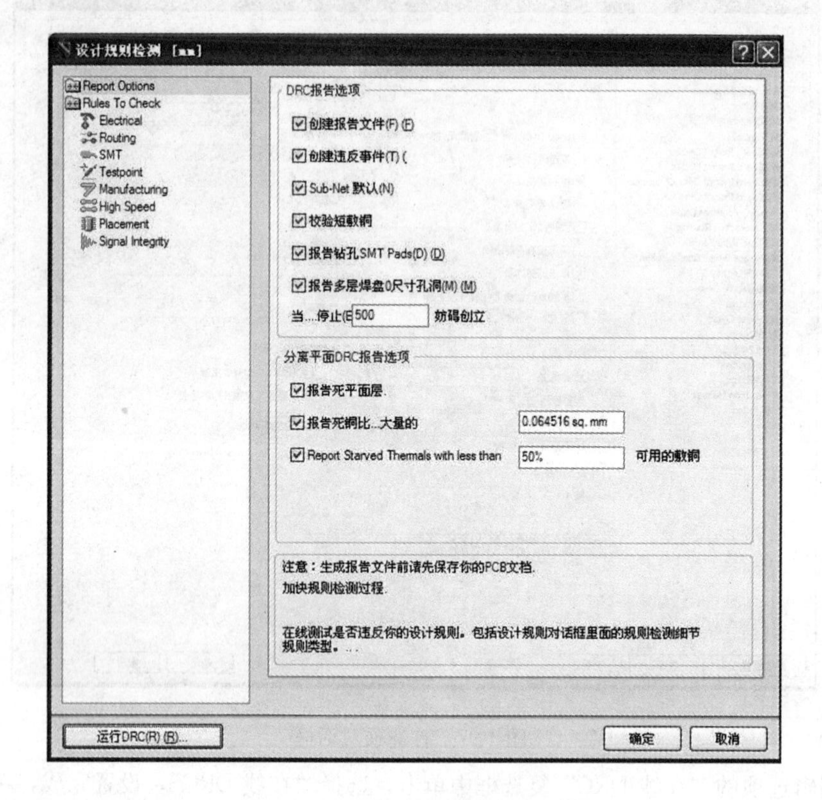

图 4-99　设计规则检查对话框

3) 在“DRC 报告选项”项中设置规则检查报告的项目。

4) 在“Rules To Check”项中设置需要检查的项目，设置完成后单击“运行 DRC”检测按钮，开始运行规则检查，系统将弹出 Messages 面板，列出违反规则的项，并生成“*.DRC”错误报告文件，如图 4-100 所示。

16. 工程报表输出

生成电路板信息报表。电路板信息报表能为用户提供一个电路板的完整信息，包括电路板的尺寸、印制电路板上的焊点、导孔数量以及电路板上的元件标号等。

1) 打开“PCB2. PcbDoc”PLC 电源 PCB 图文件。

2) 执行“报告”菜单下的“板子信息”命令，打开图 4-101 所示的电路板信息对话框，生成电路板信息报告。

3) 概要标签页。说明了该电路板图的大小，电路板图中各种图件的数量，钻孔数目以及有无违反设计规则等。

4) 元件标签页。该标签页如图 4-102 所示，显示了电路板图中有关元件的信息，其中，“合计”栏说明电路板图中元件的个数，“Top”和“Bottom”分别说明电路板顶层和低层元件的个数。下方的方框中列出了电路板中所有的元件。

5) 网络标签页。该标签页如图 4-103 所示，列出了电路板图中所有的网络名称，其中的“加载”栏说明了网络的总数。

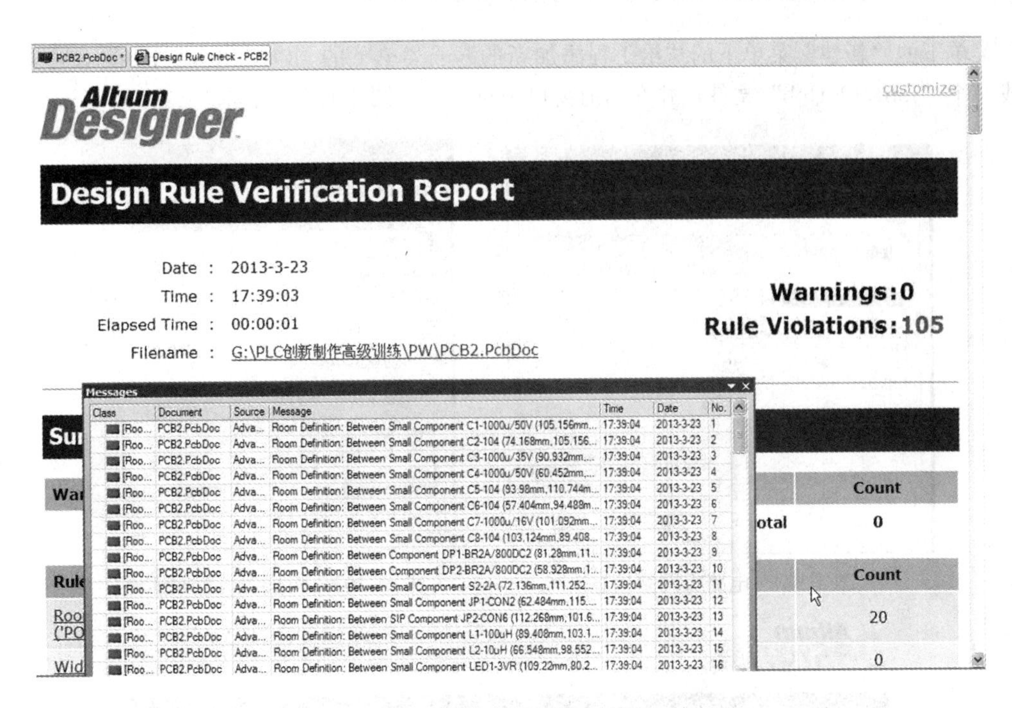

图 4-100 DRC 检查结果

6）如果设计者要生成一个报告，单击任何一个标签页中的“报告”按钮，系统会产生“板报告”设置对话框，如图 4-104 所示。

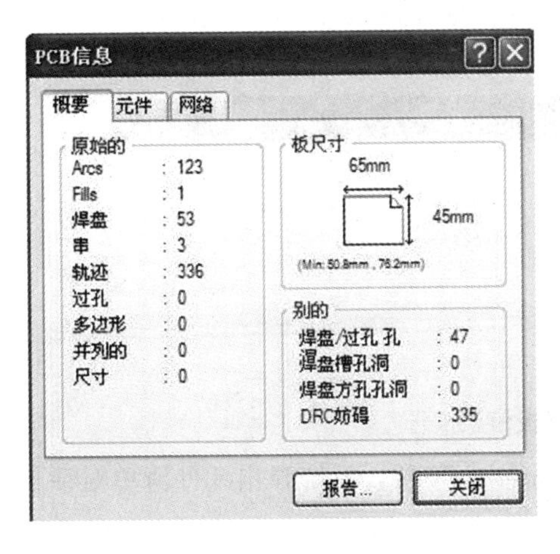

图 4-101 电路板信息对话框

图 4-102 电路板元件信息

7）选择设计者希望报告的项目，单击“报告”按钮，生成电路板信息报告，如图 4-105 所示。

17. 生成元件清单报表

元件清单可以用来整理一个电路或项目中的元件，生成一个元件列表，给设计者提供材料信息，据此元件清单报表文件，即可采购相应元器件。

Altium Designer 9 提供两种生成元件清单的方法。

（1）由项目管理生成元件清单。

1）执行“Files”文件菜单下的“新建”子菜单下的“输出工作文件”命令，或者执行“工程”菜单下的“新建”菜单下的“给工程添加新的”子菜单下的“Output Job File”命令，系统生成一个“Job1. OutJob”文件，并在当前窗口中显示，如图 4-106 所示。

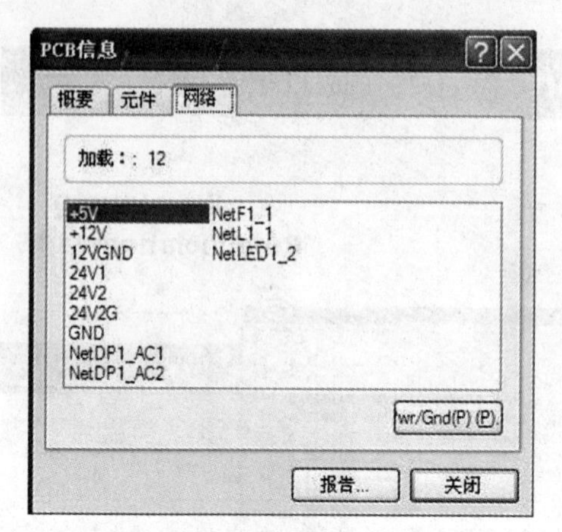

图 4-103　电路板网络信息

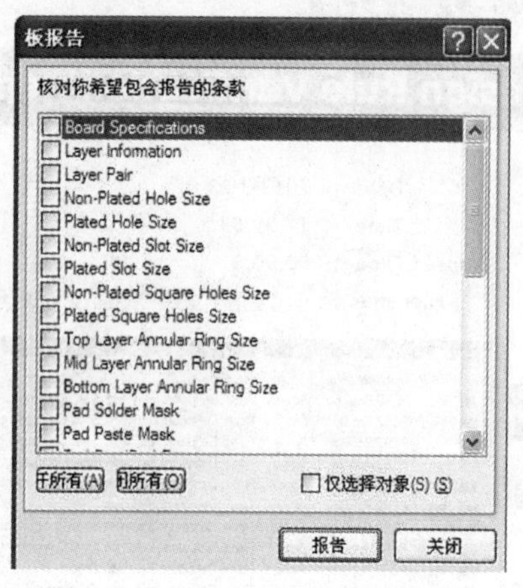

图 4-104　板报告设置对话框

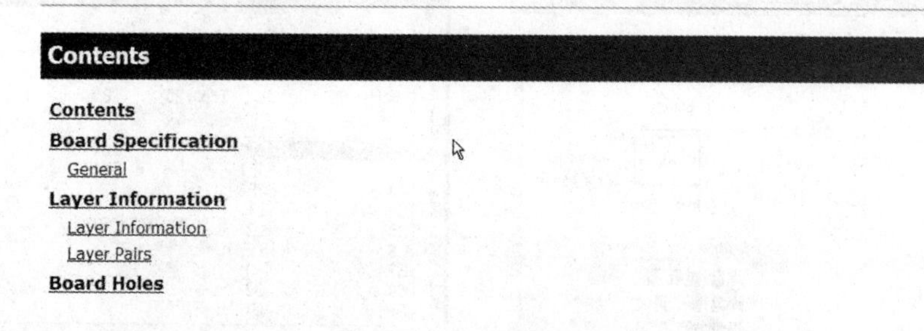

图 4-105　电路板信息报告

2）双击“Report Outputs”单元的“Bill of Materials”项，系统弹出元件清单对话框，如图 4-107 所示。

3）在对话框的右边区域显示元件清单的项目和内容，左边区域用于设置在右边区域要显示的项目，在“展示”列中打勾的项目将在右边显示出来。另外，在对话框中还可以设置文件输出的格式或模板等。

4）设置完成后，单击“输出”按钮，选择保存文件路径，如图 4-108 所示。

5）单击“保存”按钮，将输出文件保存到指定位置。

（2）由 Report 菜单生成元件清单。

1）执行“报告”菜单“Bill Of Materials”材料清单命令。

2）系统直接弹出保存项目文件对话框。

3）选择保存文件路径，单击“保存”按钮，弹出图 4-103 元件清单对话框。

4）在对话框的右边区域显示元件清单的项目和内容，左边区域用于设置在右边区域要显示

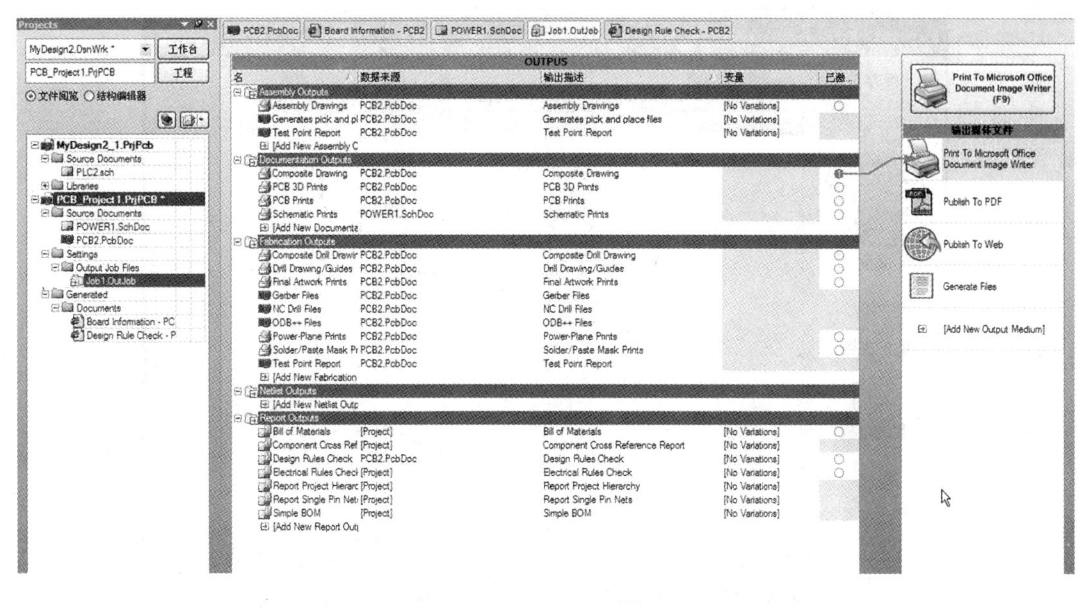

图 4-106 显示 Job1. OutJob 文件

图 4-107 元件清单对话框

的项目，在“展示”列中打勾的项目将在右边显示出来。另外，在对话框中还可以设置文件输出的格式或模板等。

5）设置完成后，单击“输出”按钮，选择保存文件路径。

6）单击“保存”按钮，将输出文件保存到指定位置。

18. 钻孔文件

(1) 执行“Files”菜单下的“新建”子菜单下的“输出工作文件”命令，打开输出项目管理器。

(2) 在管理器中选中双击“NC Drill File”选项，即打开 NC 钻孔设置对话框，如图 4-109 所示。

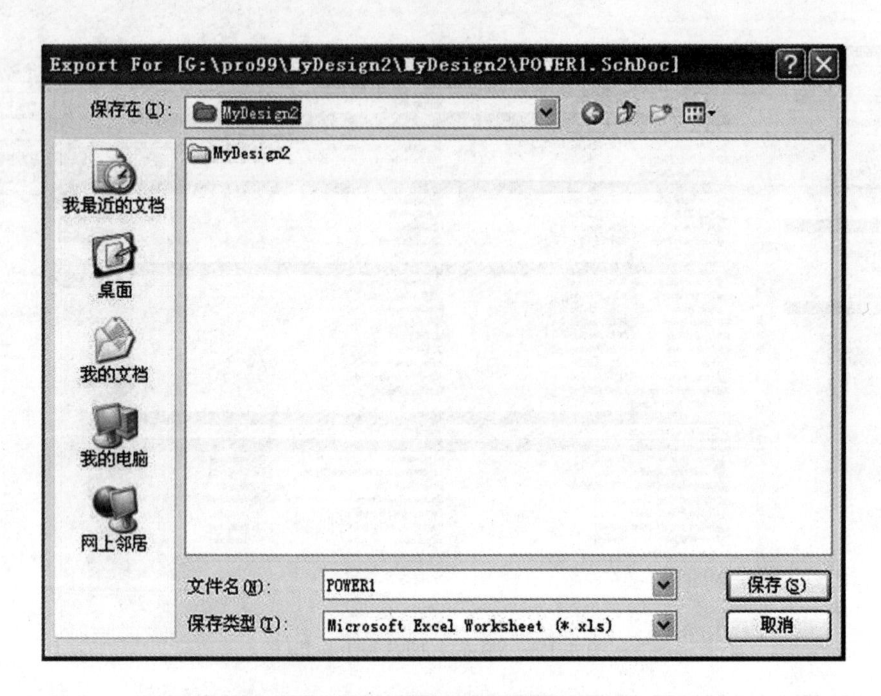

图 4-108　选择保存文件路径

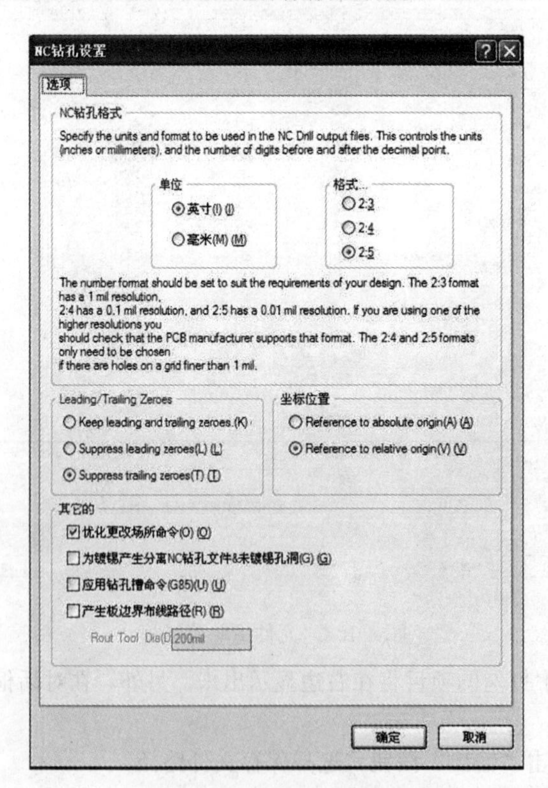

图 4-109　NC 钻孔设置对话框

(3) 执行菜单“工具”菜单下的“输出工作选项”命令，系统将生成 NC 钻孔文件。

一、训练目标

(1) 学会设计直流稳压电源的 PCB 图。

(2) 学会自动布局、自动布线设计 PCB。

二、训练内容与步骤

1. 设计 PLC 电源电路原理图

(1) 在硬盘上创建一文件夹，命名为“PW”，将后续操作的各种文件都保存在该文件夹下。

(2) 启动 Altium Designer 9 电路设计软件。

(3) 新建项目。执行“File”菜单下“新建”子菜单下的“工程”菜单下的“PCB 工程”命令，新建一个项目，将项目命名并保存为“PW”。

(4) 新建原理图。执行“File”菜单下“新建”子菜单下的“原理图”命令，新建一原理图，将原理图命名为“POWER1. SchDoc”。

(5) 绘制图 4-49 所示的原理图。

(6) 创建网络表。单击执行“设计”菜单下“文件的网络表”子菜单下的“Protel”命令，创建文件网络表 POWER1. NET。

(7) 双击“POWER1. NET”文件，打开网络表文件，查看网络表内容。

2. 创建 PLC 电源 PCB 文件

(1) 利用 PCB 向导创建外观大小 60mm×40mm 的矩形单面印制电路板，命名为“DYPCB1. PcbDoc”。

(2) 单击选择尺寸标注，按键盘“Delete”键删除尺寸标注。

(3) 单击执行“设计”菜单下的“板参数选项”命令，弹出板选项对话框。

(4) 度量单位。单击下拉选项，选择“Imperial”(英制)。

(5) 捕获栅格。分别设置 X、Y 向的捕获栅格间距为“10”mil。

(6) 可视栅格。指工作区上看到的网格（由几何点或线构成），其作用类似于坐标线，可帮助设计者掌握图件间的距离。选项区域中的“Marks”选项用于选择图纸上所显示栅格的类型为“Lines”(线状)。设置可见栅格 1 和可见栅格 2 的值为“10”mil。

(7) 元件栅格。选择默认“20”mil。

(8) 电气栅格。用于对给定范围内的电气点进行搜索和定位，选中“电器网络”复选框表示具有自动捕捉焊盘的功能。设置捕捉半径为“8”mil。

(9) 单击 PCB 编辑界面底部标签“Bottom Layer”，切换到底层。

(10) 单击“编辑”菜单下的“原点”菜单下的“设置”命令，移动鼠标在 PCB 板的左下角顶点位置单击，设置为 PCB 板的原点。

(11) 单击“放置”菜单下的“过孔”命令。

(12) 按键盘“Tab”键，弹出过孔属性对话框，在直径属性选择区，选择“顶-中间-底”单选项，设置过孔直径为 3mm，顶层、底层、中间层直径为 3mm。

(13) 移动鼠标分别在板的四角放置一个过孔。

(14) 双击左下角的过孔，设置其位置 X、Y 属性为 (5, 5)，单击“确定”按钮。

(15) 双击右下角的过孔，设置其位置 X、Y 属性为 (65, 5)，单击“确定”按钮。

(16) 双击左上角的过孔，设置其位置 X、Y 属性为 (5, 45)，单击“确定”按钮。

(17) 双击左下角的过孔，设置其位置 X、Y 属性为（65，45），单击“确定”按钮。

3. 导入元件网络表和元件封装

(1) 在原理图编辑环境下，单击执行“设计”菜单下的“Update PCB Document DYPCB1. PcbDoc”命令。

(2) 弹出工程更改顺序对话框。

(3) 单击“生效更改”按钮。

(4) 单击“执行更改”按钮。

(5) 单击“关闭”按钮，导入元件连接与封装。

4. 设置设计规则

(1) 执行“设计”菜单下的“规则”命令，弹出“PCB 规则和约束编辑”对话框。

(2)“PCB 规则和约束编辑”对话框采用的是 Windows 资源管理器的树状管理模式，左边是规则种类，单击左边的“+”，展开规则。

(3) 在每类规则上单击右键都会出现子菜单，用于“新规则”、“删除规则”“导入规则”、“导出规则”和“报告”等操作，右边区域显示设计规则的设置或编辑内容。

(4) 布局规则设置。“PCB 规则和约束”对话框对话框左侧单击“Placement”，打开自动布局规则设置对话框。这个规则设定对话框中包含以下几项：Room Definition（房间定义）、Component Clearance（元件间距）、Component Orientations（元件排列方向）、Permitted Layers（布局层面）、Nets To Ignore（网格忽略）、Height（高度）。

(5) 与电气相关的设计规则设置。“Electrical”规则设置在电路板布线过程中所遵循的电气方面的规则，单击“Clearance”规则，弹出对话框。默认的情况下整个电路板上的安全距离为“10”mil。

(6) 设置规则使用范围。在“Where the first object matches”单元中单击“网络”，在“Query Kind”单元里出现“In Net ()”，单击“所有的”按钮旁的下拉列表，从有效的网络表中选择“+5V”；按照同样的方法在“Where the second object matches”单元中单击“网络”，从有效的网络表中选择“GND”。设置规则约束特性：将光标移到“Constraints”单元，将“Minimum Clearance”的值改为“30”mil。

(7) 设置了多条安全规则后，必须设置优先权。单击优先权设置“优先权”按钮，系统弹出规则优先权编辑对话框。通过对话框下面的“增加优先权”与“减少优先权”按钮，可以改变布线规则中的优先次序。

(8) 布线规则设置。增加一般线宽、+5V 网络宽度、GND 网络宽度等规则设置。

(9) 展开布线层 Routing Layers 项，并单击默认的“Routing Layers”规则，本例要求设计双面板，可采取默认。

5. 元件布局

(1) 单击执行“工具”菜单下的“器件布局”下的“自动布局”命令。

(2) 弹出“自动放置”对话框。

(3) 选择“成群的放置项”选项，单击“确定”按钮，将进行 PCB 板自动布局。

(4) 进行手动布局调整，对元件布局进行手工调整主要是对元件进行移动、旋转、排列等操作，调整时可以参考图 4-73 布局图。

6. PCB 布线

(1) 单击“自动布线”主菜单下的“全部”命令，进行全局布线操作，查看全局布线结果。

(2) 执行“设计”菜单下的“规则”命令，弹出“PCB 规则和约束编辑”对话框。增加

+12V网络宽度规则设置，设置+12V 网络宽度为 0.8mm。

(3) 执行“工具”菜单下的“取消布线”下的“网络”命令，选择 12VGND 网络线，取消 12VGND 网络线的布线。

(4) 执行“自动布线”菜单下“网络”命令，选择 12VGND 网络线，重新进行网络布线，查看 12VGND 网络线。

7. 补泪滴

(1) 执行“工具”菜单下的“泪滴”命令，弹出“泪滴选项”设置对话框。

(2) 在通常选项区域，选择“全部焊盘”复选项。选择“所有过孔”复选项。即对所有焊盘和过孔进行补泪滴操作。

8. 放置多边形铜区域

(1) 执行“放置”菜单下的“多边形敷铜”命令，弹出“敷铜设置”对话框。

(2) 选择 Solid 实心模式。

(3) 设定敷铜区所在的信号层，设为“Bottom Layer”底层。

(4) 选择敷铜所要连接的网络为地线网络，即设为“GND”。

(5) 选择“Pour Over All Net Objects”敷铜经过连接在相同网络上的对象实体时，会覆盖过去，不为对象实体勾画出轮廓。

(6) 设置完成后，光标变成十字，在工作区内画出敷铜的区域（区域可以不完全闭合，软件会自动完成区域的闭合）。

9. 原理图与 PCB 之间交叉追逐与相互更新

从原理图到完成印制电路板的制作是个复杂的过程，需要在原理图与印制电路板文档之间反复切换，反复更改，软件提供了交叉追踪和更新功能帮助用户提高制图速度。

(1) 打开工程中的两个文档。PLC 电源原理 POWER1. Schdoc 和 DYPCB 1. Pcbdoc。

(2) 执行“窗口”菜单下的“垂直排列”命令，将工作区文档并行排列。

(3) 从原理图追踪并更新到 PCB。

1) 在原理图窗口单击，使之成为活动文档。

2) 执行“工具”菜单下的“发现器件”命令。

3) 光标变为十字。单击原理图工作区内元件 JP1，则 PCB 中相应的元器件 JP1 被高亮显示，而其他部分暗显，此时只有 JP1 能被编辑。

4) 继续单击其他元器件或者网络标号进行追踪，直到按右键取消该操作。

5) 找到需要修改的目标后，进行编辑，完成后单击工作区右下角的“清除”按钮，清除高亮显示状态。

6) 将原理图中连接器编号 JP1 修改为 S3。

7) 自动更新到 PCB。执行“设计”菜单下的“Update PCB Document DYPCB1. Pcbdoc”，接受工程变化。

(4) 从 PCB 追踪并更新到原理图。

1) 在 PCB 图窗口单击，使 DYPCB1. Pcbdoc 成为活动文档。

2) 执行“工具”菜单下的“交叉选择模式”命令。

3) 单击 PCB 图工作区内元件，则原理图中相应的元器件被高亮显示，而其他部分暗显，此时只有高亮显示元件能被编辑。找到需要修改的目标后，进行编辑。

4) 将 PCB 图中连接器编号 F1 修改为 S2。

5) 自动更新到原理图。执行“设计”菜单下的“Update Schematics in DYPCB1. PrjPcb”

命令。

6)“工程更改顺序”对话框。

7) 单击“生效更改”按钮。

8) 单击“执行更改”按钮。

9) 单击“关闭”按钮，接受更新变化，查看更新结果。

10. 进行设计规则检查

11. 生成电路板信息报表。

12. 生成元件清单报表。

习　题　4

1. 建立一个工程文件 SYT4. Prjpcb。
2. 建立 PCB 印刷电路图文件 SYT4. pcbDoc。
3. 利用向导创建一块 216mm×116mm 大小的 PCB 板。
4. 设计多谐振荡器电路，设计多谐振荡器 PCB 印刷电路图。
5. 设计直流稳压电源的 PCB 图。

项目五　制作元件PCB封装与创建元件PCB封装库

(1) 学会制作元器件封装。
(2) 学会创建元件PCB封装库。
(3) 学会创建元件集成库。

任务10　制作元件的PCB封装

Altium Designer 9虽然提供了丰富的PCB元件库，并可以通过下载不断更新元件库，能够满足一般PCB板设计要求。在印刷电路板PCB设计制作过程中，总会遇到元器件封装库中没有对应的元器件封装的情况，这是就需要用户自己创建一个新PCB元件封装，以满足设计的需要。创建与器件封装主要有三种方法：利用元器件封装向导创建一个新的元器件封装；手工绘制元器件封装；通过现有的元器件封装进行编辑、修改使之成为新的元器件封装。

一、创建新的元件封装库

元件封装只是元件的外形和焊盘位置，仅仅是空间的概念，制作元件封装时主要关注元件的外观轮廓和焊盘。

1. 收集必要的资料

在开始制作封装之前，需要收集的资料主要包括该元件的封装信息。这个工作往往和收集原理图元件同时进行，因为用户手册一般都有元件的封装信息，当然上网查询也可以。如果用以上方法仍找不到元器件的封装信息，只能先买元器件，通过测量得到器件的尺寸（用游标卡尺量取正确的尺寸）。

在PCB上假如使用英制单位，应注意公制和英制单位的转换。它们之间的转换关系是：

$$1\ \text{in}=1000\ \text{mil}=2.54\text{cm}$$

2. 绘制元件外形轮廓

在制作元件封装的过程中，利用Altium Designer 9提供的绘图工具在PCB的丝印层(Top Overlay)上绘制出元件的外形轮廓。外形轮廓在放置元件时非常有用，如果轮廓足够精确，PCB上元件排列就很整齐。轮廓不能画得太大或太小，否则会占用过多的PCB的空间或造成元件装配不上。

3. 放置元件引脚焊盘

焊盘需要的信息比较多，如焊盘外形、焊盘大小、焊盘序号、焊盘内孔大小、焊盘所在的工作层等。需要注意的是元件外形和焊盘位置之间的相对位置。元件外形容易测量，焊盘分布也容易测量，但两者之间的相对位置却难以准确测量。

二、进入元件封装库管理器

1. 新建一个项目

(1) 如图 5-1 所示，执行“文件”菜单下的“新建”子菜单下的“工程”下的“集成库”命令，新建一个集成库文件，默认文件名为“Integrated _ Library1. Libpkg”。

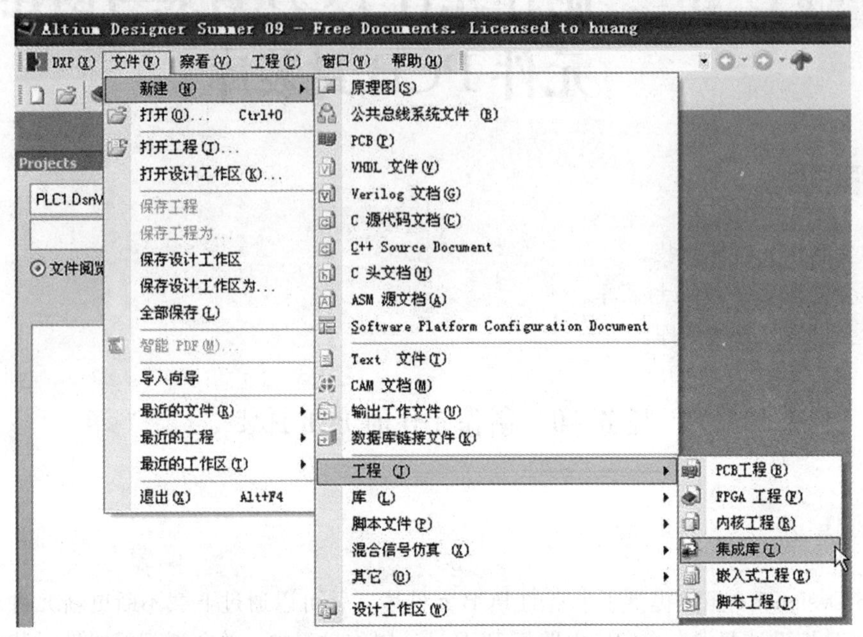

图 5-1 新建一个集成库文件

(2) 单击“文件”菜单下的“保存工程为”命令，弹出保存文件对话框，选择保存文件的路径（文件夹 PR6），并将文件名修改为“MYLIB1. Libpkg”，单击“保存”按钮，集成库文件保存为“MYLIB1. Libpkg”。

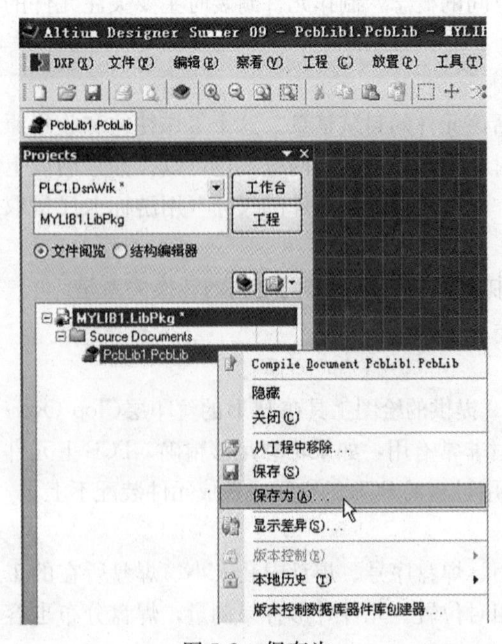

图 5-2 保存为

2. 启动元件封装编辑器

(1) 执行“文件”菜单下的“新建”菜单下的“库”菜单下的“PCB 元件库”命令，新建一个元件封装库文件，在项目管理器中自动出现文件名为“PCBLibl. PCBLib”的元件库文件。

(2) 修改新建的元件封装库文件名。如图 5-2 所示，右键单击文件“PCBLibl. PCBLib”，在弹出的菜单中选择“保存为”命令。

(3) 输入存放的位置和文件名“Mypcbl. PCBLib”后，关闭对话框，文件名修改为“Mypcbl. PCBLib”，如图 5-3 所示。

(4) 调出 PCB Library 工作面板。单击编辑区下方“PCB”标签，选择 PCB Library，调出 PCB Library 工作面板。

3. 元件封装库编辑器界面

(1) 菜单。Altium Designer 封装库编辑器提供了 9 个菜单。包括文件、编辑、视图、工程、放

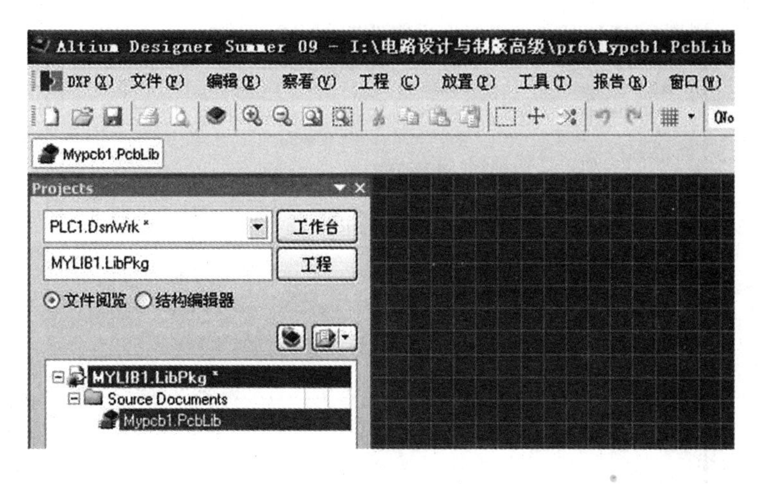

图 5-3 文件名修改

置、工具、报告、窗口和帮助。其中“放置”菜单提供放置功能，包括放置圆弧（由圆心定义圆弧、由边缘定于圆弧、由任意角度定义圆弧）、整圆等。

(2) 工具条。主工具条（PCB Lib Standard）如图 5-4 所示。

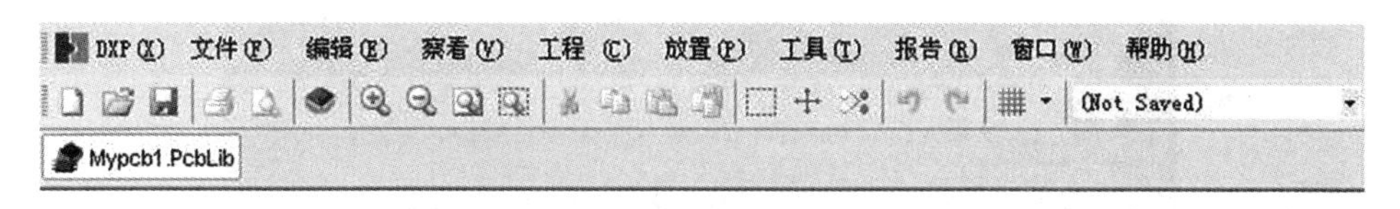

图 5-4 PCB 主工具条

放置工具条如图 5-5 所示。从左到右，分别为放置直线、焊盘、过孔、字符串、坐标、由圆心定义圆弧、由边缘定义圆弧、由任意角度定义圆弧、整圆、矩形填充、阵列粘贴工具。

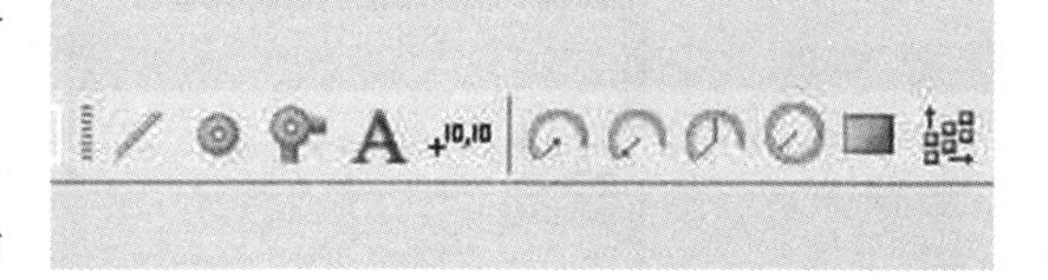

图 5-5 放置工具条

三、手工制作 DIP8 元器件封装

手工制作元件封装实际上就是利用 Altium Designer 9 提供的绘图工具，按照实际的尺寸绘制出该元件封装。

1. *启动元件封装库编辑器，将文件保存并命名为“Mypcb1. Pcblib”*

2. *元件封装库编辑环境设置*

(1) 栅格设置。

1) 在元件封装编辑区中，单击右键，在弹出的菜单中执行“器件库选项”命令，系统弹出如图 5-6 所示的对话框。

2) 通常将捕获栅格设置为 X=5mil，Y=5mil，可见栅格 1（Grid 1）设置为 10mil，可见栅格 2（Grid 2）设置为 10mil。

3) 单击“确定”按钮，关闭板选项设置对话框。

(2) 板层设置。在元件封装编辑区中，单击右键，系统弹出右键菜单。选择其中的“选项”菜单下的“板层颜色”命令或者执行“工具”菜单下的“板层颜色”命令，弹出板层和颜色设置对话框，在对话框中可以设置需要的板层及颜色。

3. *放置焊盘*

(1) 执行“放置”菜单下的“焊盘”命令，或者单击放置工具栏的“ ◎ ”按钮。

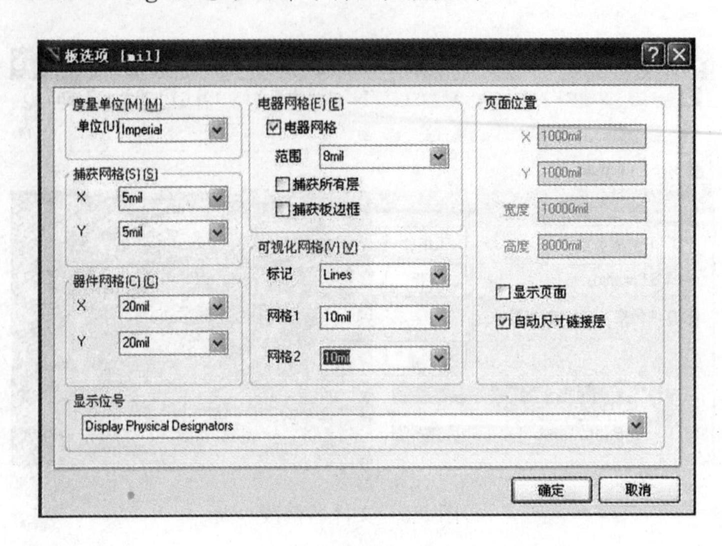

图 5-6　板选项对话框

(2) 启动命令后，光标变成十字形状，并拖着一个浮动的焊盘，选定合适的位置放置。如图 5-7 所示。

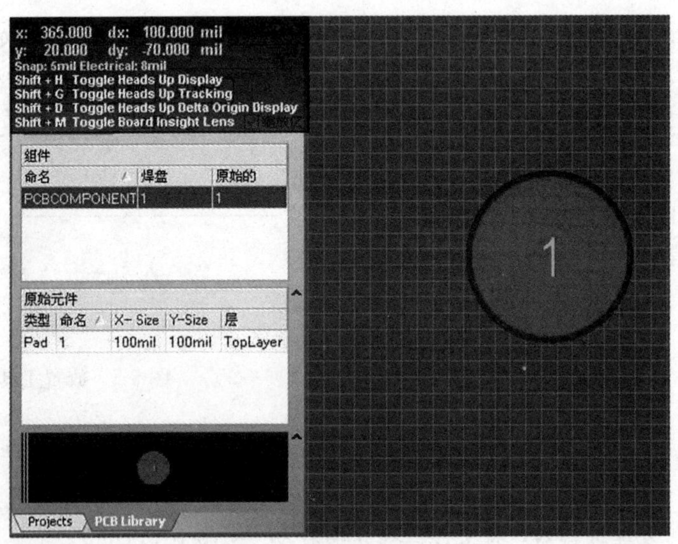

图 5-7　放置一个焊盘

(3) 执行“编辑”菜单下的“设置参考”下的“定位”命令，移动鼠标在焊盘中心单击，以该焊盘中心为坐标原点。

(4) 双击该焊盘，弹出如图 5-8 所示焊盘属性设置该对话框。在属性对话框中，习惯上 1 号焊盘布置在（0，0）位置，形状为方形，设置如下内容。

1）位置：焊盘所处位置，一般用户可通过确定焊盘的坐标位置来精确确定焊盘之间的距离，这个距离就是实际元件管脚之间的尺寸。

2）设计者：设计标号设置为“1”，由于在原理图中，每一个元件管脚都有一个标号，这就要求在封装设计过程中，必须让封装的设计标号和元件原理图的设计标号对应一致，否则在将原理图信息导入 PCB 编辑环境时会出现错误。

3）层：焊盘所属层面，选择“Multi Layer”多层。

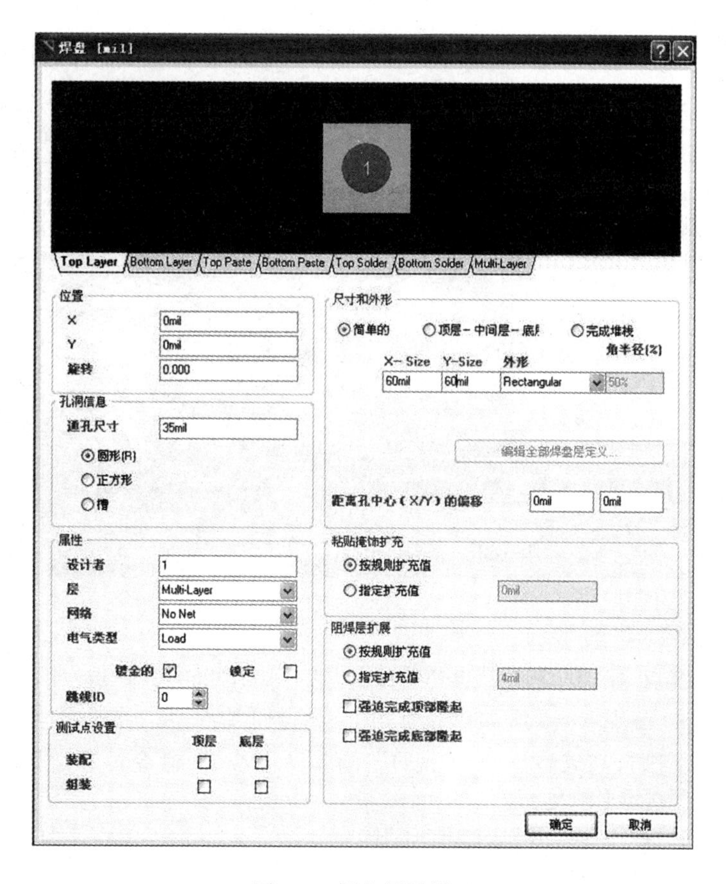

图 5-8 焊盘属性设置

4）孔洞信息：通孔尺寸、通孔大小设为焊盘孔，选择焊盘孔形状“圆形”，并设置通孔尺寸为 30mil。

5）焊盘尺寸：焊盘外形和焊盘直径。在设计集成电路封装时，一般第一个焊盘外形设置为 Rectangular（矩形），大小设置为 60mil×60mil。

6）单击“确定”按钮，完成焊盘属性设置。

（5）执行“放置”菜单下的“焊盘”命令，或者单击放置工具栏的“ ”按钮。

（6）光标变成十字形状，并拖着一个浮动的焊盘。

（7）按键盘“Tab”键，弹出焊盘属性对话框，选择焊盘尺寸属性“简单的”单选项，设置尺寸 X-Size、Y-Size 为 60mil，外形为“Round”（圆形），焊盘层选择“Multi Layer”（多层），焊盘的孔径为 35mil。

（8）单击“确定”按钮，移动鼠标，放置图 5-9 所示的 DIP8 其余的 7 个焊盘。

（9）按 DIP8 要求，修改各个焊盘位置属性。2 号焊盘为（100，0），3 号焊盘为（200，0），4 号焊盘为（300，0），5 号焊盘为（300，300），6 号焊盘为（200，300），7 号焊盘为（100，300），8 号焊盘为（0，300）。

4. 绘制外形轮廓

在顶层丝印层，使用放置导线工具和绘制圆弧工具绘制元件封装的外形轮廓。

（1）切换当前层为“Top overlay”（顶层丝印层）。

（2）放置直线。执行“放置”菜单下的“走线”命令，绘制效果如图 5-10 所示。

（3）双击直线，设置各直线属性。下边直线起点（−30，50），终点（340，50）；右边直线

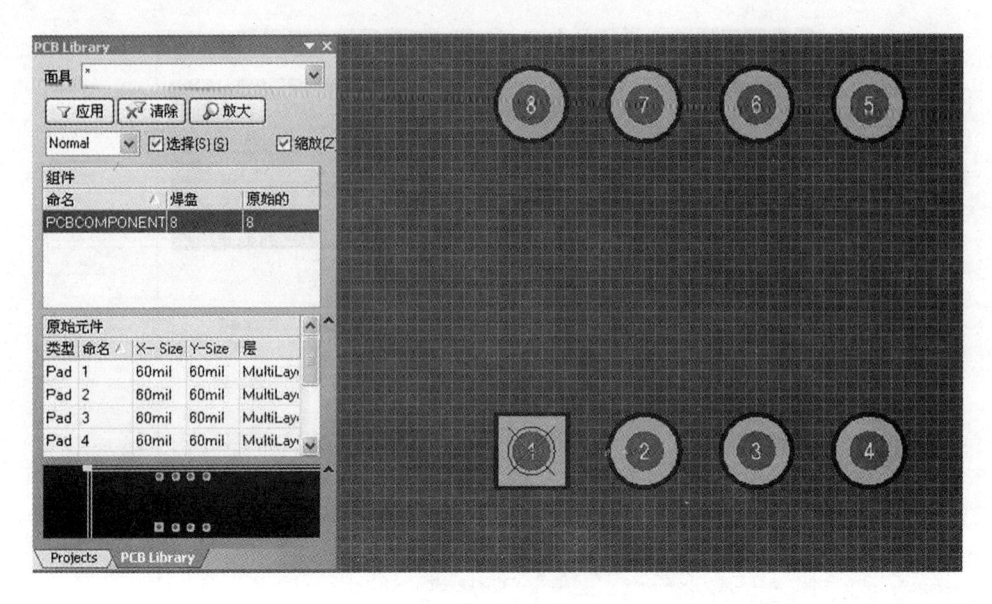

图 5-9 放置其余焊盘

起点（340，50），终点（340，250）；上边直线起点（−30，250），终点（340，250）；左边下直线起点（−30，50），终点（−30，120）；左边上直线起点，（−30，180），终点（−30，250）。

（4）放置圆弧。执行“放置”菜单下的“圆弧（中心）”命令，确定圆弧的中心（−30，150）以及半径 30。绘制半圆弧，如图 5-11 所示。

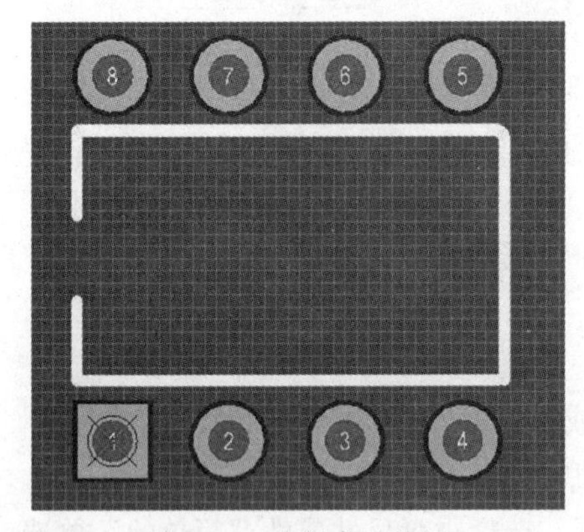

图 5-10 绘制直线外框

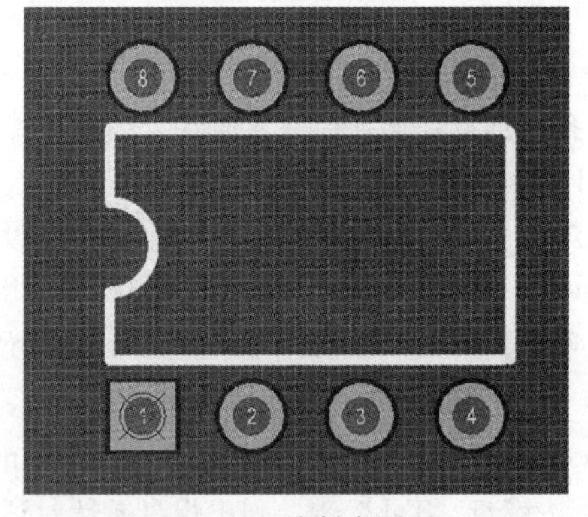

图 5-11 绘制半圆弧

5. 设置元件封装参考点

执行“编辑”菜单下的“设置参考”菜单下的“1 脚”命令，定位 1 号焊盘为参考点。

6. 重命名与存盘

在创建元件封装时，系统给出默认的元件封装名称“PCBCOMPONENT-1”，并在元件管理器中显示出来。

（1）执行“工具”菜单下的“元件属性”命令。

（2）弹出图 5-12 所示 PCB 库元件属性对话框。

（3）在库参数“名称”中输入元件封装名称“DIP8”。

（4）单击“确定”按钮，关闭对话框。元件封装名称修改为 DIP8，如图 5-13 所示。

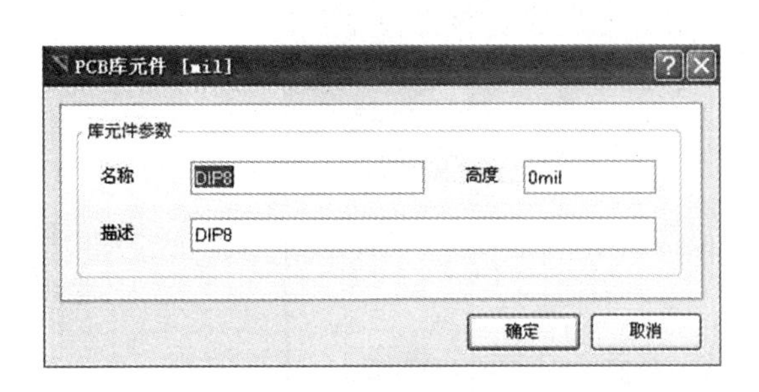

图 5-12　PCB 库元件

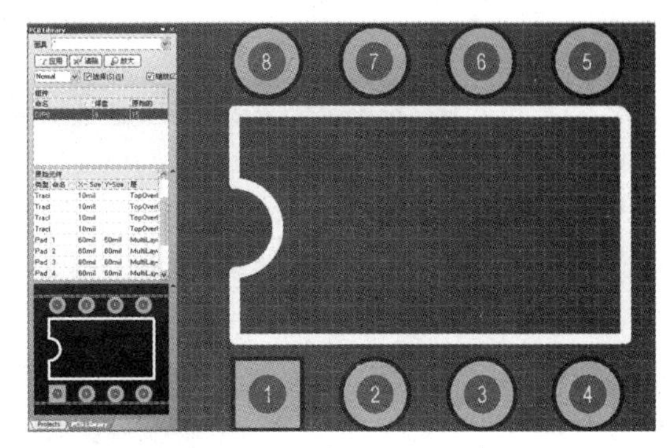

图 5-13　修改元件封装名称

(5) 执行存盘命令，将新创建的元件封装及元件库保存。

四、利用向导工具制作 DIP14 元件封装

利用 Altium Designer 9 提供的 PCB 封装向导工具，可以方便快速地绘制电阻、电容、双列直插式等规则元件封装，不仅大大提高了设计 PCB 的效率，而且准确可靠。

1. *启动元件封装编辑器*

2. *启动 PCB 封装向导*

(1) 单击“工具”菜单下的“元器件向导”命令，弹出“PCB 器件向导”对话框，如图 5-14 所示。

图 5-14　PCB 器件向导

(2) 单击“下一步”按钮，弹出图 5-15 所示“器件图案”对话框。在对话框中列出 12 种元器件封装类型；同时可以在对话框中选择度量单位，即“Imperial”（英制）：“mil”和“Metric”（公制）：“mm”。系统默认设置为英制。选择 DIP 封装类型，单位采取默认。

(3) 单击“下一步”按钮，进入焊盘尺寸设置对话框。选中尺寸标注文字，文字进入编辑状态，键入数值即可修改。修改后如图 5-16 所示。

(4) 单击“下一步”按钮，进入焊盘间距设置对话框，如图 5-17 所示。将光标直接移到要修改的尺寸上，单击左键即可对尺寸进行修改。将两列焊盘之间的距离设置为 300mil。

(5) 单击“下一步”按钮，进入如图 5-18 所示的元件封装轮廓线宽度设置对话框，此处一般选择默认值，不用改动。

(6) 单击“下一步”按钮，进入如图 5-19 所示的焊盘数量设置对话框。调整焊盘数量为 14。

(7) 单击“下一步”按钮，进入如图 5-20 所示的元件封装名称设置对话框。直接在编辑框中键入名称即可。设置元件封装名称为 DIP14。

(8) 单击“下一步”按钮，系统弹出如图 5-21 所示的向导信息，采集完成对话框。

(9) 单击“完成”按钮，完成新元件封装的创建，结果如图 5-22 所示。注意，作为标志，第一个焊盘形状是方形。左边元器件封装管理器 Components 一栏出现 DIP14。

(10) 从元件库管理器中可以看到，在新建的元件库 Mypcb1. PcbLib 中已经存在新创建的两

图 5-15　器件图案

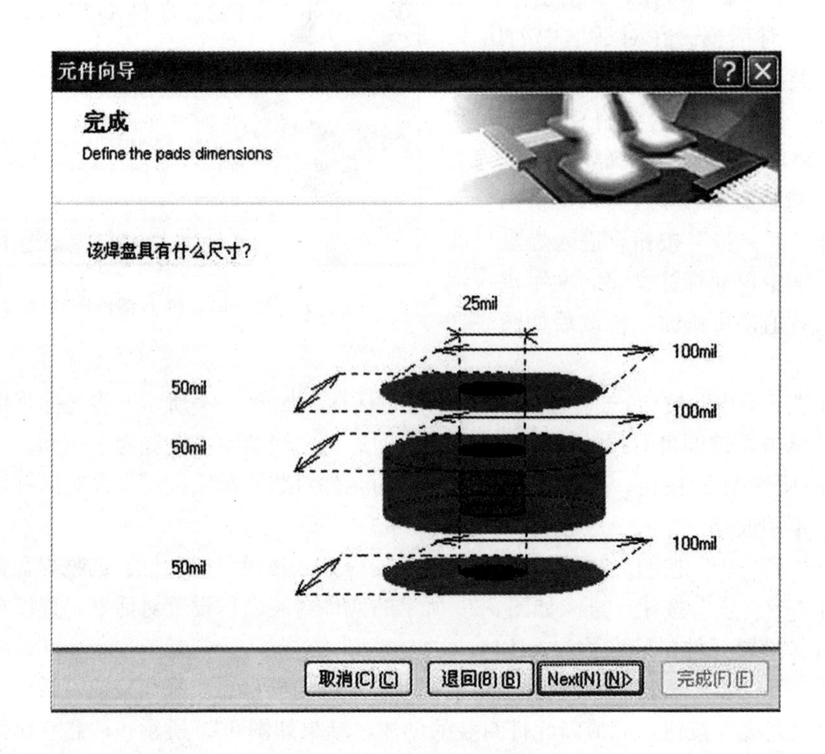

图 5-16　焊盘尺寸设置

个元件封装。

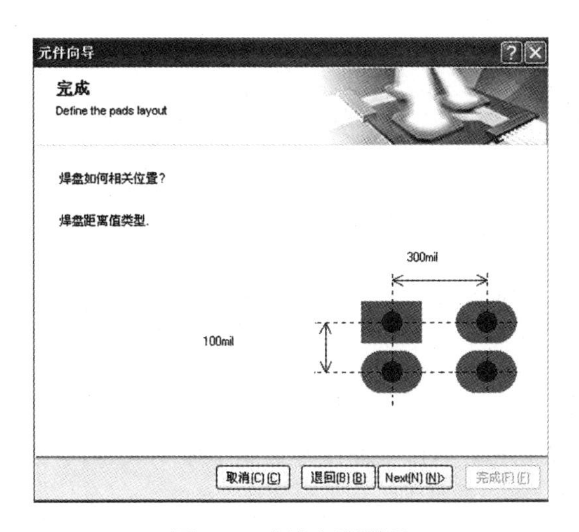

图 5-17 焊盘间距设置

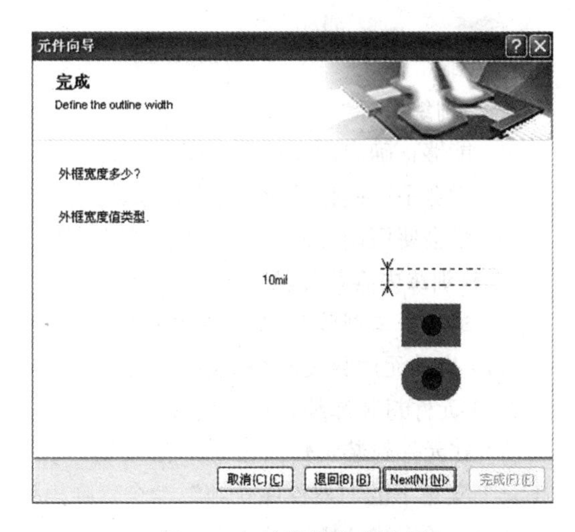

图 5-18 轮廓线宽度设置

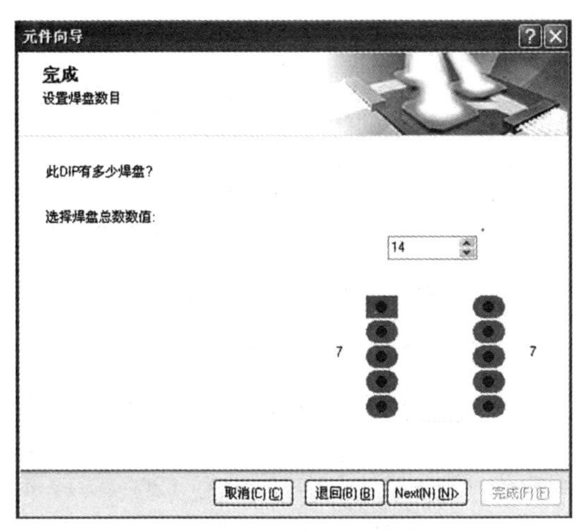

图 5-19 焊盘数量设置

图 5-20 封装名称设置

图 5-21 向导信息采集完成

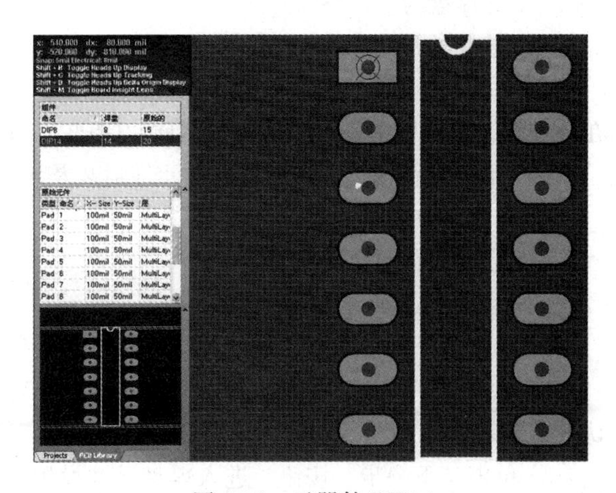

图 5-22 元器件 DIP14

任务10

技能训练

一、训练目标

1. 能够正确启动元件封装库编辑器。

2. 学会手工制作DIP8元件的封装。

3. 学会使用向导制作DIP14元件的封装。

二、训练内容与步骤

1. 通过手工制作DIP8元件的封装

(1) 启动元件封装库编辑器，将文件保存并命名为“My use1. Pcblib”。

(2) 元件封装库编辑环境设置。

1) 在元件封装编辑区中，单击右键，在弹出的菜单中执行“器件库选项”命令或者执行“工具”菜单下的“器件库选项”命令，弹出板选项设置对话框。

2) 通常将捕获栅格设置为X=5mil，Y=5mil，可见栅格1（Grid 1）设置为10mil，可见栅格2（Grid 2）设置为10mil。

3) 单击“确定”按钮，关闭板选项设置对话框。

(3) 放置焊盘。

1) 执行“放置”菜单下的“焊盘”命令，或者单击放置工具栏的“◎”按钮。

2) 光标变成十字形状，并拖着一个浮动的焊盘。

3) 按键盘“Tab”键，弹出焊盘属性对话框，定义设计序号为1，选择焊盘尺寸属性“简单的”单选项，设置尺寸X-Size、Y-Size为60mil，外形为“Round”（圆形），焊盘层选择“Multi Layer”（多层），焊盘的孔径为35mil。

4) 单击“确定”按钮，移动鼠标，放置DIP8其余的8个焊盘。

5) 执行“编辑”菜单下的“设置参考”下的“1脚”命令，设置1脚焊盘中心为坐标原点。

6) 将1号焊盘外形设置为矩形。

7) 按DIP8要求，修改其他焊盘位置属性。2号焊盘为（100，0），3号焊盘为（200，0），4号焊盘为（300，0），5号焊盘为（300，300），6号焊盘为（200，300），7号焊盘为（100，300），8号焊盘为（0，300）。

(4) 绘制外形轮廓。

(5) 执行“工具”菜单下的“元件属性”命令，弹出图5-12所示PCB库元件属性对话框，在库参数“名称”中输入元件封装名称“DIP8”，单击“确定”按钮，关闭对话框。

(6) 单击保存按钮，将新创建的元件封装及元件库保存。

2. 通过向导制作DIP14元件封装

(1) 启动元件封装编辑器。

(2) 启动PCB封装向导。

1) 单击“工具”菜单下的“元器件向导”命令，弹出“PCB器件向导”对话框。

2) 单击“下一步”按钮，弹出“器件图案”对话框。选择DIP封装类型，单位采取系统默认的英制。

3) 单击“下一步”按钮，进入焊盘尺寸设置对话框。选中尺寸标注文字，文字进入编辑状态，键入数值即可修改。

4) 单击“下一步”按钮，进入焊盘间距设置对话框，将光标直接移到要修改的尺寸上，单击左键即可对尺寸进行修改。将两列焊盘之间的距离设置为 300mil。

5）单击“下一步”按钮，进入元件封装轮廓线宽度设置对话框，此处一般默认，不用改动。

6）单击“下一步”按钮，进入焊盘数量设置对话框。调整焊盘数量为 14。

7）单击“下一步”按钮，进入如图 5-20 所示的元件封装名称设置对话框。直接在编辑框中键入名称即可。设置元件封装名称为 DIP14。

8）单击“下一步”按钮，系统弹出如图 5-21 所示的向导信息采集完成对话框。

9）单击“完成”按钮，完成新元件封装的创建。结果如图 5-22 所示。注意，作为标志，第一个焊盘形状是方形。左边元器件封装管理器 Components 一栏出现 DIP14。

(3) 从元件库管理器中可以看到，在新建的元件库 Myuse1. PcbLib 中已经存在新创建的两个元件封装。

任务 11 集成库的生成与维护

基础知识

Altium Designer 9 提供的元器件库为集成库，即元器件库中的元器件具有整合的信息，包括原理图符号、PCB 封装、仿真和信号完整性分析等。

一、集成库简介

Altium Designer 9 的集成库将原理图元器件和与其关联的 PCB 封装方式、SPICE 仿真模型以及信号完整性模型有机结合起来，并以一个不可编辑的形式存在。

所有的模型信息被复制到集成库内，存储在一起，而模型的源文件可以任意存放。如果要修改集成库，需要先修改相应的源文件库，然后重新编译集成库以及更新集成库内相关的内容。

Altium Designer 9 集成库文件的扩展名为“. INTLIB”，按照生产厂家的名字分类，存放于软件安装目录 Library 文件夹中。原理图库文件的扩展名为“. SchLib”，PCB 封装库文件的扩展名为“. PcbLib”，这两个文件可以在打开集成库文件时被提取出来以供编辑。

使用集成库的优越之处就在于元器件的原理图符号、封装、仿真等信息已经通过集成库文件与元器件相关联，因此在后续的电路仿真、印制电路板设计时就不需要另外再加载相应的库，同时为初学者提供了更多的方便。

二、生成集成库

生成集成库包括以下步骤：创建集成库工程并保存、生成原理图元件库、生成 PCB 封装库、编译集成库。

(1) 创建新的集成库工程。执行“文件”菜单下的“工程”菜单下的“集成库”命令，默认文件名为“Integrated _ Library1. Libpkg”。

(2) 执行“文件”菜单下的“保存工程为”命令，指定保存路径，将项目命名为“Mylib1. Libpkg”。

(3) 添加原理图元件库。在此工程下新建原理图元件库或者将已有的原理图元件库文件添加到该工程下。保存并命名为 Mysch1. SchLib，制作出原理图元件库。

(4) 添加 PCB 封装库。在此工程下新建 PCB 封装库或者将已有的 PCB 封装库文件添加到该工程下，保存并命名为“Mypcb1. PcbLib”，制作 PCB 封装库。

(5) 给原理图元器件添加模型。

1）切换到 Mysch1. Schlib 文件。

2）调出 SCH Library 面板。

3）在 Components 区域右键单击一个元器件名，如图 5-23 所示，执行“模型管理器”菜单命令，或者执行“工具”菜单下的“模型管理”命令。

4）打开图 5-24 所示的“模型管理器”对话框。

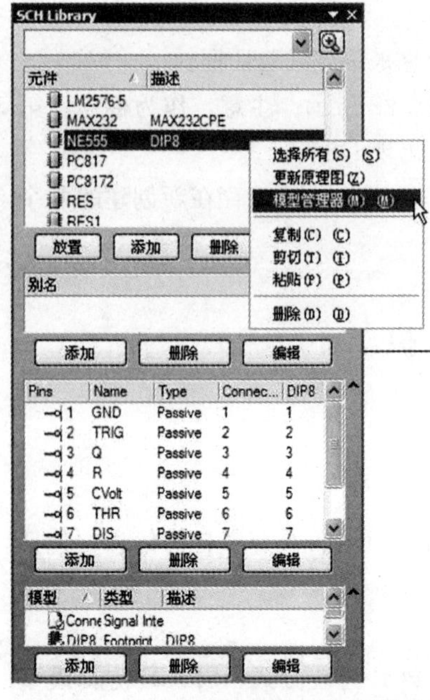

图 5-23 执行“模型管理器”菜单命令

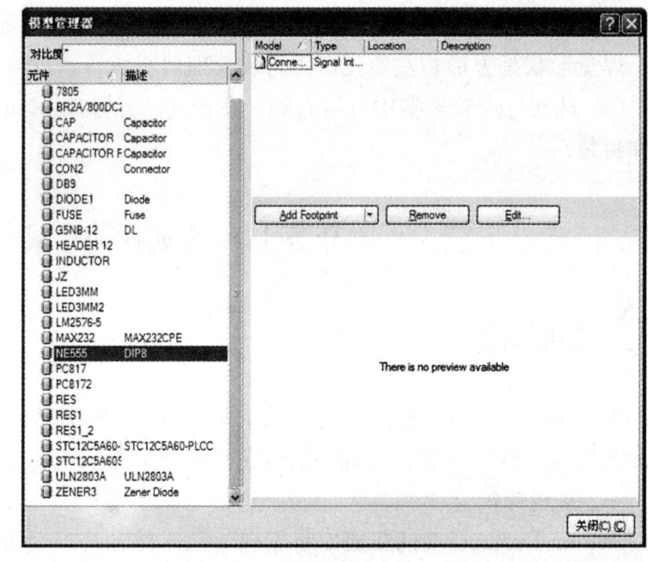

图 5-24 “模型管理器”对话框

5）在对话框左边的元器件列表中选择 NE555，单击右面的“Add Footprint”添加封装按钮。

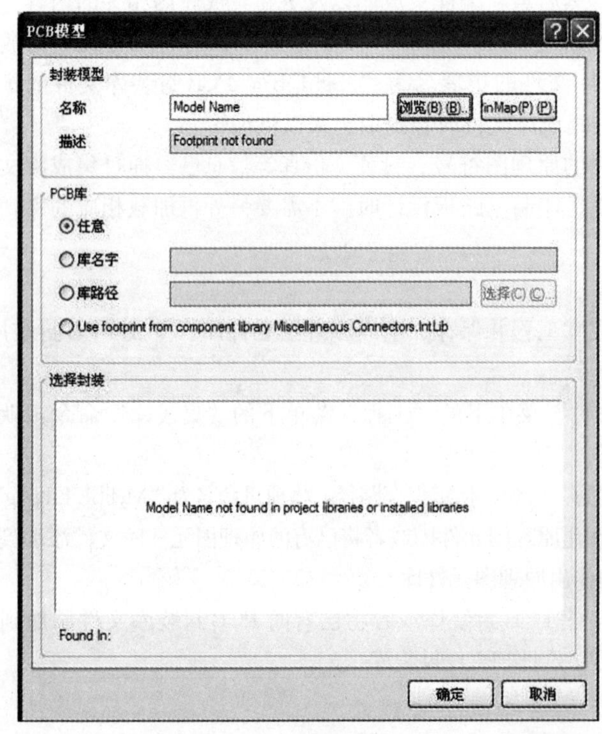

图 5-25 元件封装选择对话框

6）弹出图 5-25 所示的元件封装选择对话框。

7）单击“浏览”按钮，选择 DIP-8 封装。

8）单击“确定”按钮，返回模型管理器对话框。

9）单击“关闭”按钮，完成模型封装的添加。

（6）编译集成库。执行“工程”菜单下的“Compile Integrated Library”（编译集成库命令），此时 Altium Designer 9 编译源库文件，错误和警告报告将显示在 Messages 面板上。编译结束后，会生成一个新的同名集成库（.INTLIB），并保存在工程选项对话框中的选项卡所指定的保存路径下，生成的集成库将被自动添加到库面板上，如图 5-26 所示。

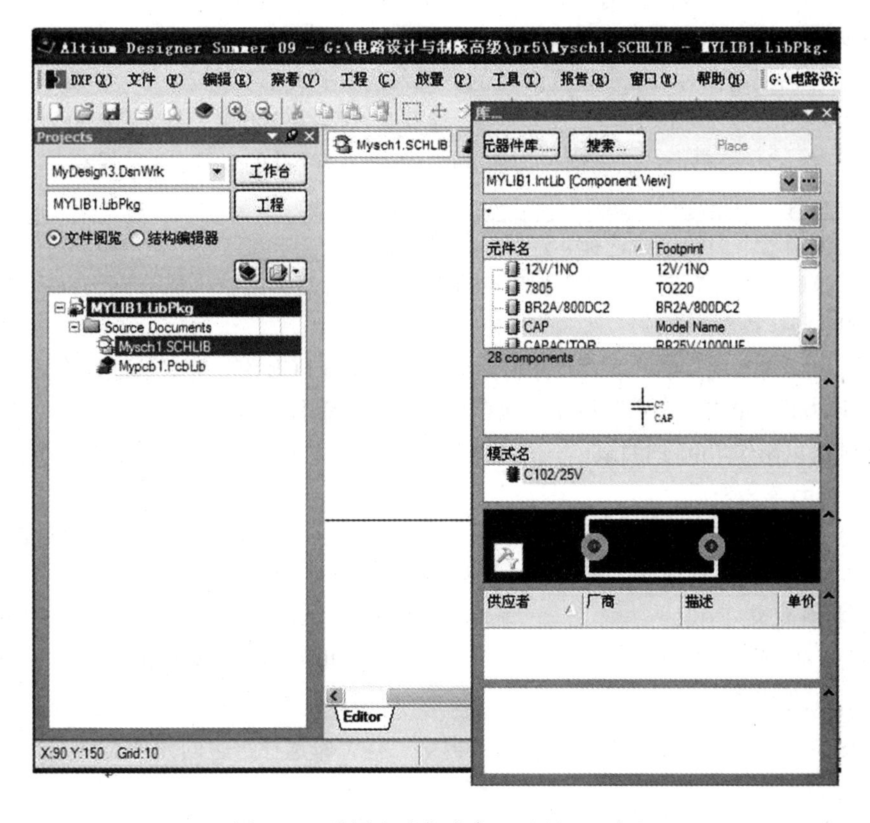

图 5-26 编译生成集成库 Mylibl. IntLib

三、集成库的维护

集成库是不能直接编辑的，如果要维护集成库，需要先编辑源文件库，然后再重新编译。维护集成库的步骤如下。

(1) 打开集成库文件（. IntLib）。执行“文件”菜单下的“打开”命令，找到需要修改的集成库，然后单击“打开”按钮。

(2) 提取源文件库。在弹出的“提取源文件或安装”对话框中单击“提取源文件”按钮，此时在集成库所在的路径下自动生成与集成库同名的文件夹，并将组成该集成库的 . SchLib 文件和 . PcbLib 文件置于此处以供用户修改。

(3) 编辑源文件。在项目管理器面板上打开原理图库文件（. SchLib），编辑完成后，执行“文件”菜单下的“保存为”命令，保存编辑后的元件以及库工程。

(4) 重新编译集成库。执行“工程”菜单下的“Compile Integrated Library”（编译库工程）命令，但是编译后的集成库文件并不能自动覆盖原集成库。若要覆盖，需执行“工程”菜单下的“工程选项”命令，打开集成库选项对话框，修改即可。

四、制作直立安装的三端稳压电源 7805 的封装

(1) 单击执行“工具”菜单下“新建空元件”命令，进入元件封装编辑器。

(2) 单击执行“放置”菜单下“焊盘”命令，鼠标顶端出现焊盘图标，按键盘“Tab”键，弹出焊盘属性对话框，在对话框中设置焊盘的 X-Size（水平大小）为 70mil、Y-Size（垂直大小）为 70mil，焊盘层选择“Multi Layer”(多层)，通孔大小设为 40mil。

(3) 移动鼠标到图纸合适位置单击，放置 1 号焊盘。

(4) 执行“编辑”菜单下的“设置参考”下的“1 脚”命令，设置 1 脚焊盘中心为坐标原点。

（5）单击执行“放置”菜单下“焊盘”命令，鼠标顶端出现焊盘图标，按键盘“Tab”键，弹出焊盘属性对话框，在对话框中设置焊盘的 X-Size（水平大小）为 70mil、Y Size（垂直大小）为 70mil，焊盘层选择“Multi Layer”（多层），通孔大小设为 40mil，移动鼠标分别到图纸坐标（100，0）、（200，0）处单击，绘制内径为 40mil、外径为 70mil 的 2 号、3 号焊盘。

（6）单击右键，结束焊盘绘制。

（7）单击编辑器下面的页面选择，选择 TopOverlay 层。

（8）单击执行“放置”菜单下“走线”命令，绘制轮廓线，端点坐标分别为（−100，100）、（−100，−100）、（300，−100）、（300，100）。

（9）单击执行“工具”菜单下“元件属性”命令，弹出 PCB 库元件对话框，将元件封装名称修改为“LM7805”，单击“确定”按钮，保存新元件封装命名。

五、通过拷贝制作 7805 的封装

1. 新建 PCB 库文件

单击执行“文件”菜单下的“新建”菜单下的“库”菜单下的“PCB 元件库”命令，新建“PcbLib1. PcbLib”PCB 库文件，进入元件封装编辑器。

2. 选择拷贝对象

（1）如图 5-27 所示，单击底部“System”标签，在弹出的菜单中选择执行“库”命令，弹出元件库管理器工作面板。

（2）如图 5-28 所示，单击库管理器工作面板第二行“库选择”边的元件类别选择“…”省略号按钮。

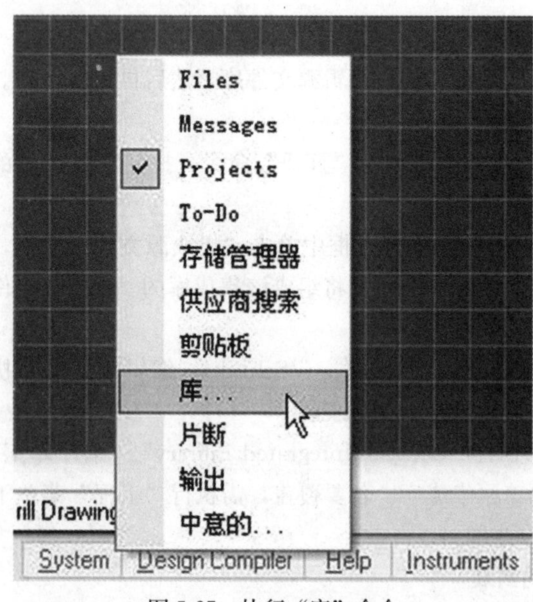

图 5-27 执行“库”命令

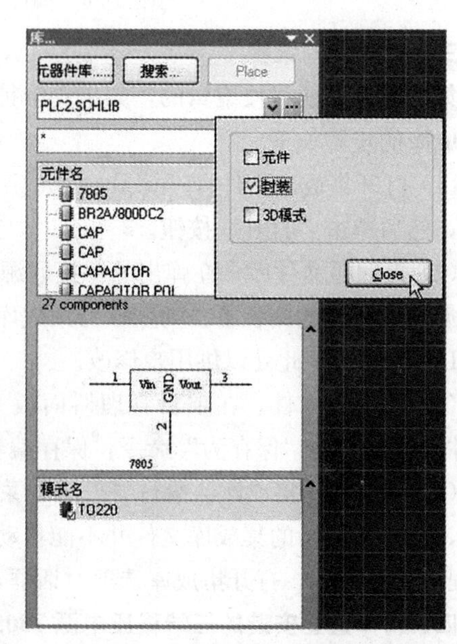

图 5-28 选择库元件类型

（3）选择“封装”复选框，单击“Close”关闭按钮，如图 5-29 所示，元件库管理器工作面板里显示库文件的所有封装元件。

（4）右键单击名为“7805”的元件，弹出右键菜单，如图 5-30 所示，选择执行“Edit Footprint”编辑元件封装命令。

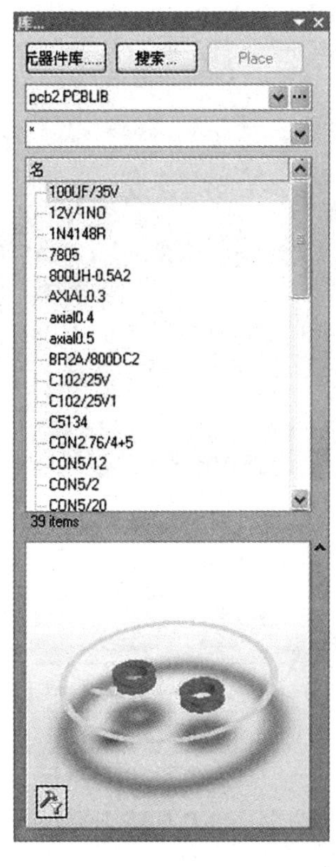

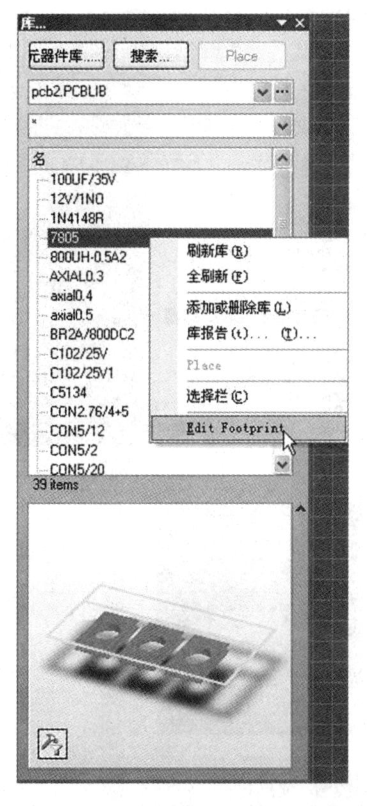

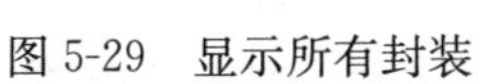
图 5-29 显示所有封装　　图 5-30 执行编辑元件封装命令

(5) 在 7805 元件封装编辑界面，按键盘“Pgdn”键，缩小编辑图案，如图 5-31 所示。

(6) 用鼠标框选 7805 元件封装，执行“编辑”菜单下的“拷贝”命令，光标变为十字形，移动到 7805 元件封装图案的左上角单击，确定拷贝的定位点。

3. 粘贴 7805 元件封装

(1) 单击“PcbLib1. PcbLib”PCB 库文件。返回 PcbLib1. PcbLib 元件封装编辑界面。

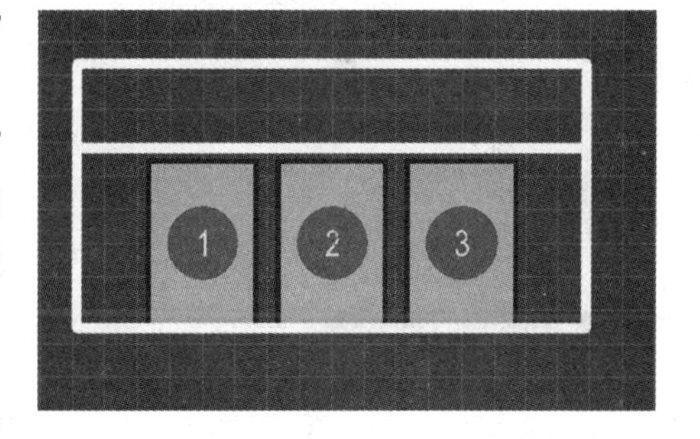

图 5-31 缩小编辑图案

(2) 执行“编辑”菜单下的“粘贴”命令，光标上附着 7805 元件封装，移动十字形鼠标，在合适位置上单击，如图 5-32 所示，7805 元件封装被粘贴到 PcbLib1. PcbLib 元件封装库。

4. 编辑 7805 元件封装

(1) 如图 5-33 所示，单击底部“PCB”标签，在弹出的菜单中选择执行“PCB Library”PCB 库命令。

(2) 弹出图 5-34 所示的元件 PCB 库管理器工作面板。

(3) 编辑修改 7805 元件封装，执行“编辑”菜单下的“设置参考”子菜单下的“1 脚”命令，设置 7805 元件封装的 1 脚焊盘为元件封装的参考点，如图 5-35 所示。

5. 修改元件封装名

(1) 执行“工具”菜单下的“元件属性”命令，弹出图 5-36 所示的 PCB 库元件属性对话框，在名称栏中填写元件封装名“LM7805”。

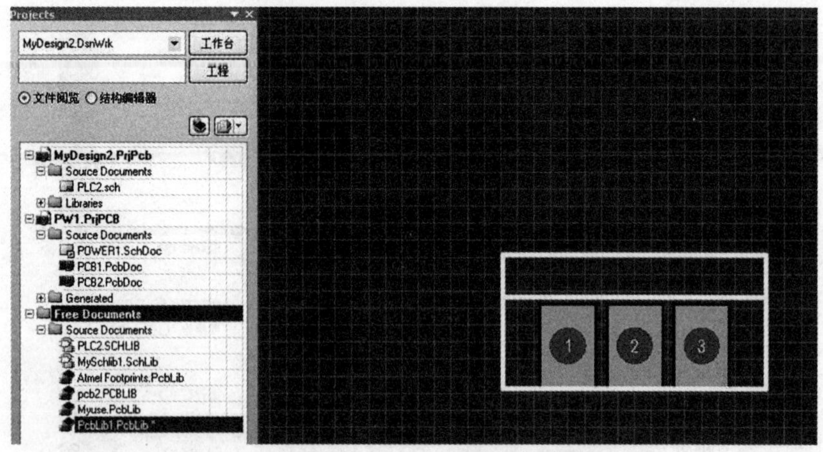

图 5-32　粘贴到 PcbLib1．PcbLib 元件封装库

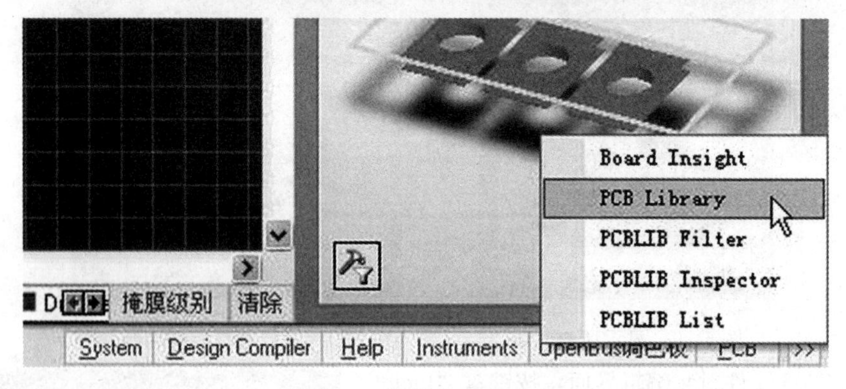

图 5-33　执行 PCB 库命令

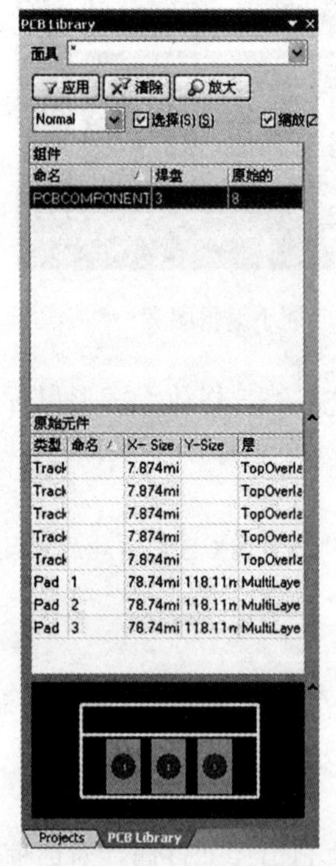

图 5-34　元件 PCB 库管理器

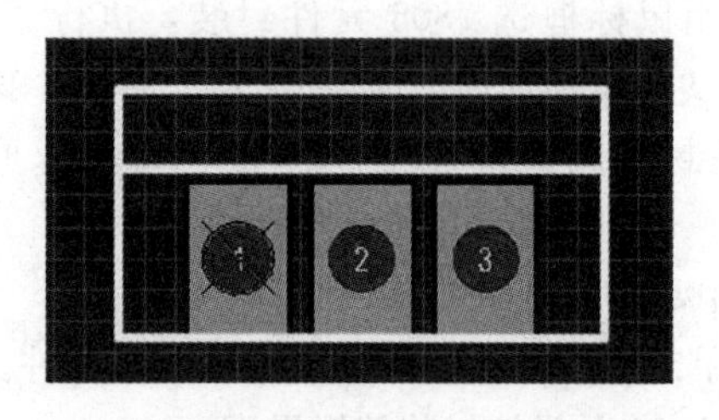

图 5-35　设置参考点

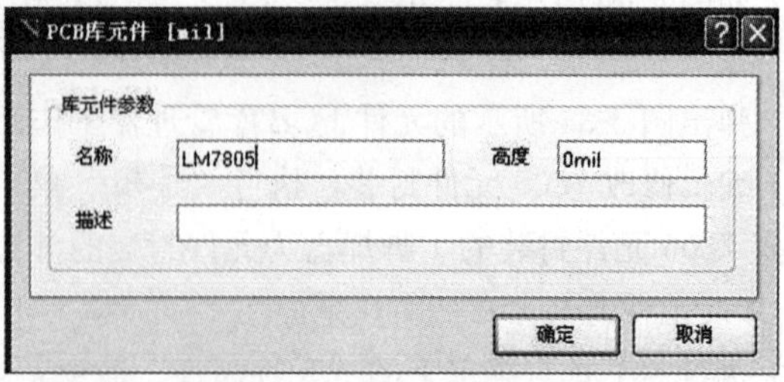

PCB库元件 [mil]
库元件参数
名称　LM7805　高度　0mil
描述
确定　取消

图 5-36　设置元件封装名

(2) 单击“确定”按钮，元件封装名被修改为“LM7805”，如图 5-37 所示。

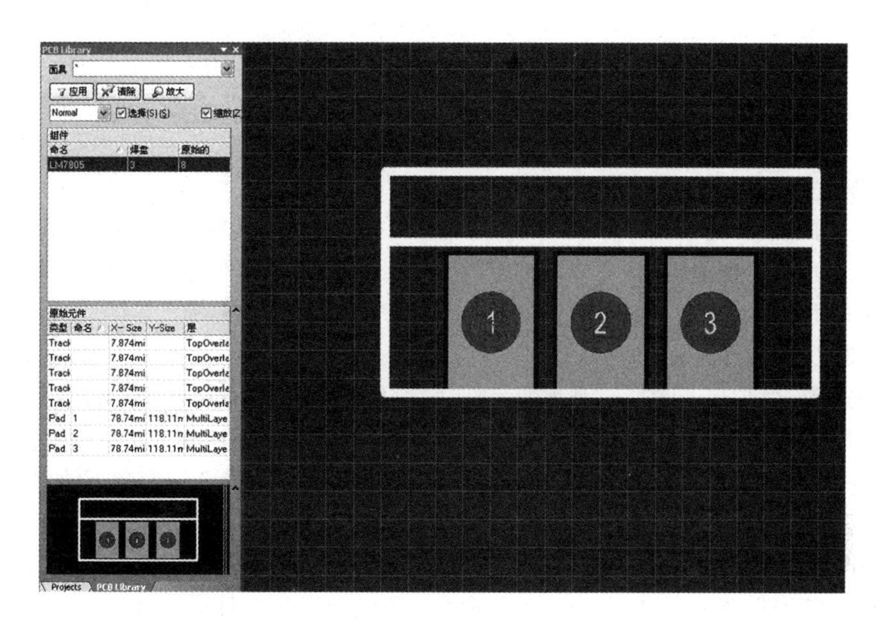

图 5-37 元件封装名被修改

6. 保存文件

(1) 执行“文件”菜单下的“保存”命令，弹出保存文件对话框。

(2) 设定保存文件的路径、文件名（*. PcbLib）。

(3) 单击“保存”按钮，保存文件。

一、训练目标

(1) 学会通过拷贝制作 7805 稳压器的封装。

(2) 学会创建自己的元件集成库。

二、训练内容与步骤

1. 通过拷贝制作 7805 稳压器的封装

(1) 打开 PCB 库文件。

1) 单击执行“文件”菜单下的“打开”命令，弹出打开文件对话框。

2) 设定打开文件的路径、文件名类型（*. PcbLib，*. Lib）。

3) 选择要打开的“PcbLib1. PcbLib”PCB 库文件，单击“打开”按钮，打开“PcbLib1. PcbLib”PCB 库文件，进入元件封装编辑器。

(2) 选择拷贝对象。

1) 单击底部“System”标签，在弹出的菜单中选择执行“库”命令，弹出元件库管理器工作面板。

2) 单击库管理器工作面板第二行库选择边的元件类别选择“…”省略号按钮。

3) 选择“封装”复选框，单击“Close”关闭按钮，元件库管理器工作面板显示库文件的所有封装元件。

4）右键单击名为“7805”的元件，弹出右键菜单，选择执行“Edit Footprint”编辑元件封装命令。

5）在7805元件封装编辑界面，按键盘“Pgdn”键，缩小编辑图案。

6）用鼠标框选7805元件封装，执行“编辑”菜单下的“拷贝”命令，光标变为十字形，移动到7805元件封装图案的左上角单击，确定拷贝的定位点。

（3）粘贴7805元件封装。

1）单击“PcbLib1. PcbLib”PCB库文件。返回PcbLib1. PcbLib元件封装编辑界面。

2）执行“编辑”菜单下的“粘贴”命令，光标上附着7805元件封装，移动十字形鼠标，在合适位置上单击，7805元件封装被粘贴到PcbLib1. PcbLib元件封装库。

（4）编辑7805元件封装。

1）单击底部“PCB”标签，在弹出的菜单中选择执行“PCB Library”PCB库命令。

2）弹出元件PCB库管理器工作面板。

3）编辑修改7805元件封装，执行“编辑”菜单下的“设置参考”子菜单下的“1脚”命令，设置7805元件封装的1脚焊盘为元件封装的参考点。

（5）修改元件封装名。

1）执行“工具”菜单下的“元件属性”命令，弹出PCB库元件属性对话框，在名称栏中填写元件封装名“LM7805”。

2）单击“确定”按钮，元件封装名被修改为“LM7805”。

（6）执行“文件”菜单下的“保存”命令，保存文件。

2. 学会创建自己的元件集成库

（1）创建新的集成库工程。执行“文件”菜单下的“工程”菜单下的“集成库”命令，默认文件名为“Integrated_Library1. Libpkg”。

（2）执行“文件”菜单下的“保存工程为”命令，指定保存路径，将项目命名为“Myuse1. Libpkg”。

（3）添加原理图元件库。在此工程下新建原理图元件库或者将已有的原理图元件库文件添加到该工程下。保存并命名为“Myuse1. SchLib”，制作出原理图元件库。

（4）添加PCB封装库。在此工程下新建PCB封装库或将已有的PCB封装库文件添加到该工程下，保存并命名为“Myuse1. PcbLib”，制作PCB封装库。

（5）给原理图元器件添加模型。

1）切换到Myuse1. Schlib文件，调出SCH Library面板，在Components区域右键单击一个元器件名，并执行“模型管理器”菜单，或者执行“工具”菜单下的“模型管理”命令，打开“模型管理器”对话框。

2）在对话框左边的元器件列表中选择NE555，单击右面的“Add Footprint”添加封装按钮，弹出封装选择对话框，单击“浏览”按钮，选择DIP8封装。

3）单击“确定”按钮，返回模型管理器对话框。

4）单击“关闭”按钮，完成模型封装的添加。

（6）编译集成库。执行“工程”菜单下的“Compile Integrated Library”编译集成库命令，此时Altium Designer 9编译源库文件，错误和警告报告将显示在Messages面板上。编译结束后，会生成一个新的同名集成库（. INTLIB），并保存在工程选项对话框中的选项卡所指定的保存路径下，生成的集成库将被自动按照添加到库面板上。

习 题 5

1. 建立一个工程文件 SYT5. Prjpcb。

2. 建立 PCB 元件封装库文件 SYT5. Pcblib。

3. 创建一个发光二极管元件封装，两引脚间距离 5mm，引脚 1 为正极，引脚 2 为负极，元件封装名称为 Led5mm。

4. 利用 PCB 元件封装制作向导，创建集成电路 DIP28 元件封装。

5. 通过拷贝创建 LM7805 的元件封装。

6. 打开一张 PCB 印刷电路图，生成该 PCB 印刷电路图元件封装库。

7. 打开一个完整的 PCB 工程，编译生成工程元件集成库。

项目六　复杂印刷电路板 PCB 设计

学习目标

(1) 学会设计延时开关电路的四层板 PCB 图。

(2) 学会设计四层板直流稳压电源的 PCB 图。

(3) 学会设计单片机可编程控制器 PCB 图。

任务 12　延时开关电路的四层板 PCB 设计

基础知识

一、多层板的结构设计

1. 板层结构设计原则

多层板与单面板、双层板的区别在于板层的数量较多，在顶层、底层之间的板层称之为中间层。这些层不像顶层、底层那样，电源线、地线、信号线均可走线。这些层具有专门的用途，按照一定的规则顺序布置，信号层一般专门走信号线，内电层走电源线或地线。不同的功能层叠加在一起，实现不同的电气特性，抑制电磁干扰、方便布线等，从而满足设计者的不同设计需求。

设计者在设计 PCB 之前，要根据电路的规模、性能需求、尺寸大小、成本要求以及电磁兼容等确定 PCB 的板层结构。通过增加板层，使得在规模相同的条件下便于布线、减小 PCB 尺寸、提高性能、减少电磁干扰，但由此也会增加电路板制作成本，必须综合考虑。对于生产厂家，关注的是设计后的 PCB 板是否容易加工。真正设计好的 PCB 板，需要反复分析、验证，并结合一些 EDA 电子设计辅助软件工具辅助分析线路密度、信号完整性等，再根据电源的种类、分布以及个别特殊走线的要求进行内电层的设计，确定内电层的层数和分布。

确定板层后，应根据特殊走线的分布、电源线和地线的分布决定板层的顺序。板层结构设计原则是：

(1) 内部电源层和地线层要相邻，并尽量减少之间电介质的厚度，增加电源层和地线层之间的电容，增大谐振频率。

(2) 在内电层中使用多个接地层，可以降低接地阻抗，降低不同信号层之间的共模干扰。

(3) 避免两个信号层直接相邻，减少相互间的串扰，导致信号出错。

(4) 将高速信号排列层安排在中间层，利用两边的内电层来屏蔽电磁干扰，同时降低对其他层的电磁影响。

(5) 注意板层结构的对称性。

2. 常用板层结构

常用多层板为 4 层、6 层，手机、电脑一般使用 6～12 层板。以常用的 4 层板为例，它的结构按信号不相邻原则有以下几种排列方式：

- P（Top）、S1、G、S2（Bottom）。
- S1（Top）、P、G、S2（Bottom）。
- S1（Top）、G、P、S2（Bottom）。

其中，P 表示电源 Power，S 表示信号 Signal，G 表示地线 GND（Ground）。

方式 1 的排列，电源层与接地层不相邻、不可取。从对称性考虑，方式 2、方式 3 其实是相同的，只是根据元件的放置来确定。一般元件放置在顶层，当顶层放置的贴片元件较多时，走线主要分布在顶层，这样，底层可以留出较多位置来设置大面积覆铜。方式 3 的电源层与底层的覆铜耦合较紧密，所以相对方式 2 更合理。

二、多层板元件布局原则

设计好原理图与板层后，需要做就是加载网络表，导入元件并摆放好。一般会按照功能模块、模拟信号、数字信号、高低压电源及其外围接口来布局元器件。在摆放元件时要考虑是否有利于后续的安装、焊接，相互间是否有干扰等。多层板元件布局的基本原则有以下几点。

1. 单面放置元器件

推荐单面放置元器件，由此可以把元件集中在顶层，布线也可以集中在顶层，底层可以大面积覆铜，有利于屏蔽干扰。另一方面有利于加工制作，易于焊接，易于丝印，同时可降低成本。

2. 元器件的放置方向

元器件的放置方向可以影响局部布线，但在关键走线位置，合理布局元器件，对于全局布线有决定性作用。充分考虑每个元器件信号流向和关键信号的走线，适当调整元器件的放置方向，使其有利于走线的布置，如果元件竖放影响走线，就调整为横向放置，元件横向放置影响走线，就调整为竖直放置。

3. 高低压隔离

当 PCB 上有高压、大功率元件时，应按功能分区，将高压、大电流走线限制在一定区域，不影响其他信号区域。如果尺寸允许，高低压的走线应尽可能离得远些。

4. 电源分区

在低压电源的分区可能存在多个电压，CPU 电压 3.3V，USB 电压 5V，继电器驱动电压 12V，传感器输入电压、输出驱动电压 24V 等，在把元器件按功能分区的基础上，应尽量将同种电压的元器件集中布局在一起，即按电压进行分区，有利于电源内电层的分割，把相同的电压集中在一块，减少内电层的数量、切割难度及其布线难度。

5. 特殊元件布局

对于有特殊要求的特殊元器件，如复位器件、去耦合电容、天线、高精度模拟器件、高压器件等，应优先安排它们的布局，以增强电路板的抗干扰能力和可靠性。复位器件、去耦合电容应尽量靠近核心主器件的引脚，天线应单独分区安排，高精度模拟器件要远离数字元件，高压器件应远离低压器件。

三、多层板布线基本规则

1. 设置线宽、线距

一般来说，在布线中线宽、线距越大越好，由此可降低干扰，减小阻抗，增加稳定性、可靠性。布线同时也受布线密度、元器件引脚限制，不可能做到线宽较宽，线与线之间距离较大。线较宽，可以承受较大电流，过宽也会浪费一定的空间，增加电路板成本。一般线宽不要小于 8mil（0.2mm），间距设置在 12mil（0.3mm）以上，便于生产厂商加工。在一些特殊应用场合，复杂的 CPU 走线、高密度的 FPGA 管脚引线时，线宽要求 5mil，线距要求 6mil，对电路板的加工要求较高，成本相对提高。实际应用中，可以根据最细管脚和最密走线部分要求，来决定线宽、线距。频率高，线宽、线距较小时，要严格考虑其他影响因素，如走线长度、接地处理等。

2. 选择线路拐角形式

在 PCB 走线的拐角处尽量使用圆滑或转弯半径大的走线方式，拐角越陡，阻抗变化越大，对于高频信号越易产生反射。常用的拐角为 45°或者圆角，45°拐角可以用于 10GHz 以下的信号，圆角可以满足 10GHz 以上的信号需求。

3. 优先级安排

单层板、双层板布线时要先考虑电源线、地线的走线，再安排信号线。多层板中，由于有单独的内电层专门用于电源线、地线的布线，就不必先考虑电源线、地线的布线。但在布信号线时还是要先走高频信号线，再布低频信号线。在安排同类走线时，如地址、数据总线，尽量安排一起布线，容易满足布线等长原则，保证地址、数据信号的同时性需求。

4. 环路控制

要尽量减少输入、输出与地线间的环路面积，减少引线的电感效应，特别是减少地线阻抗对高频信号的影响，使用多点接地，可以减少地回路面积，减小阻抗，降低干扰。

5. 蛇形走线

当并行线需要等长匹配时，可以采用蛇形走线。通过蛇形走线，可以使并行信号线等长，并且不产生干扰。蛇形走线在计算机电路板、嵌入式产品设计中用的较多。

6. 差分信号的走线

差分信号的走线，在高频电路设计中可以很好地抑制干扰，保持信号的完整性，满足差分电路对走线的要求。

7. 接地方法与地保护线

电路设计中地线的定义有很多种，如模拟地、数字地、电源地、信号地等。不同种类的地线对应不同接地方法，常用的有单点接地与多点接地。单点接地常用于低频电路，多点接地常用于高频电路中。

地保护线常用于射频电路中、高速时钟信号等速率较高的走线中，以尽可能多地吸收高频信号产生的辐射、噪声，减低走线阻抗，减少对环境产生的电磁干扰。其作用类似于在信号层之间插入地线层来降低信号干扰，通过表层信号线周围的地线，把高频能量限制在该保护区域。

四、配置中间层

多层板是就是多个单层板、双层板叠加在一起，使得原来的铜膜被压在中间形成中间层，共同组成的电路板。

通常，在加工单层板、双层板时，先在绝缘板上镀上铜模，再将设计完成的电路图通过光刻工艺转绘到到电路板的覆铜上，通过化学腐蚀方式，将非走线的地方腐蚀掉，最后再钻孔、丝印符号，完成 PCB 的制作。

多层板的制作，也是先做好各层，再叠加起来，但为了降低过孔的干扰影响，必须降低板层的厚度，实际的多层板的厚度与单层板、双层板厚度差不多，所以各层厚度相对较小，机械强度低，工艺要求高，材料要求严，由此，多层板制作成本高。

1. 创建中间层

(1) 执行“设计”菜单下的“层栈管理器”命令，弹出层栈管理器对话框，可以设置信号层、内部电源层、接地层。

在层栈管理器对话框：

1) 单击“添加层”按钮，可以添加一个信号层。

2）单击“添加平面”按钮，可以添加一个内部电源/接地层。

3）单击“删除”按钮，可以删除一个工作层，在执行之前，要先单击选取要删除的中间层或内部电源/接地层。

4）单击“向上”、“向下”按钮，可以调整各工作层间的上下关系。

5）单击“属性”按钮，可以进行属性设置，在执行之前，要先单击选取要删除的中间层或内部电源/接地层，系统弹出层编辑对话框，可以设置层名称和覆铜厚度。

6）选中“顶层绝缘层”复选框，则在顶层加一个绝缘层。

7）选中“底层绝缘层”复选框，则在底层加一个绝缘层。要设置绝缘层的厚度，可以选中绝缘层 CORE，再单击“属性”按钮，弹出绝缘层属性对话框，可以设置绝缘材料、厚度及其介电常数。

（2）四层板设计实例。

1）如图 6-1 所示，执行“设计”菜单下的“层栈管理”命令。

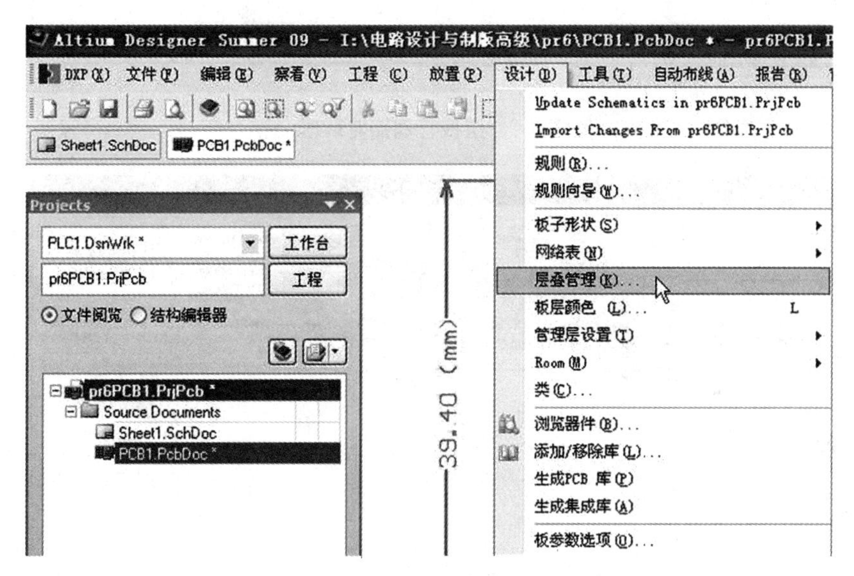

图 6-1 执行“层栈管理”命令

2）弹出图 6-2 所示的层栈管理器对话框。

3）选择“Top Layer”顶层，单击“添加平面”按钮两次，可以添加 2 个内电层，结果见图 6-3。

4）设置靠近顶层的内电层为 GND 地线层，设置靠近底层的内电层为 Power 电源层，结果见图 6-4。

图中出现 Core 与 Prepreg 两个绝缘层，不同之处是 Core 的上下两面都有铜膜，Prepreg 是两个 Core 相邻铜膜间的绝缘层。Core 可以看作双层板之间的绝缘层，Prepreg 看作两个双层板之间的绝缘层。

5）双击“绝缘层”，弹出图 6-5 所示的设置绝缘层属性对话框，选择 Material 材料为 FR-4 的默认介质材料，厚度等选择默认值。

6）双击“Core 绝缘层”，弹出设置绝缘层属性对话框，选择 Material 材料为 FR-4 的默认介质材料，厚度等选择默认值。

7）设置叠压模式。由于 Core 和 Prepreg 有不同的组合模式，所以层的叠压模式也有三种不

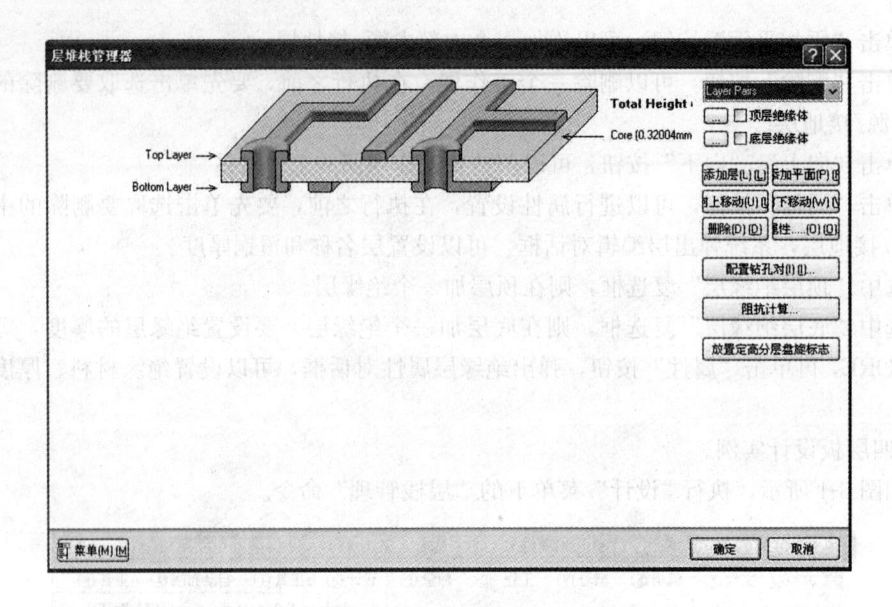

图 6-2　层栈管理器对话框

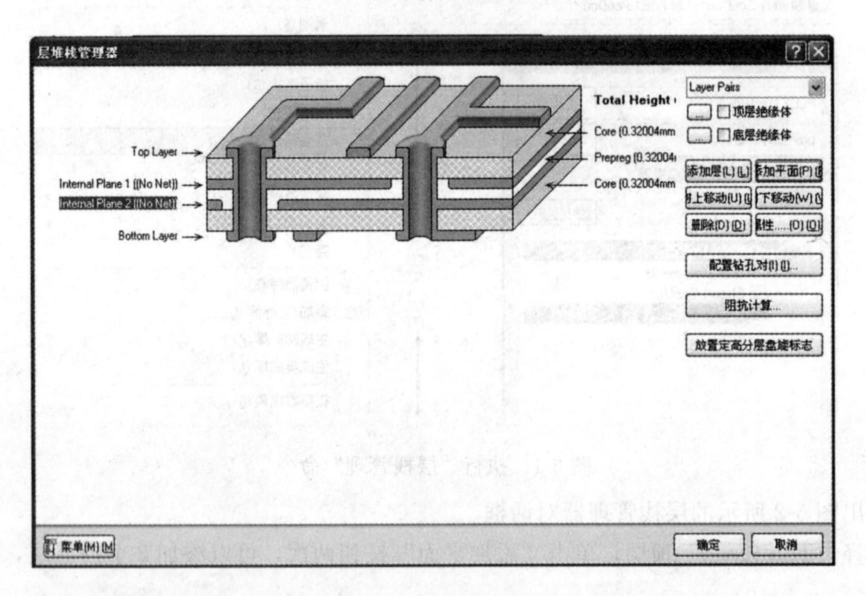

图 6-3　设置 2 个内电层

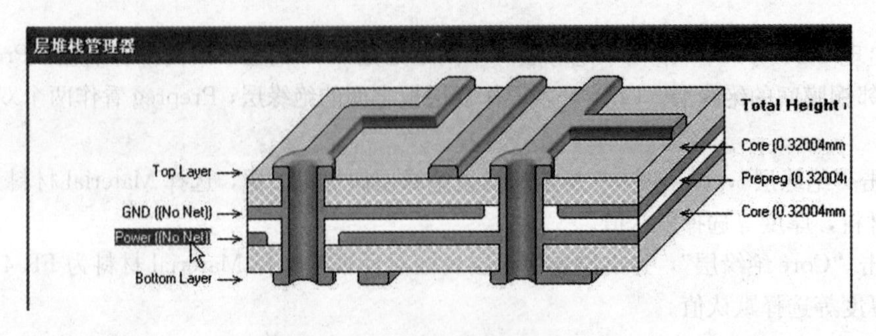

图 6-4　设置 2 个内电层属性

同的选择。分别是 Layer Pair（层成对）、Internal Layer Pair（内电层成对）、Build-up（叠压）。可以通过层堆栈管理器右侧的下拉列表来选择。层成对为两个双层板夹一个绝缘层，内电层成对为两个单层板夹一个双层板，叠压为在一个双层板基础上不断叠加内电层、Prepreg 绝缘层。一般选择层成对模式。

图 6-5 绝缘层属性对话框

2. 设置多层板

(1) 设置多层板的内电层显示。

1) 执行“设计”菜单下的“板层颜色”命令。

2) 弹出图 6-6 所示的多层板板层颜色配置对话框。

3) 在“内平面”内电层一栏下方的展示复选框，选中表示显示该内电层。

4) 去掉除 Mechnical 机械层 1 外的其他机械层的展示、使能复选框。

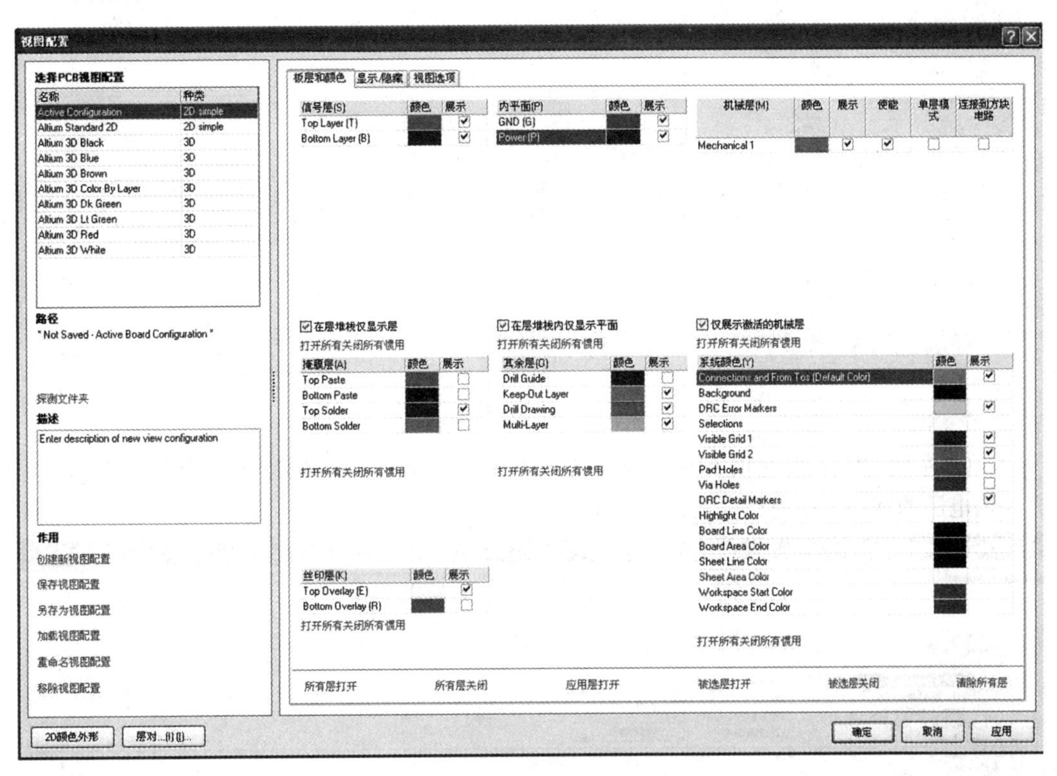

图 6-6 多层板板层颜色配置

5) 单击“确定”按钮，如图 6-7 所示，PCB 编辑器的下方就会多出内电层的标签。

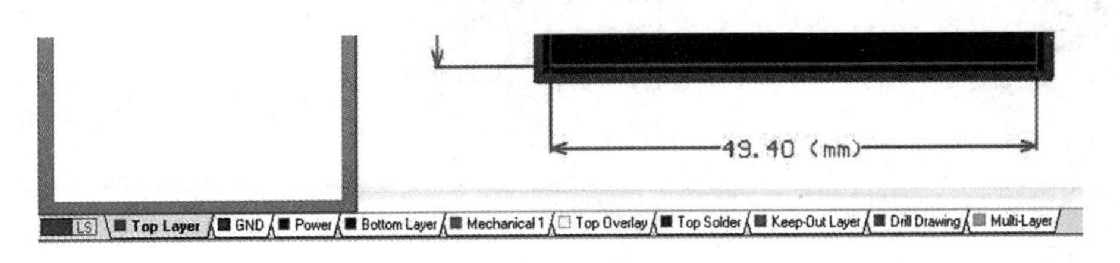

图 6-7 显示内电层的标签

(2) 设置多层板的设计规则。

任务12

1）执行“设计”菜单下的“规则”命令。

2）弹出规则设置对话框，选中机械属性页。

3）如图 6-8 所示，单击左侧“Plane”规则列表中的“Power Plane Clearance”（电源层安全边距）设置选项，对内电层的安全边距进行设置。这个安全边距是指内电层没有网络连接的钻孔通过该层时，其过孔周围铜膜被腐蚀的距离，被腐蚀圆环尺寸约束设置的数值。即焊盘或过孔的内孔边缘到无铜区的距离。

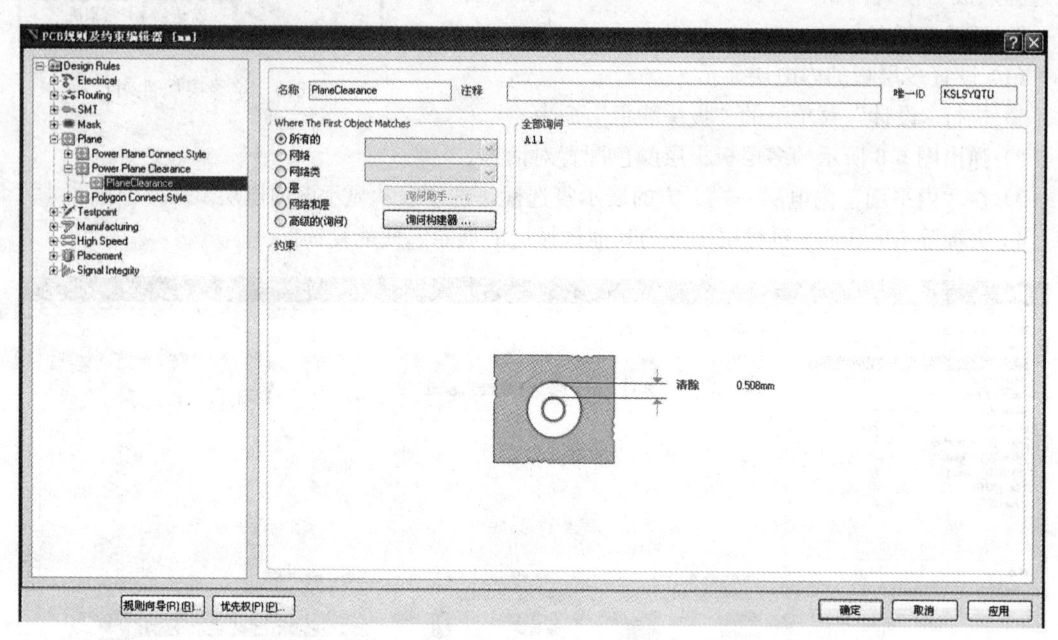

图 6-8　设置安全边距

4）单击左侧“Plane”选项下的 Power Plane Connect Style（电源层网络连接）设置选项，对钻孔与内电层的网络连接进行设置，如图 6-9 所示。

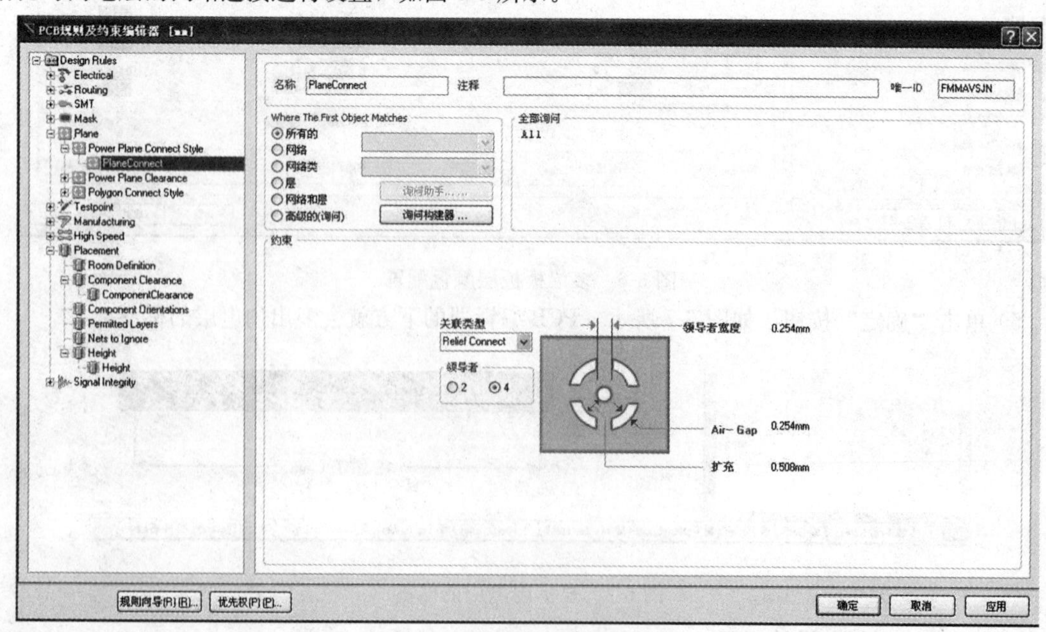

图 6-9　设置内电层连接模式

3. 分割内电层

当某一个内电层需要布置多个电源网络时，就需要对其进行分割。分割就像用一把刻刀在一面铜膜上划线，划线到的铜膜被腐蚀掉，其余部分被保存下来，由此将该铜膜分割成若干个区，每个区对应一个电压网络。分割内电层的原则是：

(1) 保持地网络的完整性。地线层不做分割，保持其完整性，提高整个系统的抗干扰能力。

(2) 分割线不要覆盖焊盘。

(3) 内电层的安全距离尽量设置大一些。一般设置在 20mil 以上，最小不得低于 12mil。

(4) 尽量将同一电源网络放在一个切割区上，减少分割导致的内电层内阻的增加。

(5) 如果某一内电层不需要分割，在添加内电层时，直接将其连接到网络，如内电层地直接连接到网络 GND。

技能训练

一、训练目标

(1) 学会设计复杂的四层板的 PCB 图。

(2) 学会设计延时开关电路图、PCB 图。

二、训练内容与步骤

1. 创建一个项目

(1) 双击桌面上的 Altium Designer 9 图标，启动 Altium Designer 9 电路设计软件。

(2) 单击执行“文件”菜单下的“新建”菜单下的“工程”菜单下“PCB 工程”命令，新建一个项目。

(3) 单击执行“文件”菜单下的“保存工程为”命令，弹出工程另存为对话框。

(4) 修改文件名为“PR6PCB1”，保存类型设置为“PCB Projects (* PrjPcb)”。

(5) 单击“保存”按钮，保存 PR6PCB1 工程。

2. 新建一个原理图文件

(1) 单击执行“文件”菜单下的“新建”菜单下的“原理图”命令。

(2) 新建一个名为“Sheet1. SchDoc”原理图文件。

(3) 右键单击“Sheet1. SchDoc”原理图文件，弹出快捷菜单，选择执行“保存为”命令，弹出另存为对话框。

(4) 重新设置文件名为“Yanshi1. SchDoc”原理图文件，新原理图文件更名为“Yanshi1. SchDoc”。

(5) 双击新建的原理图文件“Yanshi1. sch”，打开原理图文件编辑器。

(6) 绘制如图 6-6 所示延时开关电路原理图。

1) 将光盘 MyLIB 文件夹内容拷贝到软件安装目录下的 Library 文件目录下。

2) 单击图纸下部的“System”标签，弹出快捷菜单，执行菜单中“库”命令，弹出库工作面板。

3) 单击库工作面板上的“元器件库”按钮，弹出浏览库对话框。

4) 单击“安装”按钮，弹出打开文件对话框。

5) 在对话框选择安装目录下的 Library 文件 MyLIB 文件内的“MyLIB1. IntLib”元件集成库文件。

6) 单击“打开”按钮，MyLIB1. IntLib 集成库安装到可用库。

7）单击“关闭”按钮，返回原理图编辑界面。

8）应用 MyLIB1. IntLib 集成库的元件及其他元器件库，绘制图 6-10 所示延时开关电路原理图。

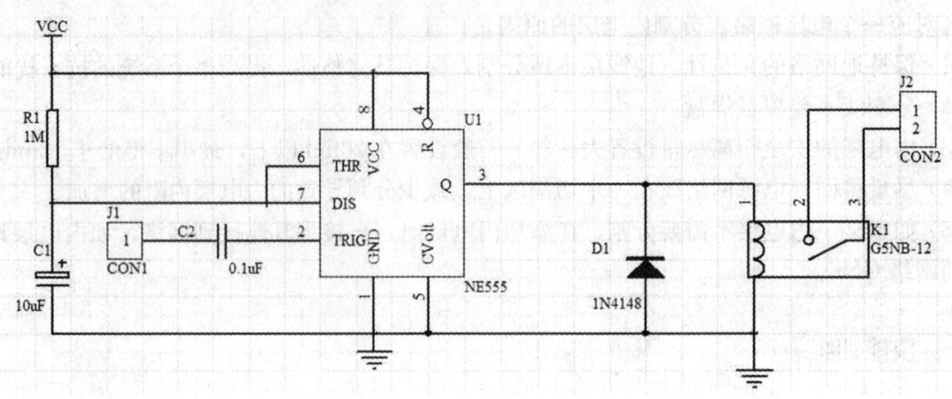

图 6-10　延时开关电路原理图

（7）元件封装信息按表 6-1 设置。

表 6-1　元件封装信息

元件序号	参数	元件封装
J1	CON2	CON5/2
J2	CON2	CON5/2
J3	CON1	CON1
C1	10μF	RB. 2/. 4
C2	0. 1μF	RAD0. 3
R1	1M	AXIAL0. 4
D1	1N4148	AXIAL0. 4
K1	G5NB-12	G5NB-1A
U1	NE555	DIP8

（8）创建网络表。

3. 利用向导创建 PCB 文件

（1）利用 PCB 向导创建外观大小 52mm×44mm 的矩形双层印制电路板，命名为“YANSHIPCB1. PcbDoc”，创建完成后如图 6-11 所示。

（2）删除 PCB 板边上的尺寸标注。

4. 设置四层板

（1）执行“设计”菜单下的“层栈管理”命令，弹出层栈管理器对话框。

（2）鼠标选择“Top Layer”顶层，单击“添加平面”按钮两次，可以添加 2 个内电层。

（3）设置靠近顶层的内电层为“GND”（地线）层，设置靠近底层的内电层为“Power”（电源）层。

（4）图中出现 Core 与 Prepreg 两个绝缘层，不同之处是 Core 的上下两面都有铜模，Prepreg 是两个 Core 相邻铜模间的绝缘层。Core 可以看作双层板之间的绝缘层，Prepreg 看作两个双层板之间的绝缘层。

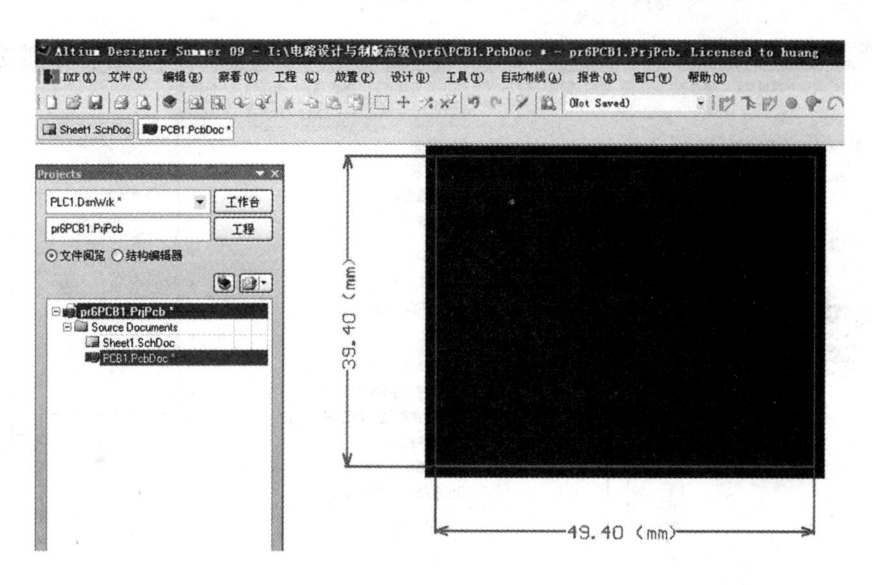

图 6-11 创建 PCB 文件

(5) 双击绝缘层，弹出设置绝缘层属性对话框，选择 Material 材料为 FR-4 的默认介质材料，厚度等选择默认值。

(6) 双击 Core 绝缘层，弹出设置绝缘层属性对话框，选择 Material 材料为 FR-4 的默认介质材料，厚度等选择默认值。

(7) 设置叠压模式。由于 Core 和 Prepreg 有不同的组合模式，所以层的叠压模式也有三种不同的选择。分别是 Layer Pair（层成对）、Internal Layer Pair（内电层成对）、Build-up（叠压）。可以通过层堆栈管理器左侧的下拉列表来选择。层成对为两个双层板夹一个绝缘层，内电层成对为两个单层板夹一个双层板，叠压为在一个双层板基础上不断叠加内电层、Prepreg 绝缘层。一般选择层成对模式。

(8) 设置多层板的内电层显示。

1) 执行“设计”菜单下的“板层颜色”命令，弹出多层板板层颜色配置对话框。

2) 在“内平面”内电层一栏下方的展示复选框，选中表示显示该内电层。

3) 去掉除机械层 1 外的其他机械层的展示、使能复选框。

4) 单击“确定”按钮，PCB 编辑器的下方就会多出内电层的标签。

(9) 设置多层板的设计规则。

1) 执行“设计”菜单下的“规则”命令，弹出规则设置对话框。

2) 单击左侧“Rule Classes”（规则列表）中的“Power Plane Clearance”（电源层安全边距）设置选项，对内电层的安全边距进行设置。这个安全边距是指内电层没有网络连接的钻孔通过该层时，其过孔周围铜膜被腐蚀的距离，被腐蚀圆环尺寸约束设置的数值。即焊盘或过孔的内孔边缘到无铜区的距离。

3) 单击左侧 Plane 选项下的“Power Plane Connect Style”（电源层网络连接）设置选项，对钻孔与内电层的网络连接进行设置。

5. 载入网络表

(1) 使用从原理图到 PCB 板自动更新功能，如图 6-12 所示，执行“设计”菜单下的“Up PCB Document YANSHIPCB1. PcbDoc”。

(2) 弹出“工程改变顺序”对话框，如图 6-13 所示。

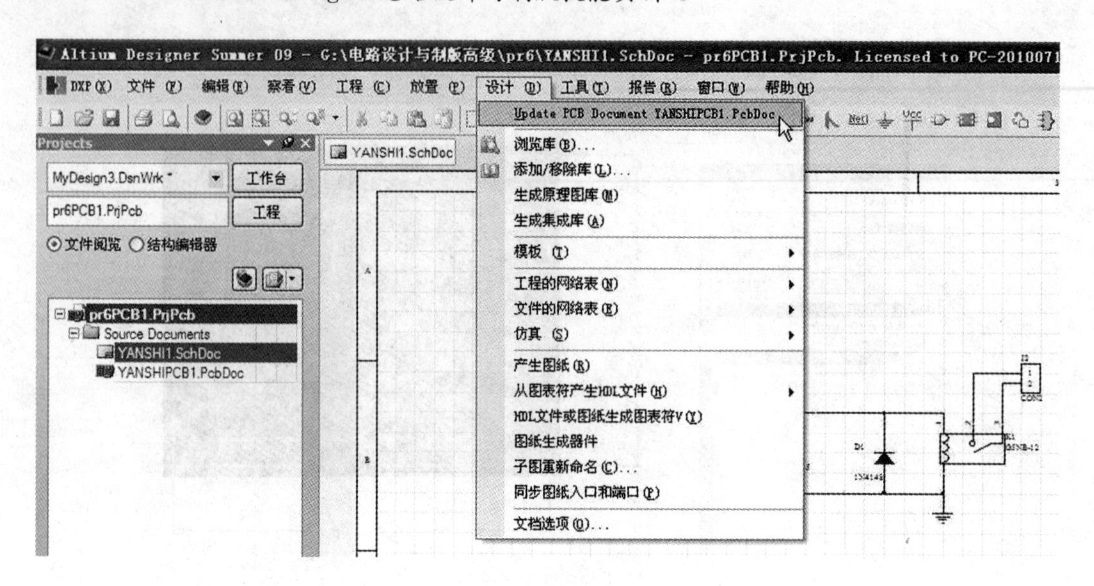

图 6-12　PCB 板更新

工程更改顺序

使能	作用	受影响对象		受影响文档	检测	Done	信息
	Add Components(8)						
☑	Add	C1	To	YanshiPCB1.PcbDoc			
☑	Add	C2	To	YanshiPCB1.PcbDoc			
☑	Add	D1	To	YanshiPCB1.PcbDoc			
☑	Add	J1	To	YanshiPCB1.PcbDoc			
☑	Add	J2	To	YanshiPCB1.PcbDoc			
☑	Add	K1	To	YanshiPCB1.PcbDoc			
☑	Add	R1	To	YanshiPCB1.PcbDoc			
☑	Add	U1	To	YanshiPCB1.PcbDoc			
	Add Nets(8)						
☑	Add	GND	To	YanshiPCB1.PcbDoc			
☑	Add	NetC1_1	To	YanshiPCB1.PcbDoc			
☑	Add	NetC2_1	To	YanshiPCB1.PcbDoc			
☑	Add	NetC2_2	To	YanshiPCB1.PcbDoc			
☑	Add	NetD1_2	To	YanshiPCB1.PcbDoc			
☑	Add	NetJ2_1	To	YanshiPCB1.PcbDoc			
☑	Add	NetJ2_2	To	YanshiPCB1.PcbDoc			
☑	Add	VCC	To	YanshiPCB1.PcbDoc			
	Add Component Classes(1)						
☑	Add	YANSHI1	To	YanshiPCB1.PcbDoc			
	Add Rooms(1)						
☑	Add	Room YANSHI1 (Scope=InComponentCl	To	YanshiPCB1.PcbDoc			

生效更改　执行更改　报告更改(R) (R)...　仅显示错误　关闭

图 6-13　工程改变顺序对话框

(3) 单击对话框中“生效更改”按钮，系统将检查所有的更改是否都有效。如果有效，将在右边“检测”栏对应位置打勾；如果有错误，检测栏将显示红色错误标识。一般的错误都是由于元件封装定义错误或者设计 PCB 板时没有添加对应元件封装库造成的。

(4) 单击“执行更改”按钮，系统将执行所有的更改操作，执行结果如图 6-14 所示。如果 ECO 存在错误，则装载不能成功。

(5) 单击“关闭”按钮，元器件和网络将添加到 PCB 编辑器中，如图 6-15 所示。

6. 调节元件布局

(1) 单击“设计”菜单下的“规则”命令，弹出 PCB 规则对话框。

(2) 如图 6-16 所示，设置元件间安全边距为 1mm。

(3) 如图 6-17 所示，单击“工具”菜单下的“器件布局”菜单下的“自动布局”命令，弹出自动放置对话框。

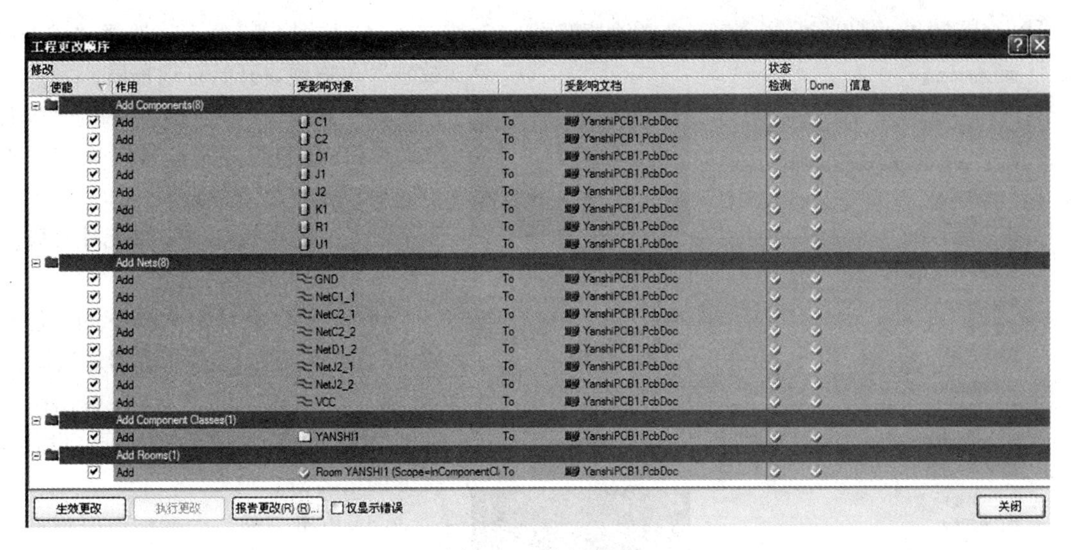

图 6-14 执行更改

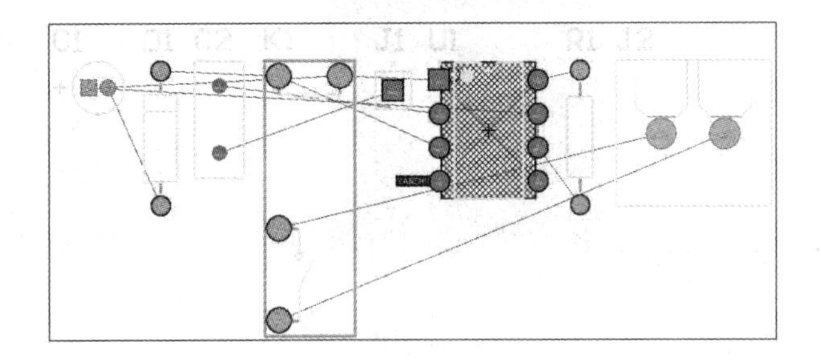

图 6-15 添加元器件和网络

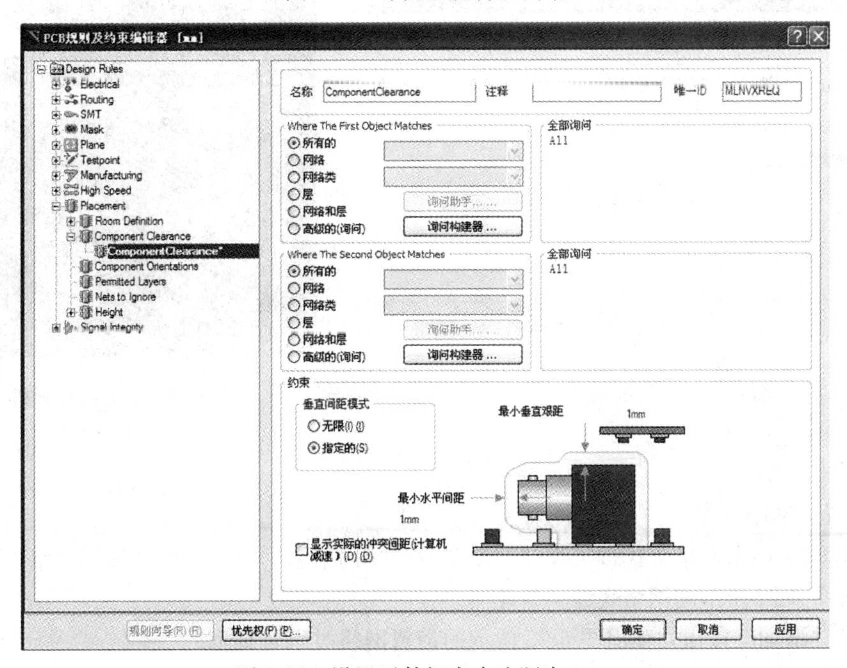

图 6-16 设置元件间安全边距为 1mm

图 6-17　执行“自动布局”命令

(4) 如图 6-18 所示，选择“成群的放置”单选项，开始自动布局。

(5) 单击“工具”菜单下的“器件布局”菜单下的“停止自动布局”命令，可以停止自动布局。

(6) 按图 6-19 手动调整元件布局。

7. 设置内电层网络连接

(1) 执行“设计”菜单下的“层栈管理”命令，弹出层栈管理器对话框。

(2) 双击内电层 Power，弹出图 6-20 所示的 Power 层属性对话框，设置连接的网络名为“VCC”。

(3) 单击“确定”按钮，完成内电层 Power 的网络连接，返回层栈管理器对话框。

(4) 双击内电层 GND，弹出 GND 层属性对话框，设置连接的网络名为“GND”。

(5) 单击“确定”按钮，完成内电层 GND 的网络连接，返回层栈管理器对话框。

(6) 单击“确定”按钮，关闭层栈管理器对话框。

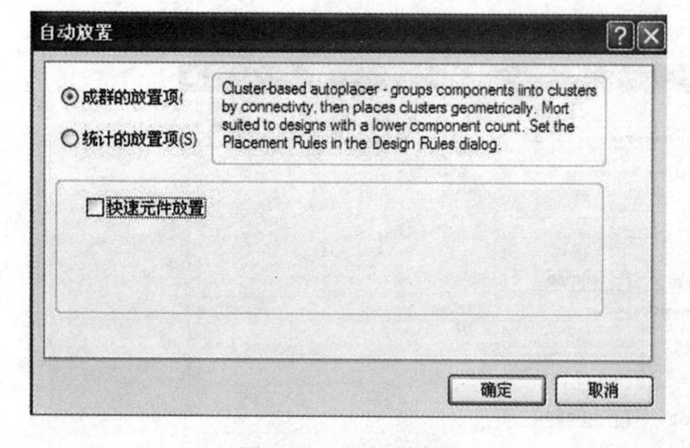

图 6-18　成群的放置

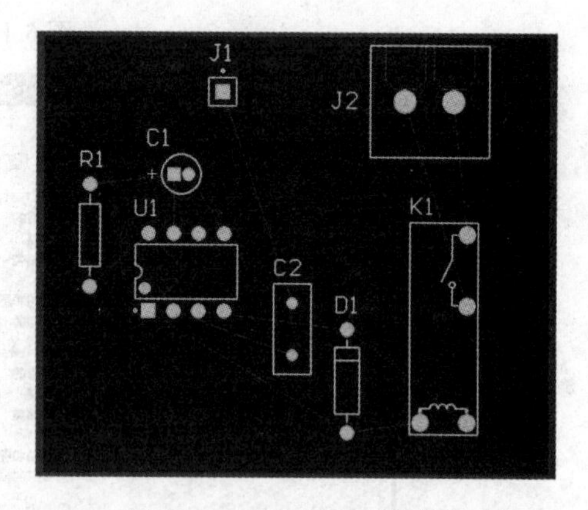

图 6-19　手动调整元件布局

8. 自动布局

(1) 设置新网络类型。

1) 如图 6-21 所示，单击执行“设计”菜单下的“网络表”菜单下的“编辑网络”命令。

2) 弹出图 6-22 所示的网络表编辑管理器。

3) 单击“添加”按钮，弹出图 6-23 所示的编辑网络类别对话框。

4) 在名称中输入“K”新名称，并选择 NetJ2-1、NetJ2-2 为 K 网络的“Members”成员。

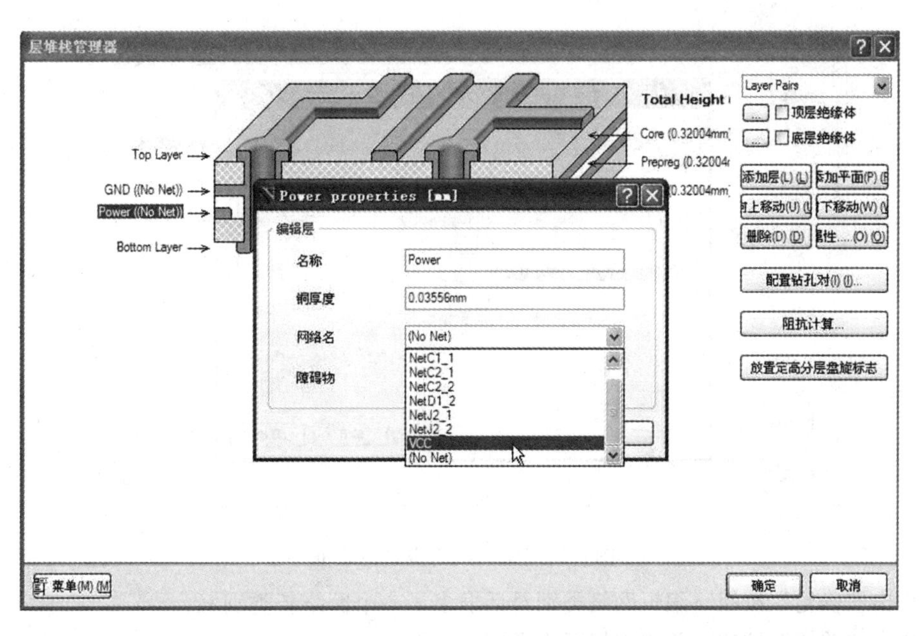

图 6-20 Power 层属性对话框

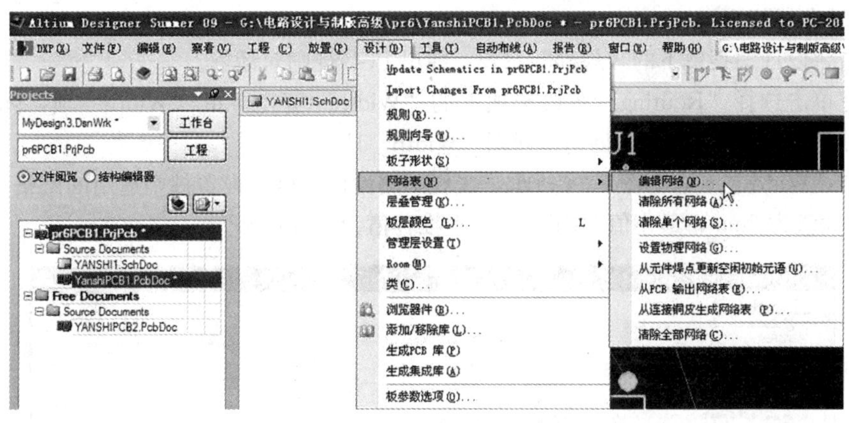

图 6-21 执行“网络表”命令

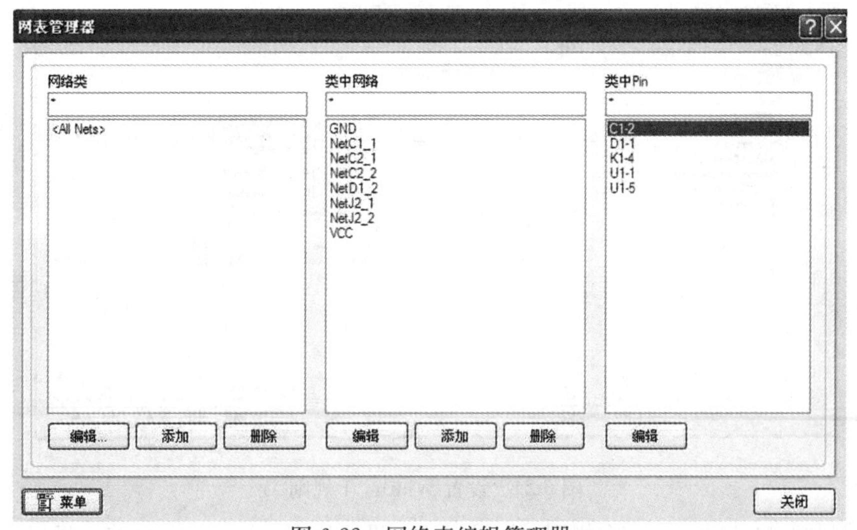

图 6-22 网络表编辑管理器

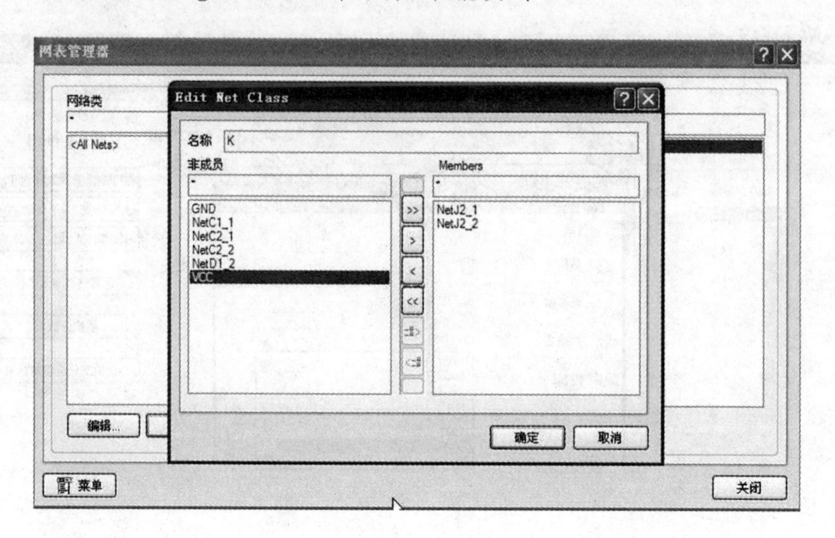

图 6-23　编辑网络类别对话框

5）单击“确定”按钮，编辑网络类别对话框多了一个网络新类别 K。

6）单击“关闭”按钮，关闭编辑网络类别对话框。

（2）设置布线规则。

1）单击“设计”菜单下的“规则”命令，弹出 PCB 规则对话框。

2）右键单击选择“Routing”布线选项下的“Width”宽度下的“Width”项，弹出快捷菜单，选择执行“新规则”命令，创建新规则“Width_1”。

3）单击“Width_1”，如图 6-24 所示，在规则属性设置区，设置规则适用的网络类为“K”，设置宽度最大值为 3mm，最小值为 1mm，设置推荐值为 2mm。

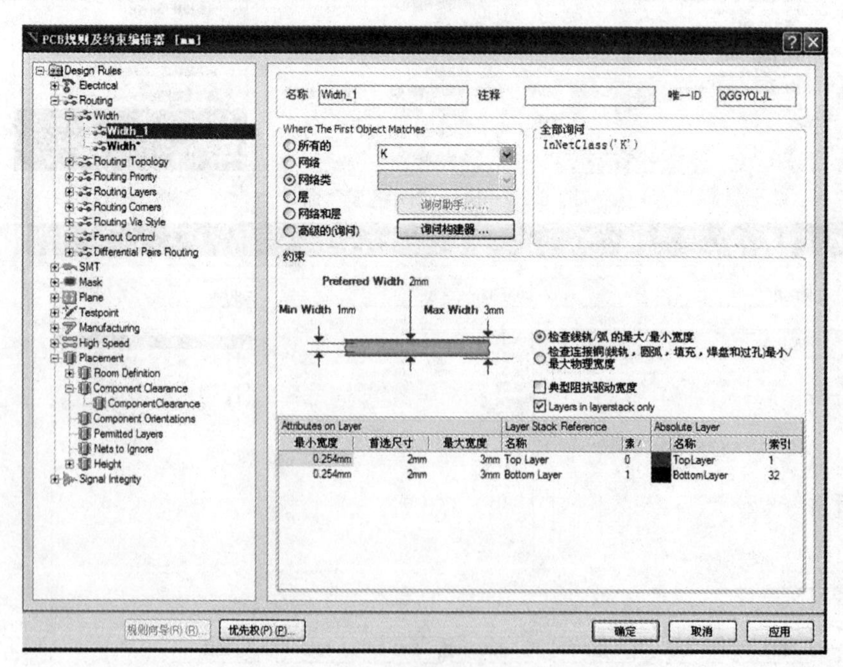

图 6-24　设置 Width_1 规则

4）新建规则“Width_2”，在规则属性设置区，设置规则适用的所有网络，设置宽度最大值为 2mm，最小值为 0.5mm，设置推荐值为 1mm。

5）单击规则设置对话框下部的“优先权”按钮，弹出图 6-25 所示的优先权设置对话框，单击“减少优先权”按钮，“Width _ 2”低于“Width _ 1”，高于“Width”。

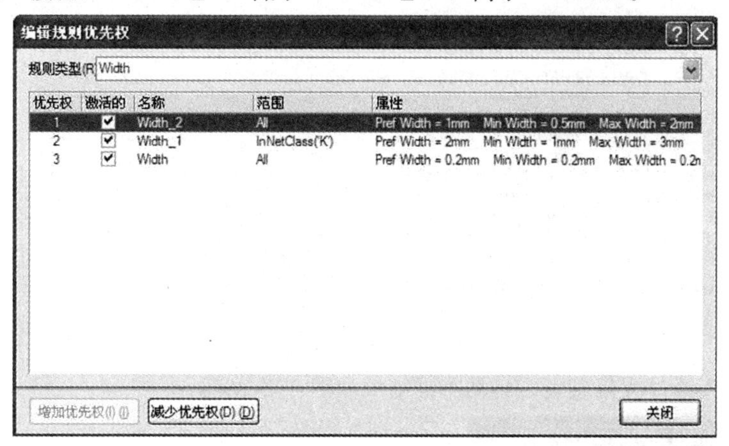

图 6-25 设置优先权

6）单击“关闭”按钮，关闭优先权设置对话框，返回设计规则对话框。

7）单击“确定”按钮，完成布线规则的设置。

(3) 自动布线。

1）单击执行“自动布线”菜单下的“全部”命令，弹出图 6-26 所示的布线策略对话框。

2）单击底部“Route All”按钮，软件开始自动布线，并显示图 6-27 所示的自动布线过程信息表。

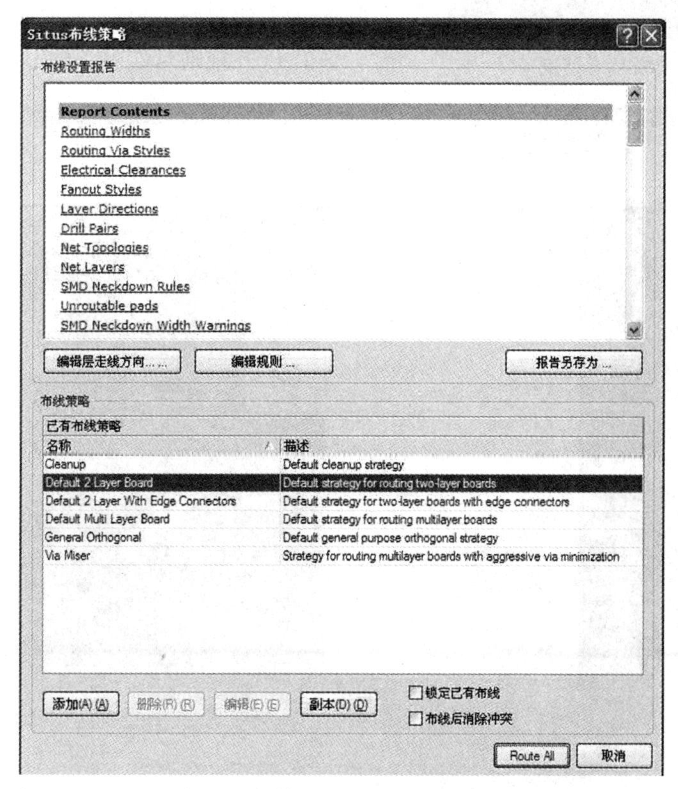

图 6-26 执行“全部”布线命令

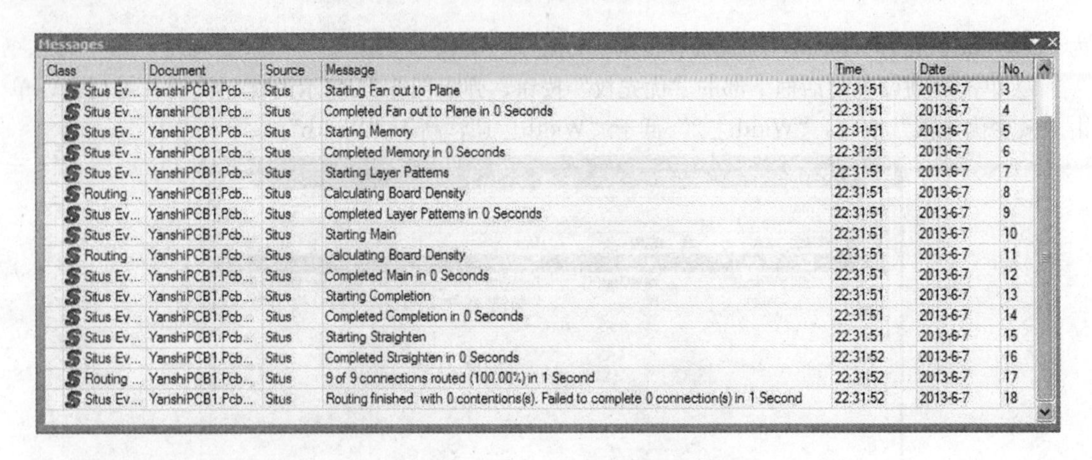

Messages

Class	Document	Source	Message	Time	Date	No.
Situs Ev...	YanshiPCB1.Pcb...	Situs	Starting Fan out to Plane	22:31:51	2013-6-7	3
Situs Ev...	YanshiPCB1.Pcb...	Situs	Completed Fan out to Plane in 0 Seconds	22:31:51	2013-6-7	4
Situs Ev...	YanshiPCB1.Pcb...	Situs	Starting Memory	22:31:51	2013-6-7	5
Situs Ev...	YanshiPCB1.Pcb...	Situs	Completed Memory in 0 Seconds	22:31:51	2013-6-7	6
Situs Ev...	YanshiPCB1.Pcb...	Situs	Starting Layer Patterns	22:31:51	2013-6-7	7
Routing ...	YanshiPCB1.Pcb...	Situs	Calculating Board Density	22:31:51	2013-6-7	8
Situs Ev...	YanshiPCB1.Pcb...	Situs	Completed Layer Patterns in 0 Seconds	22:31:51	2013-6-7	9
Situs Ev...	YanshiPCB1.Pcb...	Situs	Starting Main	22:31:51	2013-6-7	10
Routing ...	YanshiPCB1.Pcb...	Situs	Calculating Board Density	22:31:51	2013-6-7	11
Situs Ev...	YanshiPCB1.Pcb...	Situs	Completed Main in 0 Seconds	22:31:51	2013-6-7	12
Situs Ev...	YanshiPCB1.Pcb...	Situs	Starting Completion	22:31:51	2013-6-7	13
Situs Ev...	YanshiPCB1.Pcb...	Situs	Completed Completion in 0 Seconds	22:31:51	2013-6-7	14
Situs Ev...	YanshiPCB1.Pcb...	Situs	Starting Straighten	22:31:51	2013-6-7	15
Situs Ev...	YanshiPCB1.Pcb...	Situs	Completed Straighten in 0 Seconds	22:31:52	2013-6-7	16
Routing ...	YanshiPCB1.Pcb...	Situs	9 of 9 connections routed (100.00%) in 1 Second	22:31:52	2013-6-7	17
Situs Ev...	YanshiPCB1.Pcb...	Situs	Routing finished with 0 contentions(s). Failed to complete 0 connection(s) in 1 Second	22:31:52	2013-6-7	18

图 6-27　自动布线过程信息表

3）关闭自动布线过程信息表，自动布线结果如图 6-28 所示。

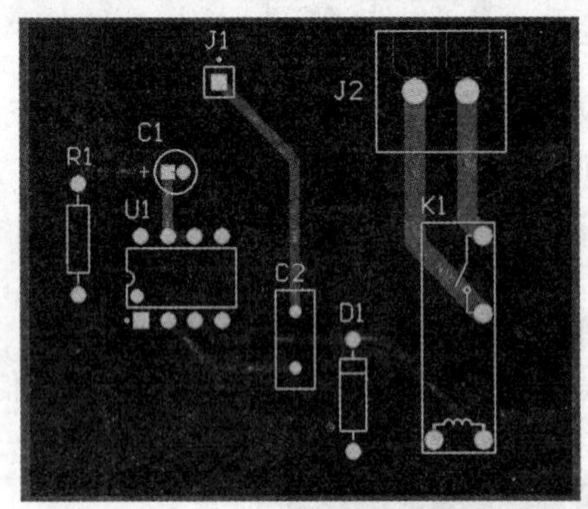

图 6-28　网络布线结果

（4）修改布线。

1）如图 6-29 所示，执行“工具”菜单下的“取消布线”子菜单下“网络”命令。

2）移动鼠标，单击左键，选择网络 NetJ2-1，一条布线 NetJ2-1 被取消，如图 6-30 所示。

3）单击左键，选择网络 NetJ2-2，布线 NetJ2-2 被取消。

4）单击右键，结束取消布线操作。

5）修改布线规则，单击“设计”菜单下的“规则”命令，弹出 PCB 规则对话框，单击“Width _ 1”，在规

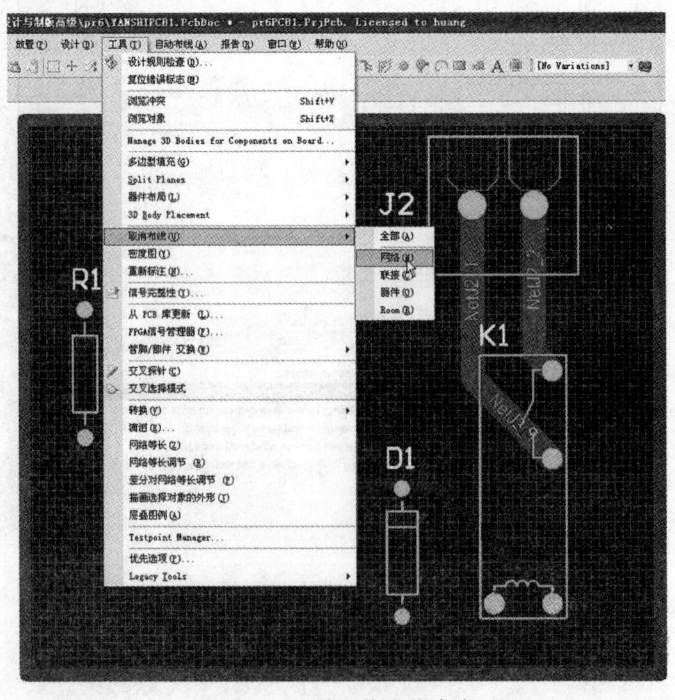

图 6-29　取消网络布线命令

则属性设置区，设置规则适用的网络类为“K”，设置宽度最大值为 3mm，最小值为 1mm，设置推荐值为 1.5mm。

6）单击执行“自动布线”菜单下的“网络”命令，选择网络 NetJ2-1，如图 6-31 所示。

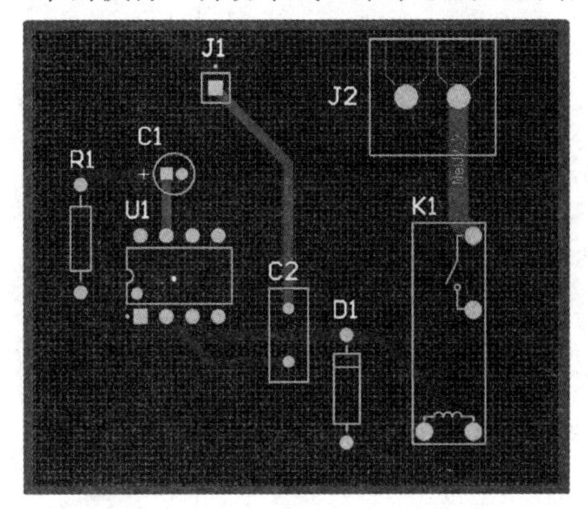

图 6-30　取消网络 NetJ2-1 布线

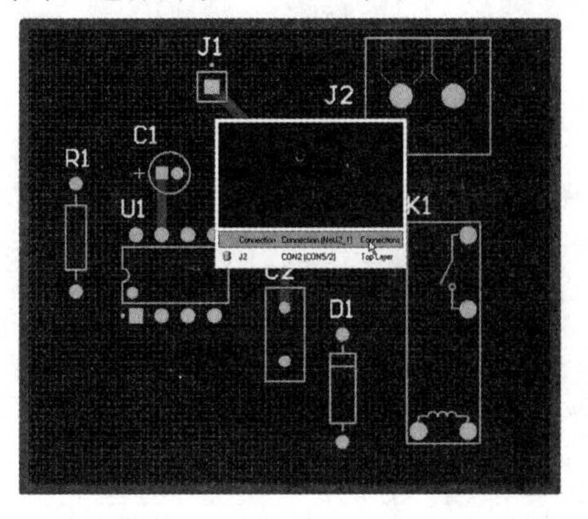

图 6-31　选择网络 NetJ2-1 布线

7）单击左键，自动为网络 NetJ2-1 布线，结果见图 6-32，网络 NetJ2-1 导线的宽度为 1.5mm。

8）选择网络 NetJ2-2，网络 NetJ2-1 导线的宽度为 1.5mm。

9）单击右键，结束网络布线操作。

（5）补泪滴。

1）执行“工具”菜单下的“泪滴”命令，弹出图 6-33 所示的补泪滴设置对话框。

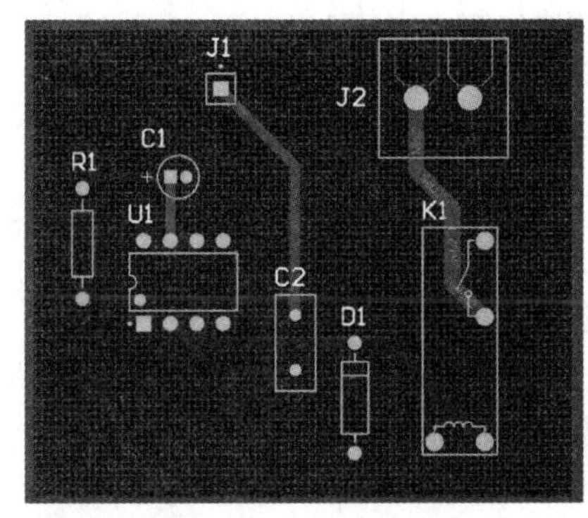

图 6-32　网络 NetJ2-1 布线宽度为 1.5mm

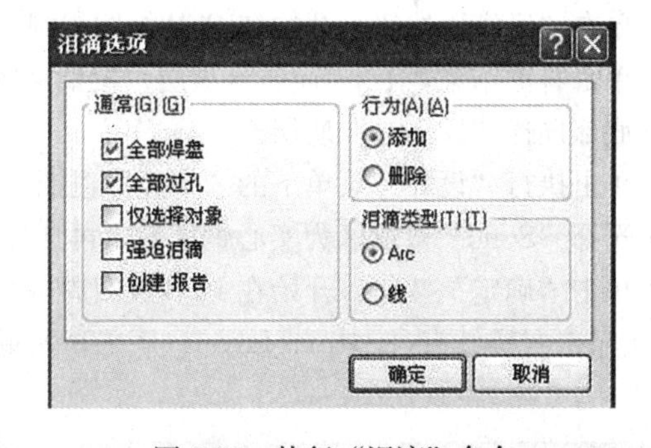

图 6-33　执行“泪滴”命令

2）选择为所有的焊盘和过孔添加弧状泪滴。

3）单击“确定”按钮，执行补泪滴操作，结果焊盘边变得圆滑了、坚实了，如图 6-34 所示。

（6）覆铜。

1）底部选择“Top Layer”顶层。

2）单击执行“设计”菜单下的“多边形覆铜”命令，弹出图 6-35 所示的多

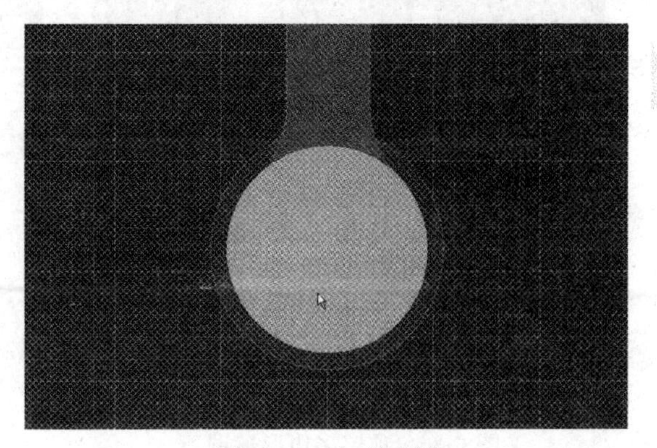

图 6-34　补“泪滴”

边形覆铜对话框。

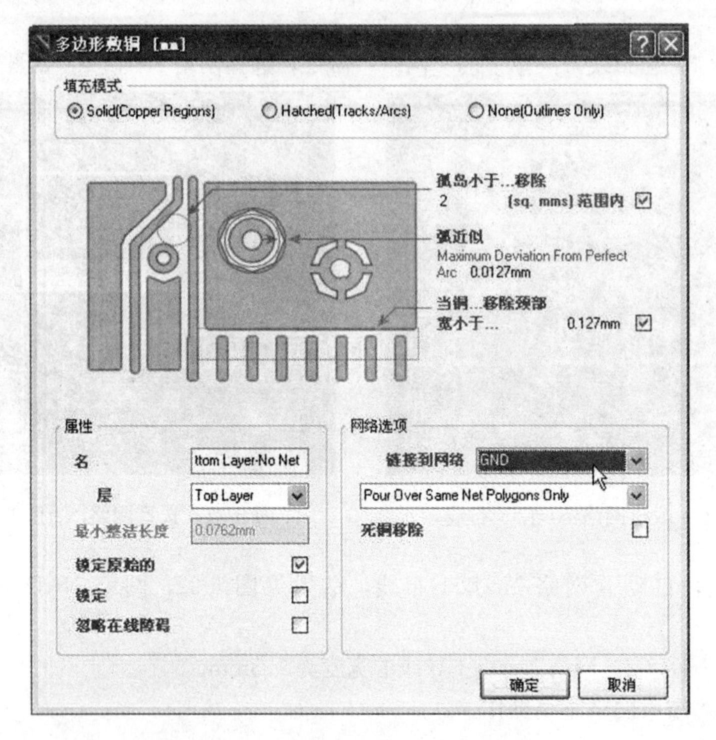

图 6-35　执行“多边形覆铜”命令

3）选择“Solid”敷铜区为实心铜区域，再选择链接到网络“GND”。

4）单击“确定”按钮，开始在 PCB 板四周画一个封闭的矩形。

5）单击右键结束，Top Layer（顶层）覆铜见图 6-36。

6）底部选择“Bottom”底层。

7）单击执行“设计”菜单下的“多边形覆铜”命令，弹出多边形覆铜对话框。

8）选择“Solid”敷铜区为实心铜区域，再选择链接到网络“VCC”。

9）单击“确定”按钮，开始在 PCB 板四周画一个封闭的矩形。

10）单击右键结束，Bottom Layer（底层）覆铜见图 6-37。

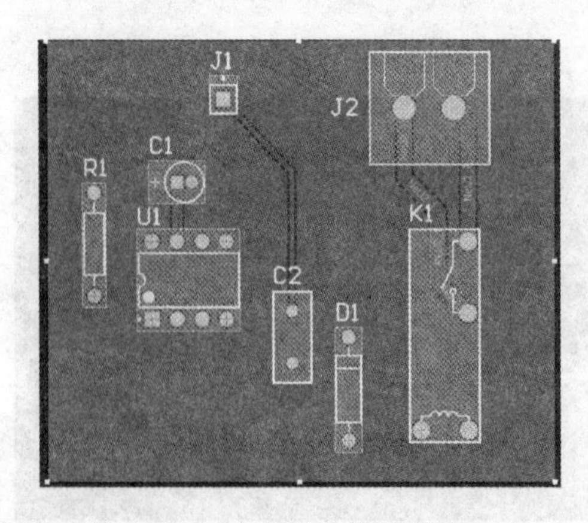

图 6-36　顶层多边形覆铜

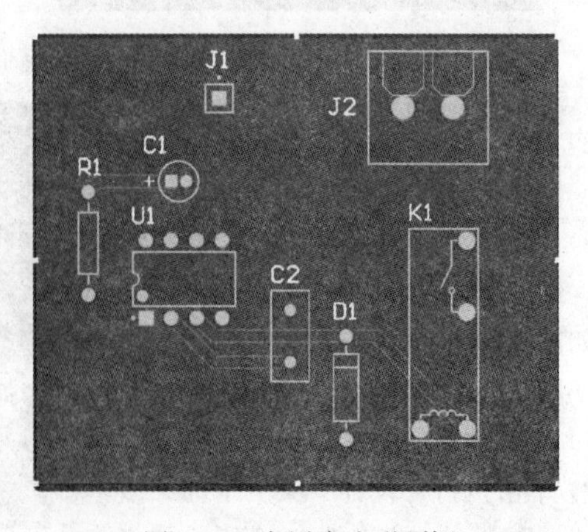

图 6-37　底层多边形覆铜

9. 执行设计规则检查

(1) 执行“工具”菜单下的“设计规则检查”命令，弹出图 6-38 所示的设计规则检查对话框。

图 6-38　设计规则检查对话框

(2) 在“Report”报告选项卡中设定要检测的规则项目，单击“确定”按钮。

(3) 单击“RunDRC”运行 DRC 按钮，可以启动 DRC 检查，检查后生成检查报告，如图 6-39所示。

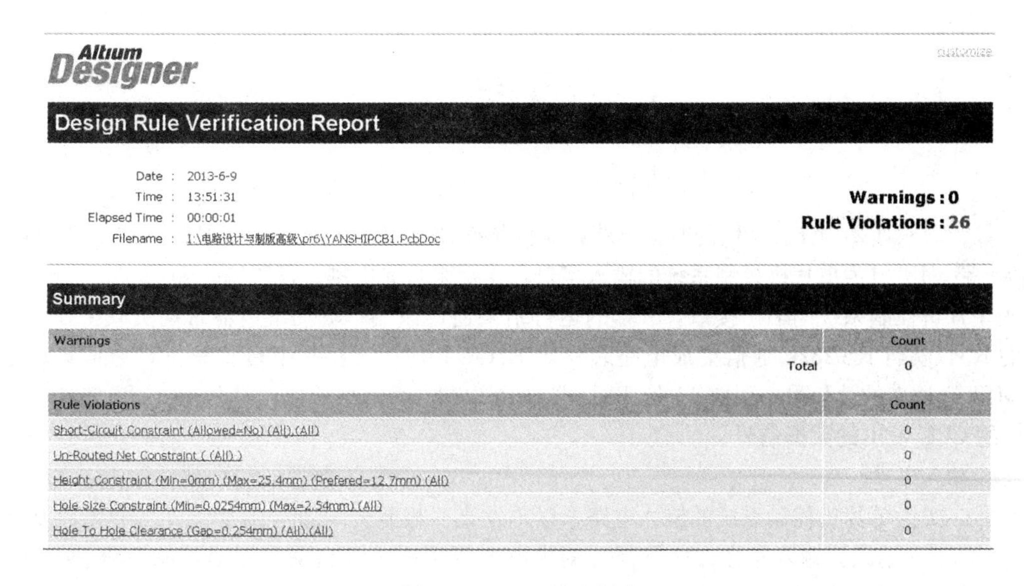

Altium Designer

Design Rule Verification Report

Date : 2013-6-9
Time : 13:51:31
Elapsed Time : 00:00:01
Filename : I:\电路设计与制版高级\pr6\YANSHIPCB1.PcbDoc

Warnings : 0
Rule Violations : 26

Summary

Warnings	Count
Total	0

Rule Violations	Count
Short-Circuit Constraint (Allowed=No) (All),(All)	0
Un-Routed Net Constraint ((All))	0
Height Constraint (Min=0mm) (Max=25.4mm) (Prefered=12.7mm) (All)	0
Hole Size Constraint (Min=0.0254mm) (Max=2.54mm) (All)	0
Hole To Hole Clearance (Gap=0.254mm) (All),(All)	0

图 6-39　DRC 检查报告

任务13　设计单片机控制系统的PCB图

一、单片机控制系统电路

1. 以51单片机为核心的单片机控制系统的CPU电路

图6-40为以51单片机为核心的单片机控制系统的CPU电路，CPU使用宏晶的51系列增强型单片机STC12C5A60S2。

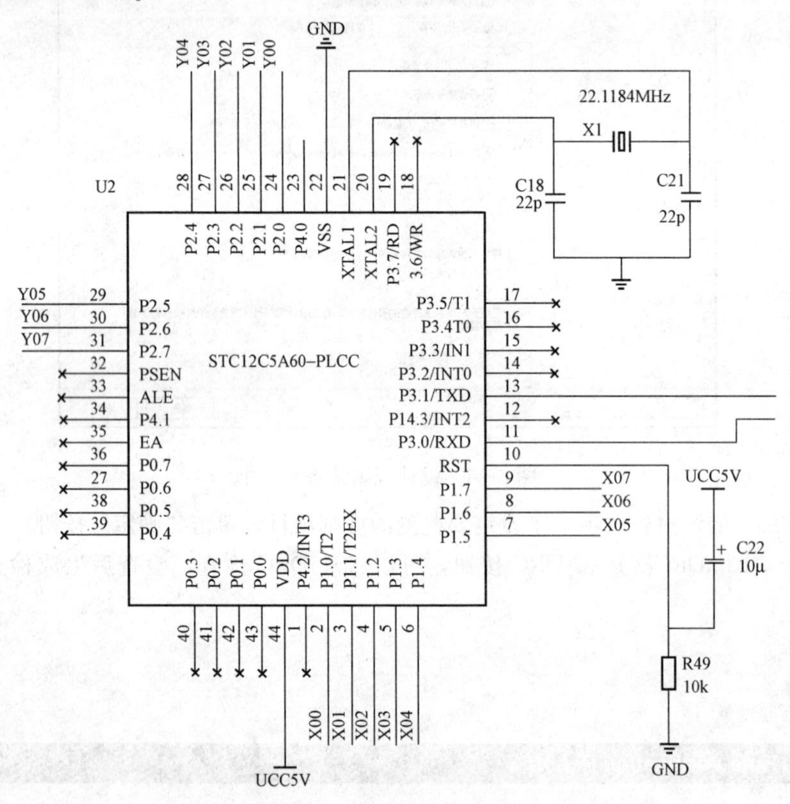

图6-40　PLC的CPU电路

X1、C18、C21组成CPU的时钟电路，晶振频率22.1194MHz。C22、R49组成CPU的上电复位电路。P1口为单片机控制系统的输入接口，连接来自光电耦合器隔离电路的8路输入信号。P2为单片机控制系统的输出接口，PLC的运行结果通过该端口驱动继电器带动负载工作。引脚10的RXD端与RS-232C通信集成电路芯片的R1OUT连接，接收来自RS-232C通信集成电路R1OUT送过来的读信号。引脚11的TXD端与RS-232C通信集成电路芯片的T1IN连接，送出PLC的CPU发出的数据信号。

2. 输入电路

图6-41为单片机控制系统的输入电路，以单发光二极管光电耦合器PC817为核心组成带光电隔离的输入电路。输入发光二极管部分的供电电压采用工业自动控制通用的直流24V电压，光电耦合器OP1采用PC817，光电耦合器OP1的发光二极管串联的LED1作X0输入状态指示，连接在X0端的输入开关闭合时，LED1点亮发光，指示输入状态为“ON”，连接在X0端的输入

开关关断时，LED1 熄灭，指示输入状态为“OFF”。R1 与 R9 组成分压电路，保证光电耦合器 OP1 的发光二极管在输入开关闭合时正常工作。其他光电耦合器的工作原理与 OP1 类似，分别将 X0～X7 的输入信号送 PLC 的 CPU。

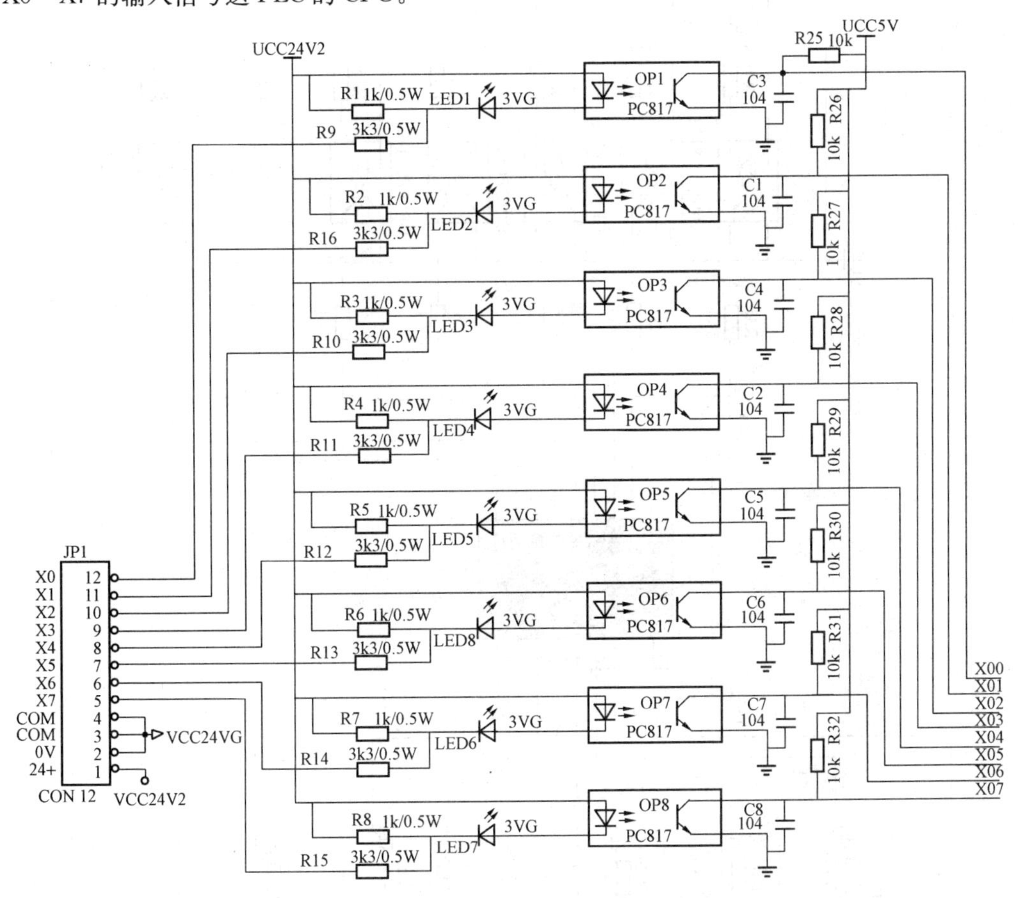

图 6-41　PLC 的输入电路

图 6-41 的 PLC 的输入电路适合 NPN 型传感器和通用触点开关信号的输入。

若要制作适合 NPN 和 PNP 型传感器和通用触点开关信号的输入，可以采用双发光二极管光电耦合器（见图 6-42）。

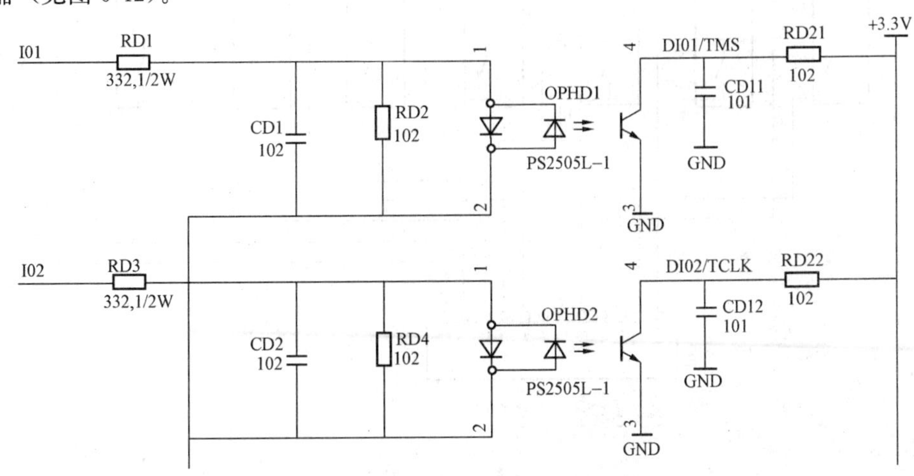

图 6-42　双发光二极管光电耦合器输入电路

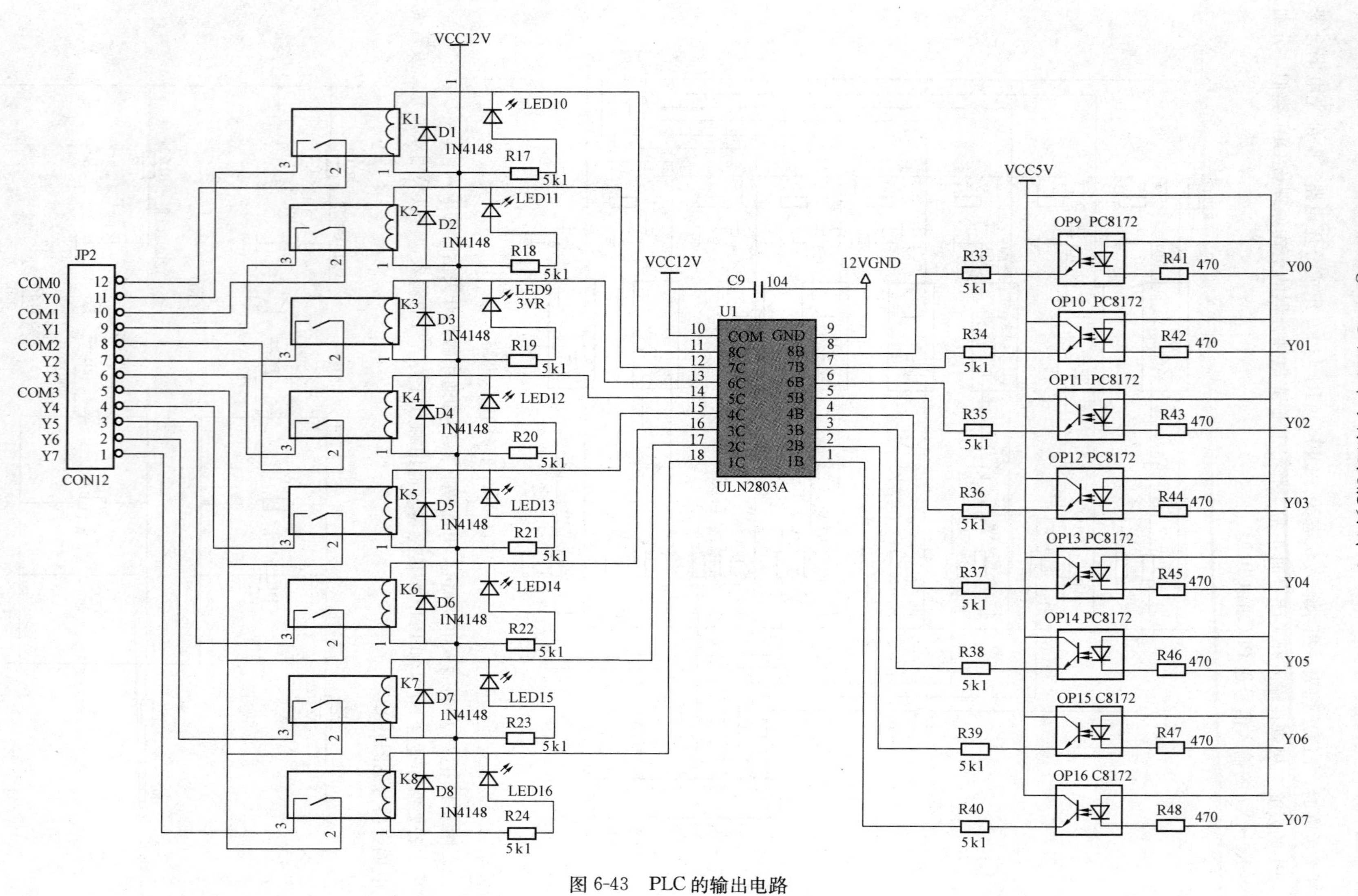

图 6-43 PLC 的输出电路

3. 输出电路

图 6-43 为单片机控制系统的输出电路，PLC 的 CPU 的输出信号（低电平有效）送到光电耦合器 OP9，驱动光电耦合器 OP9 的二极管导通发光，光电耦合器 OP9 的光敏三极管导通，通过电阻 R24，输出高电平，送 ULN2803A 达林顿输出集成电路 8B 端，ULN2803A 达林顿输出集成电路 8C 端为开路集电极输出端，达林顿输出管导通，输出指示二极管 LED10 导通，指示 Y0 输出状态为“ON”，继电器 K1 得电导通，K1 输出端开关导通。当 PLC 的 CPU 的输出信号为“OFF”时，输出高电平信号，光电耦合器 OP9 的二极管不导通，光电耦合器 OP9 的光敏三极管截止，达林顿输出管截止，输出指示二极管 LED10 截止，指示 Y0 输出状态为“OFF”，继电器 K1 失电，K1 输出端开关断开。并联在 K1 线圈两端的二极管 D1 为续流二极管，防止继电器从导通到截止时产生感生电势。

4. 通信电路

图 6-44 为单片机控制系统的通信电路。以 MAX232 串口通信集成电路为核心，组成 RS—232 串口通信电路，MAX232 串口通信集成电路的 R1OUT 输出读信号给 PLC 的 CPU 的 RXD，MAX232 串口通信集成电路的 T1IN 输入端接收来自 PLC 的 CPU 发送端 TXD 的发送信号。MAX232 串口通信集成电路连接 DB9 端口，通过它与计算机或其他的串口设备进行通信。

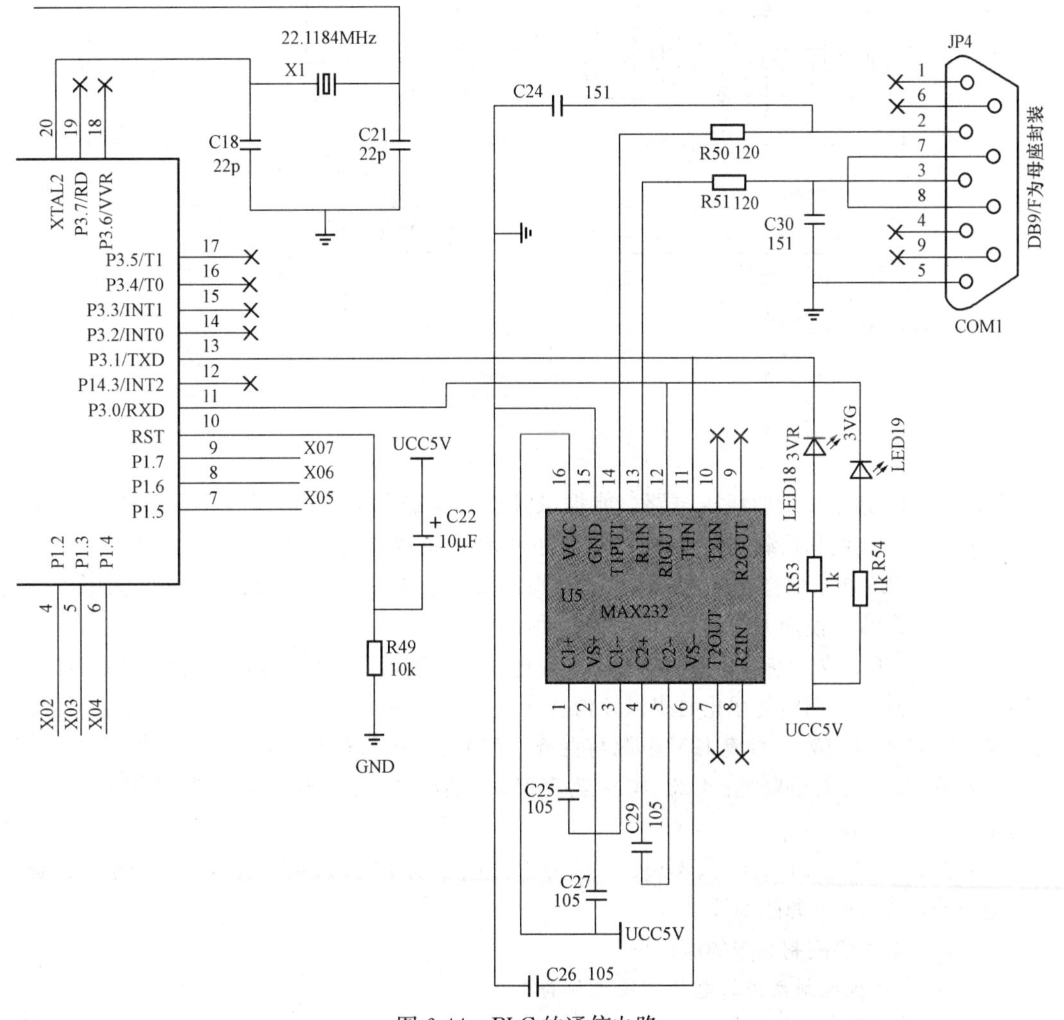

图 6-44 PLC 的通信电路

发光二极管 LED18、LED19 指示通信状态，通信电路正常通信时，发光二极管 LED18、LED19 闪烁。

5. 电源电路

图 6-45 为单片机控制系统的电源电路。外接电源通过 JP3 接入电源电路，保险 F1 保证系统电源的安全。外接电源可以是交流 20V 电源或直流 24V 电源。当输入为 24V 直流电源时，为了保证不至于因为用户接错直流电源导致单片机控制系统不工作，保险 F1 后连接的整流桥堆 DP1 来保证输出电源极性的正确，同时与单片机控制系统使用其他电源相隔离。VCC 24V 2、VCC 24V 2G 为单片机控制系统的输入、输出电路的直流 24V 电源，通过滤波电容 C13、C14 滤除交流干扰，保证直流 24V 2 电源的恒定。保险 F1 后连接的整流桥堆 DP2 用来保证 24V1 输出电源极性的正确。整流桥堆 DP2 连接直流-直流（DC TO DC）变换集成电路 LM2576-12，将 24V 直流电变换为 12V 直流电，再由直流稳压电源集成电路 LM7805 稳压输出直流 5V 电源。

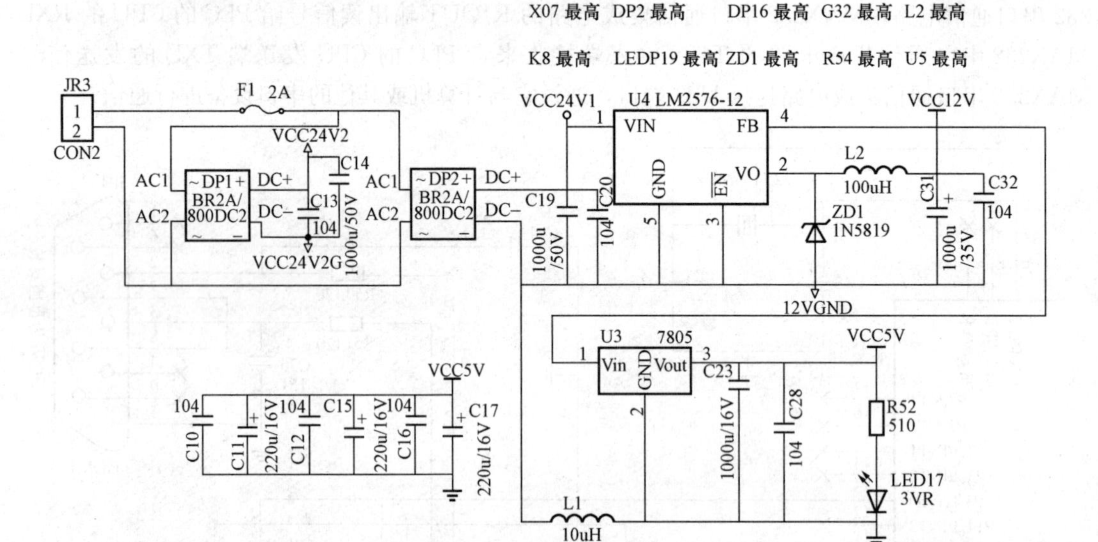

图 6-45 PLC 的电源电路

LM2576-12 是单片集成稳压电路，能提供降压开关稳压电源的各种功能，能驱动 3A 的负载，具有优异的线性和负载调整能力。LM2576 系列稳压器的固定输出电压有 3.3V、5V、12V、15V 多种。LM2576 系列稳压器内部包含一个固定频率振荡器和频率补偿器，使开关稳压器外部元件数量减到最少，使用方便。

电容 C19、C20 为直流 24V1 的滤波电容，电感 L1 为降压型开关电源的储能电感，ZD1 为肖特基二极管，在开关调整管截止时提供续流作用，保证 12V 输出电源电压稳定。电容 C31、C32 为直流 12V 的滤波电容。直流 12V 电源与直流 5V 电源地线间有电感 L2 连接，使直流 12V 开关电源对直流 5V 电源影响降低。C23、C28 为直流 5V 的滤波电容。R52 与 LED17 用于直流 5V 电源指示。

电容 C10、C11、C12、C15、C16、C17 为单片机控制系统的通信电路、CPU 电路、输入和输出电路的直流 5V 电源的滤波电容。

二、设计单片机控制系统的原理图

1. 创建单片机控制系统的电原理图元件符号库

(1) 创建 LM7805 元件符号。

(2) 创建继电器 G5NB-1A 元件符号（见图 6-46）。

(3) 创建整流桥堆 DP 元件符号（见图 6-47）。

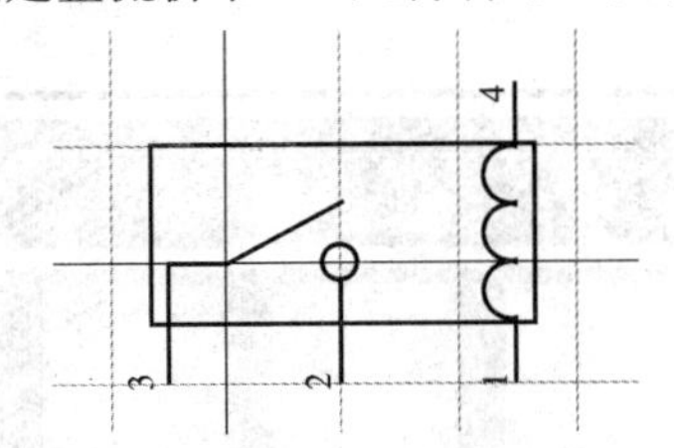

图 6-46　继电器元件符号

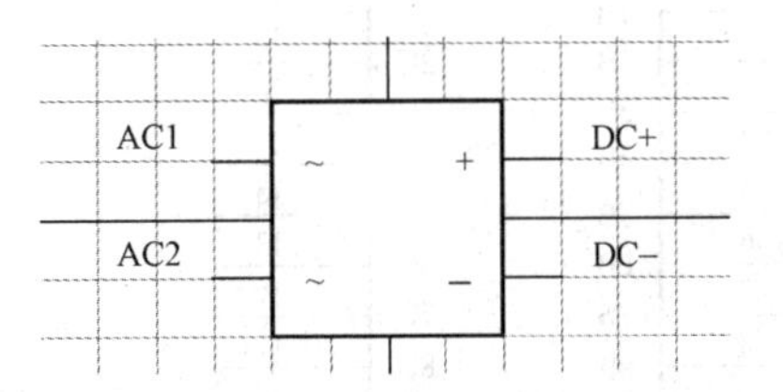

图 6-47　整流桥堆元件符号

(4) 创建 CPU 元件符号（见图 6-48）。

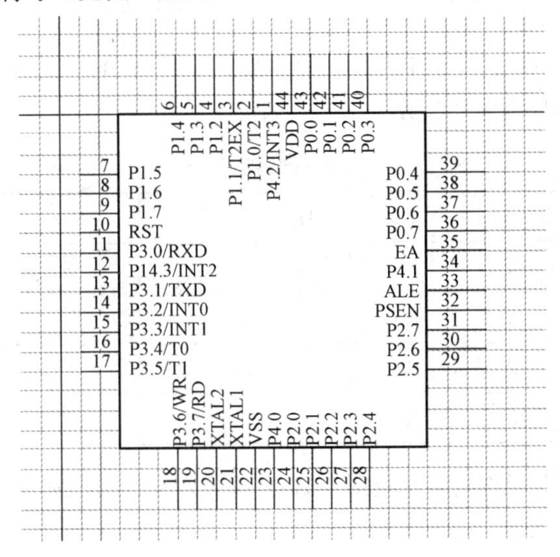

图 6-48　CPU 元件符号

(5) 创建 LM2576-12 元件符号（见图 6-49）。

(6) 创建 LED3MM 发光二极管元件符号。

(7) 创建 MAX232 通信集成电路元件符号（见图 6-50）。

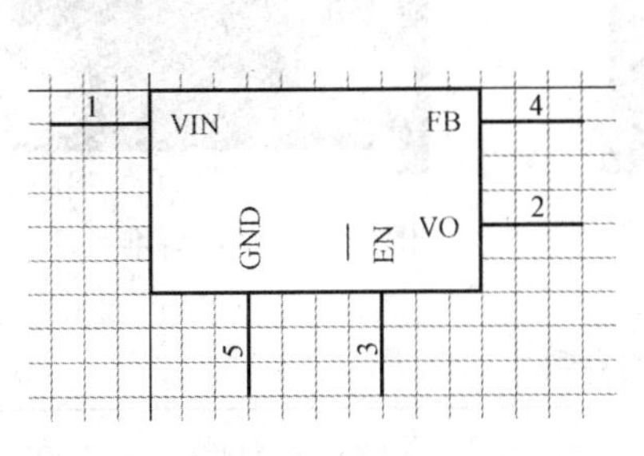

图 6-49　LM2576-12 元件符号

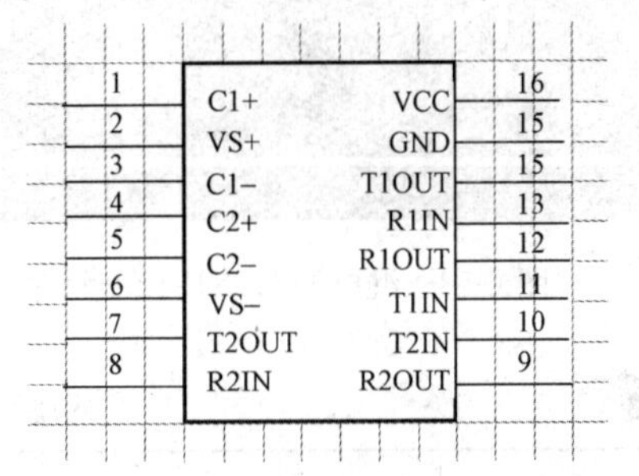

图 6-50　MAX232 元件符号

(8) 创建 PC817 光电耦合器元件符号。

(9) 创建 ULN2803A 达林顿输出集成电路元件符号（见图 6-51）。

2. 创建单片机控制系统的电原理图元件封装库

(1) 创建 LM7805 元件封装（见图 6-52）。图中，元件边框宽度 400mil，高度 200mil，引脚间距离 100mil。

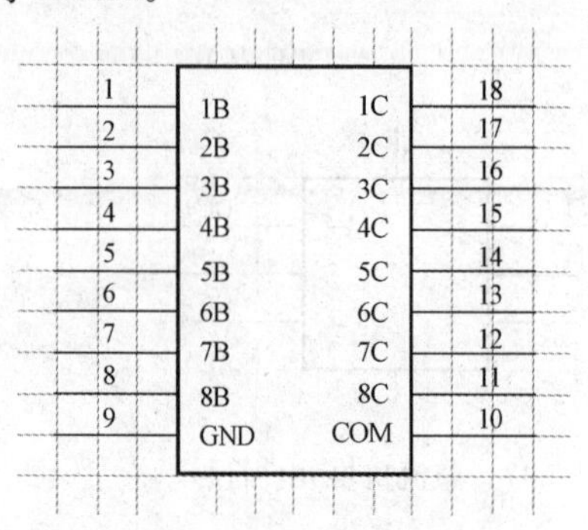

图 6-51 ULN2803A 元件符号

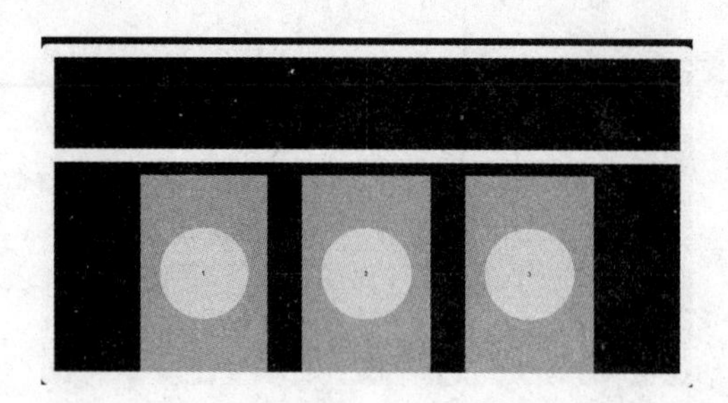

图 6-52 LM7805 元件封装

（2）创建继电器 G5NB-12A 元件封装（见图 6-53）。图中，元件边框宽度 820mil，高度 280mil。表 6-2 为其引脚焊盘属性参数。

表 6-2 引脚焊盘属性参数

序号	X-Size（mil）	Y-Size（mil）	Shape	Hole-Size（mil）	X-location（mil）	Y-location（mil）
1	72	72	Round	40	0	0
2	72	72	Round	40	−453	0
3	72	72	Round	40	−728	0
4	72	72	Round	40	0	−185

（3）创建整流桥堆 DP 元件封装（见图 6-54）。图中，元件边框宽度 320mil，高度 320mil。表 6-3 为其引脚焊盘属性参数。

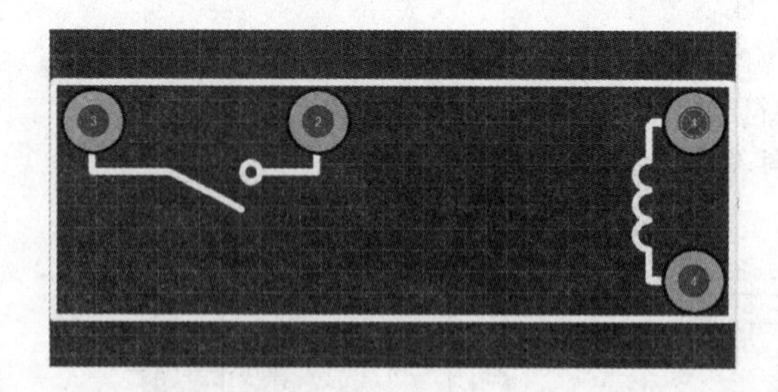

图 6-53 继电器 G5NB-12A 元件封装

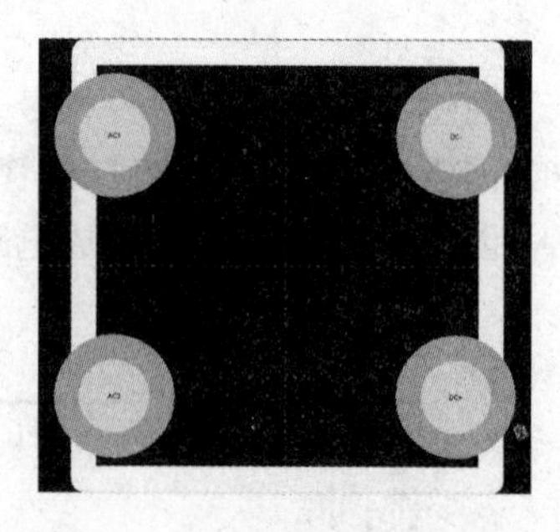

图 6-54 整流桥堆元件封装

表 6-3 引脚焊盘属性参数

序号	X-Size（mil）	Y-Size（mil）	Shape	Hole-Size（mil）	X-location（mil）	Y-location（mil）
AC1	95	95	Round	55	−132	98
AC2	95	95	Round	55	−132	−98
DC1	95	95	Round	55	132	98
DC2	95	95	Round	55	132	−98

（4）创建 LM2576-12 元件封装（见图 6-55）。图中，元件边框宽度 400mil，高度 700mil。表 6-4 为矩形引脚焊盘属性参数。

表 6-4 矩形引脚焊盘属性参数

序号	X-Size（mil）	Y-Size（mil）	Shape	Hole-Size（mil）	X-location（mil）	Y-location（mil）
1	43	156	Rectangle	0	71	43
2	43	156	Rectangle	0	134	43
3	43	156	Rectangle	0	197	43
4	43	156	Rectangle	0	260	43
5	43	156	Rectangle	0	323	43

（5）创建 LED3MM 发光二极管元件封装（见图 6-56）。图中，元件外圆直径 160mil，高度 140mil。表 6-5 为其引脚焊盘属性参数。

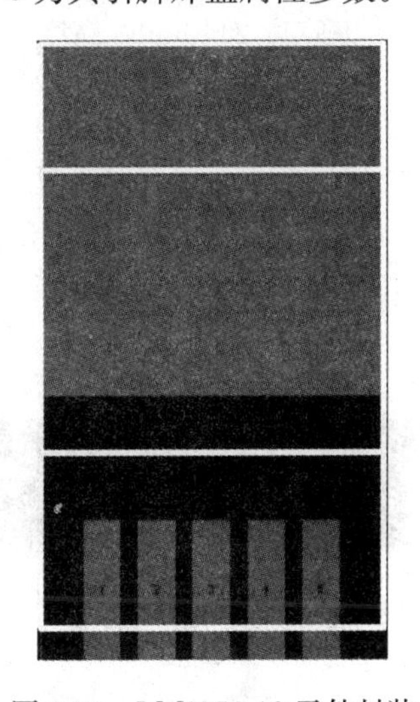

图 6-55 LM2576-12 元件封装

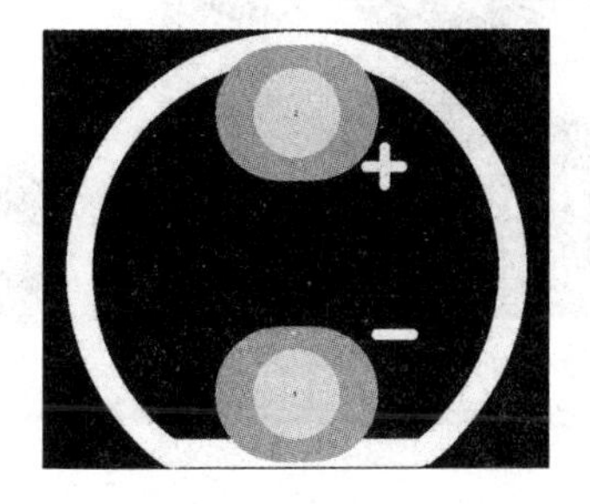

图 6-56 LED3MM 元件封装

表 6-5 引脚焊盘属性参数

序号	X-Size（mil）	Y-Size（mil）	Shape	Hole-Size（mil）	X-location（mil）	Y-location（mil）
1	59	47	Round	32	102	−38
2	59	47	Round	32	102	60

（6）创建 MAX232 通信集成电路元件封装（DIP16）。

（7）创建 PC817 光电耦合器元件封装（见图6-57）。图中，元件边框宽度 280mil，高度 200mil。表 6-6 为其引脚焊盘属性参数。

图 6-57 PC817 元件封装

表 6-6　　引脚焊盘属性参数

序号	X Size（mil）	Y-Slze（mil）	Shape	Hole-Size（mil）	X-location（mil）	Y-location（mil）
1	87	59	Round	39	153	−63
2	87	59	Round	39	153	37
3	87	59	Round	39	−162	−63
4	87	59	Round	39	−162	37

（8）创建接线端子排 CON2 元件封装（见图 6-58）。图中，元件边框宽度 480mil，高度 440mil。表 6-7 为其引脚焊盘属性参数。

表 6-7　　引脚焊盘属性参数

序号	X-Size（mil）	Y-Size（mil）	Shape	Hole-Size（mil）	X-location（mil）	Y-location（mil）
1	95	95	Round	55	−192.4	−35
2	87	59	Round	55	4.4	−35

（9）创建 CON12 元件封装（见图 6-59）。图中，元件边框宽度 2440mil，高度 440mil。表 6-8 为其引脚焊盘属性参数。

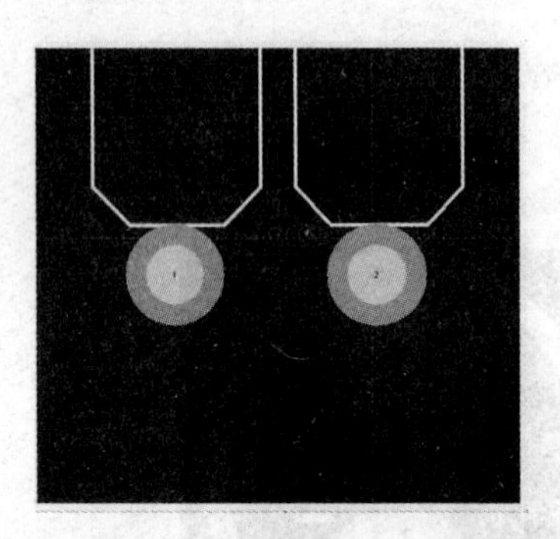

图 6-58　CON2 元件封装

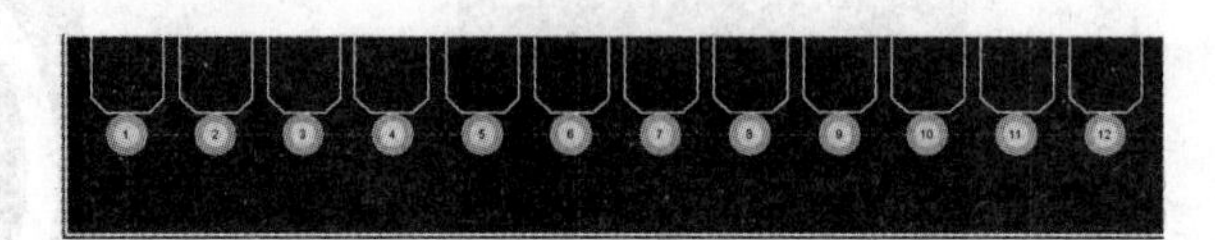

图 6-59　CON12 元件封装

表 6-8　　引脚焊盘属性参数

序号	X-Size（mil）	Y-Size（mil）	Shape	Hole-Size（mil）	X-location（mil）	Y-location（mil）
1	95	95	Round	55	0	0
2	95	95	Round	55	196.8	0
3	95	95	Round	55	393.6	0
4	95	95	Round	55	590.4	0
5	95	95	Round	55	984	0
6	95	95	Round	55	1180.8	0
7	95	95	Round	55	1377.6	0
8	95	95	Round	55	1574.4	0
9	95	95	Round	55	1771.2	0
10	95	95	Round	55	1968	0
11	95	95	Round	55	3931.8	0
12	95	95	Round	55	4127.8	0

3. 设计单片机控制系统的输入接口电路

在设计单片机控制系统的输入接口电路中，需要考虑现场输入信号对电源的要求，一般现场输入开关信号采用工业自动控制标准的 24V 直流电压电源，传感器也使用工业自动控制标准的 24V 直流电压电源，所以一般用于隔离的光电耦合器输入部分的电源采用 24V 直流电压电源。定制的不使用传感器的 PLC，用于隔离的光电耦合器输入部分的电源可采用其他的直流电压电源。例如制作 PLC 学习机的用于隔离的光电耦合器输入部分的电源可以用 5V 直流电压电源，与 PLC 的 CPU 使用相同的电源电压。

其次要考虑的是连接的输入接口电路连接的传感器类型，当只需要连接 NPN 开路输出、PNP 开路输出中的一种传感器时，可以使用单发光二极管光电耦合器，并根据使用传感器类型设计相应的光电耦合器电路。如果不知道未来要连接的传感器类型，或者为满足可连接所有类型的传感器，可以使用双二极管光电耦合器输入电路，也可以使用二极管桥式定向电路与单二极管光电耦合器组合的输入电路。

4. 设计单片机控制系统的输出接口电路

在设计单片机控制系统的输出接口电路中，首先，需要考虑输出电路与输出信号电平之间的关系，高电平有效输出、低电平有效输出电路连接输出接口电路是不同的。其次，考虑输出接口电路是否需要与负载电路隔离的问题。如果需要隔离，还要考虑采用的隔离方式，是电磁隔离，还是光电隔离。最后，考虑输出接口电路的保护问题，继电器输出、晶体管输出的保护电路是不同的。

不同有效电平输出、不同的隔离方式，导致输出接口电路不同。

5. 设计单片机控制系统的通信电路

在设计单片机控制系统的通信电路中，需要考虑的是单片机控制系统与计算机或其他串口设备的通信协议问题，一般单通信端口使用 RS-232 协议比较方便，既可以与计算机通信，也便于和其他串口设备通信。如果是多通信端口，可以采用一个 RS-232，另一个采用 RS-485，第三个采用 USB，其他的用 CAN、TCP/IP 等协议，便于连接各种不同协议的串口设备。

配置不同的通信协议端口，需要设计不同的通信协议的串口通信接口电路。

6. 设计单片机控制系统的电源电路

在设计单片机控制系统的电源电路中，首先需要考虑的是单片机控制系统使用的电源是交流还是直流。其次是单片机控制系统的各部分电路使用的电源电压的种类。根据需要采用简单的直流开关电源集成电路、直流稳压集成电路或采用 DC TO DC（直流-直流）变换集成电路制作各种电源电压的电路，以满足各部分电路对电源电压的要求。第三个要考虑的是各部分电路的接地与电源滤波问题，按接地与电源滤波的要求，设计好单片机控制系统的电源电路。

7. 为单片机控制系统电路图中的所有元件指定封装

元件封装见表 6-9。

表 6-9　　单片机控制系统元件及封装清单

元件标号	参数	封装	数量
C1，C2，C3，C4，C5，C6，C7，C8，C9，C10，C12，C13，C16，C20，C28，C32	104	C102/25V	16
C11，C15，C17	220μ/16V	100UF/35V	3
C14，C19	1000μ/50V	RB25V/2200UF	2
C18，C21	22P	C102/25V	2

续表

元件标号	参数	封装	数量
C22	10μ	100UF/35V	1
C23	1000μ/16V	100UF/35V	1
C24，C30	151	C102/25V	2
C25，C26，C27，C29	105	C102/25V	4
C31	1000μ/35V	RB25V/1000UF	1
D1，D2，D3，D4，D5，D6，D7，D8	1N4148	DIO7.1-3.9x1.9	8
DP1，DP2	BR2A/800DC2	BR2A/800DC2	2
F1	2A	RAD0.2	1
JP1	CON 12	CON5/12	1
JP2	CON12	CON5/12	1
JP3	CON2	CON5/2	1
JP4	COM1	CON2.76/4+5	1
K1，K2，K3，K4，K5，K6，K7，K8	DB9	G5NB-12A	8
L1	10μH	DIODE0.4	1
L2	100μH	800UH-0.5A2	1
LED1，LED2，LED3，LED4，LED5，LED6，LED7，LED8，LED9	3VG	LED3MM	9
LED9，LED10，LED12，LED13，LED14，LED15，LED16，LED17，LED18	3VR	LED3MM	9
OP1，OP2，OP3，OP4，OP5，OP6，OP7，OP8	PC817	PC817R	8
OP9，OP10，OP11，OP12，OP13，OP14，OP15，OP16	PC8172	PC817R	8
'R1，R2，R3，R4，R5，R6，R7，R8	1k/0.5W	AXIAL-0.4	7
R9，R10，R11，R12，R13，R14，R15，R16	3k3/0.5W	AXIAL-0.4	7
R17，R18，R19，R20，R21，R22，R23，R24	5k1	AXIAL0.3	16
R33，R34，R35，R36，R37，R38，R39，R40	5k1	AXIAL0.3	8
R25，R26，R27，R28，R29，R30，R31，R32	10k	AXIAL0.4	8
R41，R42，R43，R44，R45，R46，R47，R48	470	AXIAL0.3	8
R49	10k	AXIAL0.3	1
R50，R51	120	AXIAL0.4	2
R52	510	AXIAL0.4	1
R53，R54	1k	AXIAL0.4	2
U1	ULN2803A	DIP18	1
U2	STC12C5A60-PLCC	PLCC44	1
U3	7805	7805	1
U4	LM2576-12	LM2576S-12	1
U5	MAX232	DIP16	1
X1	22.1184MHz	XTAL	1
ZD1	1N5819	ZD1	1

8. 创建网络表

单击执行“设计”菜单下的“工程的网络表”菜单下的“Protel”命令，创建网络表文件“MyDesign. NET”。

9. 创建电路元件清单

单击执行“报告”菜单下的“Bill of Material 材料清单”命令，创建电路元件清单文件“MyDesign. XLS”。

三、设计单片机控制系统的 PCB 图

1. 单片机控制系统的 PCB 设计的基本流程

单片机控制系统的 PCB 设计一般分为原理图设计、配置 PCB 环境、规划电路板、引入网络表、对元件进行布局、PCB 布线、规则检查、导出 PCB 文件及打印输出等。

2. 配置 PCB 环境

在进行 PCB 设计之前，需要对编辑环境做一些设置，包括设置电路类型、光标样式、设置电路板层数等。环境参数用户可以根据个人的习惯进行设置，选默认参数基本适用一般设计要求。

3. 规划电路板

规划电路板主要是大致确定电路板的尺寸、一般处于成本考虑，电路板尺寸尽可能小，但尺寸太小，会导致布线困难，尺寸大小需要综合考虑。

电路板规划有两种方法，一是利用 Altium Designer 9 提供的向导工具生成，二是手动设计规划电路板。

4. 由原理图生成 PCB

通过原理图，引入网络表，通过网络表将原理图中的元件封装引入到 PCB 编辑器，同时根据原理图定义各元件引脚之间的逻辑连接关系。

正确装载元件封装库后即可导入网络表，将原理图的信息导入到印制电路板设计系统中。

导入网络表方法有两种，一种是用从原理图到 PCB 板自动更新功能，另一种是在原理图编辑环境中直接向 PCB 传递设计信息。

(1) 使用从原理图到 PCB 板自动更新功能。

1) 执行“设计”菜单下的“Import Changes From DX1. Prjpcb”。

2) 弹出“工程改变顺序”对话框。

3) 单击对话框中“生效更改”按钮，系统将检查所有的更改是否都有效。如果有效，将在右边“检测”栏对应位置打勾；如果有错误，检测栏将显示红色错误标识。一般的错误都是由于元件封装定义错误或者设计 PCB 板时没有添加对应元件封装库造成的。

4) 单击“执行更改”按钮，系统将执行所有的更改操作。

5) 单击“关闭”按钮，元器件和网络将添加到 PCB 编辑器中。

(2) 在原理图编辑环境中直接向 PCB 传递设计信息

1) 在原理图编辑环境下，单击执行“设计”菜单下的“Update PCB Document PW1. PcbDoc”命令。

2) 弹出工程更改顺序对话框。

3) 单击“生效更改”按钮。

4) 单击“执行更改”按钮。

5) 单击“关闭”按钮，导入元件连接与封装到 PCB 编辑器中。

5. 元件布局

通过网络表引入的元件封装，代表实际元件的定位，调整其相互之间的位置关系就是元件布局要解决的问题。要综合考虑走线和功能等因素，保证电路功能的正常实现、避免元件间的相互干扰，同时要有利于走线。合理的布局是保证电路板工作的基础，对后续工作影响较大，设计时要全盘考虑。Altium Designer 9 提供自动布局功能，但不够精细、理想，还需要手工布局、调整。如果设计电路复杂，可以先用自动功能进行整体布局，然后对局部进行调整。

6. PCB 布线

PCB 布线是 PCB 设计的关键工作，布线成功与否直接决定电路板功能的实现。Altium Designer 9 具有强大的自动布线功能，用户可以通过设置布线规则对导线宽度、平行间距、过孔大小等参数进行设置，从而布置出即符合制作工艺要求，有满足客户需求的导线。自动布线结束，系统会给出布线成功率、导线总数等提示，对于不符合要求的布线，用户可以手工调整，以满足工艺、功能的要求。

7. 补泪滴

在电路板设计中，为了让焊盘更坚固，防止机械制板时焊盘与导线之间断开，常在焊盘和导线连接处用铜膜布置一个过渡区，形状像泪滴，故常称此操作为补泪滴（Teardrops）。

8. 敷铜

在印制电路板上敷铜有以下作用：加粗电源网络的导线，使电源网络承载大电流；给电路中的高频单元放置敷铜区，吸收高频电磁波，以免干扰其他单元；整个线路板敷铜，提高抗干扰能力。

9. 设计规则检查

通过用设计规则检查 PCB 设计是否符合规则，防止因疏忽的原因导致的错误。

技能训练

一、训练目标

(1) 学会设计单片机控制系统电原理图。

(2) 学会设计单片机控制系统的 PCB 图。

二、训练内容与步骤

1. 设计 PLC 电源电路原理图

(1) 在硬盘上创建一文件夹，命名为“PLC”，将后续操作的各种文件都保存在该文件夹下。

(2) 启动 Altium Designer 9 电路设计软件。

(3) 新建项目。执行“File”菜单下“新建”子菜单下的“工程”子菜单下的“PCB 工程”命令，新建一个项目，将项目命名并保存为“PLC1”。

(4) 新建原理图。执行“File”菜单下“新建”子菜单下的“原理图”命令，新建一原理图，将原理图命名为“PLC1. SchDoc”。

(5) 绘制图 6-60 所示的单片机控制原理图。

1) 将光盘 MyLIB 文件夹内容拷贝到软件安装目录下的 Library 文件目录下。

2) 单击图纸下部的“System”标签，弹出快捷菜单，执行菜单中“库”命令，弹出库工作面板，单击库工作面板上的“元器件库”按钮，弹出图 6-61 所示的可用库对话框。

3) 单击“安装”按钮，弹出打开文件对话框，在对话框选择安装目录下的 Library 文件 MyLIB 文件内的“MyLIB1. IntLib”元件集成库文件，如图 6-62 所示。

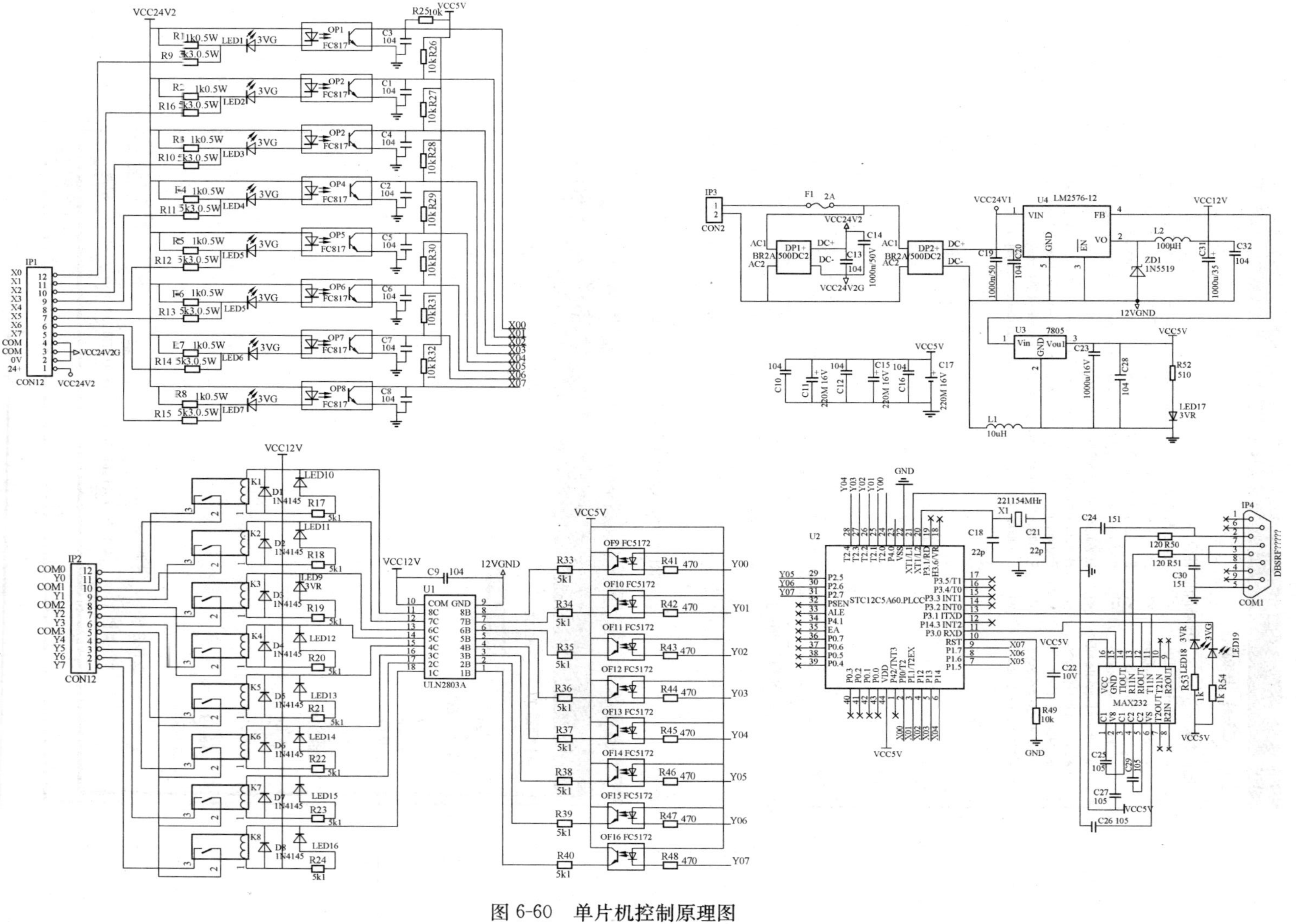

图 6-60 单片机控制原理图

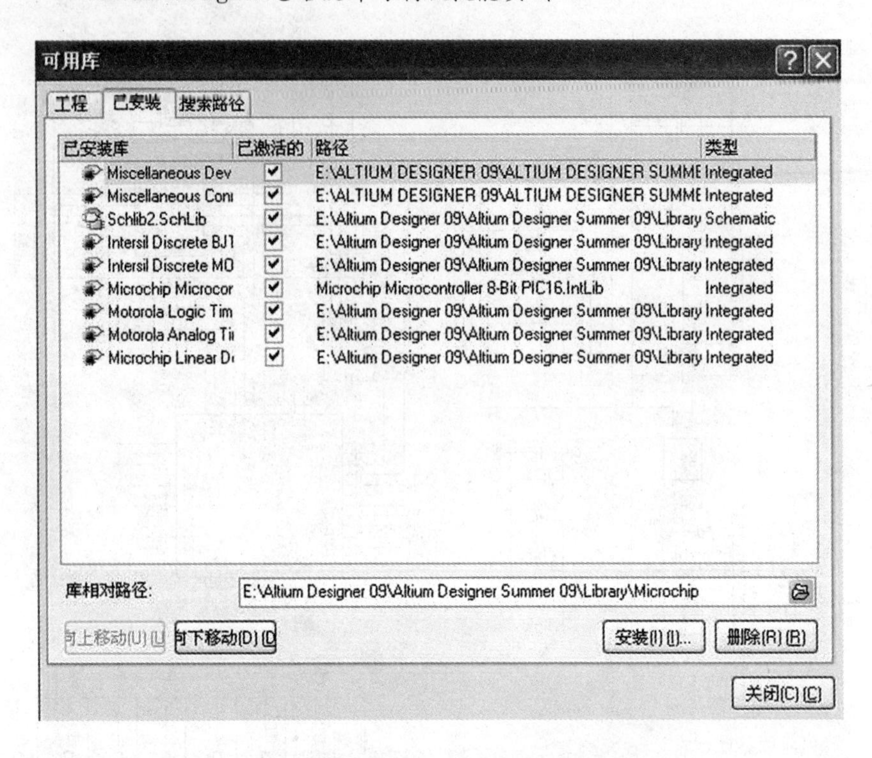

图 6-61　CON12 元件封装

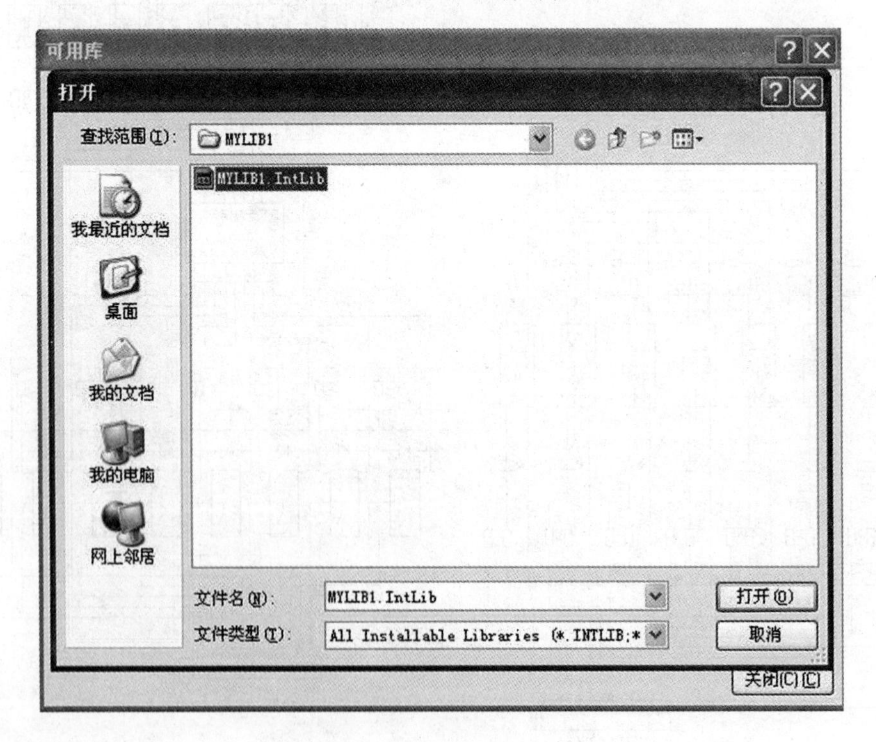

图 6-62　选择 MyLIB1. IntLib

4）单击“打开”按钮，将“MyLIB1. IntLib”集成库安装到可用库，见图 6-63。

5）单击“关闭”按钮，返回原理图编辑界面，库工作面板上可见 MyLIB1. IntLib 集成库及其内可用的元件，见图 6-64。

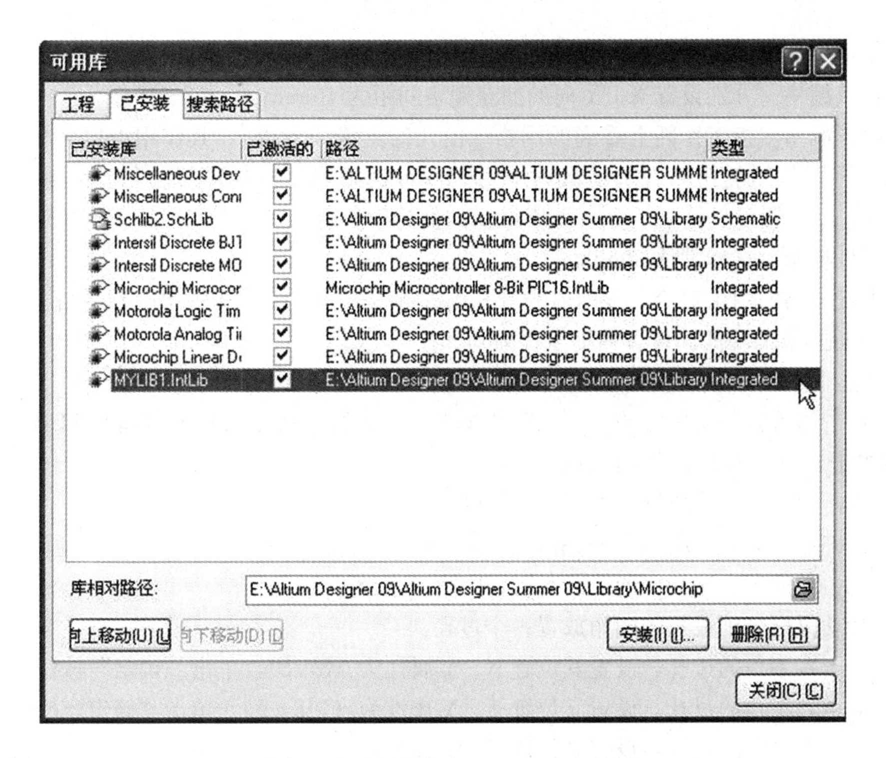

图 6-63 可用库内有 MyLIB1. IntLib

6）使用 MyLIB1. IntLib 集成库，放置元件、连接导线，绘制图 6-60 所示的原理图。

(6) 创建网络表。单击执行“设计”菜单下“文件的网络表”子菜单下的“Protel”命令，创建文件网络表 PLC1. NET。

(7) 双击“PLC1. NET”文件，打开网络表文件，查看网络表内容。

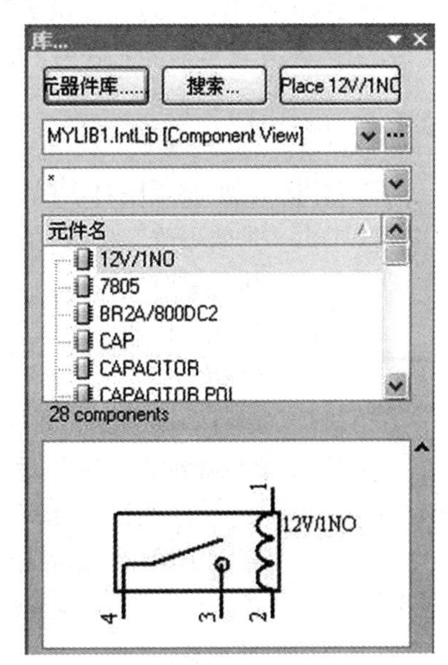

图 6-64 库面板上的 MyLIB1. IntLib

2. 创建 PLC1 的元件封装库文件

(1) 创建 LM7805 元件封装（见图 6-52）。

(2) 创建继电器 G5NB-12A 元件封装（见图 6-53）。

(3) 创建整流桥堆 DP 元件封装（见图 6-54）。

(4) 创建 LM2576-12 元件封装（见图 6-55）。

(5) 创建 LED3MM 发光二极管元件封装（见图 6-56）。

(6) 创建 MAX232 通信集成电路元件封装（DIP16）。

(7) 创建 PC817 光电耦合器元件封装（见图 6-57）。

(8) 创建接线端子排 CON2 元件封装（见图 6-58）。

(9) 创建 CON12 元件封装（见图 6-59）。

3. 创建 PLC1 的 PCB 文件

(1) 利用 PCB 向导创建外观大小 156mm×116mm、禁止布线边缘 3mm 的矩形单面印制电路板，命名为“PCB1. PcbDoc”。

(2) 单击选择尺寸标注，按键盘“Delete”键删除尺寸标注。

(3) 单击执行“设计”菜单下的“板参数选项”命令，弹出板选项对话框。

（4）度量单位。单击下拉选项，选择“Imperial”（英制）。

（5）捕获栅格。分别设置 X、Y 向的捕获栅格间距为 10mil。

（6）可视栅格。指工作区上看到的网格（由几何点或线构成），其作用类似于坐标线，可帮助设计者掌握图件间的距离。选项区域中的 Marks 选项用于选择图纸上所显示栅格的类型为 Lines（线状）。设置可见栅格 1 和可见栅格 2 的值为 10mil。

（7）元件栅格。选择默认 20mil。

（8）电气栅格。用于对给定范围内的电气点进行搜索和定位，选中“电器网络”复选框表示具有自动捕捉焊盘的功能。设置捕捉半径为 8mil。

（9）单击 PCB 编辑界面底部标签“Bottom Layer”，切换到底层。

（10）单击“编辑”菜单下的“原点”菜单下的“设置”命令，移动鼠标在 PCB 板的左下角顶点位置单击，设置为 PCB 板的原点。

（11）单击“放置”菜单下的“过孔”命令。

（12）按键盘“Tab”键，弹出过孔属性对话框，在直径属性选择区，选择“顶-中间-底”单选项，设置过孔直径为 3mm，顶层、底层、中间层直径为 3mm。

（13）移动鼠标分别在板的四角放置一个过孔。

（14）双击左下角的过孔，设置其位置 X、Y 属性为（8，8），单击“确定”按钮。

（15）双击右下角的过孔，设置其位置 X、Y 属性为（148，8），单击“确定”按钮。

（16）双击左上角的过孔，设置其位置 X、Y 属性为（8，108），单击“确定”按钮。

（17）双击右上角的过孔，设置其位置 X、Y 属性为（148，108），单击“确定”按钮。

4. 导入元件网络表和元件封装

（1）在原理图编辑环境下，单击执行“设计”菜单下的“Update PCB Document PCB1. PcbDoc”命令。

（2）弹出工程更改顺序对话框。

（3）单击“生效更改”按钮。

（4）单击“执行更改”按钮。

（5）单击“关闭”按钮，导入元件连接与封装。

5. 设置设计规则

（1）执行“设计”菜单下的“规则”命令，弹出“PCB 规则和约束编辑”对话框。

（2）“PCB 规则和约束编辑”对话框采用的是 Windows 资源管理器的树状管理模式，左边是规则种类，单击左边的“+”，展开规则。

（3）在每类规则上单击右键都会出现子菜单，用于“新规则”、“删除规则”“导入规则”、“导出规则”和“报告”等操作，右边区域显示设计规则的设置或编辑内容。

（4）布局规则设置。“PCB 规则和约束”对话框左侧单击“Placement”，打开自动布局规则设置对话框。这个规则设定对话框中包含以下几项：Room Definition（房间定义）、Component Clearance（元件间距）、Component Orientations（元件排列方向）、Permitted Layers（布局层面）、Nets To Ignore（网格忽略）、Height（高度）。

（5）与电气相关的设计规则设置。“Electrical”规则设置在电路板布线过程中所遵循的电气方面的规则，单击“Clearance”规则，弹出对话框。默认的情况下整个电路板上的安全距离为 10mil。

（6）右键单击“Clearance”规则，在弹出的菜单中，选择执行“新规则”命令，新建“Clearance _ 1”规则。

(7) 单击 Clearance _ 1 规则，弹出如图 6-65 所示的安全规则设置对话框。

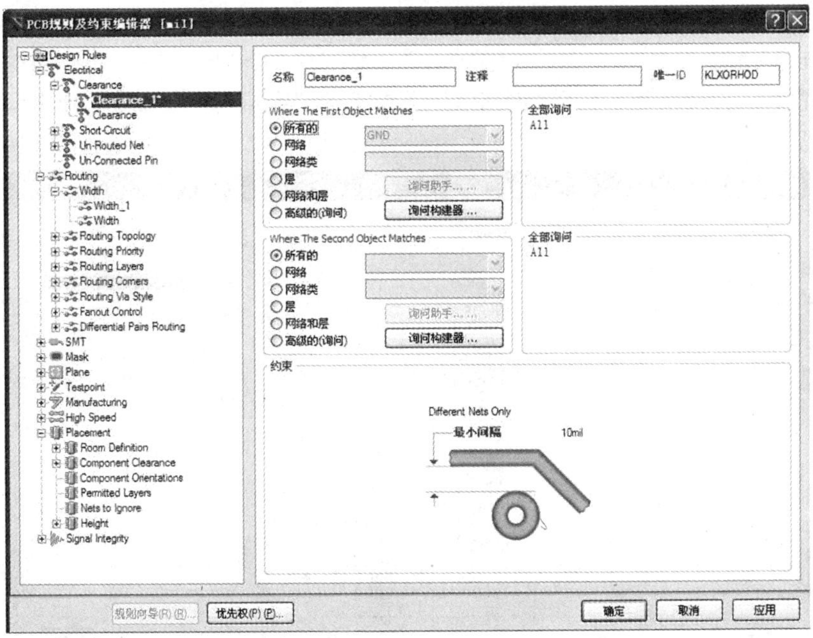

图 6-65　规则设置对话框

(8) 设置规则使用范围。在“Where the first object matches”单元中单击“网络”，在 Query Kind 单元里出现 In Net（ ），单击“所有的”按钮旁的下拉列表，从有效的网络表中选择“VCC5V”。设置规则约束特性，将光标移到 Constraints 单元，将“Minimum Clearance”的值改为 20mil，按“确认”按钮，保存新规则。

(9) 按照同样的方法设置 Clearance _ 2 规则，在“Where the second object matches”单元中单击“网络”，从有效的网络表中选择“GND”。设置规则约束特性，将光标移到 Constraints 单元，将“Minimum Clearance”的值改为 20mil。

(10) 设置了多条安全规则后，必须设置优先权。单击优先权设置“优先权”按钮，系统弹出如图 6-66 所示的规则优先权编辑对话框。通过对话框下面的“增加优先权”与“减少优先权”

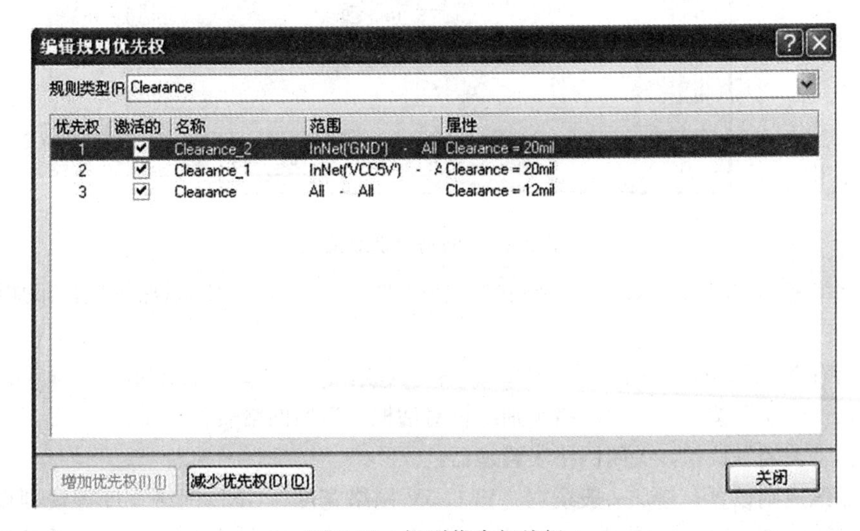

图 6-66　规则优先权编辑

按钮，可以改变布线规则中的优先次序。设置完成，单击“关闭”按钮，关闭优先权对话框。

(11) 单击“确认”按钮，保存规则参数设置。

(12) 编辑网络类别。

1) 单击执行“设计”菜单下的“网络表”菜单下的“编辑网络”命令，弹出图 6-67 所示的网络表管理器。

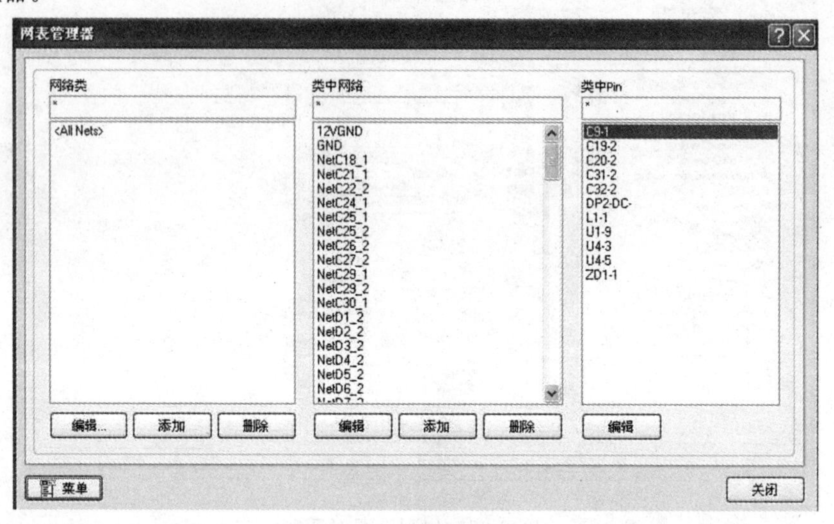

图 6-67 网络表管理器

2) 单击“添加”按钮，弹出图 6-68 所示的“Edit Net Class”编辑网络类别对话框。

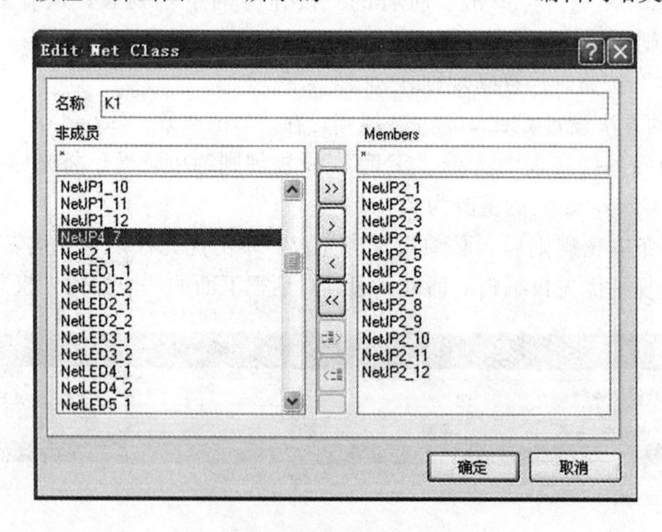

图 6-68 网络类别对话框

3) 在网络名称中输入“K1”，选择网络“NetJP2_1”，单击“”添加按钮，添加到“Members”区域。

4) 将所有 NetJP2 的网络添加到“Members”区域。

5) 单击“确认”按钮，退出网络类别编辑对话框，返回网络表管理器。

6) 单击“关闭”按钮，关闭网络表管理器。

(13) 布线规则设置。增加一般线宽、VCC 5V 网络宽度、GND 网络宽度等规则设置。设置一般线宽 Width_1 规则最大值为 3mm，最小值为 0.3mm，推荐值为 0.5mm。设置 VCC 5V 网络宽度 Width _ 5V 规则，推荐值为 0.5mm，设置 GND 网络宽度 Width _ GND 规则为 0.5mm。

(14) 设置优先权的顺序为 Width _ GND 规则、Width _ 5V 规则、Width _ 1 一般线宽规则。

(15) 展开布线层 Routing Layers 项，并单击默认的“Routing Layers”规则，本例要求设计双面板，可采取默认。

6. 元件布局

(1) 单击执行“工具”菜单下的“器件布局”下的“自动布局”命令。

(2) 弹出“自动放置”对话框。

(3) 选择“成群的放置项”选项，单击“确定”按钮，进行 PCB 板自动布局。

(4) 进行手动布局调整，对元件布局进行手工调整主要是对元件进行移动、旋转、排列等操作，调整时可以参考图 6-69 布局图。

(5) 手动布局技巧。

1) 打开 PLC1.PcbDoc 文件和 PLC1.SchDoc 文件。

2) 执行“窗口”菜单下的“垂直排列”命令，如图 6-70 所示，使两文件编辑窗口并列显示。

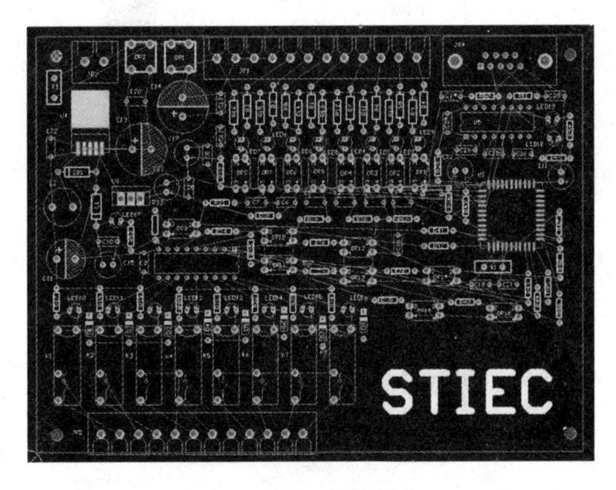

图 6-69 元件布局

3) 如图 6-71 所示，执行“工具”菜单下的“发现器件”命令，弹出“搜索库”对话框，单击“取消”按钮，直接用鼠标选择元件。

4) 在原理图中选择整流元件 DP1，如图 6-72 所示，PCB 编辑界面中的 DP1 高亮显示。

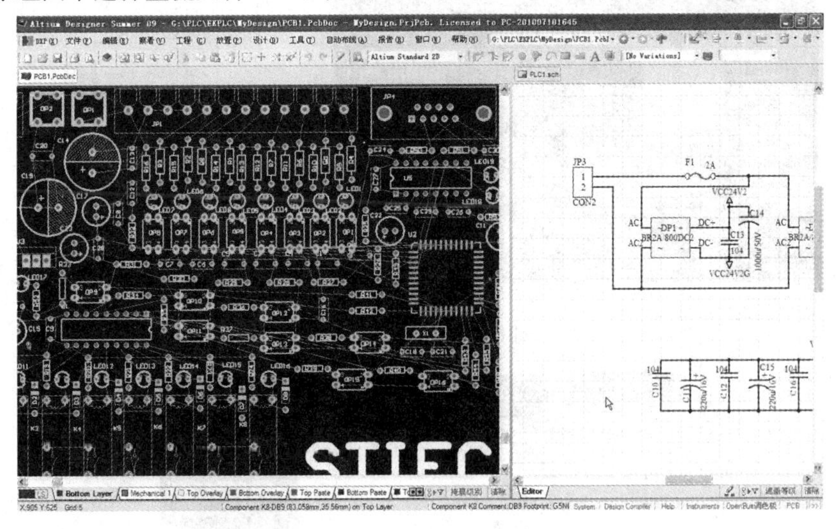

图 6-70 窗口并列显示

5) 单击 PCB 编辑界面的高亮元件“DP1”，按住左键，对元件进行移动、旋转等操作，移到合适位置，松开鼠标，使元件 DP1 定位在合适位置。

6) 用上述方法，选择其他元件，定位移动、选择，使各元件定位在合适位置。

7. PCB 布线

(1) 单击“自动布线”主菜单下的“全部”命令，进行全局自动布线操作，如图 6-73 所示。

(2) 全局自动布线结果如图 6-74 所示。

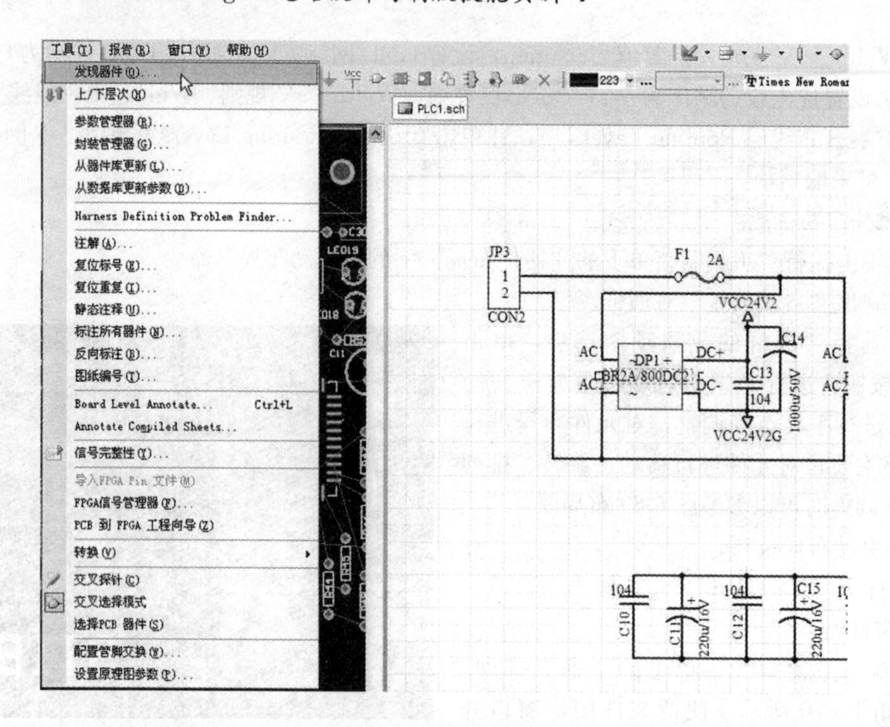

图 6-71 搜索库对话框

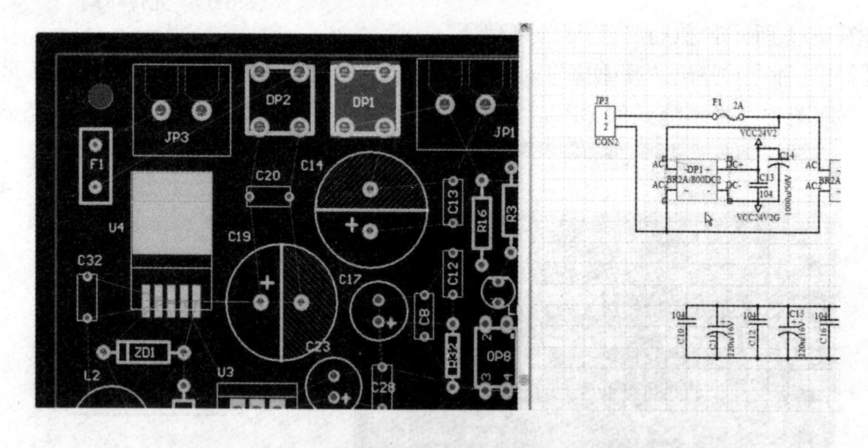

图 6-72 DP1 高亮显示

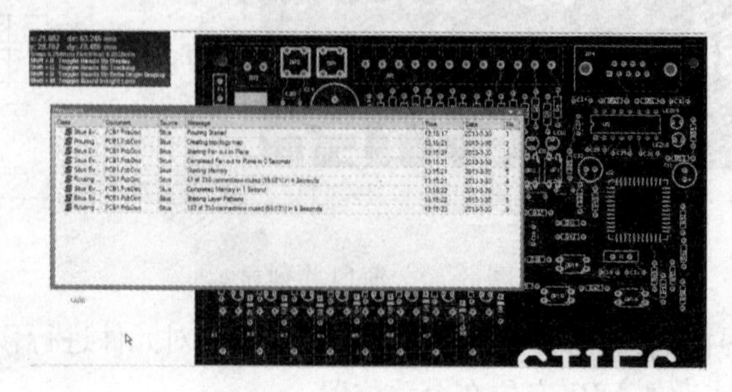

图 6-73 全局布线

(3) 执行“设计”菜单下的“规则”命令，弹出“PCB 规则和约束编辑”对话框。增加+12VGND 网络宽度规则设置，设置+12VGND 网络宽度为 0.8mm。

(4) 执行“工具”菜单下的“取消布线”下的“网络”命令，选择 12VGND 网络线，取消

12VGND 网络线的布线。

（5）执行“自动布线”菜单下“网络”命令，选择 12VGND 网络线，重新进行网络布线，如图 6-75 所示，12VGND 网络线变粗了。

（6）用类似的方法，修改其他网络布线的粗细。

8. 补泪滴

（1）执行“工具”菜单下的“泪滴”命令，弹出图 6-76 所示的“泪滴选项”设置对话框。

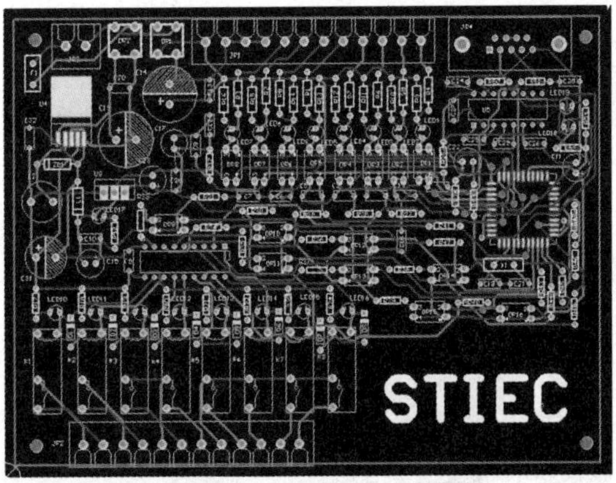

（2）在通常选项区域，选择“全部焊盘”复选项。选择“所有过孔”复选项。即对所有焊盘和过孔进行补泪滴操作。

图 6-74 全局自动布线结果

（3）单击“确认”按钮，进行补泪滴操作。

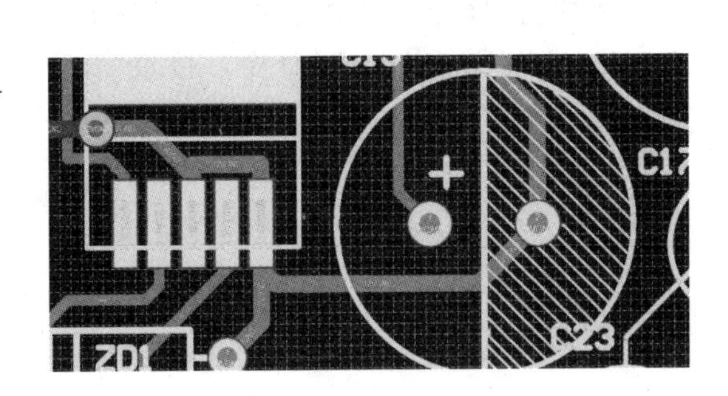

图 6-75 12VGND 网络线变粗

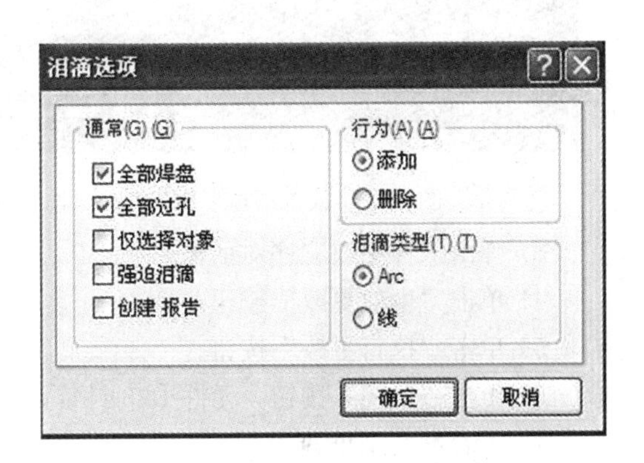

图 6-76 泪滴选项

（4）补泪滴后，局部截图见图 6-77，焊盘周围变得圆滑了。

9. 放置多边形铜区域

（1）执行“放置”菜单下的“多边形敷铜”命令，弹出图 6-78 所示的“敷铜设置”对话框。

（2）选择“Solid”（实心）模式。

（3）设定敷铜区所在的信号层，设为“Bottom Layer”（底层）。

（4）选择敷铜所要连接的网络为地线网络，即设为“GND”。

（5）选择“Pour Over All Net Objects”敷铜经过连接在相同网络上的对象实体时，会覆盖过去，不为对象实体勾画出轮廓。

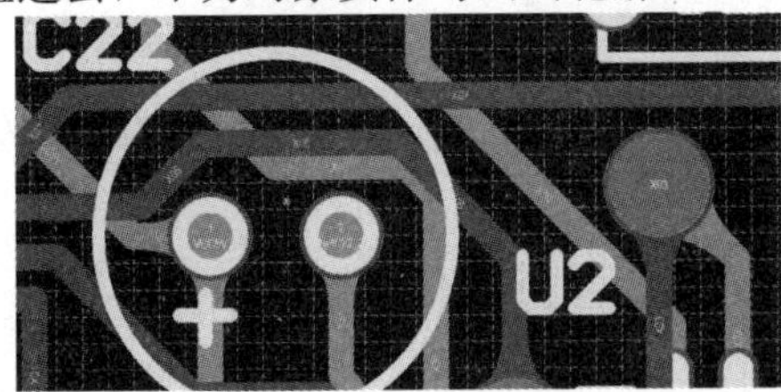

图 6-77 补泪滴后

图 6-78 敷铜设置

(6) 设置完成后，光标变成十字，在工作区内画出敷铜的区域（区域可以不完全闭合，软件会自动完成区域的闭合）。

(7) 放置多边形铜区域结果如图 6-79 所示。

10. 原理图与 PCB 之间交叉追逐与相互更新

从原理图到完成印制电路板的制作是个复杂的过程，需要在原理图与印制电路板文档之间反复切换，反复更改，软件提供了交叉追踪和更新功能帮助用户提高制图速度。

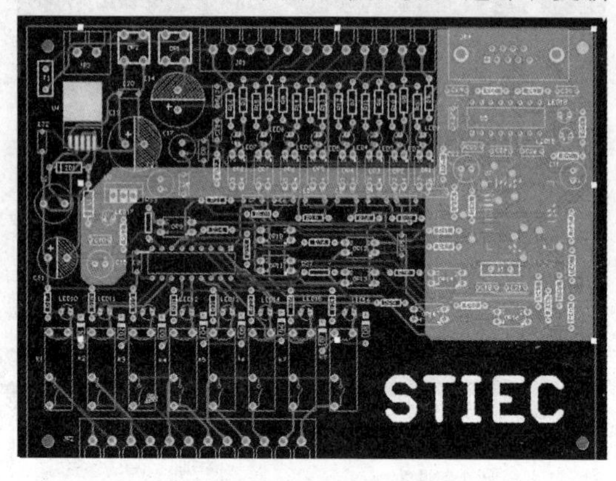

图 6-79　放置多边形铜区域

(1) 打开工程中的两个文档：PLC1 原理 PLC1. Schdoc 和 PLC1. Pcbdoc。

(2) 执行“窗口”菜单下的“垂直排列”命令，将工作区文档并行排列。

(3) 自动更新到 PCB。

1) 在原理图中修改某个元件的属性，例如修改 R33 的封装，改为“AXIAL0. 4”修改完，保存对文件的修改。

2) 执行“设计”菜单下的“Update PCB Document PLC1. Pcbdoc”命令，接受工程变化。

3) 弹出工程更改顺序对话框。

4) 单击“生效更改”按钮。

5) 单击“执行更改”按钮。

6) 单击“关闭”按钮，元件 R33 封装修改传递到 PCB。

7) 查看更新结果。

(4) 自动更新到原理图。

1) 在 PCB 图窗口单击，使 PLC1. Pcbdoc 成为活动文档。

2) 修改一个元件的属性，例如电容 C32，将其封装修改为“RAD0. 4”。

3) 执行“设计”菜单下的“Update Schematics in PLC1. PrjPcb”命令。

4)“工程更改顺序”对话框。

5) 单击“生效更改”按钮。

6) 单击“执行更改”按钮。

7) 单击“关闭”按钮，接受更新变化，查看更新结果。

11. 进行设计规则检查

12. 生成元件清单报表，查看元件清单报表

任务 14　单片机可编程控制器软件配置

基础知识

一、单片机可编程控制器配置软件

1. 单片机控制软件配置

仅有单片机可编程控制器的硬件是不能完成可编程控制功能的，必须对单片机进行配置，才

可以实现单片机的控制功能。

ALP Ladder Editor 是一款用户可配置的可编程控制器梯形图编辑环境。从配置的角度来看，它就完成了一件事，读取事先定义好的单片机内存配置、指令集配置文件，提供一个梯形图编辑环境，在用户完成梯形图编辑后，将梯形图转化成指令表传递给单片机可编程控制器。

2. 安装单片机可编程控制器配置软件

(1) 双击 ALP Ladder Editor 安装图标“”，运行“ALP Ladder Editor1. 1. exe”程序。

(2) 弹出图 6-80 所示的语言选择对话框。

(3) 在语言选择对话框选择“Chinese (Simplified)”简体中文。

(4) 单击“OK”按钮，弹出图 6-81 所示的是否接受许可协议对话框。

(5) 单击“我接受”按钮，弹出图 6-82 所示的选择安装组件对话框。

图 6-80 语言选择对话框

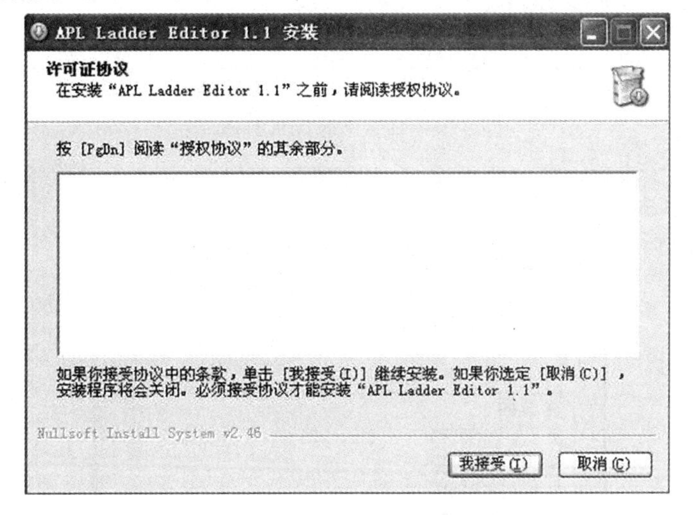

图 6-81 是否接受许可协议对话框

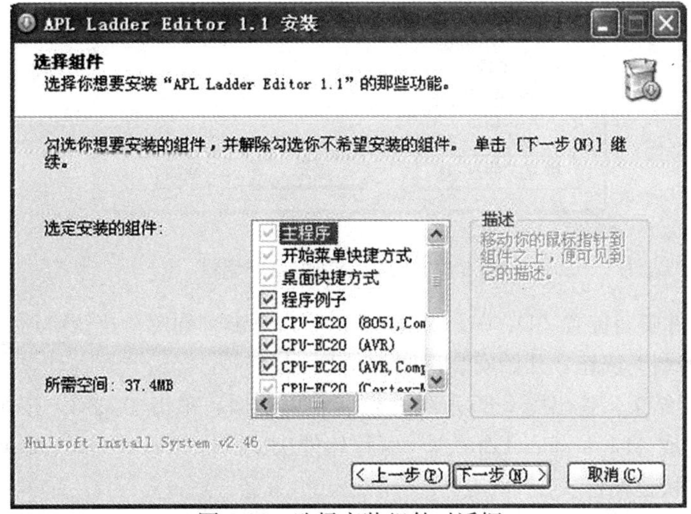

图 6-82 选择安装组件对话框

（6）一般选择“主程序”、“开始菜单快捷方式”、“桌面快捷方式”、“CPU-EC20（Cortex-M3）”、“CPU-EC20（Cortex-M3，Compile）”、“EC30-EK51”等几个组件。其余PLC类型组件可以暂时不安装。

（7）单击“下一步”按钮，弹出图6-83所示的选择安装位置对话框。

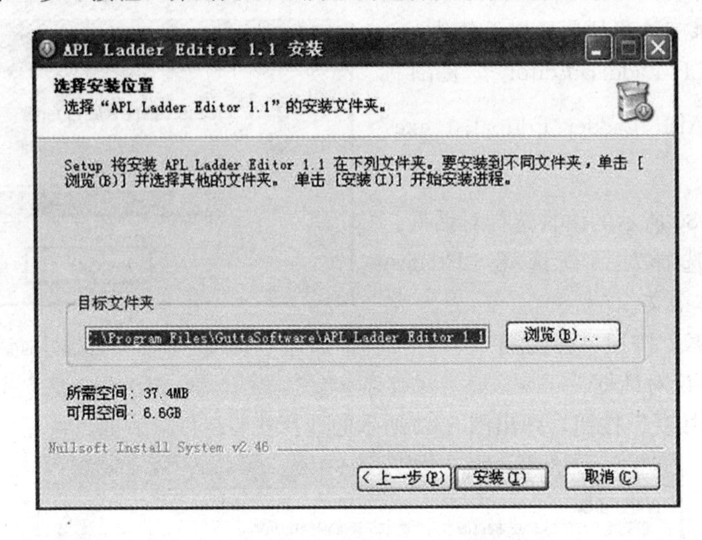

图6-83　选择安装位置对话框

任务14

（8）单击“浏览”按钮，弹出图6-84所示的浏览文件夹对话框，可以重新设定软件的安装位置。

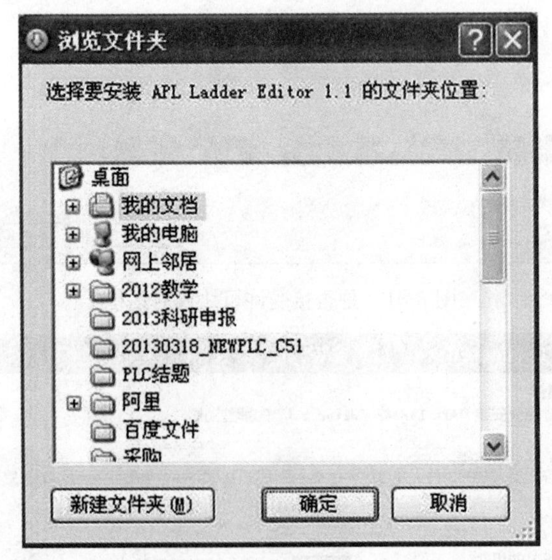

图6-84　设定安装位置对话框

（9）设定好软件安装位置“D：\Program Files”，单击“确定”按钮，返回安装界面。

（10）单击“安装”按钮，开始安装程序。

（11）安装过程结束，弹出图6-85所示的安装结束画面，单击“关闭”按钮，关闭安装程序向导，在桌面上生成ALP Ladder Editor1.1编程软件快捷图标和ALP Simulator CPU-EC20（Cortex-M3）仿真软件快捷图标。

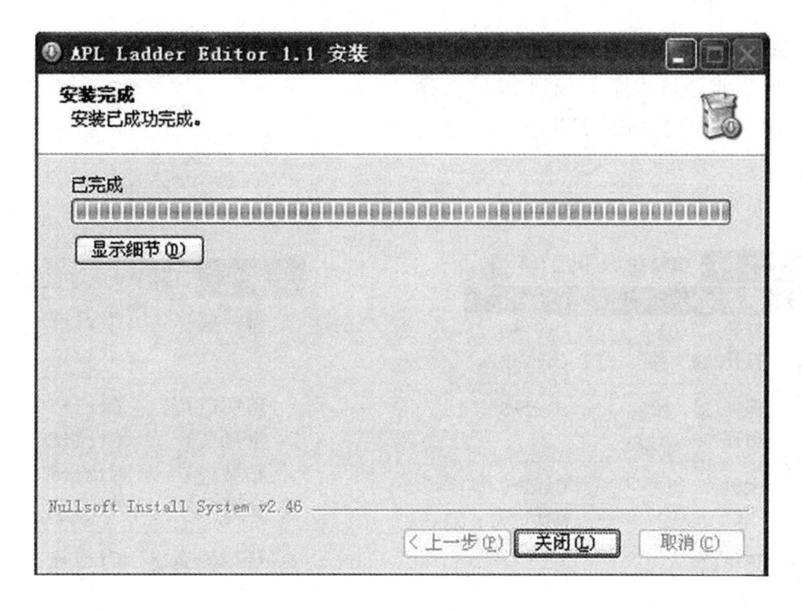

图 6-85　关闭安装向导

二、使用单片机可编程控制器配置软件

1. 启动、退出 ALP Ladder Editor 软件

双击这个软件的桌面图标，就能运行软件 ALP Ladder Editor 软件。启动后的软件界面见图 6-86。

单击软件右上角的红色“×”关闭按钮，退出 ALP Ladder Editor 软件。

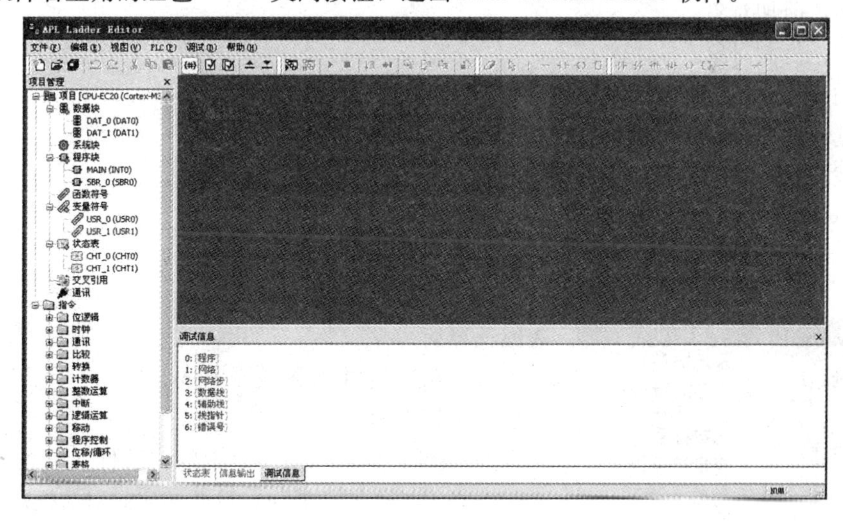

图 6-86　ALP 软件界面

2. 文件菜单

文件菜单（见图 6-87）下的命令。

1）新建：新建一个项目程序。

2）打开：打开已有的项目程序。

3）打开 PMW 文件：打开已有的三菱 FXGP 软件的 PMW 程序文件。

4）保存：保存当前的项目程序。

5）另存为：将当前项目程序文件以用户命名的文件另存到用户指定的路径。

6）上载：从 PLC 上传文件到当前项目。

7）下载：把当前项目程序下载到 PLC 保存。

8）退出：退出 ALP Ladder Editor 编程软件。

3. 编辑菜单

编辑菜单（见图 6-88）下的命令：

文件(F) 编辑(E) 视图(V) PLC
新建(N) Ctrl+N
打开...(O) Ctrl+O
打开PMW文件...(P) Ctrl+P
保存(S) Ctrl+S
另存为...(A)
上载...(U) Ctrl+U
下载...(D) Ctrl+D
退出(X)

图 6-87　文件菜单

编辑(E) 视图(V) PLC(P)
撤销(U) Ctrl+Z
重复(R) Ctrl+Y
剪切(T) Ctrl+X
复制(C) Ctrl+C
粘贴(P) Ctrl+V
全选(A) Ctrl+A
查找替换(F) Ctrl+F

图 6-88　编辑菜单

（1）撤销与重复。

1）撤销：取消前一次操作。

2）重复：恢复撤销的操作。

（2）被选择对象的编辑命令。

1）剪切：剪切对象。

2）复制：复制对象。

3）粘贴：粘贴已剪切或复制的对象。

4）全选：选择全部梯形图。

5）查找替换：查找、替换梯形图中的软元件。

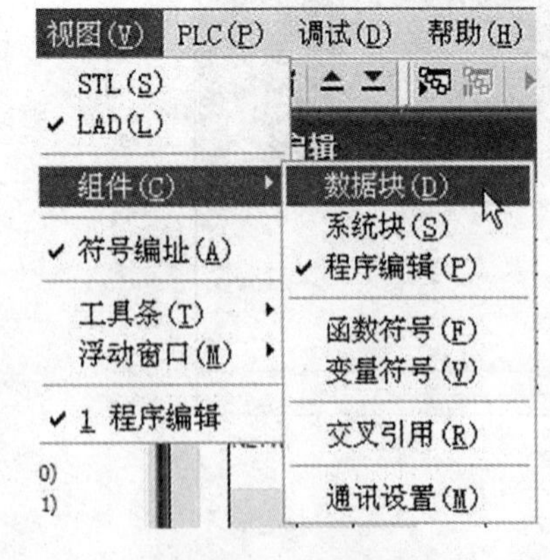

图 6-89　视图菜单

4. 视图菜单

视图菜单（见图 6-89）下的命令：

1）STL：单击视图菜单下的“STL”命令，进入指令表编程界面。

2）LAD：单击视图菜单下的“LAD”命令，进入指令梯形图编程界面。

3）组件：单击视图菜单下的“组件”子菜单，可以进一步选择组件下的功能块，打开相应的对话框。

4）符号编址：单击视图菜单下的“符号编址”命令，符号编址前的对勾交替出现、隐藏。当符号编址前的对勾出现时，梯形图的变量用符号表示，当符号编址前的对勾隐藏时，梯形图的变量以默认的 PLC 变量表示。

5）工具条：单击视图菜单下的“工具条”子菜单下的标准、调试、指令等命令，可以显示或隐藏标准、调试、指令工具栏。

6）浮动窗口：单击视图菜单下的“浮动窗口”子菜单下的状态表、项目管理、信息输出、调试信息等命令，可以显示或隐藏状态表、项目管理、信息输出、调试信息等浮动窗口。

7）程序编辑：显示或隐藏程序编辑窗口。

5. PLC 菜单

PLC 菜单（见图 6-90）下的命令：

1）运行：使用计算控制 PLC 处于运行状态。

2）停止：使用计算控制 PLC 处于停止状态。

3）单次扫描：单次扫描命令用于在在线模式下对 PLC 发出扫描运行指令，使处于停止状态的 PLC 进行一次扫描运行。

4）多次扫描：多次扫描命令用于在在线模式下对 PLC 发出扫描运行命令，使处于停止状态的 PLC 进行若干次扫描运行。扫描的次数由用户在对话框中确定。

5）清除：清除命令用于清除 PLC 中的程序。由于清除指令发送到 PLC 前不需要登陆 PLC，故清除指令能够清除有密码保护的程序，包括密码本身。

6）信息：信息命令用于在在线模式下获取 PLC 的固件信息。

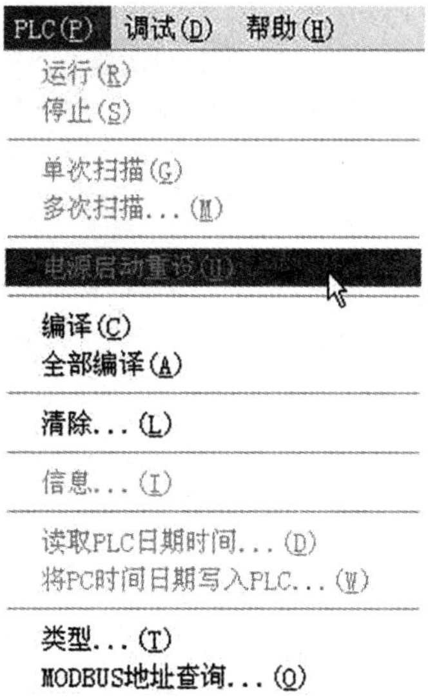

图 6-90 PLC 菜单

7）读取 PLC 日期时间：在连线状态下，读取 PLC 日期时间。读取的时间用对话框显示出来。

8）将 PC 日期时间写入 PLC：在连线状态下，将 PC 日期时间写入 PLC。写入的时间用对话框显示出来。

9）类型：类型命令改变工程的 PLC 类型。当 PLC 类型被改变后，系统会根据新的 PLC 类型来新建工程。

10）MODBUS 地址查询：弹出对话框，输入 PLC 变量，给出当前 PLC 类型下 PLC 变量对应的 MODBUS 变量地址。

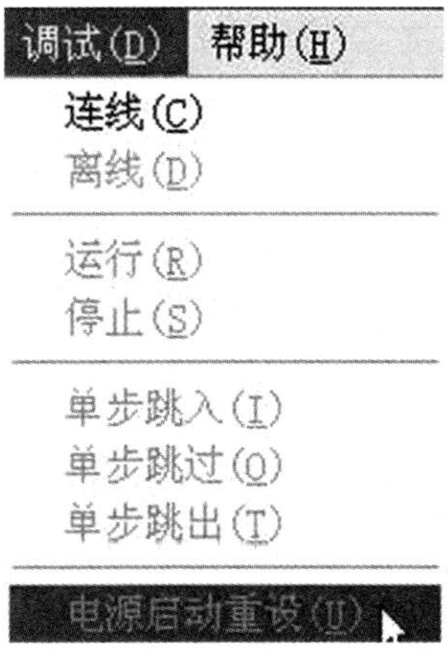

图 6-91 调试菜单

6. 调试菜单

调试菜单（见图 6-91）下的命令：

1）连线：连线命令将登入 PLC。若连接 PLC 成功，软件进入在线状态。

2）离线：离线命令将登出 PLC。若登出 PLC 成功，软件进入离线状态。

3）运行：运行命令用于在在线模式下对 PLC 发出运行指令，使 PLC 进入调试运行状态。

4）停止：停止命令用于在在线模式下对 PLC 发出停止指令，使 PLC 进入调试停止状态。

5）单步跳入：单步跳入命令使停止状态的 PLC 运行一条指令，若下一条指令是函数调用指令，则进入该函数后停止。

6）单步跳过：单步跳过命令使停止状态的 PLC 运行一条指令，若下一条指令是函数调用指令，则执行该函数后停止。

7）单步跳出：单步跳出命令使停止状态的 PLC 运行，直到停止位置的函数被返回。

7. 帮助菜单

帮助菜单（见图 6-92）下的命令：

1）关于：弹出软件说明对话框。

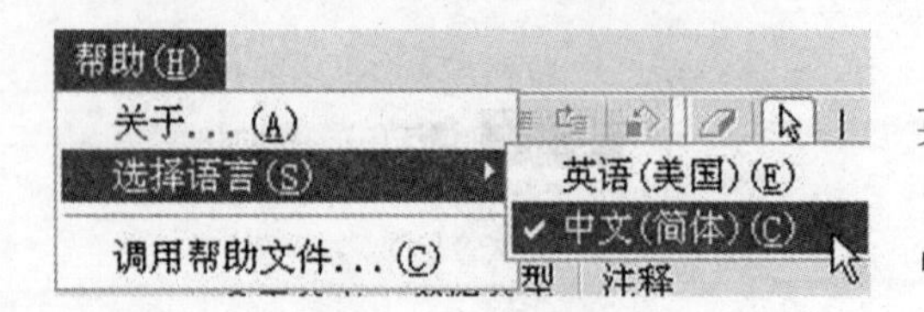

图 6-92　帮助菜单

2）选择语言——英语（美国）：切换语言到英文模式，切换语言需要重新启动软件。

3）选择语言——中文（中国）：切换语言到中文模式，切换语言需要重新启动软件。

4）调用帮助文件：调用帮助文件，帮助文件为 Html Help 格式。

三、单片机可编程控制器的配置

1. 复制文件夹“EC30-EK51”到桌面

（1）在已安装的“ALP Ladder Editor 1.1”文件中找到“ALPlad”文件夹。

（2）打开“ALPlad”文件夹，将“EC30-EK51”文件复制到桌面。

2. 将文件夹更名为“EK-16”

3. 更改 PLC 类型文件

（1）启动记事本软件。

（2）如图 6-93 所示，在打开文件对话框，选择文件类型为“所有文件”，并选择“PlcType.xml”文件。

图 6-93　PlcType.xml 文件

（3）单击“打开”按钮，打开“PlcType.xml”文件。

文件内容如下：

```
〈? xml version = " 1.0" encoding = " utf - 16"?〉
〈PlcType
  Name = " EC30 - EK51"
  Information = " EC30 - EK51"
  FxMode = " 0"
  〉
  〈Describe ImgFile = " Describe.bmp"〉
```

```
    〈Item Key = " $ {Core} $ {核心}"
          Value = " 8051 Core Architecture" /〉
    〈Item Key = " $ {Core frequency} $ {核心频率}"
          Value = " 11.0592MHz" /〉
    〈Item Key = " $ {SRAM} $ {SRAM}"
          Value = " 1.25K (1024 + 256)" /〉
    〈Item Key = " $ {FLASH} $ {FLASH}"
          Value = " 60K" /〉
    〈Item Key = " $ {PLC Name} $ {PLC 名称}"
          Value = " EC30 - EK51" /〉
    〈Item Key = " $ {PLC Information} $ {PLC 信息}"
          Value = " EC30 - EK51" /〉
    〈Item Key = " $ {Compiler} $ {编译器}"
          Value = " IAR 8051 Assembler V7.40A/W32" /〉
  〈/Describe〉
  〈SymbolVar
      SizeItemInt = " 32"
      SizeItemInitInt = " 4"
      SizeItemSbr = " 32"
      SizeItemInitSbr = " 1"
      SizePageUser = " 32"
      SizePageInitUser = " 2"
      SizeItemUser = " 1024"
      SizeItemInitUser = " 4" /〉
  〈DataBlock
      SizePage = " 16"
      SizePageInit = " 2"
      SizeItem = " 16"
      SizeItemInit = " 4" /〉
  〈SystemBlock
      FileName = " SystemBlockDll.dll"
      SizePage = " 19"
      SizeBinary = " 768" /〉
  〈ProgramBlock
      SizePageInt = " 8"
      SizePageInitInt = " 1"
      SizeItemInt = " 16#FFFF"
      SizeItemInitInt = " 8"
      SizePageSbr = " 8"
      SizePageInitSbr = " 1"
      SizeItemSbr = " 16#FFFF"
```

```
        SizeItemInitSbr = " 8"
        SizeBinaryConst = " 256"
        SizeBinaryInstruction = " 15360" /〉
    〈StatusChart
        SizePage = " 16"
        SizePageInit = " 2"
        SizeItemRow = " 16"
        SizeItemColumn = " 2" /〉
    〈Communication
        FileName = " CommunicationDll. dll"
        ExchSelf = " 0"
        ExchPackSize = " 64"
ExchSupport = " FF00 |0100 |FFF0 |0A00 |FFF0 |0A10 |FFF0 |0A20 |FFF0 |0A40 |FF00 |0B00" /〉
〈/PlcType〉
```


(4) 将文件的字符串“EC30-EK51”替换为“EK-16”。

(5) 保存文件。

(6) 关闭记事本软件。

4. 将“EK-16”文件复制到“GuttaPlad”文件夹

5. 启动“ALP Ladder Editor 1.1”软件

6. 配置 PLC 类型

(1) 双击项目管理区的“项目”选项，弹出“PLC 类型”对话框。

(2) 如图 6-94 所示，选择“EK-16”类型，单击“确认”按钮，返回 ALP 软件编辑界面。

7. 配置单片机的输入端

(1) 双击项目管理区的项目下的“系统块”选项，弹出图 6-95 所示的系统块配置对话框。

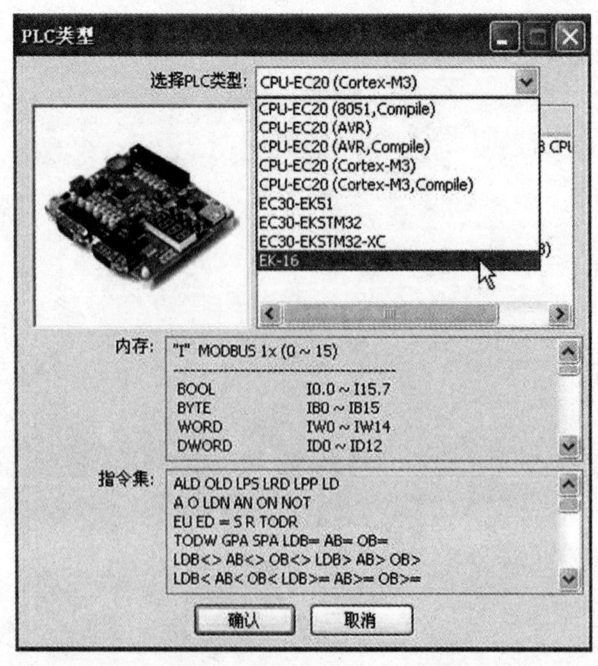

图 6-94 选择“EK-16”类型

(2) 在对话框中选择硬件配置选项卡中的输入输出，如图 6-96 所示，在地址栏选择“IB0”下的“I0.0”。

(3) 在管脚选择下拉列表中选择“P1.0”。

(4) 在电器特性选择中选择“仅为输入”。

(5) 在逻辑电平选项区选择“负逻辑”。

(6) 按 I0.0 的配置，依次将 P1.1～P1.7 配置给 I0.1～I0.7。

(7) 按“确认”按钮，完成单片机的输入端的配置。

8. 配置单片机输出端

(1) 双击项目管理区的项目下的“系统块”选项，弹出系统块配置对话框。

图 6-95 系统块配置对话框

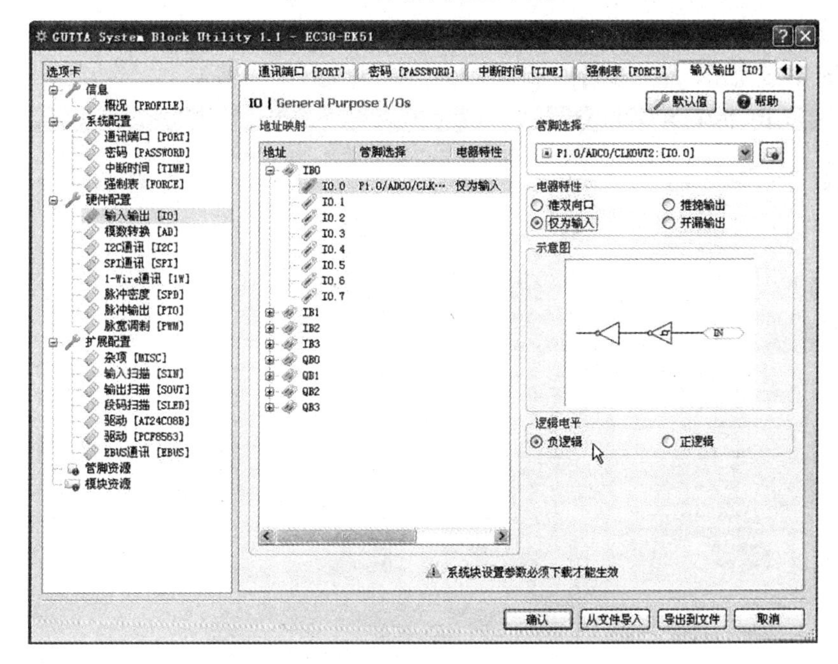

图 6-96 选择“IB0”下的“10.0”

（2）在对话框中选择硬件配置选项卡中的输入输出，如图 6-97 所示，在地址栏选择“QB0”下的“Q0.0”。

（3）在管脚选择下拉列表中选择“P0.0”。

（4）在电器特性选择中选择“准双向口”。

（5）在逻辑电平选项区选择“负逻辑”。

（6）按 Q0.0 的配置，依次将 P0.1～P0.7 配置给 Q0.1～Q0.7。

（7）按“确认”按钮，完成单片机的输出端的配置。

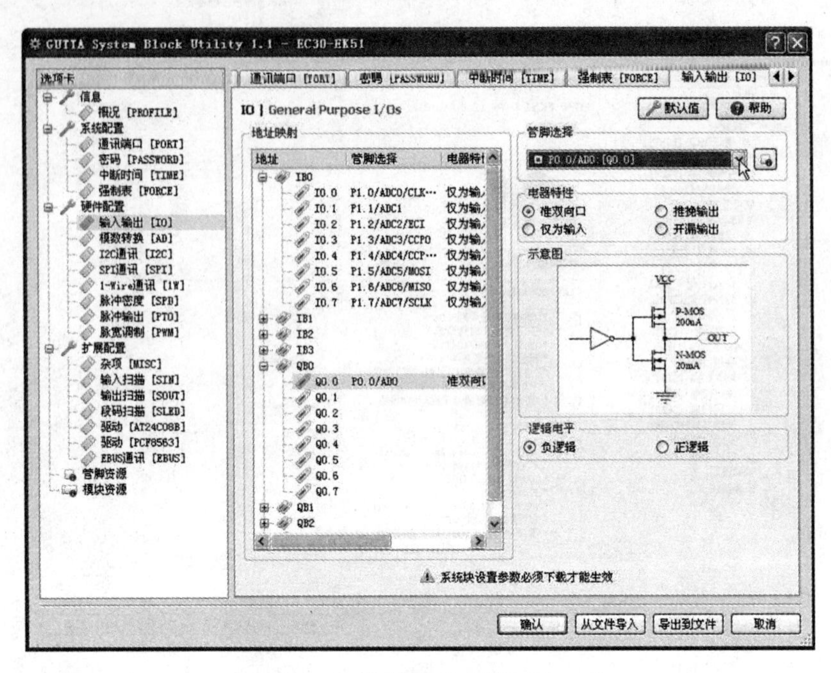

图 6-97　选择“QB0”下的“Q0.0”

9. 导出配置文件

(1) 如图 6-98 所示，单击配置对话框下部的“导出到文件”按钮。

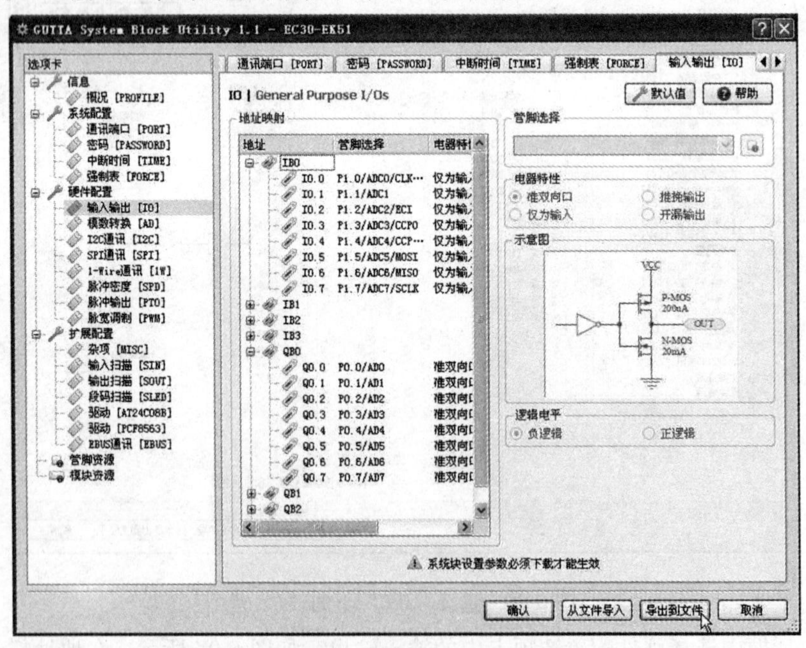

图 6-98　导出到文件

(2) 弹出图 6-99 所示的导出文件对话框，选择保存文件的路径和文件夹为“EK-16”，设置文件名为“SystemBlockUtility. vcb”。

(3) 单击“保存”按钮，保存 PLC 系统块配置文件。

(4) 关闭、退出 ALP Ladder Editor 软件。

(5) 重新启动进入 ALP Ladder Editor 软件。

(6) 新建一个项目文件。

(7) 双击项目管理的系统块，弹出系统配置对话框。

(8) 查看系统块的输入端口配置，I0.0～I0.7 的配置为 P1.0～P1.7。

(9) 查看系统块输出端口的配置，Q0.0～Q0.7 的配置为 P0.0～P0.7。

(10) 通过文件“SystemBlockUtility.vcb”保存了 PLC 系统块的配置，当用户在使用这一种 PLC 时，不需要每次重新配置 PLC 系统块。

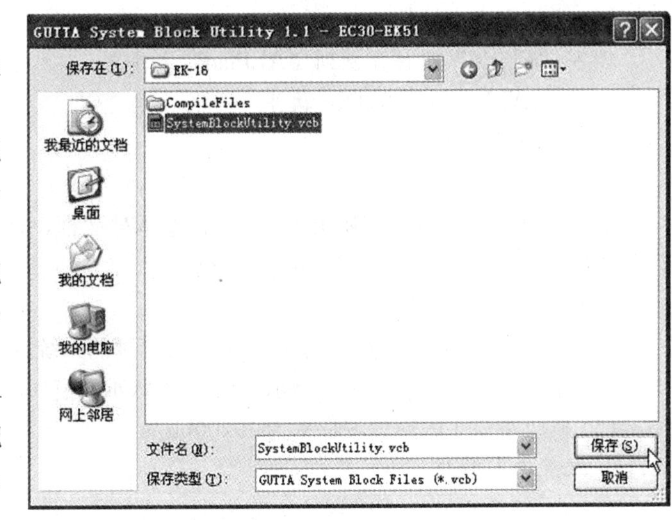

图 6-99　设置文件名

技能训练

一、训练目标

(1) 学会使用单片机可编程控制器配置软件。

(2) 学会配置单片机可编程控制器。

二、训练内容与步骤

1. 复制文件夹“EC30-EK51”到桌面

(1) 在已安装的“ALP Ladder Editor 1.1”文件中找到“GuttaPlad”文件夹。

(2) 打开“ALPlad”文件夹，将“EC30-EK51”文件复制到桌面。

2. 将文件夹更名为“EK-16”

3. 更改 PLC 类型文件

(1) 启动记事本软件。

(2) 用记事本打开“PlcType”PLC 类型文件，修改内容如下：

第 1 段中的 PLC 类型（名称）Name 修改为“EK-16”，（信息）Information 修改为“EK-16”。修改后的第一段文本为：

```
〈PlcType
 Name = " EK-16"
 Information = " EK-16"
 FxMode = "  0"
 〉
```

第 2 段中项目关键字中的 PLC 名称的值修改为“EK-16”，PLC 信息的值修改为“EK-16”。项目关键字修改后的相应文本为：

```
〈Item Key = "  $  {PLC Name}  $  {PLC 名称}"
Value = " EK-16" /〉
〈Item Key = "  $  {PLC Information}  $  {PLC 信息}"
Value = " EK-16" /〉
```

(3) 保存文件。

(4) 关闭记事本软件。

4. 将“EK-16”文件复制到“ALPlad”文件夹

5. 启动 ALP Ladder Editor 软件

6. 新建一个项目工程

7. 选择 PLC 类型

双击项目管理的项目，弹出 PLC 类型选择对话框，选择 PLC 类型为“EK-16”。单击“确认”按钮，返回 ALP Ladder Editor 开发软件。

8. 配置串行通信端口

(1) 在 ALP System Utility 中，双击项目管理的系统块，弹出系统配置对话框。

(2) 单击选择通信端口页，显示通信端口 PORT 模块的配置对话框。

(3) 修改端口 1 的通信波特率为 19200bit/s。

9. 配置输入端口

(1) 在 ALP System Utility 中，双击项目管理的系统块，弹出系统配置对话框。

(2) 在对话框中选择硬件配置选项卡中的输入输出。

(3) 在地址映射栏，单击 IB0 左边的“+”号，展开 IB0。

(4) 选择 I0.0，管脚选择 P1.0，电气特性选择“仅为输入”，逻辑电平选择“负逻辑”。

(5) 选择 I0.1，管脚选择 P1.1，电气特性选择“仅为输入”，逻辑电平选择“负逻辑”。

(6) 选择 I0.2，管脚选择 P1.2，电气特性选择“仅为输入”，逻辑电平选择“负逻辑”。

(7) 选择 I0.3，管脚选择 P1.3，电气特性选择“仅为输入”，逻辑电平选择“负逻辑”。

(8) 选择 I0.4，管脚选择 P1.4，电气特性选择“仅为输入”，逻辑电平选择“负逻辑”。

(9) 选择 I0.5，管脚选择 P1.5，电气特性选择“仅为输入”，逻辑电平选择“负逻辑”。

(10) 选择 I0.6，管脚选择 P1.6，电气特性选择“仅为输入”，逻辑电平选择“负逻辑”。

(11) 选择 I0.7，管脚选择 P1.7，电气特性选择“仅为输入”，逻辑电平选择“负逻辑”。

(12) 单击“确认”按钮，完成输入端的配置。

10. 配置输出端口

(1) 在 ALP System Utility 中，双击项目管理的系统块，弹出系统配置对话框。

(2) 在对话框中选择硬件配置选项卡中的输入输出。

(3) 在地址映射栏，单击 QB0 左边的“+”号，展开 QB0。

(4) 选择 Q0.0，管脚选择 P0.0，电气特性选择“准双向口”，逻辑电平选择“负逻辑”。

(5) 选择 Q0.1，管脚选择 P0.1，电气特性选择“准双向口”，逻辑电平选择“负逻辑”。

(6) 选择 Q0.2，管脚选择 P0.2，电气特性选择“准双向口”，逻辑电平选择“负逻辑”。

(7) 选择 Q0.3，管脚选择 P0.3，电气特性选择“准双向口”，逻辑电平选择“负逻辑”。

(8) 选择 Q0.4，管脚选择 P0.4，电气特性选择“准双向口”，逻辑电平选择“负逻辑”。

(9) 选择 Q0.5，管脚选择 P0.5，电气特性选择“准双向口”，逻辑电平选择“负逻辑”。

(10) 选择 Q0.6，管脚选择 P0.6，电气特性选择“准双向口”，逻辑电平选择“负逻辑”。

(11) 选择 Q0.7，管脚选择 P0.7，电气特性选择“准双向口”，逻辑电平选择“负逻辑”。

(12) 单击“确认”按钮，完成输出端的配置。

11. 导出 PLC 系统块配置文件

(1) 单击配置对话框下部的“导出到文件”按钮。

(2) 弹出导出文件对话框，选择保存文件的路径和文件夹为“EK-16”，设置文件名为“SystemBlockUtility. vcb”。

(3) 单击“保存”按钮，保存 PLC 系统块配置文件。

(4) 关闭、退出 ALP Ladder Editor 软件。

(5) 重新启动进入 ALP Ladder Editor 软件。

(6) 新建一个项目文件。

(7) 双击项目管理的系统块，弹出系统配置对话框。

(8) 查看系统块的输入端口配置，I0.0～I0.7 的配置为 P1.0～P1.7。

(9) 查看系统块输出端口的配置，Q0.0～Q0.7 的配置为 P2.0～P2.7。

(10) 通过文件“SystemBlockUtility.vcb”保存了 PLC 系统块的配置，当用户在使用这一种 PLC 时，不需要每次重新配置 PLC 系统块。

12. 隐藏 PLC 系统块的配置信息

(1) 用记事本打开 SystemBlockUtility.vcb 文件。

(2) 可以看到，许多以“1:”开始的配置段，将每段的“1”都修改为“0”。

(3) 保存这个文件，并重新运行 ALP Ladder Editor 软件。

(4) 新建一个 EK-16 工程，打开项目的系统块，系统配置对话框除了概况页，其余的配置页全部被隐藏了。

13. 显示开发者的信息

(1) 用记事本创建一个 XML 文本文件 SystemBlockUtility.LabelLink.xml，并让这个文件和 SystemBlockDll.dll 位于同一文件夹中（即 EK-16 文件夹）。

(2) 在这个 XML 文件中编辑如下信息：

〈b〉康灿科技〈/b〉
〈hr/〉
〈ul〉
〈li〉地址：深圳市福田区福强路 1007 号 xx 室〈/li〉
〈li〉电话：0755-32345678〈/li〉
〈li〉传真：0755-32345676〈/li〉
〈li〉邮编：518045〈/li〉
〈li〉信箱：szxiao586@163.com〈/li〉
〈/ul〉

地址、电话、传真、邮政编码、信箱等信息按开发者的实际编辑。

(3) 保存这个文件并重新运行 ALP Ladder Editor 软件。

(4) 新建一个 EK-16 工程，打开项目的系统块，可以看到 PLC 系统配置对话框显示的开发者的信息。

习 题 6

1. 建立一个工程文件 SYT6.Prjpcb。
2. 建立 PCB 印刷电路图文件 SYT6.pcbDoc。
3. 利用向导创建一块 236mm×126mm 大小的 PCB 板。
4. 设计 4 层板直流稳压电路 PCB 印刷电路图。
5. 设计 4 层板多谐振荡器 PCB 印刷电路图，并进行电气规则检查。
6. 设计单片机控制系统，CPU 采用 DIP40 封装的单片机。
7. 配置单片机控制系统，P1 作输出口，P2 作输入口，控制器类型设置为 D16K。

项目七　电路仿真分析

学习目标

(1) 常用仿真元器件设置方法。
(2) 菜单栏及工具栏的基本使用。
(3) 理解仿真激励源设置方法。
(4) 学会模拟电路仿真。
(5) 学会数字电路仿真。
(6) 学会定时振荡电路的仿真。

任务15　模拟电路仿真

基础知识

一、电路仿真基础

Altium Designer 9 不但可以绘制电路原理图和制作印制电路板图，而且还提供了功能强大的电路仿真工具。用户可以方便地对设计的电路信号进行模拟仿真。

1. 模拟仿真

仿真（Simulation）就是通过对系统模型的实验来研究已经存在的或设计中的系统，又称模拟。

在电路仿真软件问世之前，当需完成某个具体电路的构思却又没有足够的把握时，通常只能在万能实验板上用实际元器件和一些导线去构建实验电路，然后根据预先设定好的目标去检测在一定的初始条件和给定输入下，该电路实际的输出信号是否和预期的输出信号相吻合。这种模拟实验方法不仅工作量大，开发周期长，而且一旦出现问题时，针对错误的排查对每个硬件工程师来说都是非常辛苦和难受的工作。

随着计算机技术的迅速发展，各种各样的电路仿真软件纷纷涌现出来。电路仿真是指用仿真软件在电脑上复现设计即将完成的电路（已经完成电路设计、电路参数计算和元器件选择），并提供电路电源以及输入信号源，然后在计算机屏幕上模拟检测示波器，观测给出测试点波形或绘出相应的曲线的过程。

Altium Designer 6 提供了非常强大的仿真功能，可以进行模拟、数字及模数混合仿真。软件采用集成库机制管理元器件，将仿真模型与原理图元器件关联在一起，使用起来极其方便。

2. 仿真的设置

(1) Altium Designer 9 的仿真元件库。Altium Designer 9 采用了集成库技术，原理图符号中即包含了对应的仿真模型，因此原理图可直接用来作为仿真电路。

Altium Designer 9 提供了大量的仿真模型，但在实际电路设计中仍然需要补充、完善仿真模型集。一方面，用户可编辑系统自带的仿真模型文件来满足仿真需求；另一方面，用户可以直接将外部标准的仿真模型导入系统中，成为集成库的一部分后直接在原理图中进行电路仿真。

Altium Designer 9 还为用户提供了大部分常用的仿真元件，这些仿真元件库在 Altium Designer 9 安装目录下 \ Library \ Simulation 目录中，其中，仿真信号源的元件库为 Simulation Sources. IntLib；仿真专用函数元件库为 Simulation Special Function. IntLib；仿真数学函数元件库为 Simulation Math Function. IntLib；信号仿真传输线元件库为 Simulation Transmission Line. IntLib。

(2) Altium Designer 9 常用元件库。Miscellaneous Devices. IntLib 是 Altium Designer 9 为用户提供的一个常用元件库。该元件库中包含电阻、电容、电感、振荡器、二极管、三极管、电池、熔断器等常用元件。所有元件均定义了仿真特性，仿真时只要选择默认属性或者选择自己需要的仿真属性即可。

(3) 仿真信号源。

1) 直流电源仿真源。在库文件 Simulation Sources. IntLib 中，包含两个直流源元件：VSRC 电压源和 ISRC 电流源。仿真库中的电压、电流源符号如图 7-1 所示。这些直流源提供了用来激励电路的一个不变的电压或电流输出。

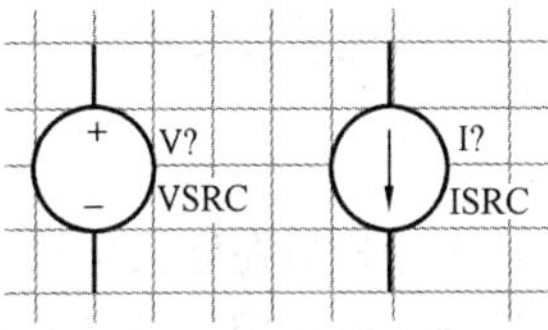

图 7-1 直流电源仿真源

2) 正弦信号仿真源。在库文件 Simulation Sources. IntLib 中，包含两个正弦信号仿真源元件：VSIN 正弦电压源和 ISIN 正弦电流源。仿真库中的正弦电压、电流源符号如图 7-2 所示，通过这些正弦仿真源可创建正弦波电压和电流源。

3) 周期脉冲源。在库文件 Simulation Sources. IntLib 中，包含两个周期脉冲源元件：VPULSE 电压周期脉冲源和 IPULSE 电流周期脉冲源。周期脉冲源的符号如图 7-3 所示，利用这些周期脉冲源可以创建周期性的连续脉冲。

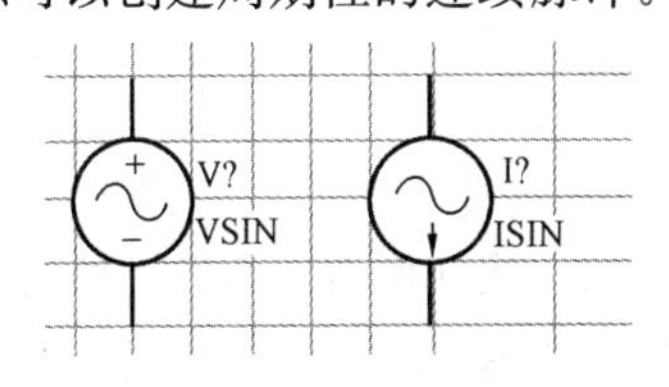

图 7-2 正弦信号仿真源

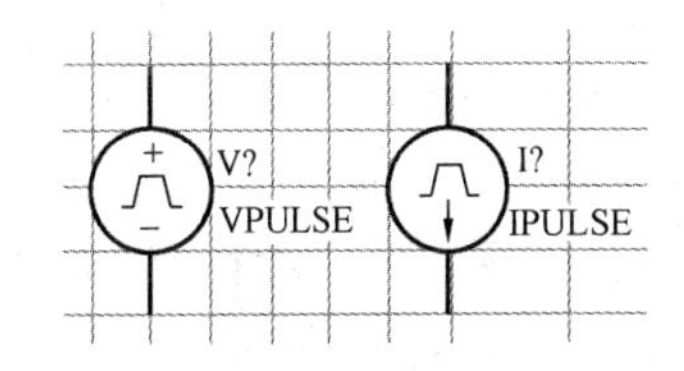

图 7-3 周期脉冲源

4) 分段线性源。在库文件 Simulation Sources. IntLib 中，包含两个分段线性源元件：VPWL 分段线性电压源和 IPWL 分段线性电流源，使用分段线性源可以创建任意形状的波形。

5) 指数激励源。在库文件 Simulation Sources. IntLib 中，包含两个指数激励源元件：VEXP 指数激励电压源和 IEXP 指数激励电流源，通过这些指数激励源可创建带有指数上升沿和下降沿的脉冲波形。

6) 单频调频源。在库文件 Simulation Sources. IntLib 中，包含两个单频调频源元件：VSFFM 单频调频电压源和 ISFFM 单频调频电流源，通过这些源可创建一个单频调频波。

单频调频波的波形使用如下公式定义：

$$u(t) = U_{o} + U_{m}\sin[\omega_{c}t + M_{di}\sin(\omega_{s}t)]$$

式中，t 为时间，U_o 为偏置电压；U_m 为峰值电压；ω_c 为载波频率；M_{di} 为调制指数；ω_s 为调制信号频率。

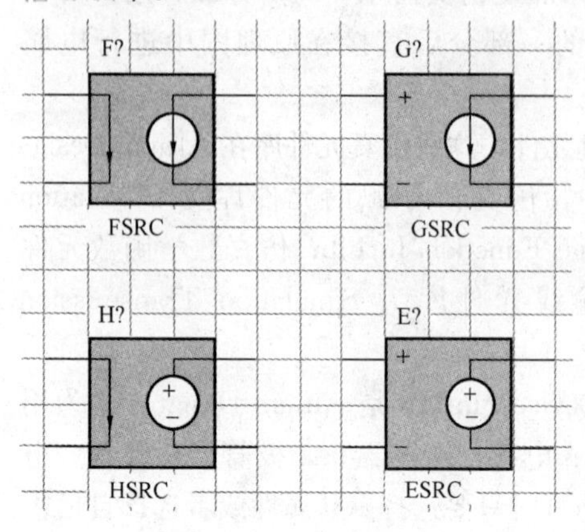

图 7-4 线性受控源

7）线性受控源。在库文件 Simulation Sources. IntLib 中，包含 4 个线性受控源元件：HSRC 电流控制电压源、GSRC 电压控制电流源、FSRC 电流控制电流源和 ESRC 电压控制电压源。

图 7-4 中是标准的 SPICE 线性受控源，每个线性受控源都有两个输入节点和两个输出节点。输出节点间的电压或电流是输入节点间的电压或电流的线性函数，一般由源的增益、跨导等决定。

8）非线性受控源。在库文件 Simulation Sources. IntLib 中，包含两个非线性受控源元件：BVSRC 非线性受控电压源和 BISRC 非线性受控电流源。

非线性电压或电流源，有时被称为方程定义源，因为它的输出由用户方程定义，并且经常引用电路中其他节点的电压或电流值。

电压或电流波形的表达方式如下：

$$V=\text{表达式} \quad \text{或} \quad I=\text{表达式}$$

其中，表达式是在定义仿真属性时输入的方程。

设计中可以用标准函数来创建一个表达式，表达式中也可包含如下的一些标准函数：

ABS LN SQRT LOG EXP SIN ASIN ASINH

COS ACOS ACOSH COSH TAN ATAN ATANH SINH

为了在表达式中引用所设计的电路中节点的电压和电流，用户必须首先在原理图中为该节点定义一个网络标号。这样用户就可以使用如下的语法来引用该节点：

V（NET）表示在节点 NET 处的电压。

I（NET）表示在节点 NET 处的电流。

3. 仿真专用函数与数学函数

1）仿真专用函数。Simulation Special Function. IntLib 元件库中的元件是一些专门为信号仿真而设计的函数元件库，该元件库提供了常用的运算函数，比如增益、积分、微分、求和、电容测量、电感测量、压控振荡源等专用的元件。

2）仿真数学函数。Simulation Math Function. IntLib 元件库中主要是一些仿真数学函数元件，比如加、减、乘、除、求和、正弦、余弦、绝对值、反正弦、反余弦、开方等数学计算的函数，使用这些函数可以对仿真电路中的信号进行数学计算，从而获得自己需要的仿真信号。

4. 信号仿真传输线

Simulation Transmission Line. IntLib 元件库中主要包括三个信号仿真传输线元件，即 LLTRA（无损耗传输线）、LTRA（有损耗传输线）和 URC（均匀分布传输线）元件。

5. 元件仿真属性编辑

如果当前元件没有定义仿真属性，则双击该元件，弹出图 7-5 所示的元件属性对话框。

如果元件本身具有仿真属性，则在元件的模式列表框中会显示 Simulation 属性。若元件本身不具有仿真属性，可通过以下步骤设置仿真属性。

(1) 为了使元件具有仿真特性，可以单击“Models for ＊”列表框下的“Add”添加按钮，

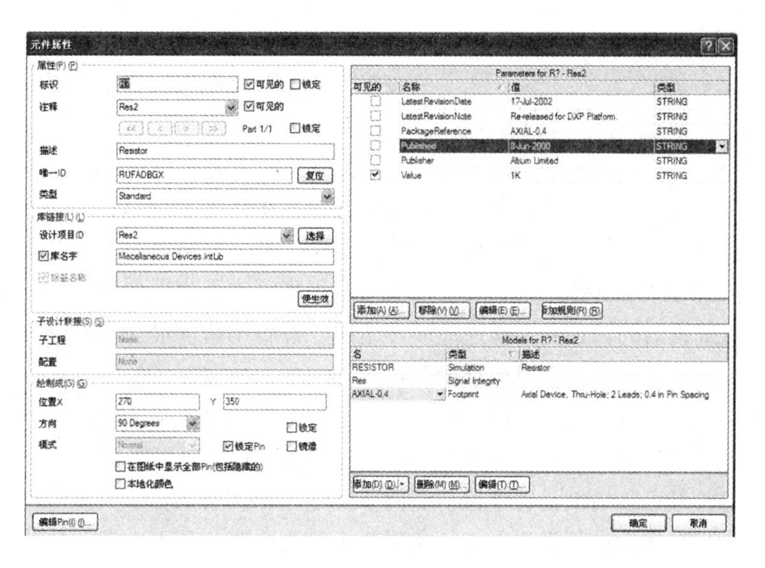

图 7-5　元件属性对话框

系统将弹出如图 7-6 所示的“Add New Model”对话框。

(2) 在图 7-6 对话框中选择 Simulation 类型，单击“确定”按钮，系统会打开如图 7-7 所示的仿真模式参数设置对话框。其中，“Model Kind”选项卡显示的是一般信息；“Parameters”选项卡用来设置相应元件仿真模型的仿真参数；“Port Map”选项卡显示元件引脚的连接属性。

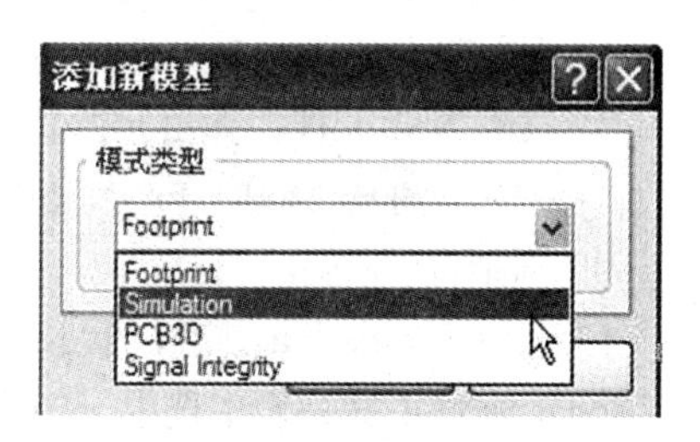

图 7-6　Add New Model

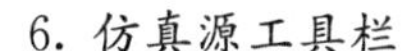

6. 仿真源工具栏

Altium Designer 9 还为仿真设计提供了一个仿真源工具栏，方便用户进行仿真设计操作，仿真源工具栏是实用工具栏的一个子工具栏。执行菜单命令“视图”菜单下的“工具栏”下的“实用工具”命令，可打开实用工具栏，然后可以选择仿真源

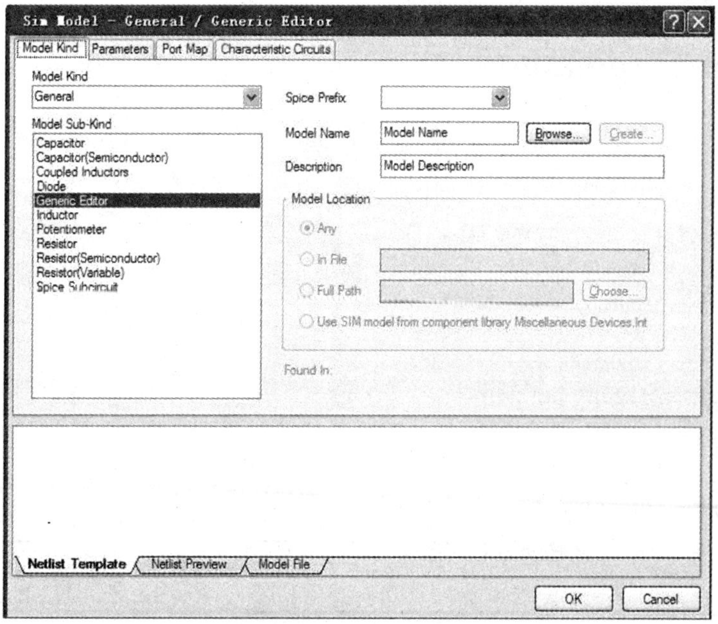

图 7-7　仿真模式参数设置对话框

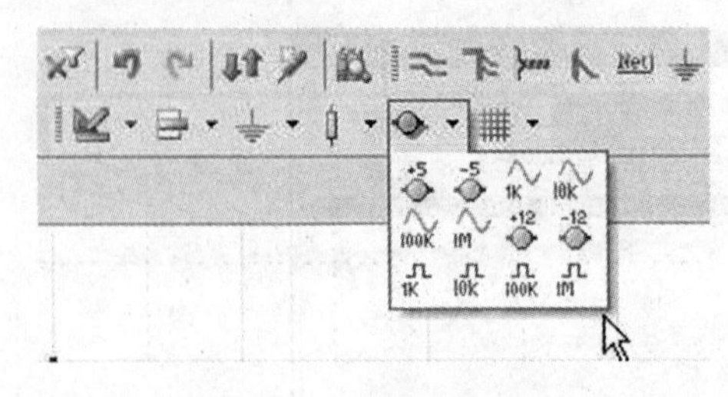

图 7-8　仿真源工具栏

工具元件，如图 7-8 所示。在仿真设计时，可以直接从该工具栏选取元件添加到原理图中。

7. 初始状态的设置

设置初始状态是为计算偏置点电压（或电流）而设定的一个或多个电压值（或电流值）。在分析模拟非线性电路、振荡电路及触发器电路的交流或瞬态特性时，常出现解的不收敛现象，当然涉及电路是有解的，其原因是发散或收敛的偏置点不能适应多种情况。设置初始值最通常的原因就是在两个或更多的稳态工作点中选择一个，使仿真能够顺利进行。

在库文件 Simulation Sources. IntLib 中，包含了两个特别的初始状态定义符：“. NS”，即 NODE SET（节点电压设置）；“. IC”，即 Initial Condition（初始条件设置）。

这两个特别的符号可以用来设置电路仿真的节点电压和初始条件。只要向当前的仿真原理图添加这两个元件符号，然后进行设置，即可实现整个仿真电路的节点电压和初始条件设置。

(1) 节点电压设置。节点电压可以在其元件属性对话框中设置。

1) 在电路中放置一个“. NS”节点电压元件 NS1。

2) 双击 NS1 元件，弹出元件属性对话框。

3) 在右下角选 Moder for NS1 区单击“Add”按钮，系统将弹出图 7-6 所示的“Add New Model”对话框。

4) 选择 Simulation 类型，单击“确定”按钮，弹出图 7-9 所示的仿真模式参数设置对话框，在 Model Kind 下拉列表中选中 Initial Condition 选项，

5) 在 Model Sub－Kind 列表框中选择 Initial Node Voltage Guess 选项。

6) 单击 Parameters 选项卡，如图 7-10 所示，设置其初始幅值，例如 4V。

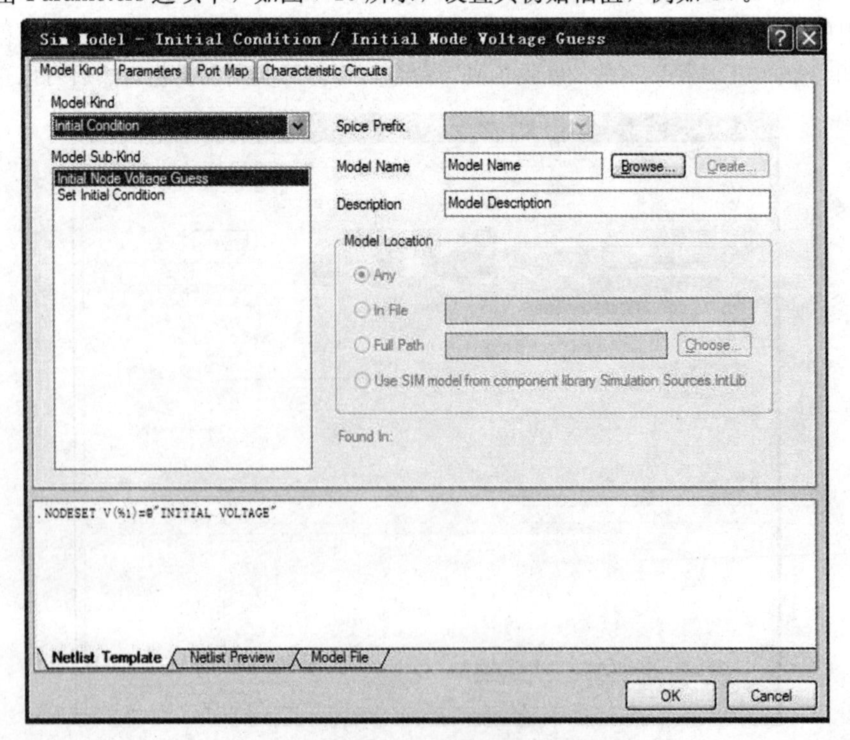

图 7-9　仿真模式参数设置对话框

7）单击“OK”按钮，返回元件属性对话框，单击“确定”按钮，完成元件属性设置。

（2）初始条件设置。初始条件设置（.IC）是用来设置瞬态初始条件的。

在瞬态分析中，一旦设置了参数“Use Initial Conditions”和“IC”时，瞬态分析就先不进行直流工作点的分析（初始瞬态值），因而应在“IC”中设定各点的直流电压。

如果瞬态分析中没有设置参数“Use Initial Conditions”，那么在瞬态分析前计算直流偏置（初始瞬态）解。这时，“IC”设置中指定的节点电压仅作为求解直流工作点时相应的节点的初始值。

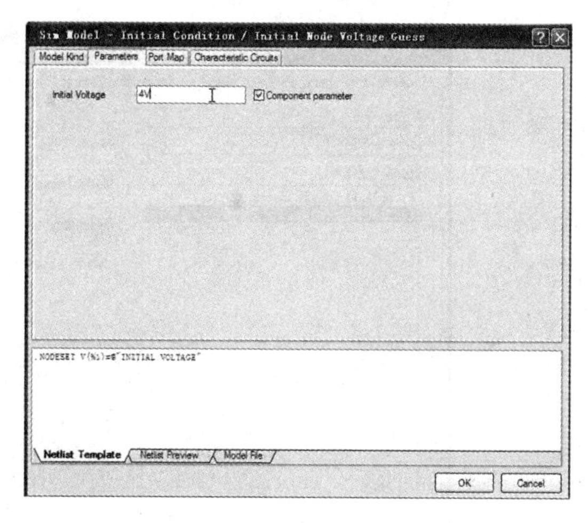

图 7-10 设置初始幅值

仿真元件的初始条件的设置与节点电压的设置类似，操作方法是：

1）首先双击仿真元件，弹出图 7-11 所示的元件属性对话框。

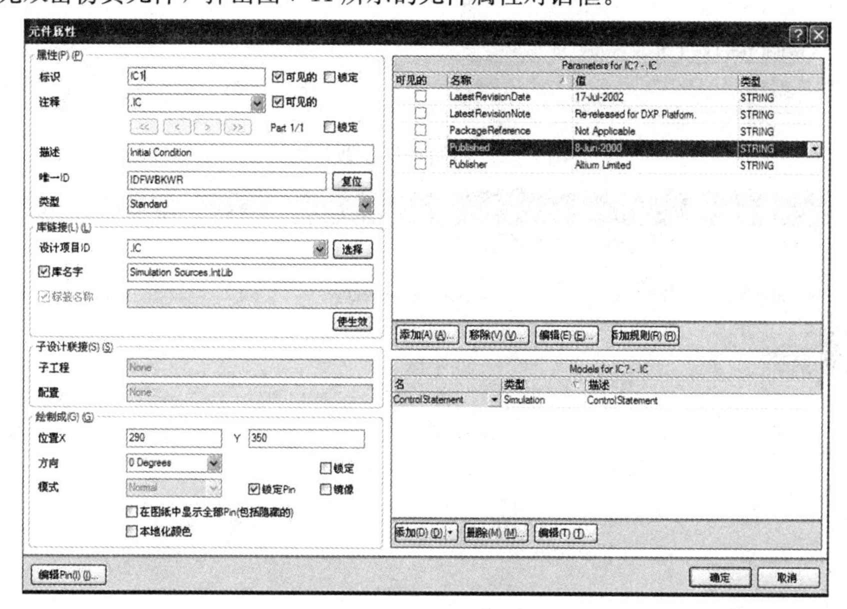

图 7-11 元件属性对话框

2）然后单击“Models for ＊”列表框下的“Add”按钮，弹出“Add New Model”对话框。

3）选择 Simulation 类型，单击“确定”按钮，弹出如图 7-12 所示的仿真模式参数设置对话框，在 Model Kind 下拉列表中选中 Initial Condition 选项，再在“Model Sub-Kind”列表框中选择 Set Initial Condition 选项。

4）进入 Parameters 选项卡设置其初始值为 0.5V，如图 7-13 所示。

5）单击“OK”按钮，返回元件属性对话框。

6）单击“确定”按钮，完成元件属性设置。

我们也可以通过设置每个元件的属性来定义每个元件的初始状态。同时，在每个元件中规定的初始状态将优先于“.IC”设置中的值被考虑。

初始状态的设置共有 3 种途径：“.IC”设置、“.NS”设置和定义元件属性。在电路模拟中，

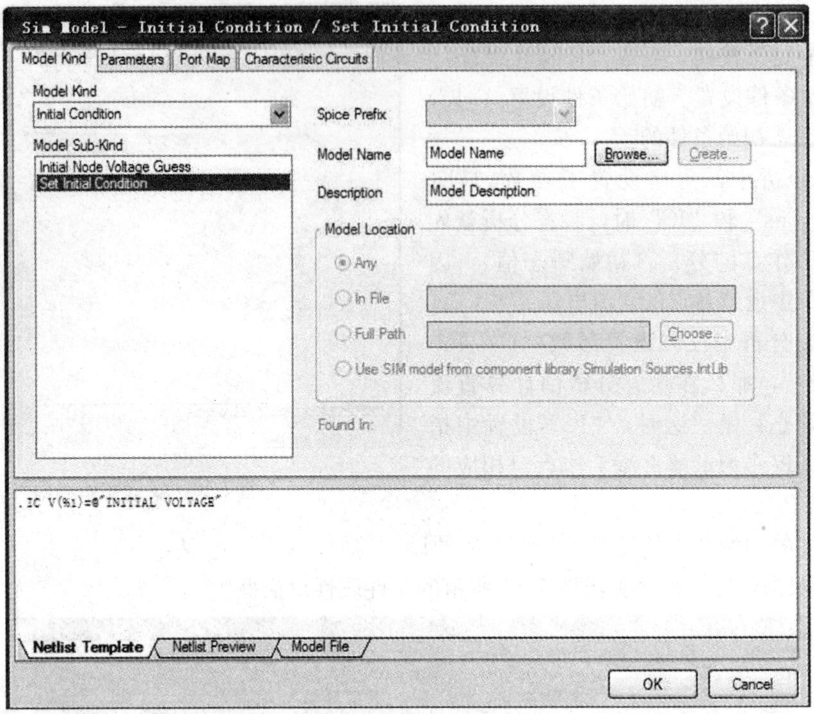

图 7-12 初始条件参数设置

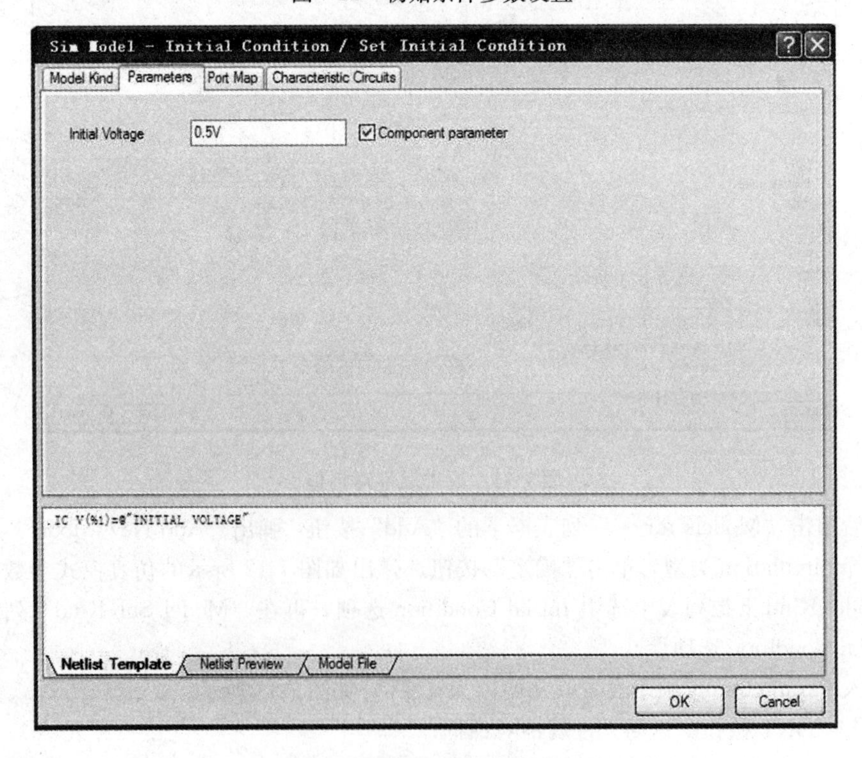

图 7-13 设置其初始值为 0.5V

如有这 3 种或 2 种共存时，在分析中优先考虑的次序是：首先定义元件属性，其次定义“.IC”设置，最后定义“.NS”设置。如果“.IC”和“.NS”共存时，则“.IC”设置将取代“.NS”设置。

8. 仿真器的设置

(1) 进入仿真设置环境。在进行仿真前，用户必须选择对电路进行哪种分析，需要收集哪个变量数据，以及仿真完成后自动显示哪个变量的波形等。

当完成了对电路的编辑后，用户此时可对电路进行仿真分析对象的选择和设置。

单击执行“设计”主菜单下“仿真”菜单下的“混合仿真”命令，弹出图 7-12 所示电路仿真分析设置对话框。

选择 General Setup 选项，在对话框中显示的是仿真分析的一般设置，如图 7-12 所示。

用户可以选择分析对象，在 Available Signals 列表中显示的是可以进行仿真分析的信号；Active Signals 列表框中显示的是激活的信号，即将要进行仿真分析的信号；单击或按钮可以添加或移去激活的信号。

(2) 瞬态特性分析。瞬态特性分析（Transient Analysis）是从时间零开始到用户规定的时间范围内进行的。用户可规定输出开始到终止的时间和分析的步长，初始值可由直流分析部分自动确定，所有与事件无关的源，用它们的直流值，也可以用用户规定的各元件的电平值作为初始条件进行瞬态分析。

瞬态分析的输出是在一个类似示波器的窗口中，在用户定义的时间间隔内计算变量瞬态输出电流或电压值。如果不使用初始条件，则静态工作点分析将在瞬态分析前自动执行，以测得电路的直流偏置。

瞬态分析通常从时间零开始。在时间零和起始时间（Start Time）之间，瞬态分析照样进行，但不保存结果。在起始时间（Start Time）和终止时间（Stop Time）的间隔内将保存结果，用于显示。

步长（Step Time）通常是用在瞬态分析中的时间增量。实际上，该步长不是固定不变的。采用变步长，是为了自动完成收敛。最大步长（Max Step Time）限制了分析瞬态数据时的时间片的变化量。

仿真时，如果用户并不确定所需输入的值，可选择默认值，从而自动获得瞬态分析用的参数。Start Time 一般设置为零。Stop Time、Step Time 和 Max Step Time 与显示周期（Cycles Displayed）、每周期中的点数（Points Per Cycle）以及电路激励源的最低频率有关。如选中“Use Transient Defaults”选项，则每次仿真时将使用系统默认的设置。

(3) 傅里叶分析。傅里叶分析（Fourier Analysis）是计算了瞬态分析结果的一部分，得到基频、DC 分量和谐波。不是所有的瞬态分析结果都用到，只用到瞬态分析终止时间之前的基频的一个周期。

若 PERIOD 是基频的周期，FREQ 为测量信号的频率，则 PERIOD=1/FREQ，也就是说，瞬态分析至少要持续（1/FREQ）s。

(4) 直流扫描分析。直流扫描分析（DC Sweep Analysis）产生直流转移曲线。直流扫描分析将执行一系列的静态工作点的分析，从而改变前述定义的所选激励源的电压。设置中，可定义可选辅助源。

(5) 交流小信号分析。交流小信号分析（AC Small Signal Analysis）将交流输出变量作为频率的函数计算出来。先计算电路的支流工作点，决定电路中所有非线性元件的线性化小信号模型参数，然后在用户所指定的频率范围内对该线性化电路进行分析。交流小信号分析所希望的输出通常是一个传递函数，如电压增益、传输阻抗等。

(6) 噪声分析。噪声分析（Noise Analysis）是同交流分析一起进行的。电路中产生噪声的元件有电阻器和半导体元件，对每个元件的噪声源，在交流小信号分析的每个频率上计算出相应的噪声，并传送到一个输出节点，所有传送到该节点的噪声进行 RMS（均方根）值相加，就得到了指定输出端的等效输出噪声。同时计算出从输入源到输出端的电压（电流）增益，由输出噪声和增益就可得到等效输入噪声值。

(7) 传递函数分析。传递函数分析（Transfer Function Analysis）用来计算交流输入阻抗、输出阻抗以及直流增益。

(8) 扫描温度分析。扫描温度分析（Temperature Sweep Analysis）是和交流小信号分析、直流分析以及瞬态特性分析中的一种或几种相连的，该设置规定了在什么温度下进行仿真。如果用户给了几个温度，则需要对每个温度做一遍所有的分析。

(9) 参数扫描分析。参数扫描分析（Parameter Sweep Analysis）允许用户以自定义的增幅扫描元件的值。参数扫描分析可以改变基本的元件和模式，但并不改变子电路的数据。

(10) 极点—零点分析。极点—零点分析（Pole-Zero Analysis）是针对设定的分析对象，分析其输入输出的信号，并获取其极点—零点的相关分析信息。

(11) 蒙特卡罗分析。蒙特卡罗分析（Monte Carlo Analysis）又叫随机仿真方法，是使用随机数发生器按元件值的概率分布来选择元件，然后对电路进行模拟分析。蒙特卡罗分析可在元件模型参数赋予的容差范围内进行各种复杂的分析，包括直流分析、交流分析及瞬态特性分析。这些分析结果可用来预测电路生产时的成品率及成本。

9. 电路仿真的操作

(1) 电路仿真的一般步骤。

1) 创建一个项目。

2) 新建一个原理图文件。

3) 加载与电路仿真相关的元件库。

4) 在电路上放置仿真元器件（该元件必须带有仿真模型）。

5) 绘制仿真电路图，方法与绘制原理图一致。

6) 在仿真电路图中添加仿真电源和激励源。

7) 设置仿真节点及电路的初始状态。

8) 设置仿真分析的参数。

9) 运行电路仿真得到仿真结果。

10) 修改仿真参数或更换元器件，重复 7) ～10) 的步骤，直至获得满意结果。

(2) 设计仿真原理图。

1) 调用仿真元件库。原理图仿真用的元件在 Altium Designer 9 安装目录的 \ Library \ Simulation 中，如图 7-14 所示。当仿真用元件库加载后，就能从元件库管理器中选择调用所需要的仿真元件。

2) 选择仿真用元件。为了执行仿真分析，原理图中放置的所有元件都必须包含特别的仿真信息，以便仿真器正确对待放置的所有部件。

创建仿真用原理图的简便方法是使用 Altium Designer 9 仿真库中的元件。Altium Designer 9 提供的仿真元件库是为仿真准备的。只要将它们放到原理图上，该元件将自动地连接到相应的仿真模型文件上。在大多数情况下，用户只需从仿真库中选择一个元件，设定它的值，就可以进行仿真了。每个元件包含了 Spice 仿真用的所有信息，包括标号前缀信息和多部分引脚的映射。Spice 支持很多其他的特性，允许用户更精确地塑造元件行为。

Altium Designer 9 也为大部分元件生产公司的常用元件制作了标准元件库，这些元件大部分都定义了仿真属性，只要调用这些元件，就可以进行仿真分析。如果仿真检查时发现元件没有定

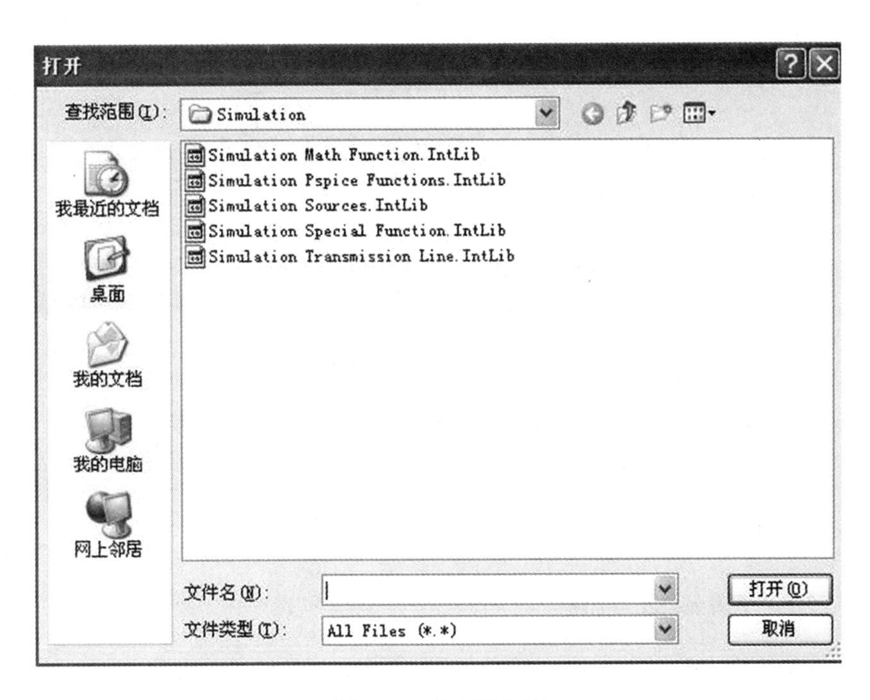

图 7-14 仿真元件库

义仿真属性，则用户应该为其定义仿真属性。

通常，在进行电路仿真中，可以直接选择仿真用原理图元件。

在绘制仿真原理图时，必须为原理图添加激励源和网络标号。通过激励源进行仿真器仿真。用户在需要观测输出波形的节点处定义网络标号，以便于观测仿真器的输出结果。

3）仿真原理图。在设计完原理图后，首先对该原理图进行 ERC 电气规则检查，如有错误，返回原理图设计；然后，用户就需要对该仿真器设置，决定对原理图进行何种分析，并确定该分析采用的参数。如果设置不正确，仿真器可能在仿真前报告警告信息，仿真后将仿真过程中的错误写在 Filename. err 文件中。仿真完成后将输出一系列的文件，供用户对所设计的电路进行分析。

二、模拟电路仿真

下面介绍设计仿真用共发射极放大电路图。

（1）创建一个项目 PR7SIM1。

（2）新建一个原理图文件 Simce1。

（3）加载与电路仿真相关的元件库。

（4）绘制仿真电路图。

1）在原理图中放置 2 个电阻，2 个电解电容，一个三极管，电源端 VCC，接地端 GND。

2）设置电路元件参数，R1、R2、RL 分别为 100k、2k、2k，C1、C2 为 10μF。

3）连接电路。

4）绘制完成的仿真电路见图 7-15。

（5）在原理图中放置激励源。

1）单击底部的“System”，在弹出的菜单中，选择执行“库”命令，弹出库工作面板。

2）在库工作面板的第二行的库选择下拉列表中选择“Simulation Sources. IntLib”仿真源集成库。

3）如图 7-16 所示，在元件名中选择“VSIN”。

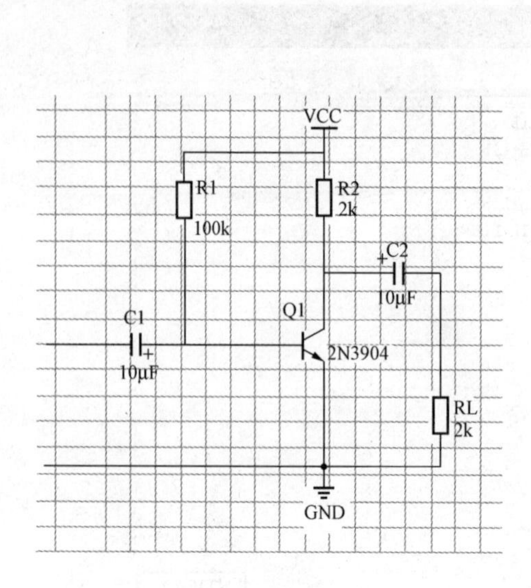

图 7-15　共发射极放大电路

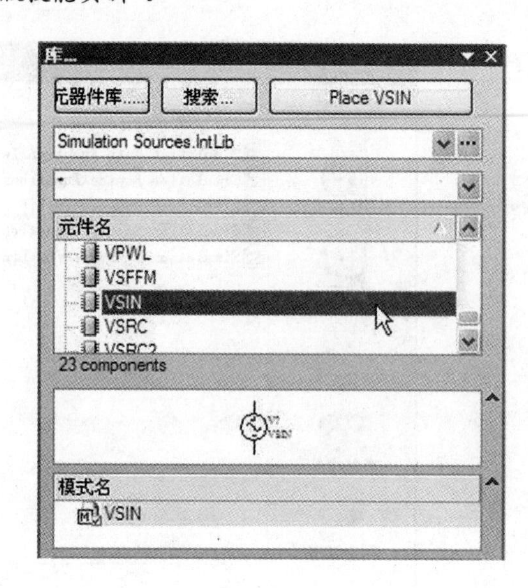

图 7-16　选择“VSIN”

4）单击“Place VSIN”按钮，在电路输入端放置一个正弦信号仿真源。

5）双击正弦信号仿真源 VSIN，弹出图 7-17 所示的 VSIN 属性设置对话框，设置标识为“Vsin1”。

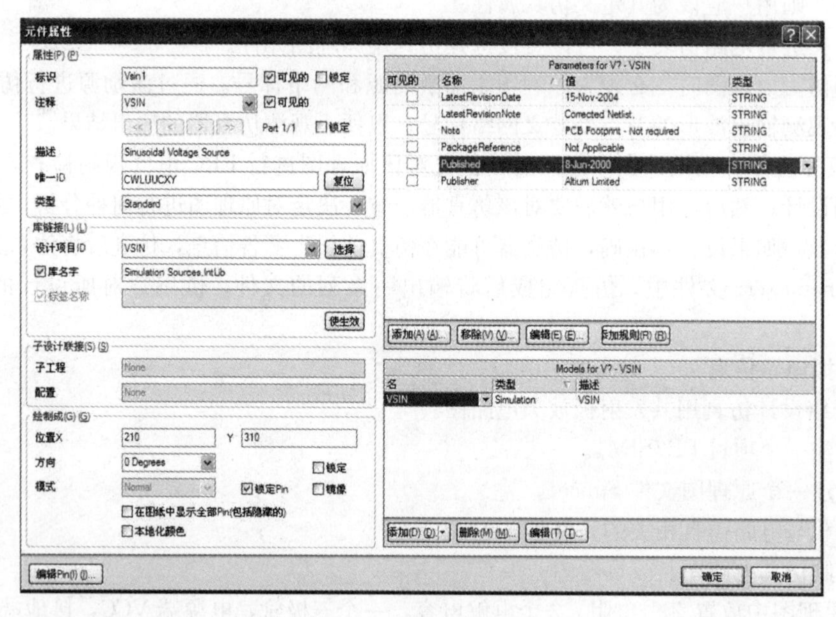

图 7-17　VSIN 属性设置

6）单击“Models for ＊”列表框下的“编辑”按钮，弹出图 7-18 所示的仿真模型设置对话框。

7）在 Model Kind 下拉列表中选中“Voltage Sources”电压源，在“Model Sub-Kind”列表框中选择“Sinusoidal”正弦。

8）单击 Parameters 选项卡，进入图 7-19 所示的 Parameters 参数设置页，设置“Amplitude”振幅为 10u，“Frequency”频率为 1K。

9）单击“OK”按钮，保存参数设置，返回元件属性对话框。

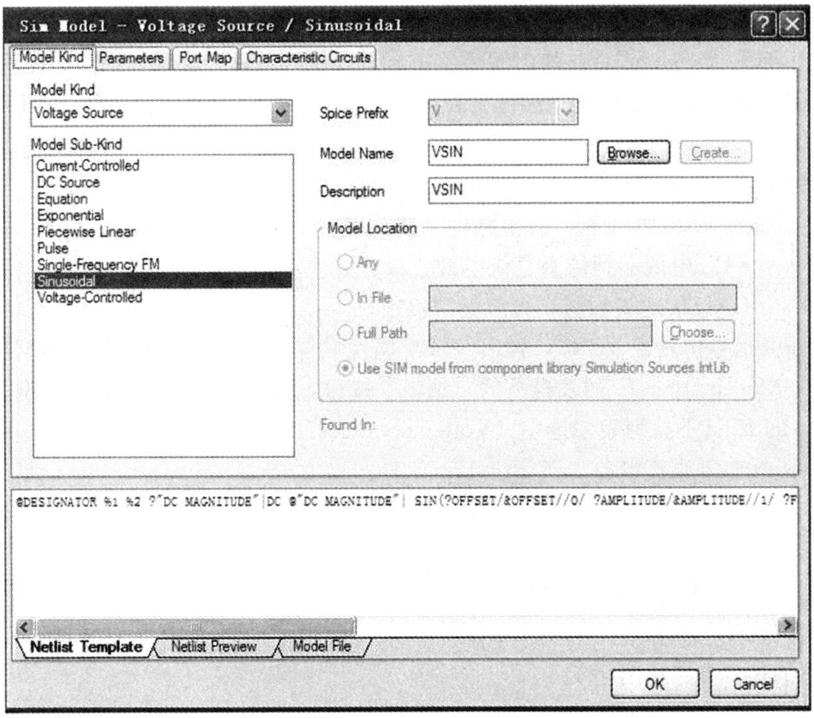

Sim Model - Voltage Source / Sinusoidal

Model Kind | Parameters | Port Map | Characteristic Circuits

Model Kind

Voltage Source

Model Sub-Kind

Current-Controlled
DC Source
Equation
Exponential
Piecewise Linear
Pulse
Single-Frequency FM
Sinusoidal
Voltage-Controlled

Spice Prefix V

Model Name VSIN Browse... Create...

Description VSIN

Model Location

Any

In File

Full Path Choose...

Use SIM model from component library Simulation Sources.IntLib

Found In:

@DESIGNATOR %1 %2 ?"DC MAGNITUDE"|DC @"DC MAGNITUDE"| SIN(?OFFSET/&OFFSET//0/ ?AMPLITUDE/&LITUDE//1/ ?F

Netlist Template | Netlist Preview | Model File

OK Cancel

图 7-18 仿真模型设置对话框

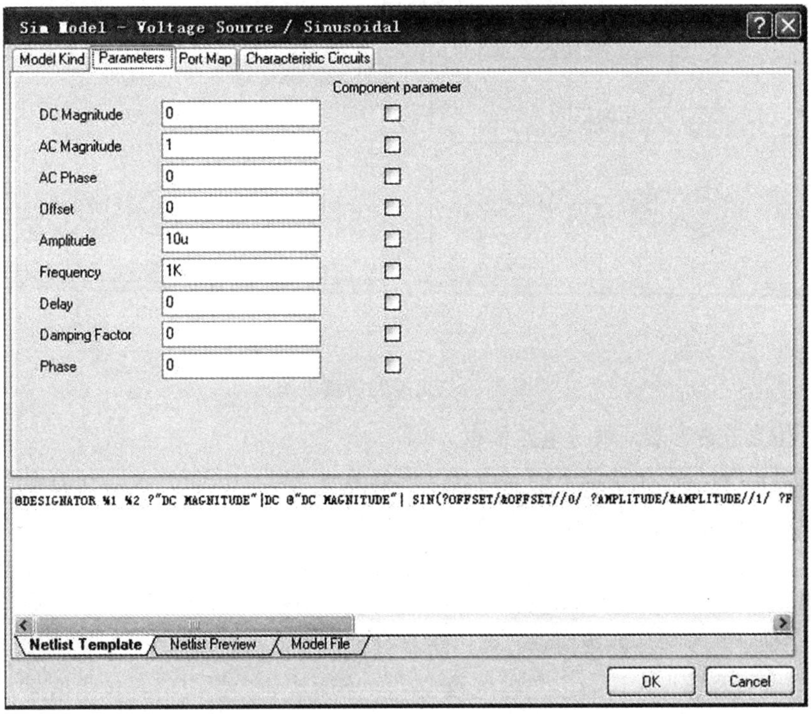

Sim Model - Voltage Source / Sinusoidal

Model Kind | Parameters | Port Map | Characteristic Circuits

		Component parameter
DC Magnitude	0	☐
AC Magnitude	1	☐
AC Phase	0	☐
Offset	0	☐
Amplitude	10u	☐
Frequency	1K	☐
Delay	0	☐
Damping Factor	0	☐
Phase	0	☐

@DESIGNATOR %1 %2 ?"DC MAGNITUDE"|DC @"DC MAGNITUDE"| SIN(?OFFSET/&OFFSET//0/ ?AMPLITUDE/&LITUDE//1/ ?F

Netlist Template | Netlist Preview | Model File

OK Cancel

图 7-19 参数设置

10）单击“确定”按钮，关闭元件属性对话框。

（6）连接激励源到三极管的耦合电容 C1。

（7）在原理图中放置电源。

1）单击底部的“System”，在弹出的菜单中，选择执行“库”命令，弹出库工作面板。

2）在库工作面板的第二行的库选择下拉列表中选择“Simulation Sources. IntLib”仿真源集成库。

3）在元件名中选择“VSRC”仿真直流电源。

4）单击“Place VSRC”按钮，在电路输入端放置一个仿真直流电源。

5）添加一个 VCC 电源端到仿真直流电源正极。

6）添加一个 GND 接地端到仿真直流电源负极。

7）双击正弦信号仿真源 VSRC，弹出 VSRC 属性设置对话框，设置标识为“6Vpos”。

8）单击“Models for ＊”列表框下的“编辑”按钮，弹出仿真模型设置对话框。

9）在 Model Kind 下拉列表中选中“Voltage Sources”电压源，在“Model Sub-Kind”列表框中选择“DC Sources”直流电源。

10）单击“Parameters”选项卡，进入 Parameters 参数设置页，设置“Value”电压参数为 6V。

11）单击“OK”按钮，保存参数设置，返回元件属性对话框。

12）单击“确定”按钮，关闭元件属性对话框。

13）完整的仿真电路见图 7-20。

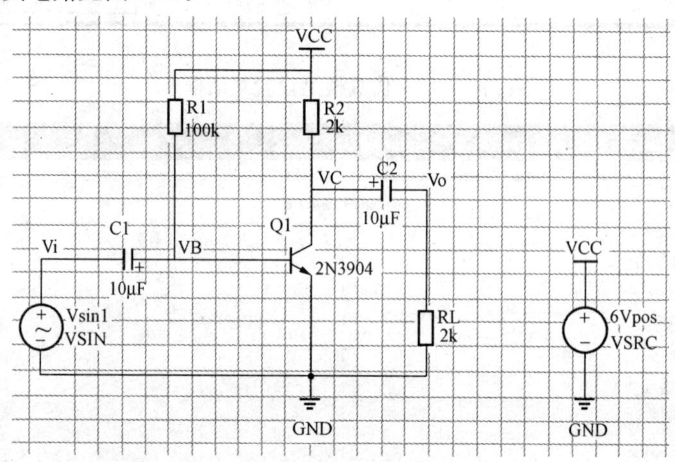

图 7-20　完整的仿真电路

（8）设置仿真分析参数，进行电路仿真。

1）单击执行“设计”主菜单下的“仿真”菜单下的“Mixed Sim”混合仿真命令，打开图 7-21 所示的电路仿真分析设置对话框。

2）在本次仿真中，分别设置静态工作点分析和瞬态特性分析参数，对这两种模拟信号特性进行分析，并对 Vi、VB、VC、Vo 网络的信号进行仿真分析。

3）单击“确定”按钮，开始仿真，弹出仿真过程信息窗口。

4）单击仿真过程信息窗口右上角的红色“×”关闭按钮，关闭仿真过程信息窗口，弹出图 7-22 所示的仿真分析图。

（9）分析仿真结果，结束仿真。

修改仿真参数，重新进行仿真。多次仿真，结果是：

1）输出与输入反相。

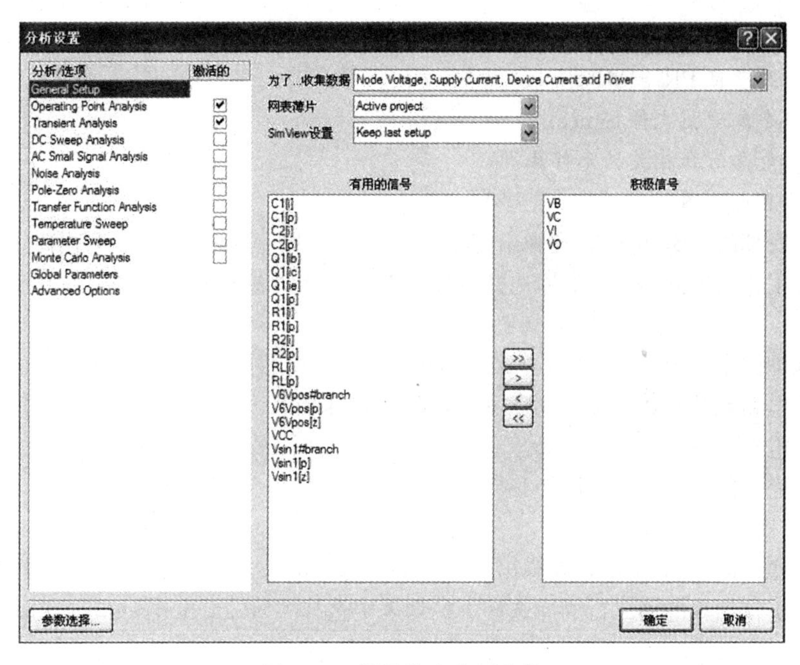

图 7-21 设置仿真分析参数

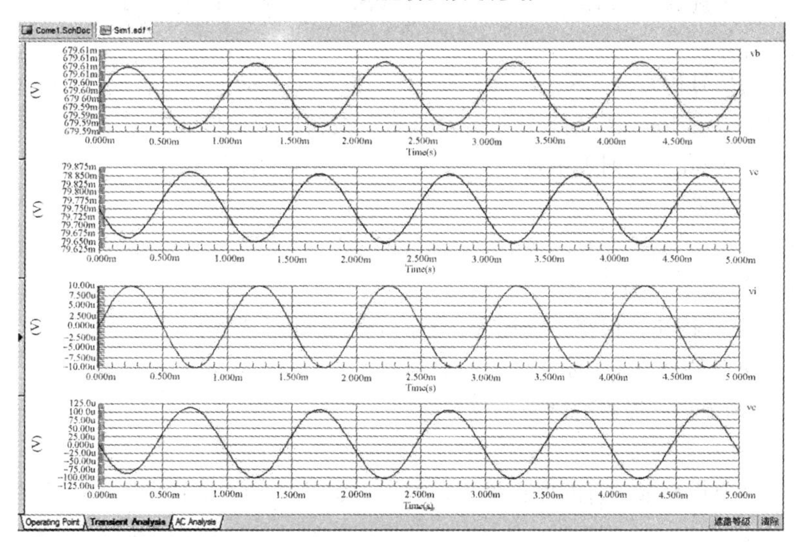

图 7-22 仿真分析图

2）小信号输入时，输入、输出均为正弦波。

3）大信号输入时，输出为非正弦波。

技能训练

一、训练目标

（1）学会常用仿真元器件设置方法。

（2）学会菜单栏及工具栏的基本使用。

（3）学会设置仿真激励源。

（4）学会模拟电路仿真。

二、训练内容与步骤

1. 创建一个项目 PR7SIM1

2. 新建一个原理图文件 Simce1

3. 加载与电路仿真相关的元件库

4. 绘制仿真电路图

(1) 单击底部的“System”，在弹出的菜单中，选择执行“库”命令，弹出库工作面板。

(2) 在库工作面板的第二行的库选择下拉列表中选择“Simulation Sources. IntLib”仿真源集成库。

(3) 在原理图中放置 3 个电阻，2 个电解电容，一个三极管，电源端 VCC，接地端 GND。

(4) 设置电路元件参数，R1、R2、RL 分别为 100k、2k、2k，C1、C2 为 10μF。

(5) 连接电路。

(6) 绘制完成的仿真电路见图 7-15。

5. 在原理图中放置激励源

(1) 单击底部的“System”，在弹出的菜单中，选择执行“库”命令，弹出库工作面板。

(2) 在库工作面板的第二行的库选择下拉列表中选择“Simulation Sources. IntLib”仿真源集成库。

(3) 在元件名中选择“VSIN”，单击“Place VSIN”按钮，在电路输入端放置一个正弦信号仿真源。

(4) 双击正弦信号仿真源 VSIN，弹出 VSIN 属性设置对话框，设置标识为“Vsin1”。

(5) 单击“Models for *”列表框下的“编辑”按钮，弹出仿真模型设置对话框。

(6) 在 Model Kind 下拉列表中选中“Voltage Sources”电压源，在“Model Sub-Kind”列表框中选择“Sinusoidal”正弦。

(7) 单击 Parameters 选项卡，进入“Parameters”参数设置页，设置“Amplitude”振幅为 10u，“Frequency”频率为 1K。

(8) 单击“OK”按钮，保存参数设置，返回元件属性对话框。

(9) 单击“确定”按钮，关闭元件属性对话框。

(10) 连接激励源到三极管的耦合电容 C1。

6. 在原理图中放置电源

(1) 在库工作面板的第二行的库选择下拉列表中选择“Simulation Sources. IntLib”仿真源集成库。

(2) 在元件名中选择“VSRC”仿真直流电源。

(3) 单击“Place VSRC”按钮，在电路输入端放置一个仿真直流电源。

(4) 添加一个 VCC 电源端到仿真直流电源正极。

(5) 添加一个 GND 接地端到仿真直流电源负极。

(6) 双击正弦信号仿真源 VSRC，弹出 VSRC 属性设置对话框，设置标识为“6Vpos”。

(7) 单击“Models for *”列表框下的“编辑”按钮，弹出仿真模型设置对话框。

(8) 在 Model Kind 下拉列表中选中“Voltage Sources”电压源，在“Model Sub-Kind”列表框中选择“DC Sources”直流电源。

(9) 单击 Parameters 选项卡，进入 Parameters 参数设置页，设置“Value”电压参数为 6V。

(10) 单击“OK”按钮，保存参数设置，返回元件属性对话框。

(11) 单击“确定”按钮，关闭元件属性对话框。

7. 设置仿真分析参数，进行电路仿真

(1) 单击执行“设计”主菜单下的“仿真”菜单下的“Mixed Sim”混合仿真命令，打开电路仿真分析设置对话框。

(2) 分别设置静态工作点分析和瞬态特性分析参数，对这两种模拟信号特性进行分析，并对Vi、VB、VC、Vo网络的信号进行仿真分析。

(3) 单击“确定”按钮，开始仿真，弹出仿真过程信息窗口。

(4) 单击仿真过程信息窗口右上角的红色“X”关闭按钮，关闭仿真过程信息窗口，弹出仿真分析图。

(5) 修改仿真参数，重新进行仿真。

(6) 分析仿真结果。

任务16　十进制计数器数字电路仿真

基础知识

一、数字电路仿真

在电路实际应用中，除了模拟电路外，还有数字电路和数字模拟混合电路。与模拟电路不同，在数字电路中，设计者主要关心的是各数字电路节点的逻辑状态（也称逻辑电平）。数字电路节点就是仅与数字电路元件相连的节点，仿真该电路的结果就是计算电路中各个数字电路节点的值，对于数字电路节点，这些值就是逻辑电平。

数字电路仿真包括绘制数字电路，设置仿真器，进行数字电路仿真，分析仿真结果等操作。

1. 数字电路仿真的一般步骤

(1) 创建一个项目。

(2) 新建一个原理图文件。

(3) 加载与电路仿真相关的元件库。

(4) 在电路上放置仿真元器件（该元件必须带有仿真模型）。

(5) 绘制仿真数字电路图，方法与绘制原理图一致。

(6) 在仿真数字电路图中添加仿真电源和激励源。

(7) 设置仿真节点及电路的初始状态。

(8) 设置仿真分析的参数。

(9) 运行电路仿真得到仿真结果。

(10) 修改仿真参数或更换元器件，重复7）～9）的步骤，直至获得满意结果。

2. 数字电路仿真与模拟电路仿真的区别

数字电路仿真不需要进行模拟电路的静态工作点的分析。在仿真器设置中仅选择瞬态分析就可以了，其他的分析与模拟操作类似，只需在电路仿真分析设置对话框左侧勾选分析类型，在电路仿真分析设置对话框右侧进行相关设置即可。

二、十进制计数器电路仿真

1. 创建一个工程项目 Shuzi1. PrjPCB

2. 新建一个原理图文件 shuzi1. schdoc

3. 加载与电路仿真相关的元件库

(1) 单击底部的“System”，在弹出的菜单中，选择执行“库”命令，弹出库工作面板。

(2) 单击“元器件库”按钮，弹出“可用库”对话框。

(3) 单击“安装”按钮，弹出“打开”对话框，选择“Texas Instruments”文件夹下的“TI Logic Counter. intlib”计数器集成库。

(4) 单击“打开”按钮，将“TI Logic Counter. intlib”计数器集成库安装到可用库。

(5) 单击“关闭”按钮，关闭可用库对话框。

4. 绘制仿真数字电路图，在仿真数字电路图中添加仿真电源和激励源

(1) 在库工作面板的第二行的库选择下拉列表中选择“TI Logic Counter. intlib”计数器集成库。

(2) 在元件名列表中选择“SNJ54 LS192J”十进制计数器元件。

(3) 单击“Place SNJ54 LS192J ”按钮，放置一个计数器元件，元件名设置 U1。

(4) 在库工作面板的第二行的库选择下拉列表中选择“Simulation Sources. IntLib”仿真源集成库。

(5) 在元件名中选择“VPLUS”脉冲仿真源，单击“Place VPLUS”按钮，放置一个脉冲信号仿真源。

(6) 双击正弦信号仿真源 VSIN，弹出 VSIN 属性设置对话框，设置标识为“1kHz”。

(7) 单击“Models for *”列表框下的“编辑”按钮，弹出仿真模型设置对话框。

(8) 在 Model Kind 下拉列表中选中“Voltage Sources”电压源，在“Model Sub-Kind”列表框中选择“Pluse”脉冲。

(9) 单击 Parameters 选项卡，进入“Parameters”参数设置页，设置“Pulsed Value”脉冲幅度为“5”。

(10) 单击“OK”按钮，保存参数设置，返回元件属性对话框。

(11) 单击“确定”按钮，关闭元件属性对话框。

(12) 连接脉冲激励源到 U1 的 5 脚 UP 端。

(13) 添加一个直流仿真电源。

(14) 添加网络标签 D0～D3 到计数器输出端。添加网络标签“IN0”到 U1 的 5 脚 UP 端的连线上。

(15) 连接数字电路，结果见图 7-23。

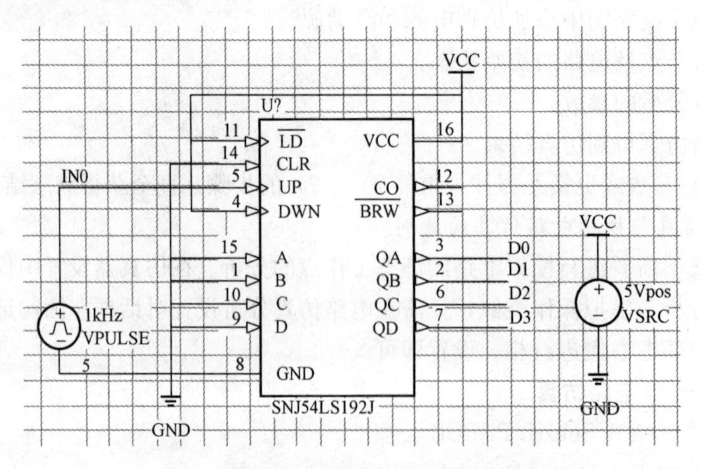

图 7-23 仿真数字电路

5. 设置仿真分析的参数

(1) 单击执行“设计”主菜单下的“仿真”菜单下的“Mixed Sim”混合仿真命令，打开图7-24所示的电路仿真分析设置对话框。

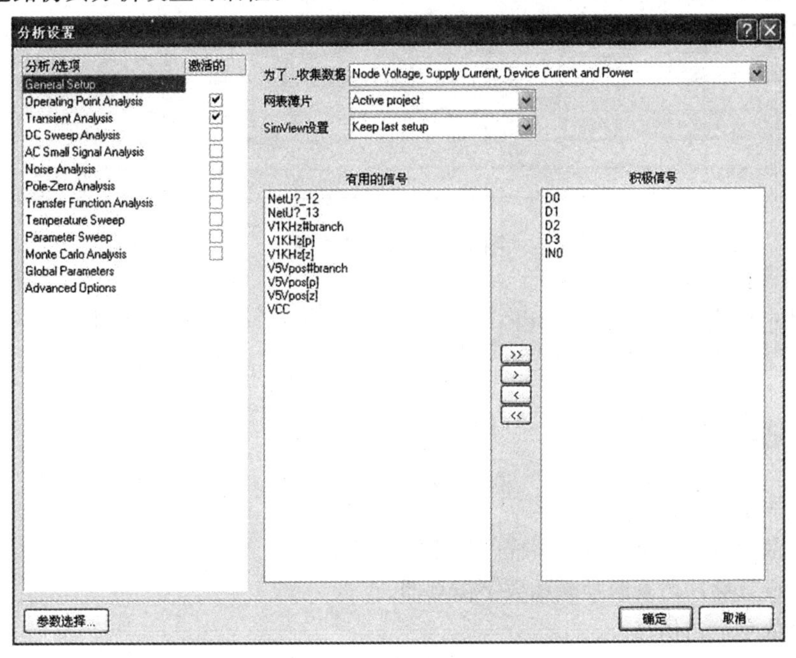

图 7-24 设置仿真分析参数

(2) 在本次仿真中，分别设置工作点分析和瞬态特性分析参数，对这两种模拟信号特性进行分析，在一般设置中选择IN0、D0、D1、D2、D3网络的信号进行仿真分析。

(3) 单击“Transient Analysis”瞬态分析选项，设置瞬态开始时间为“0”，瞬态停止时间为10ms，其他设置见图7-25。

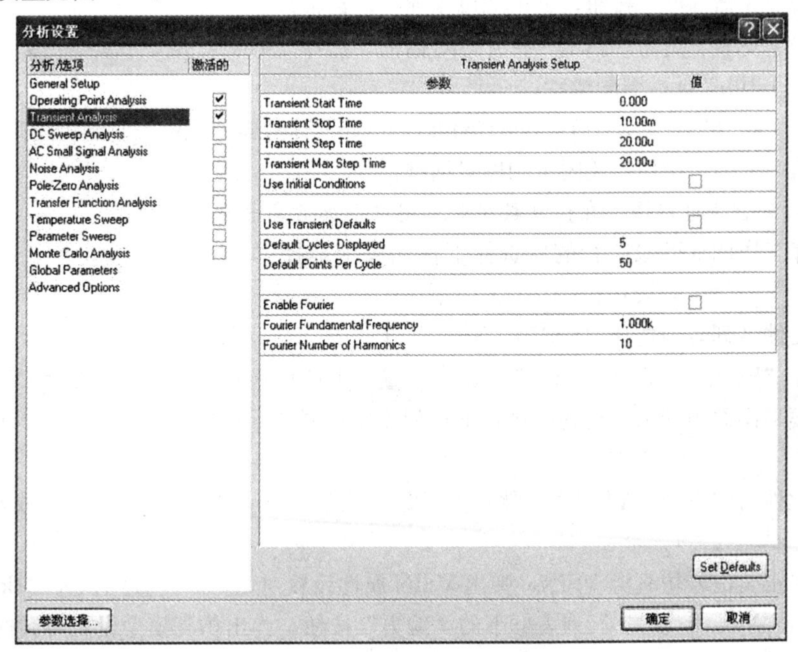

图 7-25 仿真瞬态分析参数

（4）单击“确定”按钮，开始仿真，弹出仿真过程信息窗口。

（5）单击仿真过程信息窗口右上角的红色“X”关闭按钮，关闭仿真过程信息窗口，弹出图 7-26 所示的仿真分析图。

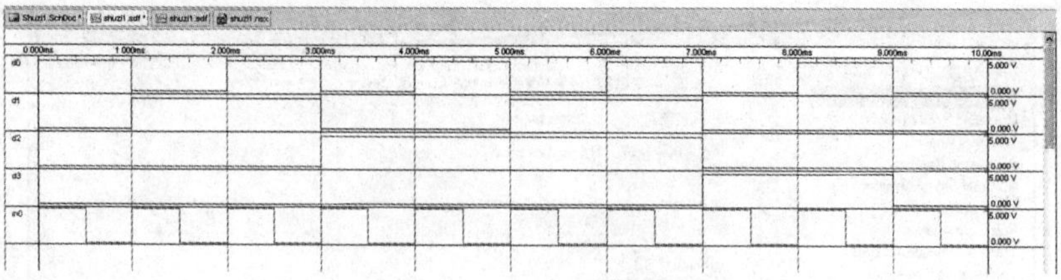

图 7-26　仿真分析图

6. 仿真结果分析

通过仿真，可以看到，计数器由“0000”状态开始，经过 10 个脉冲，又回复到“0000”状态。

技能训练

一、训练目标

（1）学会常用数字电路仿真元器件的使用。

（2）学会设置脉冲仿真激励源和数字仿真器。

（3）学会数字电路仿真。

二、训练内容与步骤

1. 创建一个工程项目 ShuziIC1. PrjPCB

2. 新建一个原理图文件 shuziIC1. schdoc

3. 加载与电路仿真相关的元件库

（1）单击底部的“System”，在弹出的菜单中，选择执行“库”命令，弹出库工作面板。

（2）单击“元器件库”按钮，弹出“可用库”对话框。

（3）单击“安装”按钮，弹出“打开”对话框，选择“Texas Instruments”文件夹下的“TI Logic Counter. intlib”计数器集成库。

（4）单击“打开”按钮，“TI Logic Counter. intlib”计数器集成库安装到可用库。

（5）单击“关闭”按钮，关闭可用库对话框。

4. 绘制仿真数字电路图，在仿真数字电路图中添加仿真电源和激励源

（1）在库工作面板的第二行的库选择下拉列表中选择“TI Logic Counter. intlib”计数器集成库。

（2）在元件名列表中选择“SNJ54 LS192J”十进制计数器器元件。

（3）单击“Place SNJ54 LS192J ”按钮，放置一个计数器元件，元件名设置 U1。

（4）在库工作面板的第二行的库选择下拉列表中选择“Simulation Sources. IntLib”仿真源集成库。

（5）在元件名中选择“VPLUS”脉冲仿真源，单击“Place VPLUS”按钮，放置一个脉冲信号仿真源。

（6）双击正弦信号仿真源 VSIN，弹出 VSIN 属性设置对话框，设置标识为“1kHz”。

（7）单击“Models for ＊”列表框下的“编辑”按钮，弹出仿真模型设置对话框。

（8）在 Model Kind 下拉列表中选中“Voltage Sources”电压源，在“Model Sub-Kind”列表

框中选择“Pluse”脉冲。

(9) 单击 Parameters 选项卡，进入“Parameters”参数设置页，设置“Pulsed Value”脉冲幅度为“5”。

(10) 单击“OK”按钮，保存参数设置，返回元件属性对话框。

(11) 单击“确定”按钮，关闭元件属性对话框。

(12) 连接脉冲激励源到 U1 的 5 脚 UP 端。

(13) 添加一个直流仿真电源。

(14) 添加网络标签 D0～D3 到计数器输出端。添加网络标签“IN0”到 U1 的 5 脚 UP 端的连线上。

(15) 连接数字电路。

5. 设置仿真分析的参数

(1) 单击执行“设计”主菜单下的“仿真”菜单下的“Mixed Sim”混合仿真命令，打开电路仿真分析设置对话框。

(2) 在本次仿真中，分别设置工作点分析和瞬态特性分析参数，对这两种模拟信号特性进行分析，在一般设置中选择 IN0、D0、D1、D2、D3 网络的信号进行仿真分析。

(3) 单击“Transient Analysis”瞬态分析选项，设置瞬态开始时间为 0，瞬态停止时间为 10ms。

(4) 单击“确定”按钮，开始仿真，弹出仿真过程信息窗口。

(5) 关闭仿真过程信息窗口，弹出仿真结果图。

6. 仿真结果分析

通过仿真，可以看到，计数器由“0000”状态开始，经过 10 个脉冲，又回复到“0000”状态。

任务 17 混合电路的仿真

基础知识

一、施密特触发器

CD4093 是 CD 系列数字集成电路中的一个型号，采用 CMOS 工艺制造。CD4093 由 4 个施密特触发器构成。每个触发器有一个二输入与非门。当正极性或负极性信号输入时，触发器在不同的点翻转。正极性（VP）和负极性（VN）电压的不同之处由迟滞电压（VH）确定。

CD4093 应用非常广泛。通常只需外接几个阻容元件，就可以构成各种不同用途的脉冲电路，如波形和脉冲整形、多谐振荡器、单稳态触发器以及施密特触发器等。

CD4093 内部电路如图 7-27 所示。

由 CD4093 施密特触发器构成的多谐振荡器见图 7-28。

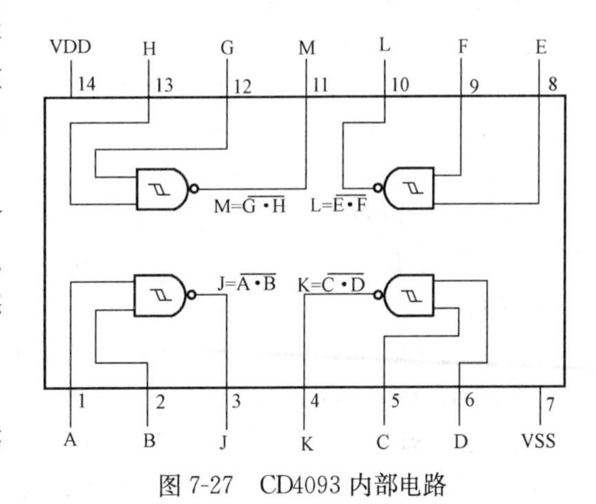

图 7-27 CD4093 内部电路

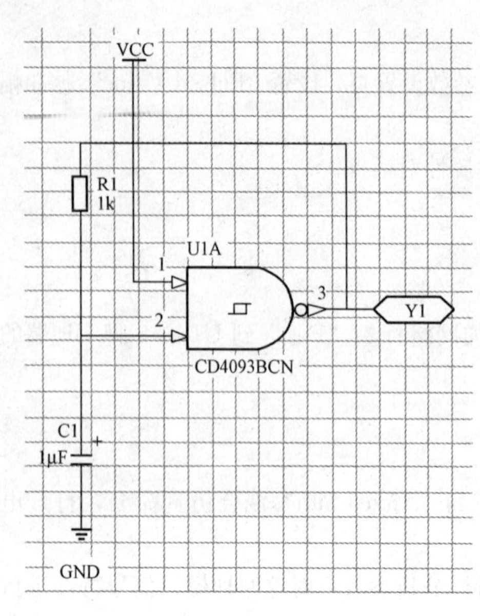

图 7-28　CD4093 多谐振荡器

接通电源后，当 Uc＜Vp 时，振荡器输出 Vo＝VCC，通过 R1 对电容 C1 充电。当 Uc 充电到大于等于 Vp 后，振荡器输出 Vo 翻转成 0，此时 C1 放电，Uc 电压下降。当 Uc 放电到小于 Vn 时，振荡器输出 Vo 翻转成 VCC。此后，电容再次充电，开始一个新的振荡周期。

二、绘制模拟数字混合电路原理图

1. 创建一个项目文件，Pr7dingshi1. PrjPCB

2. 新建一个原理图文件 NE1. SchDoc

3. 加载与电路仿真相关的元件库

(1) 单击底部的“System”，在弹出的菜单中，选择执行“库”命令，弹出库工作面板。

(2) 单击“元器件库”按钮，弹出“可用库”对话框。

(3) 单击“安装”按钮，弹出“打开”对话框，选择“Fairchild Semiconductor”文件夹下的“FSC Logic Gate. intlib”逻辑门集成库。

(4) 单击“打开”按钮，“FSC Logic Gate. intlib”逻辑门集成库安装到可用库。

(5) 单击“关闭”按钮，关闭可用库对话框。

4. 绘制仿真数字电路图

(1) 在库工作面板的第二行的库选择下拉列表中选择“FSC Logic Gate. intlib”逻辑门集成库。

(2) 在元件名列表中选择“CD4093BCN”施密特触发器元件。

(3) 单击“Place CD4093BCN ”按钮，放置一个施密特触发器元件，元件名设置 U1A。

(4) 在元件名列表中选择“74AC04PC”反相放大器元件。

(5) 单击“Place 74AC04PC ”按钮，放置一个反相放大器元件，元件名设置 U1A。

(6) 在库工作面板的第二行的库选择下拉列表中选择“Miscellaneous Devices. IntLib”常用元件集成库。

(7) 放置 2 个电阻、1 个电容，参数分别设置 R1 为 1kΩ，R2 为 10kΩ，C1 为 1μF。

(8) 添加网络标签 N1 到施密特触发器输出端，添加网络标签 OUT 到反相器输出端。

(9) 连接模拟数字混合电路，如图 7-29 所示。

5. 保存文件

三、进行混合电路仿真

1. 放置仿真激励源

在仿真测试电路中，必须包含至少一个仿真激励源。仿真激励源被视为一个特殊的元件，放置、属性设置、位置编辑等操作方法与一般元件（如电阻、电容等）完全相同。

(1) 放置一个 5V 直流仿真电源。

(2) 放置一个 VCC 电源端到仿真电源的正极。

(3) 放置一个 GND 接地端到仿真电源的负极。

2. 设置初始条件

(1) 在库工作面板的第二行的库选择下拉列表中选择“Simulation Sources. IntLib”仿真源集

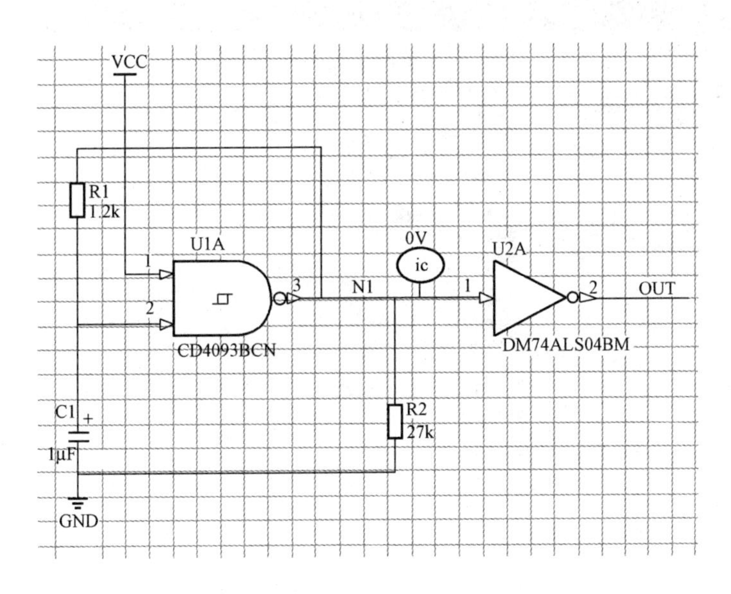

图 7-29 模拟数字混合电路

成库。

(2) 在元件选择栏选择“. IC”初始条件元件。

(3) 单击“Place . IC ”按钮，放置一个初始条件元件到施密特触发器的输出端与反相器的连线上。

(4) 双击“. IC”初始条件元件，弹出参数设置对话框，设置标识为 0V。

(5) 单击“Models for * ”列表框下的“编辑”按钮，弹出仿真模型设置对话框。

(6) 在 Model Kind 下拉列表中选中“Initial Condition”初始条件，在“Model Sub-Kind”列表框中选择“Set Initial Condition”设置初始条件。

(7) 单击 Parameters 选项卡，进入“Parameters”参数设置页，设置“Initial Value”初始值为 4。

(8) 单击“OK”按钮，保存参数设置，返回元件属性对话框。

(9) 单击“确定”按钮，关闭元件属性对话框。

3. 设置仿真参数

(1) 单击执行“设计”主菜单下的“仿真”菜单下的“Mixed Sim”混合仿真命令，打开电路仿真分析设置对话框。

(2) 在本次仿真中，分别设置工作点分析和瞬态特性分析参数，对这两种模拟信号特性进行分析，在一般设置中选择 N1、OUT 网络节点的信号进行仿真分析。

(3) 单击“Transient Analysis”瞬态分析选项，设置瞬态开始时间为 0，瞬态停止时间为 10ms，去掉“Use Transient Defaults”使用缺省设置的对勾，如图 7-30 所示。

(4) 单击“确定”按钮，开始仿真，弹出仿真过程信息窗口，如图 7-31 所示。

(5) 仿真结束，关闭仿真过程信息窗口，弹出仿真结果图，如图 7-32 所示。

4. 仿真结果分析

通过仿真，可以看到，输出为方波，周期与电路 R1、C1 参数有关。

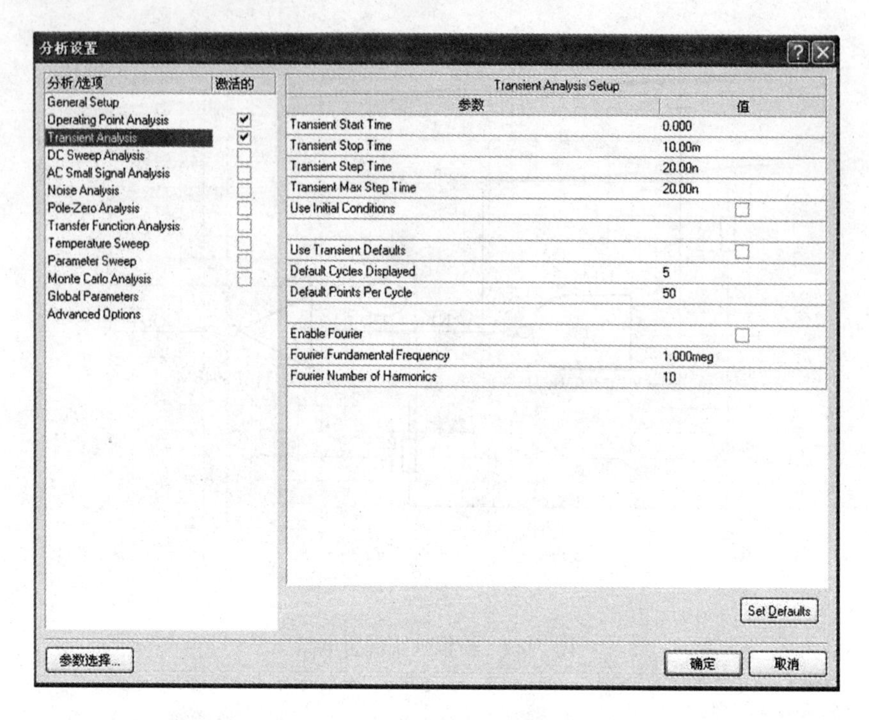

图 7-30　瞬态分析设置

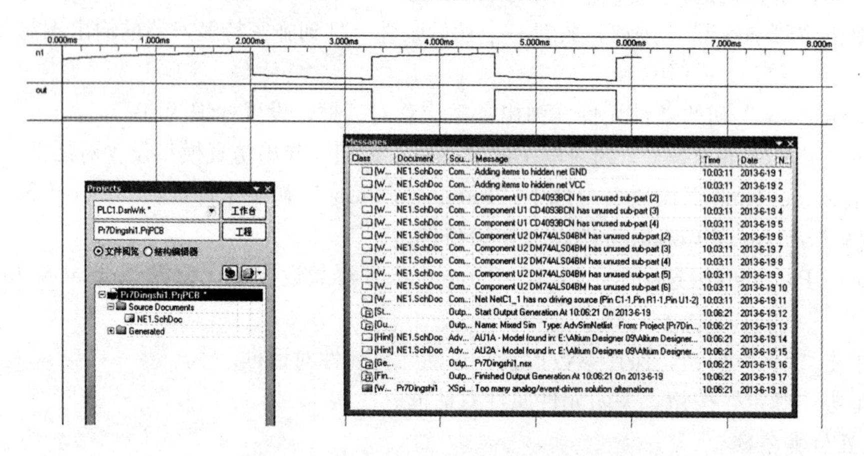

图 7-31　仿真信息

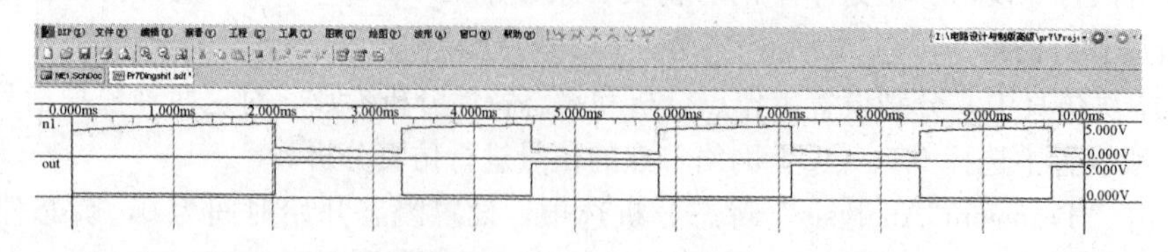

图 7-32　混合仿真结果

技能训练

一、训练目标

（1）学会常用数字电路仿真元器件的使用。

（2）学会设置仿真器参数。

（3）学会模拟数字混合电路仿真。

二、训练内容与步骤

1. 创建一个项目文件“Pr7dingshi1. PrjPCB”

2. 新建一个原理图文件“NE1. SchDoc”

3. 加载与电路仿真相关的元件库“FSC Logic Gate. intLib”逻辑门集成库

4. 绘制仿真数字电路图，在仿真数字电路图中添加仿真电源和激励源

（1）在库工作面板的第二行的库选择下拉列表中选择“FSC Logic Gate. intLib”逻辑门集成库。

（2）在元件名列表中选择“CD4093BCN”施密特触发器元件。

（3）单击“Place CD4093BCN ”按钮，放置一个施密特触发器元件，元件名设置U1A。

（4）在元件名列表中选择“74AC04PC”反相放大器元件。

（5）单击“Place 74AC04PC ”按钮，放置一个反相放大器元件，元件名设置U1A。

（6）在库工作面板的第二行的库选择下拉列表中选择“Miscellaneous Devices. IntLib”常用元件集成库。

（7）放置2个电阻、1个电容，参数分别设置R1为1kΩ，R2为22kΩ，C1为1μF。

（8）添加网络标签N1到施密特触发器输出端，添加网络标签OUT到反相器输出端。

（9）参考图7-29，连接模拟数字混合电路。

（10）保存电路原理图。

5. 放置仿真激励源

6. 设置仿真参数，进行模拟数字混合电路仿真

习 题 7

1. 建立一个工程文件SYT7. Prjpcb。

2. 建立仿真原理图文件SYT7. SchDoc。

3. 放置2个电阻元件R1、R2，参数分别设置为1kΩ、2kΩ，放置一个正弦电压激励源与电阻R1、R2串联，正弦电压激励源的电压值为3V，频率为50Hz，在R1、R2之间设置一个网络标签F，进行电阻分压电路仿真。

4. 设计一个数字异或门电路，并进行数字异或门电路仿真。